Darwins Gesetz in der Automobilindustrie

Helmut Becker

Darwins Gesetz in der Automobilindustrie

Warum deutsche Hersteller zu den Gewinnern zählen

Dr. Helmut Becker
IWK - Institut für Wirtschaftsanalyse
und Kommunikation
Laimerstr. 47
80639 München
Deutschland
dr.becker@iwk-muenchen.de

ISBN 978-3-642-12084-8   e-ISBN 978-3-642-12085-5
DOI 10.1007/978-3-642-12085-5
Springer Heidelberg Dordrecht London New York

Die Deutsche Nationalbibliothek verzeichnet diese Publikation in der Deutschen Nationalbibliografie;
detaillierte bibliografische Daten sind im Internet über http://dnb.d-nb.de abrufbar.

© Springer-Verlag Berlin Heidelberg 2010
Dieses Werk ist urheberrechtlich geschützt. Die dadurch begründeten Rechte, insbesondere die der Übersetzung, des Nachdrucks, des Vortrags, der Entnahme von Abbildungen und Tabellen, der Funksendung, der Mikroverfilmung oder der Vervielfältigung auf anderen Wegen und der Speicherung in Datenverarbeitungsanlagen, bleiben, auch bei nur auszugsweiser Verwertung, vorbehalten. Eine Vervielfältigung dieses Werkes oder von Teilen dieses Werkes ist auch im Einzelfall nur in den Grenzen der gesetzlichen Bestimmungen des Urheberrechtsgesetzes der Bundesrepublik Deutschland vom 9. September 1965 in der jeweils geltenden Fassung zulässig. Sie ist grundsätzlich vergütungspflichtig. Zuwiderhandlungen unterliegen den Strafbestimmungen des Urheberrechtsgesetzes.
Die Wiedergabe von Gebrauchsnamen, Handelsnamen, Warenbezeichnungen usw. in diesem Werk berechtigt auch ohne besondere Kennzeichnung nicht zu der Annahme, dass solche Namen im Sinne der Warenzeichen- und Markenschutz-Gesetzgebung als frei zu betrachten wären und daher von jedermann benutzt werden dürften.

Einbandentwurf: WMXDesign GmbH, Heidelberg

Gedruckt auf säurefreiem Papier

Springer ist Teil der Fachverlagsgruppe Springer Science+Business Media (www.springer.com)

*„Alles, was gegen die Natur ist,
hat auf Dauer keinen Bestand!"*

Charles Darwin (1809 - 1882)

Darwins Gesetz in der Automobilindustrie

*Warum deutsche Hersteller
zu den Gewinnern zählen*

Zu Ehren von

Eberhard von Kuenheim
und
Ferdinand Karl Piëch

Ihr Wollen und Wirken haben die deutsche Automobilindustrie
zu dem gemacht, was sie heute ist!

Prolog

Was haben Charles Robert Darwin und die Automobilindustrie gemeinsam? Eigentlich nichts, denn zu Darwins Lebzeiten (1809 – 1882) war das Automobil mit Verbrennungsmotor noch nicht erfunden – Sie sind sich nie begegnet!

Und uneigentlich? Nach Meinung des Autors sehr viel! Jedenfalls Stoff genug für ein Buch (q.e.d.)!

Dieses Buch ist aus drei Gründen geschrieben worden:

1. Zum einen will es den Nachweis führen, dass sich die Erkenntnisse des genialen britischen Naturforschers Charles Robert Darwin, dessen 200. Geburtstag die Welt im Jahr 2009 feierte, auf dem Feld der biologischen Evolutions- und Selektionstheorie ohne Einschränkung auf die Ökonomie und die dort vorherrschenden Entwicklungsgesetze übertragen lassen. *Natural Selection*, *Struggle for Life* und *Survival of the Fittest* sind Schlüsselworte aus Darwins Theorie, die aus dem heutigen Sprachgebrauch selbst nur mäßig begabter Manager nicht mehr wegzudenken sind. Sie beschreiben präzise die Verhältnisse in der Automobilindustrie: **Überlebenskampf und Auslesewettbewerb!** – Das Buch möchte also Analogieschlüsse herstellen und verfolgt damit wissenschaftliche Ambitionen. Bei aller Wissenschaftlichkeit sollen dabei aber keine akademischen Trockenübungen angestellt werden[1]. Vielmehr gründen die Erkenntnisse und Schlussfolgerungen auf den praktischen Erfahrungen des Autors aus

---

[1] Ähnliches wird in einer neueren Richtung der Volkswirtschaftslehre seit einigen Jahren rein theoretisch in der **Evolutionsökonomik** versucht. Im Mittelpunkt dieser Fachrichtung steht die Analyse des ständigen wirtschaftlichen Wandels und seiner Triebkräfte. Die Evolutionsökonomik verknüpft Denkansätze J. A. Schumpeters (Theorie der wirtschaftlichen Entwicklung) und F.A. von Hayeks (Wettbewerb als Entdeckungsverfahren) mit organisationstheoretischen Ansätzen, der Neuen Institutionenökonomik, der Spieltheorie und Konzepten verschiedener Evolutionstheorien. Siehe dazu Herrmann-Pillath, C. „Grundriß der Evolutionsökonomik", München 2002. – Wie es den Anschein hat, dürfte es wohl noch eine geraume Zeit dauern, bis alle evolutionsökonomischen Gene wissenschaftlich entschlüsselt sind. Diese Zeit hat der Autor leider nicht. Also bleibt es ad hoc nur beim praxiserprobten Menschenverstand als Instrument zur Erkenntnisgewinnung.

vierzig Jahren Tätigkeit in Wirtschaftspolitik und Industrie. Schließlich soll der geneigte Leser das Buch mit Genuss und nicht mit Verdruss in die Hand nehmen!

2. Zum anderen – und vor allem – wurde es geschrieben, um zu prüfen, wie es um die Überlebensfähigkeit der deutschen Automobilindustrie als Ganzes und den wesentlichen Branchenvertretern auf OEM- und Zulieferseite bestellt ist. Welche Erkenntnisse aus der Darwinschen Sektionstheorie über diesen *Struggle for Life* lassen sich für die Automobilindustrie ziehen? Hat die deutsche Automobilindustrie im globalen Wettbewerb trotz vieler Unkenrufe kurz- wie langfristig eine Überlebenschance? – Das Buch soll eine kritische Bestandsaufnahme sein!

3. Auf Basis der Einschätzung der Überlebensfähigkeit möchte der Autor mit dem Buch schließlich und endlich den Nachweis führen, dass *die deutsche Automobilindustrie im internationalen Vergleich die besten Voraussetzungen mitbringt, diesen ökonomischen Selektionsprozess zu überstehen!* Und zwar sowohl in ihrer Gesamtheit als Schlüsselindustrie der deutschen Volkswirtschaft als auch in ihren wichtigsten Einzelelementen, nämlich den individuellen Herstellern und Zulieferern, aus denen sie sich zusammensetzt. Aber eben nicht in Bezug auf *jeden* Hersteller und Zulieferer: Denn in Einzelfällen weisen strategische Managementleistungen eher fatale Elemente einer sublimen Todessehnsucht auf als solche einer kalkulierten Anpassungsstrategie an die von der Evolution vorgezeichneten Markttrends.

Indes: Ausreißer sollen das Gesamtbild nicht trüben, auch der *Australopithecus sediba*[2] ist in die Grube gefahren, ohne seine Gene in der Evolution zur Wirkung gebracht zu haben. Und war doch zu etwas Nutze, weil er den „Markt" im Kampf um die seinerzeit vermutlich noch viel knapperen Ernährungsressourcen für seine Konkurrenten geräumt hat – wenn auch unfreiwillig. Aber das ist heute auf dem globalen Automobilmarkt nicht anders!

Kurzum: Das Buch soll also der deutschen Automobilindustrie wie den einzelnen Beteiligten Mut machen. Sie brauchen sich vor dem Wettbewerb nicht verstecken oder fürchten! Das wird schon! In der Vergangenheit war die Zukunft auch schon mal schlechter.

---

[2] Erst jüngst entdeckte Spezies eines potentiellen Vorfahren der früheren Homo-Arten, lebte vor etwa 1,9 Mio. Jahren.

Entsprechend diesem Zieldreieck gliedert sich das Buch grob in drei Teile:

Im ersten Teil sollen die Parallelitäten zwischen Evolution und Selektion in der Natur und in der Automobilindustrie aufgezeigt und beschrieben werden. Hier geht es um den Nachweis der Analogie zwischen dem Evolutionsprozess, den Darwin für Flora und Fauna in der Natur beschrieben hat, und den Auslese- und Verdrängungsprozessen, denen die Automobilindustrie in den letzen 100 Jahren unterworfen war. *Struggle for Life* und *survival of the fittest* sind Kernelemente aus Darwins Theorie, die exakt die Verhältnisse in der heutigen Automobilindustrie charakterisieren. Diese sind gekennzeichnet durch schwer zu erschließendes „Neuland" (China, Indien etc.), „abgegraste Weideflächen" (Sättigung der Märkte in der alten Welt) bei gleichzeitig verschärftem Verdrängungswettbewerb infolge einer schrumpfenden Anzahl von immer größer werdenden „Fressfeinden" (*Struggle for Life*) um die „Nahrungsgrundlagen" (*auskömmliche Renditen*).

Allerdings soll dieser Analogieschluss keine intellektuelle Spielerei oder pseudowissenschaftliche Fingerübung sein, sondern er hat das ganz konkrete Ziel, Erkenntnisse über die *Überlebensfähigkeit* explizit der deutschen Automobilindustrie zu gewinnen. Dies wird im **zweiten Teil** geleistet. Mit das wichtigste Anliegen des Buches ist es, herauszufinden, wie es zu Beginn der zweiten Dekade des 21. Jahrhunderts um die Zukunftsfähigkeit dieser Schlüsselindustrie unserer Volkswirtschaft in Summe sowie in ihren wichtigsten Einzelteilen bestellt ist. Denn anders noch als in der ersten Hälfte des 20. Jahrhunderts werden und können heute Automobile nicht mehr nur in den USA und in Westeuropa, sondern praktisch auf jedem Kontinent und in fast jedem Land gebaut werden. Nahezu jede Industrienation, die etwas auf sich hält und eine bestimmte Größe aufweist, versucht heute, eine eigene nationale Automobilindustrie aufzubauen und deren Produkte über den Export auf den Märkten der anderen abzuladen.[3] Die Folge ist ein mörderischer Verdrängungswettbewerb auf nahezu allen Märkten, vor allem auf den gesättigten in der „alten" Welt.

Die deutsche Automobilindustrie mit einer Exportquote von rund 70% ist diesem Auslesewettbewerb naturgemäß besonders ausgesetzt. Sie muss sich auch auf Märkten ohne Heimvorteil durchsetzen. Wie ist ihre Konstitution, wie fit ist sie beim *survival of the fittest*? Dieses Kapitel ist für den

---

[3] Sogar die Republik Österreich war 2009 davon fasziniert, als Magna mit dem Erwerb von Opel in die Automobilindustrie einsteigen wollte. Dies ging allerdings schief! Felix Austria!

Autor besonders „fordernd", hat er doch in der Mitte der vergangenen Dekade in diversen Publikationen beschreiben müssen, dass die deutschen Hersteller in dieser Periode mitunter ein recht jämmerliches Bild abgegeben haben.[4]

Schwamm drüber, lassen wir die Vergangenheit ruhen! Fakt ist, dass innerhalb weniger Jahre die deutsche Automobilindustrie (mit Ausnahme von Opel) sich vom Saulus zum Paulus gewandelt hat. Sie hat sich in ihrer obersten Personalführung weitgehend erneuert, der Großmannssucht abgeschworen, sich strategisch neu ausgerichtet, und klammheimlich und mit großer Unterstützung der Belegschaften und Betriebsräte viele überlebenswichtige Hausaufgaben in Vertrieb und in Produktion nachgeholt.

Dabei soll nicht verschwiegen werden, dass manche unserer nationalen „Champions" auch heute noch in vielen Fällen nur mit Wasser kochen. Und damit strategisch wie strukturell im Vergleich zum internationalen Wettbewerb noch erhebliche Verbesserungspotenziale aufweisen. Denn eines hat die Analyse der „Fitness" der deutschen Automobilindustrie gezeigt: *Die Automobilindustrie* gibt es nicht in Deutschland. Es gibt nach dem abrupten Ausscheiden von Porsche noch drei selbstständige deutsche Automobilhersteller, die völlig heterogen sind. Und zwei Tochtergesellschaften amerikanischer Konzerne, Ford und Opel.

Und hinzu kommt natürlich noch eine ganze Bandbreite von hervorragenden Zulieferunternehmen jeglicher Größenordnung. Kurz: Die deutsche Automobilindustrie ist ein sehr bunter Haufen! Das macht es notwendig, die Unternehmen – vor allem die Hersteller – einzeln unter die Lupe zu nehmen, um dann auf das große Ganze schließen zu können.

Vorab sei hier bereits die These gewagt: *Die strategische und strukturelle Fitness der Branche hat sich in den letzten Jahren erheblich verbessert.* Sie ist als Ganzes wettbewerbs- und überlebensfähiger geworden, auch wenn finanzielle Eskapaden von prominenten Vertretern oder Missmanagement bei ausländischen Konzernmüttern ein durchaus heterogenes Bild abgeben. Strategische und unethische Irrungen und Wirrungen einzelner Branchenmitglieder mögen zwar negativ auf das Image der Branche als Ganzes ausstrahlen, an der positiven Branchensubstanz ändert das jedoch

---

[4] Die Ursachen dafür lagen in teilweise sehr grenzwertigem Geschäftsgebaren, in Überheblichkeit, Verschwendungssucht und vor allem strategisch wenig kompetentem (vulgo: unfähigem) Management, zum Glück nicht in Produktschwächen oder unmotivierten Belegschaften. Siehe dazu Helmut Becker, „Auf Crashkurs – Automobilindustrie im globalen Verdrängungswettbewerb", Springer Verlag 2005, sowie Helmut Becker, „Ausgebremst - Wie die Autoindustrie Deutschland in die Krise fährt", ECON Verlag 2007.

nichts. Da kann auch der Absatzeinbruch infolge der Weltfinanzkrise keinen Faden abbeißen! Daran waren die deutschen Automobilunternehmen völlig unschuldig, das war nicht mangelnder Wettbewerbsfähigkeit auf dem Weltmarkt geschuldet. – Diese Erkenntnis sollte Mut machen!

Fakt ist, dass sich der Autor in der Vergangenheit stets sehr kritisch mit der Branche und vor allem ihren Herstellern beschäftigt hat[5]. Das war auch dringend notwendig. Und oh Wunder, es hat auch was genützt! Denn es ist ebenfalls Fakt, dass sich die deutschen Automobilhersteller in den zurückliegenden Jahren mit großem Erfolg „gehäutet" und an „Haupt und Gliedern" erneuert haben. Mit der Folge, dass trotz aller Herausforderungen durch Ökologie und globalem Wettbewerb sie alle inzwischen eine sehr positive Zukunftsperspektive haben! – Wenn sie denn keine neuen Fehler und Narreteien mehr begehen!

Im **dritten und letzten Teil** des Buches soll diese empirische Analyse der Standortbestimmung der deutschen Hersteller, die durch Fakten und Zahlen bestimmt ist, durch eine emotionale „Analyse des Herzens" abgesichert werden. Es geht um die Einschätzung der Zukunft der Branche, und um die Gründe, warum sie überleben wird! Dieser Teil ist der wichtigste des ganzen Buches! In zehn Punkten werden jene Fakten und Aspekte analysiert und zusammengefasst, die den Autor zu der festen Überzeugung gebracht haben, dass die deutsche Automobilindustrie beste Voraussetzungen hat, auch die künftigen Herausforderungen des *Struggle for Life* zu überstehen. Das kapitalistische Evolutionsgesetz heißt *Wachstum*, dem sich alle Spieler am Markt verpflichtet sehen. Wer nicht mehr wächst, fällt zurück. Stillstand heißt Rückschritt – so hat es der Autor in seiner ersten BWL-Vorlesung an der Uni Saarbrücken gelernt. Geändert hat sich daran seither nichts! Lässt dieses Wachstum nach oder bleibt ganz aus, lassen sich auf Grundlage der Darwinschen Selektionsüberlegungen für die Marktteilnehmer – Hersteller und Zulieferer – ziemlich eindeutige Entwicklungstendenzen vorhersagen. Die Welt-Automobilindustrie lieferte für die Richtigkeit dieser Überlegungen in den zurückliegenden 100 Jahren eine wunderbare Blaupause.

Es ist dem Autor ein besonderes Anliegen, aufzuzeigen, *warum* es der deutschen Automobilindustrie gelingen kann, das Naturgesetz der Selektion zwar nicht aus den Angeln zu heben, aber für sich zum Positiven zu wenden. Er kommt zu dem Schluss, dass die deutsche Automobilindustrie trotz aller berechtigten Nörgelei die besten Voraussetzung hat, zu den Gewinnern im *Struggle for Life* zu zählen. Denn solange „der Himmel uns

---

[5] Becker H. (2007): *Ausgebremst – wie die Autoindustrie Deutschland in die Krise fährt.*

nicht auf den Kopf fällt" ist sicher, dass es da, wo Verlierer sind, auch Gewinner geben muss!

Und wer letztlich gewinnt, das ist laut Darwin ex ante ergebnisoffen, das haben die Spezies durch kritische Reflexion und Eigengestaltung ihrer Anpassungsfähigkeit selbst in der Hand! Und es hat sich viel getan in der Branche in den letzen Jahren. Ja, mit großer Genugtuung könnten im Jahre 2010 patriotisch gesinnte Ökonomen und Automobilexperten aus Deutschland zu dem Ergebnis kommen, dass es international keine automobile Gruppierung gibt, die der deutschen Automobilindustrie *in der Summe ihres technologischen Könnens* im Wettbewerb gefährlich werden bzw. ihr das Wasser reichen könnte. Angeführt wird die Karawane auf Herstellerseite vom Volkswagen Konzern und BMW, auf der Zulieferseite von Bosch!

Gerade an dieser Stelle des Buches schien es dem Autor thematisch angebracht, den Blick einmal über den Tellerrand von nur wenigen Jahren hinaus weiter in die Vergangenheit der Nachkriegszeit zu richten. Und danach zu fragen, *welchen Persönlichkeiten die deutsche Automobilindustrie ihre eigentliche Substanz im internationalen Wettbewerb zu verdanken hat, die heute ihre Zukunftsfähigkeit garantiert. Wer hatte die Visionen, bei wem lag die, neudeutsch, die Leadership, die aus Visionen Taten machte?*

Bei Maarten 't Harts Hommage an seinen Lieblingskomponisten J.S. Bach liest sich das so:" Im Reich der Musik gibt es zwei Komponisten, die – mit dem 1. Buch Samuel 10,23 zu sprechen – , um eines Hauptes größer sind als alles Volk'. Turmhoch überragen Johann Sebastian Bach und Wolfgang Amadeus Mozart ihre komponierenden Zeitgenossen. Auch nach ihnen sind, ohne Beethoven, Schubert, Wagner und Verdi herabsetzen zu wollen, nie wieder Komponisten hervorgetreten, die ihrer Genialität das Wasser reichen konnten."[6]

Übertragen auf die deutsche Automobilindustrie der Nachkriegszeit stehen dafür ebenfalls zwei Namen: Eberhard von Kuenheim und Ferdinand Karl Piëch. Zwei Männer, die gegensätzlicher nicht sein können, die aber bis zum heutigen Tage über ihre eigenen Unternehmen hinaus eine Gestaltungskraft für die Branche als Ganzes aufweisen, die ohne gleichen ist. Ihnen hat der Autor deswegen dieses Buch gewidmet. Völlig losgelöst von den unzähligen Verdiensten sonstiger gestandener Unternehmer auf Hersteller- wie Zulieferseite für die deutsche Automobilindustrie; für sie gilt das Gleiche, was Maarten 't Hart für die übrigen Komponisten angeführt

---

[6] Hart M. 't (2004): *Bach und ich.*, S.7.

hat. Ob nicht eines Tages in der Branche neue geniale „Gestalter" auftauchen, muss offen bleiben.

Wohl an denn, deutsche Automobilindustrie, an die Arbeit! Allen deutschen Herstellern und Zulieferern sei ins Stammbuch geschrieben: „Wer rastet, der rostet" und „Ohne Fleiß kein Preis".

Das sollte allerdings kein Anlass für neuerlichen Übermut und Firlefanz sein. Auch kein Schulterklopfen für die Politik, wenngleich ihr auf Initiative und im Schulterschluss mit dem Verband der Automobilindustrie (VDA) und dessen umtriebigen Präsidenten Matthias Wissmann mit der beschäftigungsrettenden „Abwrackprämie" eine wirkliche Glanztat gelungen ist.

Schon Goethe wusste: Nur „wer immer strebend sich bemüht, den können wir erlösen." Nun ja, ob die Fertigstellung des Buches für den Autor eine Erlösung war, mag dahin gestellt bleiben. Jedenfalls kann er von sich behaupten, dass er sich bemüht hat - aber er nicht allein! Denn bekanntlich irrt der Mensch auch, solange er strebt.

Um diesen Irrtum möglichst gering zu halten, hat der Autor versucht, soweit es möglich war, alle hier aufgestellten Thesen, Behauptungen und Ähnliches empirisch abzusichern, d.h. mit Zahlen und Fakten zu hinterlegen oder in Schaubildern zu veranschaulichen. Falls dies den mehr belletristisch orientieren Leser nicht so interessiert, mag er diese Kapitel überblättern: Sie dienen, wie gesagt, eigentlich nur der wissenschaftlichen Beweisführung und Redlichkeit.

Von Karl Valentin stammt der Spruch: "Kunst ist schön, macht aber viel Arbeit." Das gilt auch für empirisches Arbeiten. Empirie ist immer mühsam! Für die Verfügbarmachen aller wesentlichen Makrodaten einerseits sowie der relevanten Automobildaten andererseits, sei an dieser Stelle der Feri EuroRating Services AG (Bad Homburg), sowie der Abteilung Statistik, Analysen und Prognosen beim Verband der Automobilindustrie e.V. (VDA), sehr gedankt; ohne deren statistische Unterstützung hätten viele Thesen und Erkenntnisse nicht so abgesichert zu Papier gebracht werden können, wie tatsächlich geschehen.

Aber Zahlen alleine machen bekanntlich nicht glücklich. Man muss sie zum Sprechen bringen! Wie bei all seinen Büchern in der Vergangenheit wäre dem Autor die Fertigstellung des vorliegenden Buches auch diesmal ohne die helfenden *Hände und Hirne* und vor allem das Engagement seiner Mitarbeiter am Institut nicht möglich gewesen. Gedankt sei dabei insbesondere Dipl. Volkswirt, M.P.H. Niels Straub für seine im wahrsten Wortsinn umfassende Betreuung des gesamten Projekts, angefangen bei der

Organisation bis hin zur inhaltlichen und formalen Gestaltung. Weiterhin gilt Dank den beiden emsigen und kreativen Damen des Instituts, M.A. Volkswirtin Silvina Igova und M.A. VWL-Studentin Dana Willms, für sorgfältige Recherche, informative Schaubilder, intelligente Textbausteine, und kritische Anmerkungen sowie gute Laune und Temperament.

Und dies war auch nötig, da aufgrund der Wirtschaftskrise die Finanzierung des gesamten Vorhabens lange Zeit keineswegs gesichert war, und alle Bitten um Sponsorship an die Hauptadressaten der Branche selbst, an prominente Branchenrepräsentanten oder ihre Verbandsorganisation leider auf taube Ohren stießen. – Der Leser kann also getrost sein: Jeder Verdacht auf Einflussnahme auf das geschriebene Wort erübrigt sich.

Wäre da nicht der Springer-Verlag gewesen! Gedankt sei besonders dem verantwortlichen Herausgeber Dr. Werner A. Müller, zum einen für seine Geduld, zum anderen dafür, dass er den Glauben an das Gelingen des Projekts seit Anfang 2009 nie verloren und seine Vollendung tatkräftig unterstützt hat. Ebenfalls sei Frau Ruth Milewski vom Springer Verlag für die – wie schon bei den vorangegangenen Publikationen – sorgfältige Betreuung des Buches in den hektischen Schlusswochen ebenfalls sehr gedankt. Nicht unerwähnt bleiben darf an dieser Stelle, verbunden mit ebenfalls großem Dank, das Engagement von Frau Bettina Teskera (Commerzbank München), die auch in finanziell schwierigen Phasen des Projektes immer wieder einen helfenden Ausweg gefunden hat.

Besonderer Dank gilt, last but not least, den zahlreichen Kolleginnen und Kollegen aus Medien und Presse, an erster Stelle genannt: *Financial Times Deutschland (FTD), FAZ, Welt, Sueddeutsche Zeitung (SZ). Reuters, manager magazin, Spiegel, Focus, n-tv* und den *online Redaktionen* der genannten Medien. sowie den einschlägigen Automobil-Periodika wie *Automobilproduktion.* Ohne deren sorgfältig recherchierte und umfassende Berichte und ihre fairen und abgewogenen Urteile über die Vorgänge vor und hinter den Kulissen der Branche und über ihre Hauptdarsteller hätte der Autor viele Dinge nicht oder nicht so pointiert beurteilen können. Ihre Interviews und Strategiegespräche mit den ganz Großen der Branche (Akio, Alain, Carlos, Dieter, Ferdinand, Nick, Franz, Martin, Norbert, Rupert, Sergio usw.) und ihre subtilen Berichte über diverse Automobilsalons und -messen waren ebenso wertvolle Informationsquellen und Bewertungshilfen, wie Quell steter Erheiterung.

Danke also, in bunter Reihenfolge, an alle: Alexandra, Margret, Gerd, Arne, Marco, Jörg, Heimo, Jens, Georg, Joachim, Nikolaus, Gregor, Dagmar, Michael, Nils, Christian, Dietmar, Marc, Chris, Kristina, Stefan, Oliver und, und, und... Der deutsche Wirtschafts- und Automobiljournalismus ist Spitze! Da mögen die Großen der Branche auch viel „Dampf plaudern", strategisch in ihren Unternehmen viel Unheil anrichten und hin und wieder ein etwas grenzwertiges Verhalten an den Tag legen, unaufgedeckt und subtil kommentiert bleibt es jedenfalls nicht!

Soviel zum Prolog! Falls der eilige Leser bereits hier schon genug hat vom Lesen, sollte er wenigstens vorab das Credo des Buches mitnehmen, und sich – ganz gleich ob er nun der Automobilindustrie zugehörig ist oder nicht – tunlichst darauf einrichten:

Wer sich gegen die Kräfte des Marktes stellt, hat auf Dauer keine Überlebenschance!

Inhaltsverzeichnis

Prolog VII

Inhaltsverzeichnis XVII

1   Darwin fährt Auto – Lehren aus der Natur! 1

2   Wie der Auslesewettbewerb funktioniert 9
    2.1   Der Konzentrationsprozess in der Vergangenheit 15
    2.2   In Zeiten der Marktsättigung 20
    2.3   Neue Rahmenbedingungen des Auslesewettbewerbs 23
        2.3.1   Verlagerung der Nachfrage und Produktion 23
        2.3.2   Entwicklung der Rohstoff- und Energiepreise 35
        2.3.3   Neue Anforderungen zur Umweltverträglichkeit – Aktuelle und künftige gesetzliche Auflagen 41
        2.3.4   Veränderungen in den gesellschaftlichen Mobilitätsansprüchen 46

3   Welcher Automobilhersteller hat die besten Überlebenschancen 53
    3.1   Der IWK-Survival-Index 53
    3.2   Die Ergebnisse des IWK-Survival-Index 56
    3.3   Stärken und Schwächen der 12 wichtigsten Automobilhersteller 60

4   Die Karten werden neu gemischt: Vom Aufstieg und Fall wesentlicher Marktspieler 75
    4.1   Nichts ist unmöglich: Ein Weltmarktführer demontiert sich selbst! 75
    4.2   Das Wunder von Wolfsburg: Ein Konzern auf dem Weg an die Spitze 80

4.3	Aufholjagd: Die jungen Wilden aus Ingoldstadt	86
4.4	Weiß-blaue Ernüchterung: Fast aus der Kurve gespart!	90
4.5	Ausgepowert: Ein Stern verblasst	93
4.6	Gediegene Unauffälligkeit: Eine Pflaume hält Kurs	98
4.7	Ausgebeutet und verschachert: Die Rüsselsheimer Tragödie	101
4.8	Übermut tut selten gut: Ein Sportwagenbauer fliegt aus der Bahn!	107

5 Zehn Gründe, warum die deutsche Automobilindustrie überleben kann 111

- 5.1 Vor dem Boom: Absehbare Auflösung des Krisenstaus 111
- 5.2 Die Zukunft fährt weiter Auto: Ungebrochenes Wachstum der Weltnachfrage nach Mobilität 120
  - 5.2.1 Einkommens- und Kaufkraftentwicklung 120
  - 5.2.2 Langfristige demographische Entwicklung 124
  - 5.2.3 Analyse und Prognose der weltweiten Automobilmärkte .. 127
- 5.3 Neue Autos braucht die Welt: Die segensreichen Folgen der Energieverteuerung 137
  - 5.3.1 Absehbare Entwicklungen in der Motoren- / Antriebstechnologien 137
  - 5.3.2 Strukturveränderung durch Elektromobilität 142
  - 5.3.3 Einsatz neuer Materialien / Werkstoffe im Fahrzeug 148
- 5.4 Grüne Automobiltechnologie made in Germany auf dem Vormarsch 150
- 5.5 Deutschland einig Cluster-Land: Automobile Know-how Hochburg zwischen Saar und Oder, Aller und Inn 158
- 5.6 Die "stillen Weltmeister": Der deutsche Mittelstand als Standortfaktor 163
- 5.7 Im Land der Tüftler und Denker: Zulieferer als Innovations- und Kreativitäts-Weltmeister 172
  - 5.7.1 Genügsamkeit und Fleiß und Ethik: Die Benchmark Bosch 178

5.7.2 Auferstanden als Ruine: Die Großmannsucht von Branchenleitbildern – Conti und Schaeffler als Negativbeispiel 183
5.7.3 Geldgier als Geschäftszweck: Die Opfer der Heuschrecken 187
5.7.4 Viva la Familia! 190
5.8 Die Eroberung des Weltmarktes: Der Konzernbaumeister vom Wörthersee 194
5.9 Frisches Denken in neuen Köpfen: Der Einzug von Lean-Thinking in den Führungsetagen 209
5.9.1 Der Kern von Lean Thinking 210
5.9.2 Wie erfolgt die Implementierung von *Lean Thinking* 215
5.9.3 Die Rückbesinnung der Chefetagen in Deutschland auf die ethischen Grundwerte 218
5.10 Gefahr erkannt, Gefahr gebannt: Lektion gelernt! 225
5.10.1 Zurück auf die Überholspur 225
5.10.2 Zurück zu alten Tugenden 230
5.10.3 Lektion gelernt: Erneuerung an Haupt und Gliedern 235
5.10.4 Die Deutsche Automobil Union? 240

6 Epilog – oder: Die deutsche Automobilindustrie hat Chancen! 251

Anhang 285

Abbildungsverzeichnis 291

Tabellenverzeichnis 293

Abkürzungsverzeichnis 295

Literaturverzeichnis 297

Autor 301

1 Darwin fährt Auto – Lehren aus der Natur![7]

> *„Die natürliche Auslese sorgt dafür,
> dass immer die Stärksten oder
> die am besten Angepassten überleben!"*
>
> **Charles Darwin (1809 – 1882)**

Zum besseren Verständnis der vom Autor angestellten Analogie möge der Leser einen kurzen Abriss des Darwinschen Wirkens erlauben. Dies erscheint notwenig, um zum eigentlichen Thema des Buches vorzustoßen.

Der am 12. Februar 1809 geborenen Charles Robert Darwin, Sohn eines begüterten Arztes, war ein naturwissenschaftliches Universal-Genie und ein wissenschaftlicher Freigeist – trotz seines ohne Begeisterung, aber gleichwohl exzellent abgeschlossen Theologiestudiums („Zeitverschwendung"). Hätte er zu seiner Jugendzeit unter den heutigen Zwängen und Leitplanken eines Bachelor- und Master-Studiums gestanden, seine grenzüberschreitenden Überlegungen zur Anpassungen der Arten (*Species*) an den natürlichen Lebensraum durch Variation und natürliche Selektion wären vermutlich nie zustande gekommen. So aber konnte er sich, abgesichert durch ein wohlhabendes Elternhaus und wohlwollende ältere Geschwister, voll seinen breit gefächerten Interessen an der Lektüre und realen Studien in den naturwissenschaftlichen Bereichen Medizin, Chemie, Psychologie, Geologie, Biologie und Zoologie sowie Philosophie, Theologie und politischer Ökonomie [sic!] widmen. Philosophisch wurde er geprägt durch die *Theorie der moralischen Gefühle* vom Urvater der Nationalökonomie Adam Smith sowie durch den englisch-schottischen Empirismus à la Davis Hume. Wissenschaftstheoretisch prägten ihn vor allem John Herschel und William Whewell mit ihrer Betonung von *Induktion* und *Deduktion* für die Ableitung wissenschaftlicher Erkenntnisse.

---

[7] Dieses Kapitel hat der Autor – Zufall oder Fügung – am 19. April. 2010, genau an Darwins Todestag vor 128 Jahren (19. April 1882), fertig gestellt.

Seine Jugendzeit verbrachte Darwin mit akribischer Naturbeobachtung, der Sammlung von Münzen, Muscheln, Mineralien, chemischen Experimenten und Vogel-Präparationen im elterlichen Schuppen. Schlüsselerlebnis und Grundlage für seine naturwissenschaftlichen Arbeiten war vor allem die Ende 1831 beginnende fünfjährige Weltumsegelung mit dem Forschungsschiff *HMS* Beagle, die er im Alter von 22 Jahren als „standesgemäßer und naturwissenschaftlicher Begleiter" von Kapitän FitzRoy begann.

Die wissenschaftliche Auswertung dieser Reise mündete ab 1838 über zwanzig Jahre lang sukzessive in Überlegungen, erste Abrisse und interne Niederschriften über die Theorie der graduellen Anpassung an den Lebensraum durch Variation und natürliche Selektion. Eine wesentliche Anregung erhielt er dabei im September 1838 durch die Lektüre des *Essay on the Principles of Population* (Gesetz von der Überbevölkerung) von Thomas Robert Malthus, in dem dieser als Axiom postulierte, dass die Bevölkerungszahl exponentiell, die Nahrungsmittelproduktion dagegen nur linear wachse. Somit könne das exponentielle Wachstum nur für eine beschränkte Zeit aufrechterhalten werden, um dann irgendwann in einen Kampf um beschränkte Ressourcen zu münden.

Darwin erkannte, dass sich dieses Gesetz auch auf andere Arten anwenden ließ. Ein solcher Konkurrenzkampf führe dazu, dass vorteilhafte Variationen erhalten blieben und sich fortpflanzten, während unvorteilhafte Variationen mangels Saft und Kraft aus der Population verschwänden. Dieser Mechanismus der Selektion erkläre die Veränderung und die Entstehung neuer Arten. Das war der zündende Funke für Darwins Selektions- und Evolutionstheorie. Ziel Darwins war es bei all seinen Überlegungen und Experimenten, die Entwicklung und Entstehung aller Organismen durch ihre Aufspaltung in verschiedene Arten auf naturwissenschaftliche, nicht theologische Grundlagen zu stellen. Als Genie hat Darwin mit seiner Evolutionstheorie die bis dato vorherrschenden Vorstellungen der Menschen von den Entwicklungsvorgängen in der Natur fundamental verändert.

Im Jahr 1859 war es dann soweit. Darwin veröffentlicht sein berühmtes Hauptwerk *On the Origin of Species*[8] und definiert damit einen entscheidenden Wendpunkt in der Geschichte der modernen Biologie. Er zeigt darin, dass sich alles in der Natur über Zeiträume von tausenden von Jahren weiterentwickelt und verändert, um sich gegen Feinde zu behaupten

---

[8] Darwin, C.R. (1859): *On the Origin of Species by Means of Natural Selection, or The Preservation of Favoured Races in the Struggle for Life*.

und das Nahrungsangebot optimal zu nutzen. Die Art und Artgenossen, die dies am erfolgreichsten bewerkstelligen, können in jeder Generation mindestens so viel Nachwuchs hervorbringen, dass der Verlust der Elterngeneration ausgeglichen wird. Dieses Ausleseprinzip, nach dem nur der *Fitteste* und *Stärkste* sich erfolgreich vermehren kann und damit das Wachstum seiner Sippe ermöglicht, setzt sich innerhalb der Nachwuchsgeneration unverändert fort. So muss jede Generation immer wieder von neuem, genügend Kraft und Nahrung finden, muss um die Nahrungsgrundlagen kämpfen, Fressfeinden entgehen oder sich gegen sie erfolgreich wehren. Das ist der berühmte *Kampf ums Dasein*, der von politischen Gruppierungen im Verlauf des letzten Jahrtausends immer wieder ideologisch instrumentalisiert wurde. Genauso und nicht anders funktioniert der Verdrängungswettbewerb in der heutigen Weltautomobilindustrie, wo nur noch die Hersteller wachsen können, die ihren Kunden das bessere Angebot machen!

Als Darwin am 19. April 1882 starb, war er sowohl anerkannter Geologe, Zoologe, Taxonom sowie im hohen Lebensalter auch Botaniker. Nur in der Theologie fand er wenig Zuspruch, da seine streng naturwissenschaftliche Erklärung für die Vielfalt des Lebens durch Anpassung und natürliche Selektion, insbesondere seine Begründung für die Abstammung des Menschen durch Jahrtausende währende sexuelle Selektion[9], im völligen Widerspruch zu dem damaligen christlichen Weltbild stand. Statt der Genesis innerhalb von sechs Tagen verbreitete Darwin die Theorie eines langwierigen *Trial and Error* Verfahrens der Natur. Also: Anpassung nicht durch göttliches Wirken, sondern durch natürliche Ursachen.

Um einem immer wiederkehrenden Missverständnis vorzubeugen: Darwins Lehre bezieht sich nicht auf das „Recht des Stärkeren", wie es bei seinem Zeitgenossen, dem britischen Soziologen und Philosophen Herbert Spencer, der Fall ist. Dieser übertrug wenige Jahre nach der Veröffentlichung des Buches *Origin of Species* als erster Darwins Evolutionsgesetz des *Survival of the Fittest* auf menschliche Gesellschaften und begründete damit den so genannten Sozialdarwinismus. Danach wird eine Gruppe oder eine Gesellschaft durch das Überleben des Stärkeren oder kulturell Überlegenen und durch das Ausscheiden des Schwächeren oder kulturell Minderwertigen so lange verbessert bis schließlich eine perfekte Gesellschaft existiert.

---

[9] Darwin, C.R. (1871): *The Descent of Man, and Selection in Relation to Sex* (Die Abstammung des Menschen und die geschlechtliche Zuchtwahl).

Das ist leider falsch! Bei Darwin ist Evolution nicht auf ein letztendliches Ziel gerichtet, sondern abhängig von Raum und Zeit. Solange sich die Umwelt verändert, werden sich die Spezies verändern, um sich optimal anzupassen. Evolution ist bei Darwin nicht gleichgesetzt mit *fundamentaler Verbesserung* bezüglich eines optimalen Endzustands – Verbesserung bedeutet bei Darwin, dass die neue Spezies besser an ihre Umwelt angepasst ist als die Vorgängergeneration.

Die Parallelitäten zur heutigen Situation in der Welt-Automobilindustrie sind verblüffend. Die biologische Evolutionstheorie von Darwin mit ihrer besonderen Betonung auf Evolution durch natürliche Auslese lässt sich ohne weiteres im Rahmen eines *universellen Darwinismus* auf andere Bereiche außerhalb der Biologie übertragen, wenn dort Evolutionsfaktoren vorhanden sind. Und eine Evolution findet in der Automobilindustrie sowohl direkt in Bezug auf das *Produkt Automobil,* sowie indirekt in Bezug auf *die diese Produkte herstellenden Unternehmen* statt. Seit mehr als hundert Jahren findet ein ständiges Kommen und Gehen statt, allerdings mit asynchroner Partizipationsrate. Es gehen also mehr als kommen!

Und schon sind wir beim eigentlichen Thema des vorliegenden Buches angelangt.

Sicherlich, Bücher über Darwin und seine Ideen zur Evolution und Selektion in der Natur gibt es zu Hunderten. Um den Bedenken des Lesers direkt Rechnung zu tragen: Es ist nicht die Absicht des Autors, diese Reihe künstlich zu verlängern. Der Autor ist Ökonom, kein Naturwissenschaftler. Das Schwergewicht dieses Buches liegt deshalb auf ökonomischen Tatbeständen: Wie verhalten sich Unternehmen (Automobilhersteller) auf gesättigten, engen, oligopolistischen Märkten, wenn die eigenen Weideflächen (Absatzmärkte) aufgrund des Vordringens der Artgenossen knapp werden und man zusätzliches Futter (Absatzwachstum) nur über das Eindringen in fremde Weiden auf Kosten der Artgenossen (Marktanteilsgewinne) erzielen kann? Und mit welchen Maßnahmen und Strategien, möglicherweise auch unfairen Verhaltensweisen, erhöhen sie ihre Überlebenschancen in diesem *Kampf ums Dasein*?

Fakt ist: Der *Struggle for Life* in der Weltautomobilindustrie ist in vollem Gange! Überleben können nur die Spezies, die sich am besten an die sich fortlaufend ändernden Anforderungen des Marktes anpassen. Denn „Nichts in der Geschichte des Lebens ist beständiger als der Wandel" (Darwin). Und es geht dabei nicht um moralische oder ethische Kategorien, z.B. ob man den Konkurrenten um das knappe Absatzpotenzial vom Markt verdrängen darf oder nicht. Sondern es geht nur darum, wer sich im Rahmen der gesetzlichen, von der Gesellschaft festgelegten und kontrollierten Ordnung am besten behaupten kann. Denn nur derjenige bleibt als Automobilhersteller oder Zulieferer schließlich übrig, die anderen scheiden aus oder werden aufgesaugt.

Zu den wesentlichen Rahmenbedingungen für die Entwicklung der Automobilindustrie gehören aus ökonomischer Sicht:[10]

- Die sich im Zeitablauf entsprechend der Maslowschen Bedürfnispyramide[11] mit steigendem Einkommen ändernden Bedürfnisse der Kunden nach spezifischen Produkteigenschaften, z.B. Autos mit geringem Energieverbrauch und hohem Komfort, Prestige, und Image.

- Die Veränderungen der exogenen Rahmenbedingungen in Ökologie, Technologie und technischem Fortschritt sowie in Gesetzgebung und Gesellschaft, z.B. steigende ökologische Anforderungen an Produkte und Verkehrsmittel, veränderte Mobilitätsbedürfnisse, Herausbildung hedonistischer Verhaltensweisen und Verlust sozialer Bindungen.

- Veränderte Faktorpreisrelationen als Folge veränderter Knappheitsrelationen bei Produktionsgütern wie Energie und Rohstoffen, z.B. Ölpreisschocks, strukturelle Rohstoffverteuerung und Globalisierung des Arbeitsmarktes in Richtung Niedriglohn-Regionen.

Welchem Hersteller gelingt es, sich am besten an diese Gemengelage anzupassen? Wo und vor allem *wie* erfolgt die Anpassung?

Der Leser möge nunmehr verstehen, warum diese kurze Einführung in das Darwinsche Denkgebäude notwendig war. Analogieschlüsse von Darwins Theorie über die *natürliche Auslese* auf die Automobilindustrie, hier vor allem auf die Gruppe der Automobilhersteller, lassen sich eben nur ziehen, wenn die theoretischen Grundlagen klargelegt sind. Ohne theoretische Basiskenntnisse lässt sich nun mal keine gesicherte ökonomische Zukunftsprognose ableiten, auch nicht über die Überlebensfähigkeit einzelner *Spezies* in der Automobilindustrie. Vielleicht rührt gerade daher das vielfach beklagte Fehlen von längerfristigen Szenarien, vor allem die feh-

---

[10] Die Auflistung ist ohne Anspruch auf Vollständigkeit.
[11] Bedürfnishierarchie beschreibt Motivation von Menschen: Bedürfnisse der niedrigsten Stufe müssen befriedigt werden, bevor Bedürfnisse der höheren Stufe auftreten (physiologische Bedürfnisse, Sicherheit, soziale Bedürfnisse, Individualbedürfnisse, Selbstverwirklichung).

lende Weitsicht in der Automobilindustrie:[12] Man weiß nicht, wo man herkommt und kann folglich auch nicht ableiten, wo man hingeht. Es gibt in der Industrie offensichtlich zu wenig weitsichtige Ökonomen, die Theorie und Praxis strategisch in Einklang bringen können. Es gibt nur noch volkswirtschaftliche Analysten in den Finanzressorts.

Die Kernfrage des Buches lautet: Wie hoch sind die Überlebenschancen der deutschen Automobilhersteller und -zulieferer?

Kann Darwin etwas zur Beantwortung dieser Frage beitragen? Die Antwort ist eindeutig: „Ja, er kann!" Seine Antwort lautet: „Die Säugetiere haben die Dinosaurier verdrängt, weil sie schneller, kleiner und aggressiver waren." Populärwissenschaftlich ausgedrückt: *Nicht die Großen fressen die Kleinen, sondern die Schnellen die Langsamen.* [13]

Dieses Prinzip kann nach Lage der Dinge und den Erfahrungen aus den letzen vierzig Jahren fast ohne jegliche Einschränkung auf die Automobilindustrie übertragen werden. Mehr noch: Überträgt man die Darwinschen Erkenntnisse auf die hundertjährige Entwicklungsgeschichte der Automobilindustrie, so lassen sich folgende wichtige Erkenntnisse gewinnen:

- Nicht die großen Hersteller haben die kleinen verdrängt und verdrängen sie gegenwärtig, sondern genau das Gegenteil ist der Fall.

- Analog: Die kleinen Automobile verdrängen die großen seit Beginn der siebziger Jahre, als das Ende der Straßenkreuzer in den USA eingeläutet wurde. Und auch heute dümpeln die Hummers, GMACs, Maybachs und Jaguars dieser Welt ihrem Ende entgegen, während die Logans, Nanos, Ups, iQs, Smarts, Minis und A1er durchstarten. Variationen mit Zukunft sind offensichtlich solche, die mit weniger Nahrungsmitteln, also Treibstoff, auskommen.

- Dieser Verdrängungskampf ist in der Wirtschaft jeweils final, wird also nicht durch Schranken der Zivilisation, wie Mitleid oder Milde aufgehalten. Wirtschaft und Wettbewerb kennen keine Gnade! Die Zivilisation und das Prinzip der sozialen Marktwirt-

---

[12] Meißner H.R. (2010): *Dringend gesucht: Längerfristige Szenarien für die Autoindustrie*, WZBrief Arbeit, 06.03.2010, S.3f.
[13] Wie die Insolvenzen von GM, Chrysler, Visteon, Delphi etc. zeigen. Formal sind diese Unternehmen aufgrund juristischer Regularien zwar bis dato nicht vom Markt verschwunden, wurden also von der Gesellschaft „durchgefüttert". Ob das allerdings auf Dauer reicht, um wieder zu Kräften zu kommen, ist fraglich. Darwin jedenfalls hätte seine Zweifel gehabt – aber damals gab es auch noch kein Chapter 11!

schaft bestimmen nur die Regeln, nach denen der Kampf ausgefochten wird, nehmen aber im Fall der reinen Lehre keinen Einfluss auf das Ergebnis. Dazu Darwin: „Ich zweifle in der Tat, ob Humanität eine natürliche oder angeborene Eigenschaft ist." Allerdings räumt Darwin ein: „Jedermann wird zugeben, dass der Mensch ein soziales Wesen ist. Wir sehen es in seiner Abneigung gegen Einsamkeit sowie dem Wunsch nach Gesellschaft über den Rahmen der Familie hinaus."[14]

- „Die Zeit ist die wichtigste Zutat im Rezept des Lebens!" (Darwin). Nichts geschieht von heute auf morgen. Die Verdrängung einer Spezies durch eine andere erfolgt nicht über Nacht, sondern vollzieht sich in einem langwierigen Prozess. Sie kündigt sich also schon lange an, bevor es zu spät ist. – Nur völlig borniert Hersteller, die nur mit sich selber beschäftigt sind, merken nicht, was um sie herum vorgeht!

- Je erfolgreicher eine Spezies im Überlebenskampf ist, desto schwieriger wird es, diese Position dauerhaft zu behaupten. Jeder Erfolg trägt den Keim des Misserfolges schon in sich, irgendwann wird der Jäger automatisch zum Gejagten. Die Nummer Eins der Automobilindustrie zu sein, scheint kein erstrebenswertes Ziel. Zu den Erkenntnissen von Darwin gehört: „Es besteht eine konstante Tendenz allen beseelten Lebens, sich so weit zu vermehren, dass die verfügbare Nahrung nicht ausreicht." Und das bedeutet zwangsläufig den Untergang zunächst einzelner Gruppenmitglieder, auf Dauer der gesamten Spezies!

An dieser Stelle möchte der Autor noch auf eine Schwierigkeit bei der Übertragung der Darwinschen Evolutionstheorie auf die Automobilbranche hinweisen. Die eigentlichen Träger der Evolution sind die Automobile oder die Zulieferteile, die sich an veränderten Rahmenbedingungen und Anforderungen anpassen müssen, nicht die Unternehmen selbst, die diese Automobile oder Teile herstellen. Sieht man einmal von dem angelsächsischen Management-Kauderwelsch und artifiziellen Berater-Schnack ab, hat sich seit den Fuggern an der Art, wie ehrbare Kaufleute Geschäfte machen und Unternehmen führen, eigentlich nichts geändert. Einige Hilfsinstrumente sind dazu gekommen: Mails und Blackberries, Internet, EDV,

---

[14] Als kleiner Hinweis: An dieser Stelle schlägt die große Stunde des Christentums mit seiner zentralen Botschaft der Nächstenliebe. Die berechtigte Forderung der Korrektur marktwirtschaftlicher Prozesse durch soziale Aspekte findet hier ihre Begründung.

neumodische US-Bilanzierungsgrundsätze zur Erleichterung von Betrug etc. Aber sonst ist eigentlich alles gleich geblieben.

Die Funktion der Unternehmen ist es, vorausschauend die notwendigen Anpassungen ihrer Produkte in ihrem Produktportfolio möglichst geräuschlos und ohne Friktionen durchzuführen. Die Evolution stellt also nicht die Unternehmen als Träger oder Initiatoren der Anpassung in Frage, sondern die Produkte, die sie herstellen. Auf die Menschen kommt es an, den fleißigen Unternehmer mit Vision und Führungsqualität, auf motivierte und kreative Mitarbeiter. Der Fisch stinkt immer noch vom Kopf! Es kann also durchaus der Fall eintreten, dass ein Unternehmen exzellent angepasste Produkte hat, aber betriebswirtschaftlich ineffizient und schlecht geführt wird und daher ausscheiden muss. Oder der umgekehrte Fall: Ein Unternehmen wird betriebswirtschaftlich höchst effizient und straff geführt und dient als Benchmark, überzieht aber sein Wachstumstempo und verschlechtert seine bis dato vorbildliche Produktqualität und gerät dadurch in erhebliche Image- und Absatzschwierigkeiten.

Beide Fälle sind in der jüngeren Automobilgeschichte vorgekommen. Sie sind aber nicht die Regel. Normalerweise gilt: *Wie der Herr, so's Gescherr!* Grundsätzlich wird daher in der nachfolgenden Betrachtung unterstellt, dass ein Unternehmen und seine Produkte den gleichen Evolutionsgrad und den identischen Tabellenplatz im *Struggle for Life* aufweisen.

Dazu im nachfolgenden Kapitel mehr.

2 Wie der Auslesewettbewerb funktioniert

Mag der geneigte Leser bis hierhin die Lektüre eher als belletristisch empfunden haben, so wird sich das nunmehr ändern: In den Kapiteln 2. und 3. schlägt die Stunde der Liebhaber von *Facts and Figures*, der Sachbuchliebhaber also. Danach geht es „gemischt" weiter.

Charles Robert Darwin hat, wie bereits erwähnt, wichtige Jahre seines Lebens auf dem Schiff und später als Privatier bei Wasserkuren zur Restaurierung seiner Gesundheit zugebracht. An der Mehrung seines materiellen Wohlstands war er weniger interessiert – den brachte er von Hause aus mit bzw. erheiratete sich ihn. Er verspürte nicht das Interesse, sich – wie rund hundert Jahre später sein berühmter Landsmann Lord Maynard Keynes – erfolgreich dem Beobachten der Wirtschaft und dem Aufdecken der verborgenen Marktmechanismen, z.B. an den Börsen, zu widmen. Hätte er dazu eine Chance – oder Neigung – gehabt, wären seine Erkenntnisse über die Entwicklungsprozesse in der Natur und die ihnen zugrunde liegenden Selektionsmechanismen für die Ökonomie kaum anders ausgefallen, als er sie 1859 in seinem Buch *On the Origin of Species* niedergelegt hat.

Die Welt-Automobilindustrie wäre für Darwin ein wunderbares Untersuchungsobjekt gewesen. Denn sie hat in den letzten Jahrzehnten gewaltige Umwälzungen und Selektionsprozesse erlebt. Eine anhaltende Konzentrationswelle unter den Herstellern sowie den Zulieferern, bei gleichzeitig wachsender Flut neuer Fahrzeugmodelle macht den Unternehmen der Branche schwer zu schaffen. Die größten Herausforderungen seit ihren Anfängen Ende des 19. Jahrhunderts stehen der gesamten Brache jedoch noch bevor: Die fortschreitende Sättigung auf den angestammten hoch entwickelten westlichen Volumenmärkten, verbunden mit gravierenden Auswirkungen auf Partizipationsrate und Struktur der gesamten Wertschöpfungskette. Auslesewettbewerb in Reinkultur bestimmt das heutige Bild auf den Automobilmärkten – für Darwin ein unerschöpfliches Forschungsfeld!

Um in diesem Veränderungsprozess der Automobilindustrie als Hersteller sowie als Zulieferer eine passende Überlebensstrategie zu entwickeln, muss die Analyse bei den Herstellern (OEMs) beginnen. Denn naturgemäß sind die Zulieferunternehmen wirtschaftlich sehr stark abhängig von ihren vorgelagerten Kunden, den Autobauern. Auch wenn sie keine direkten Kundenbeziehungen zu den OEMs haben, sondern nur auf der zweiten oder dritten Zulieferebene tätig sind (so genannte Tier 2- oder Tier 3-Zulieferer) ist ihre Rentabilität direkt oder indirekt doch immer stark an die wirtschaftliche Situation der OEMs gekoppelt. Der Verdrängungswettbewerb und der davon ausgelöste Ertragsdruck bei den Herstellern wird entlang der gesamten Wertschöpfungskette sukzessive auf sämtliche Zulieferer und Dienstleister weitergegeben und sorgt für Anpassung und Auslese auf allen Ebenen.

Als Ursache für diesen verschärften Verdrängungswettbewerb bei den OEMs sind vier Faktoren zu nennen:

1. **Marktsättigung**
   Die bedeutenden Volumenmärkte in den hoch entwickelten Industrieländern sind gesättigt. Das Volumen-Wachstum ist zum Stillstand gekommen die Automobilnachfrage stagniert, allerdings auf hohem Niveau.

2. **Explodierende Modellvielfalt und Entwicklungskosten**
   Alle Hersteller mutieren zu so genannten full-line Anbietern, jeder macht alles, mit einer Vielzahl von Modellen und Derivaten in jeder sich bietenden Marktnische. Die Entwicklungskosten für immer kleinere Serien explodieren.

3. **Überkapazitäten an den etablierten Produktionsstandorten**
   Die Produktion findet immer mehr vor Ort in den neuen automobilen Wachstumsmärkten (Asien, Mittel- und Osteuropa) statt, d.h. man produziert in der Region für die Region. An den alten Standorten bestehen zunehmend Überkapazitäten, die wegen politischer Beharrungskräfte nur mühsam abgebaut werden können (z.B.: Opel).

4. **Wachsender Verdrängungswettbewerb in allen Segmenten**
   Fehlendes Volumenwachstum und überproportionaler Kostenanstieg aufgrund der gestiegenen Modellvielfalt führen zu schrumpfenden Gewinnmargen, einem gnadenlosen Verdrängungswettbewerb auf allen Wertschöpfungsstufen und zum Ausscheiden markenschwacher OEMs vom Markt.

Dieser Auslesewettbewerb auf Ebene der Hersteller setzt sich nahtlos über die gesamte Wertschöpfungspyramide (siehe Abb. 1) der vorgelagerten Zulieferer fort. Als direkte Folge wird sich auch der Wettbewerb entlang der Wertschöpfungskette weiter intensivieren und nach so genannter Experten-Schätzung in den kommenden zehn Jahren zu einer Verringerung der Anzahl von Zulieferern in der gesamten Automobilindustrie um 50% führen. Nebenbei bemerkt: Im Zuge der fortschreitenden Arbeitsteilung bei industriellen Entwicklungs- und Fertigungsprozessen und neuen Problemlösungen kann es aber auch anders kommen: Einschlägige Verbände, wie beispielsweise der Industrieverband Blechumformung e.V. (IBU) oder der Verband der Automobilindustrie (VDA), verzeichnen jedenfalls steigende Mitgliederzahlen.

Abb. 1. Wertschöpfungspyramide der Automobilindustrie

Hersteller: **OEM**

1st-tier: **System-integrator, Modullieferant**

2nd-tier: **Systemspezialist**

3rd-tier: **Teile- und Komponentenlieferant**

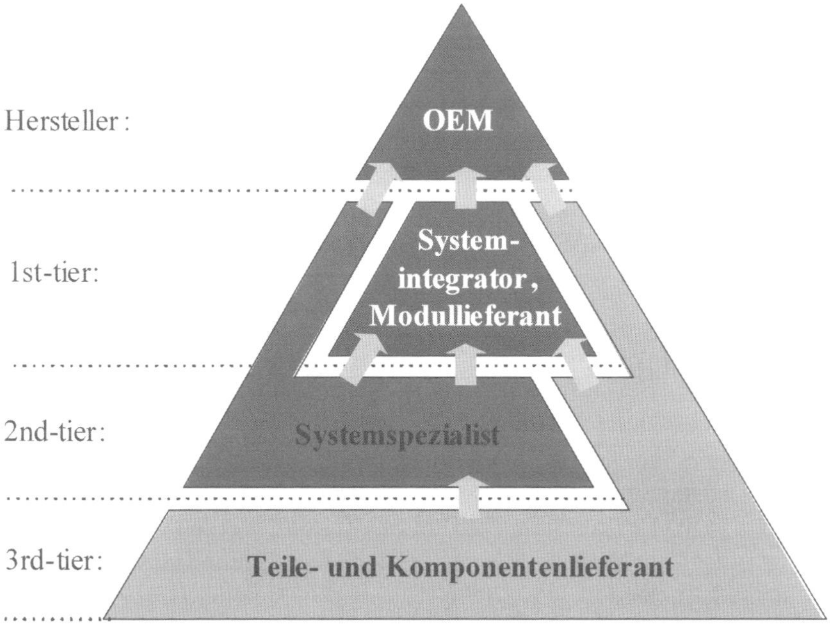

Quelle: IWK

Exkurs Automobilzulieferer

Da die Zulieferer in diesem Buch nicht im Vordergrund der Analyse stehen, seien an dieser Stelle einige Anmerkungen zu diesem wesentlichen Teil der gesamten Automobilbranche – die Zulieferer stehen für ca. 70% der gesamten Wertschöpfung der Branche – angebracht.

Für diejenigen Zulieferer, die dem Preis- und Kostendruck seitens ihrer ums Überleben kämpfenden Abnehmer, der OEMs, standhalten können, eröffnen sich in den kommenden Jahren erhebliche Wachstumschancen.

Durch die Anpassung an die veränderten Kundenbedürfnisse werden der Elektronikanteil und damit der Wertanteil des Fahrzeuginhalts in Zukunft deutlich ansteigen. Weiterhin ziehen sich die Hersteller zunehmend aus der Entwicklung und Eigenfertigung zurück und betreiben auch in Zukunft vermehrt Outsourcing an diejenigen, die es billiger können, an die Zulieferer. Die Politik der schnellen Modellwechsel und der steigenden Anzahl neuer Karosseriekonzepte mit immer kleineren Losgrößen führt überdies zur Einschaltung von Entwicklungsdienstleistern und Produktionsspezialisten durch die Hersteller selber, insbesondere auch bei der Betreuung der progressiv zunehmenden Anzahl von Derivaten und Nachfolgemodellen. Wie gesagt, das Bestreben sämtlicher Automobilkonzerne, full-line Anbieter zu werden und jeden Hauch einer Nische mit eigenen Modellen entweder zu begründen oder zumindest zu besetzen (*me too*-Strategie), führt zu positiven Beschäftigungseffekten bei den vorgelagerten Zulieferern. Entwicklungsspezialisten, wie z.B. *Bertrandt* oder *EDAG,* profitieren davon. Fremdfertiger, wie z.B. Magna, leiden allerdings darunter, wenn sie zu erfolgreich sind und die Hersteller wieder Eigenregie übernehmen, wie z.B. BMW mit dem X3.

Zum Strukturwandel innerhalb der Wertschöpfungskette oder innerhalb des Leistungsspektrums der Hersteller sei an dieser Stelle nur so viel gesagt: Die Kernkompetenz der Herstellern verlagert sich gleitend von der produzierenden Tätigkeit hin zu Branding und Markenführung und vor allem *downstream* Dienstleistungen, wie den Finanzierungs- und Versicherungsgeschäften. Diese Entwicklung führt zu einer neuen Stufe der Wertschöpfungskette, den so genannten Production Intermediaries (PIs), die quasi als OEM-Ersatz fungieren. In der Zukunft werden sich die Effizienzsteigerungen nicht mehr nur auf die Herstellung des Produkts Automobil beschränken, sondern vor allem auch in dem Bereich Herstellungsprozess stattfinden. Dabei wird die Produktion der Fahrzeuge zum Großteil von den Ausrüstern übernommen, die für die Finanzierung und den Betrieb der Maschinen vollständig verantwortlich sind und in der Regel auf Basis der gefertigten Produkte vom OEM bezahlt werden. Insgesamt wird der Wertschöpfungsanteil der OEMs nach Expertenschätzung von 35% im Jahr 2002 auf nur noch 23% im Jahr 2015 zurückgehen (siehe Abb. 2).

Abb. 2. Wertschöpfungsaufteilung in der Automobilindustrie

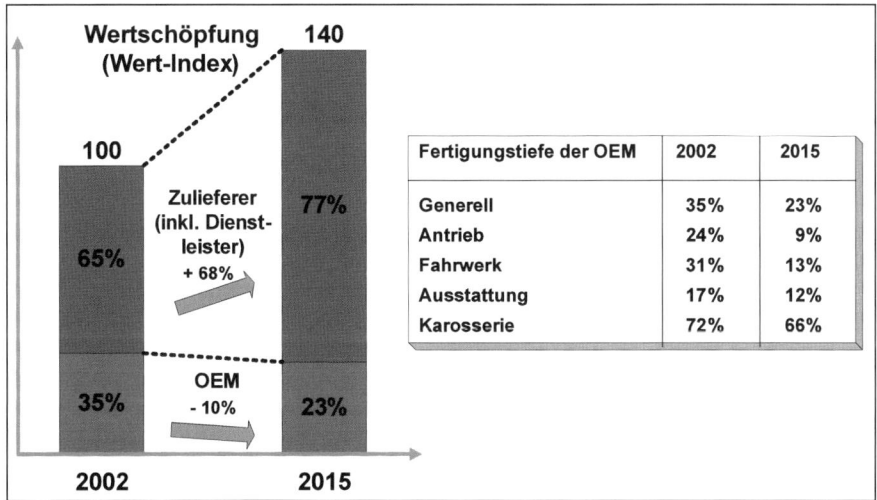

Quelle: FAST-Studie

Dem steht entgegen, dass aufgrund der geringen Anzahl verbliebener eigenständiger OEMs und dem verstärkten Einsatz von Plattformen, Gleichteilen und Modulbaukästen für verschiedene Modelle die Anzahl der zu vergebenden Aufträge an Zulieferer sinkt, das Auftragsvolumen je Fall allerdings erheblich zunimmt. Dies führt zu einem verschärften Beschaffungswettbewerb, der von oben nach unten durch die gesamte Zulieferbranche geht. Die neueste Variante ist die Gründung einer Art Wettbüro im Einkauf, in dem die Zulieferer als *Payback* auf gelistete Lieferungen der Vergangenheit Wetteinsätze tätigen müssen, um auf die Vergabeliste für neue Aufträge zu kommen, ohne dessen aber sicher zu sein. Das Ganze nennt sich *Pay to Play* und zeigt deutlich, dass eine gemeinsame Ausbildung bei der gleichen Unternehmensberatung die wachsende Gefahr mit sich bringt, dass Kreativität und Spielermentalität aus der Finanzindustrie auch auf das Personal in den Einkaufsabteilungen der OEMs übergreift.

Um diese Abhängigkeit zu verringern und die eigene Wertigkeit zu erhöhen, ist die stetige Weiterentwicklung und Innovationsbereitschaft für die Zulieferer wichtiger denn je. Und natürlich auch, um nicht durch einen überraschenden technologischen Innovationssprung vom Markt verdrängt zu werden. Vor dem Hintergrund dieses verschärften Innovationsdrucks und dem Zwang zur globalen Reichweite stellt die Kapitalausstattung der Zulieferer ein entscheidendes Zukunftskriterium dar. Die Sicherung gerade auch der finanziellen Unabhängigkeit ist speziell in schwierigen Zeiten ein absolutes Muss für jeden Zulieferer.

Den Automobilzulieferern bieten sich grundsätzlich vier verschiedene Anpassungsstrategien in dem sich stark verändernden Umfeld der Branche:

- **Kostenoptimierungsstrategie**
  Die Kosten lassen sich an zwei Hebeln optimieren: Steigerung der Prozessproduktivität (Rationalisierungsmaßnahmen, effizientere / schlankere Prozessgestaltung) und Senkung der Lohnstückkosten (direkte Lohnsenkung und / oder Arbeitszeitverlängerung, Abwanderung an Low-Cost-Standorte). Kurz: Lean-Management!

- **Volumenstrategie**
  Um die abnehmenden Stückkosten der Massenproduktion voll zu nutzen gilt es, einen möglichst hohen Marktanteil zu erreichen. Kurz: Mehr von dem Alten!

- **Innovationsstrategie**
  Wettbewerbsvorteile können aufgrund wissensbasierter Wertschöpfung gewonnen werden, um dadurch eine USP und/oder bessere Preise zu bieten. Im Grundsatz läuft das auf Gewinnung einer Art von Monopolstellung mit entsprechend höherer Marktmacht in der Wertschöpfungskette hinaus. Kurz: Mehr durch Neues!

- **Content-Strategie**
  Unternehmenswachstum kann über eine Steigerung des eigenen Wertschöpfungsanteils am Endprodukt, dem Fahrzeug, oder über Kreativität und Innovation, gepaart mit Vorleistungsinvestitionen und entsprechend höherem Risiko erzielt werden. Kurz: Mehr durch ein größeres Stück vom Kuchen!

Bei allen vier Strategien ist die Verbesserung der Wettbewerbsposition die entscheidende Grundlage für den Erfolg eines Zulieferers. Denn der Wettbewerb in der Automobilindustrie wird auf allen Ebenen härter, die Erfolgsbedingungen werden schwieriger und die strategischen Entscheidungen komplexer. Nur bei *vorausschauender*, rechtzeitiger Anpassung an die sich verändernden Markt- und Existenzbedingungen kann man auch in Zukunft als Zulieferer erfolgreich in dieser Branche wachsen. Sonst wird man zum Spielball der OEMs.

Insgesamt verschärft der Ausleseprozess den Strukturwandel in der Automobilindustrie gewaltig. Für die Zulieferer führt das zu hohen Überlebensrisiken, aber auch zu höheren Chancen. Hier gilt Darwins Gesetz genauso wie für die Hersteller selbst: Die Kleinen, Beweglichen und Pfiffigen haben Überlebensvorteile im *Struggle for Life,* die Großen und Trägen mit ihren langen und vielgliedrigen Befehlswegen „vom Kopf bis zu den Füßen" *(Dinosauriersyndrom)*, vor allem mit ihren immer zahlreicheren Ausschüssen und Entscheidungsgremien mit diffuser Entscheidungslage, sind auf Dauer zum Aussterben verdammt.

Und das ist auch gut so! Umso besser geht es den Übriggebliebenen.

2.1 Der Konzentrationsprozess in der Vergangenheit

Der Ausleseprozess ist kein neues Phänomen in der Automobilindustrie, Hersteller und Zulieferer unterliefen auch in der Vergangenheit immer wieder konjunkturelle und strukturelle Konsolidierungsphasen. Alle Beteiligten in der Branche unterliegen seit jeher einem starken Anpassungsdruck an diese sich stetig verändernden Rahmenbedingungen, von der Wachstumsphase während der Wirtschaftswunderjahre (z.B. Borgward, Glas) über die Ölkrisen in den siebziger Jahren bis hin zur aktuellen Finanz- und Wirtschaftskrise (Rover, Chrysler, Saab, Volvo etc.).

Bis zum Jahr 2000 befanden sich die Haupt-Absatzmärkte der Automobilindustrie fast ausschließlich in den etablierten Industrieländern, der so genannten Triade (USA, Westeuropa und Japan). Rund drei Viertel aller weltweit jährlich produzierten Kfz wurden in diesen drei Märkten verkauft. Die restlichen Länder der Welt spielten bis zu diesem Zeitpunkt, obwohl sie knapp 90% der Weltbevölkerung stellen, allenfalls eine untergeordnete Rolle für die Automobilindustrie.

Die Automobilhersteller konzentrierten sich auf die Triade-Länder, in denen die Absatzzahlen im Trend – von konjunkturellen Schwankungen abgesehen – Jahr für Jahr stetig anstiegen und dadurch über ein Mehr an Verkaufsvolumen ein profitables Wachstum trotz großzügiger Kostensteigerungen ermöglichten.

Aber auch damals war in der Automobilindustrie sowohl auf OEM- als auch auf Zulieferer-Ebene bereits ein eindeutiger und intensiver Konzentrationsprozess durch Übernahmen und Fusionen zu beobachten. Strategisch falsch aufgestellte, wirtschaftlich unprofitable Unternehmen oder mittelständische Zulieferer ohne gesicherte Nachfolge wurden insolvent, gaben auf oder wurden durch stärkere Wettbewerber übernommen. Von den mehr als 62 eigenständigen OEMs, die 1960 auf dem Markt tätig waren, existieren in der industrialisierten Welt heute nur noch rund 13[15] global operierende, rechtlich und wirtschaftlich unabhängige Hersteller (siehe Abb. 3).

Dieser Konzentrationsprozess wurde vor allem durch die für diesen Industriezweig typischen Merkmale erzwungen:

- Hohe, inflexible, langfristige Kapitalbindung für den Aufbau von Produktionskapazitäten
- Hohe Abhängigkeit von Mindeststückzahlen für die Deckung der fixen Produktions- und Vertriebskosten (*Economies of Scale*)
- Hohe Wettbewerbsintensität aufgrund der nahezu vollkommenen Transparenz im Angebot

Abb. 3. Konzentration auf OEM Ebene

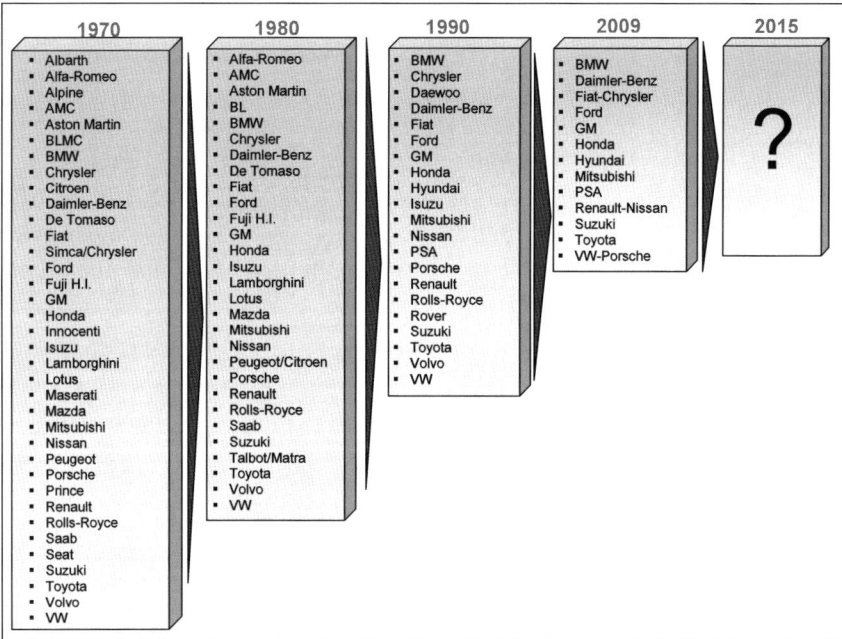

Quelle: IWK

---

[15] Eine genaue Abgrenzung ist momentan durch den Einstieg von Fiat bei Chrysler und die Beteiligung von VW an Suzuki schwierig.

Im Zuge dieses Konzentrationsprozesses verschwanden allerdings bei den OEMs, im Gegensatz zu den Zulieferern, kaum Marken vom Markt. Da die Kundenbindung an eine Automarke in Europa und Deutschland meist sehr langfristig ist und – neben der Ehefrau - einen wichtigen Entscheidungsfaktor beim Neuwagenkauf darstellt, wurden die „alten" etablierten Marken auch nach Marktaustritt der Muttergesellschaft in der Regel unter dem Dach der neuen Konzernmütter weitergeführt (so wie Lancia, Alfa Romeo und Ferrari bei Fiat).

In den letzten Jahren hat die Intensität dieses Konzentrationsprozesses auf Herstellerebene im Zuge der Weltwirtschaftskrise sogar wieder etwas zugenommen, obwohl inzwischen im Westen ein Konzentrationsniveau erreicht ist, bei dem man noch weitere große Übernahmen kaum mehr erwarten sollte. Zum einen sollten die Konzerne aus den Fehlern der gescheiterten Fusionen in der Vergangenheit (z.B. BMW-Rover, Daimler-Chrysler[16]) gelernt haben. Zum anderen haben die verbliebenen Automobilhersteller inzwischen eine derartige Größe und volkswirtschaftliche Bedeutung erreicht – zahlreiche Arbeitsplätze hängen direkt und indirekt von jedem einzelnen Großhersteller ab – dass ihr Ausscheiden oder eine Übernahme mit Rationalisierungseffekten starke negative Konsequenzen für die betroffenen Länder befürchten lassen. Daher stößt dies zunehmend auf wirtschaftspolitischen Widerstand (*Too Big to Fail*). Die nationalen Regierungen sind mittlerweile eher bereit, Steuergelder in die Stützung einzelner Unternehmen zu stecken, um auf diese Weise die bestehenden Unternehmen mit ihren Arbeitsplätzen zu erhalten., oder deren Abbau in die Zukunft, am besten in die nächste Legislaturperiode, zu vertagen Dies trifft besonders in wirtschaftlichen Krisenzeiten (wie aktuell) zu, wenn die wirtschaftspolitischen Auswirkungen einer Insolvenz auf die gesamte Volkswirtschaft politisch besonders schwer zu verkraften wären. Und wenn Politiker sich einen Kehricht um Darwins Meinung kümmern, wonach nichts Bestand hat, was dauerhaft gegen den Markt gerichtet ist. Überkapazitäten lassen sich eben dauerhaft nicht über eine staatliche Fehlallokation von finanziellen Mitteln aufrechterhalten. – Das hat schon der Sozialismus in der DDR nicht vermocht!

Die unseligen Folgen von staatlichen und stattlichen Erhaltungssubventionen aus Steuermitteln (hier: Auf Pump!) war zuletzt besonders gut bei der stark angeschlagenen amerikanischen Automobilindustrie zu beobach-

---

[16] 1998 fusionierten Daimler Benz und Chrysler. Daimler bezahlte 36 Mrd. und war im Mai 2007 froh, Chrysler für 5,5 Mrd. an den Finanzinvestor Cerberus zu verkaufen. Ähnlich erging es dem Hersteller BMW, der mit der Übernahme der Rover Group scheiterte, viel Geld verlor und nur die Marke Mini behielt.

ten. Zwei der drei großen US-Hersteller konnten nur durch staatliche Subventionen und Beteiligungsprogramme am Leben erhalten werden. Chrysler, vom dem sich Daimler nach der missglückten Fusion 2007 wieder getrennt hatte, erhielt 4 Mrd. US$ staatliche Unterstützung und musste im April 2009 Insolvenz anmelden, bevor der italienische Fiat-Konzern im Juni mit 35% Aktienanteilen als Investor die industrielle Führung übernahm. Noch schlimmer erging es dem nationalen Flaggschiff der amerikanischen Wirtschaft, General Motors. GM hatte Ende 2008 kurz nach Ausbruch der Finanzkrise insgesamt 13 Mrd. US$ Staatshilfen erhalten, um den laufenden Betrieb aufrechterhalten zu können. Im Juni 2009 musste der Konzern trotzdem Insolvenz beantragen und wurde schließlich teilverstaatlicht. Der US-Staat übernahm 60% der Anteile und sicherte Staatshilfen in Höhe von weiteren 30 Mrd. US$ zu. Die deutsche GM-Tochter Opel erhielt von der deutschen Bundesregierung Kreditzusagen über 3,5 Mrd. US$, um eine Insolvenz zu verhindern und an den Zulieferer Magna und die russische Sberbank verkauft zu werden. Nachdem GM den geplanten Verkauf abgesagt, Opel wieder zurück in den GM-Konzern geholt und die Staatskredite zurückgezahlt hat, zog die Konzernmutter im Frühsommer 2010 endgültig alle Wünsche nach deutscher Staatshilfe für Opel zurück; dazu später mehr.

In der Zulieferindustrie hat der Konzentrationsprozess infolge des verschärften Kostendrucks von Seiten der Abnehmer – OEMs oder nachgelagerte Unternehmen aus der Zulieferkette – in der Vergangenheit ungebremst angehalten und wird sich auch in den nächsten Jahren fortsetzen (siehe Abb. 4). Dabei mussten kleinere Zulieferer vom Markt verschwinden (z.B. TMD, Geiger, Wagon Automotive, Kittel), andere wurden durch größere (oder kleinere) Konkurrenten (Edscha durch Webasto) übernommen – Siemens VDO wurde 2007 durch Continental übernommen, Continental wurde 2009 von der Schaeffler-Gruppe übernommen. Sieht man einmal von den spektakulären Großfusionen wie bei Conti ab, findet dieser Konzentrationsprozess unter den Zulieferern meist unbemerkt von der öffentlichen Wahrnehmung statt, sie sind zu klein, um öffentliches Aufsehen zu erregen.

Auch hier lässt sich wieder mustergültig der Vergleich mit dem Darwinschen Ausleseprozess in der Natur ziehen. Die OEMs als Spitze der Automobilindustrie bilden sozusagen die Klasse der hoch entwickelten Säugetiere mit erhabenem Ansehen, während die Zulieferer vergleichbar sind mit der Klasse der artenreichen, vielfach unbekannten und unbeachteten Insekten. Von den Säugetieren existieren weltweit noch etwa 5.000 Arten und bei jeder vom Aussterben bedrohten Spezies (von der Insolvenz bedrohter Hersteller) wird mit großem Aufwand versucht, diese Art zu retten.

Bei den Insektenarten (Zulieferern) ist die genaue Anzahl unbekannt, nach Schätzungen dürfte es in etwa die tausendfache Menge der Säugetierarten sein. Daher nimmt die Öffentlichkeit in den meisten Fällen gar nicht wahr, wenn eine Insektenart ausstirbt (ein Zulieferer vom Markt verschwindet). Bei einer besonders schönen Schmetterlingsart (z.B. Karmann) oder einer nützlichen Honigbiene (z.B. Delphi) mag der Aufschrei in der Bevölkerung vielleicht noch groß sein, bei der Vielzahl an weniger attraktiven Käfern, Asseln und Faltern (Herstellern von Schmierstoffen, Dichtungsringen oder Spritzgussformen) bleibt der Aufschrei dagegen aus. Das einzelne Insekt ist nicht unbedingt notwendig für den Erhalt des Ökosystems, ebenso wenig relevant ist der einzelne kleine Zulieferbetrieb für die Automobilindustrie. In ihrer Gesamtheit sind die Insekten allerdings von entscheidender Bedeutung und für die Natur unerlässlich. Ohne sie würde die Lebensgrundlage für jede Art von Säugetier fehlen und das gesamte Ökosystem kollabieren. Und das gleiche gilt für die Spezies der Zulieferer, die in ihrer Gesamtheit die tragende Stütze der Automobilindustrie bilden. Was könnte dazu besser ins Gebetbuch der Hersteller passen als die Schlussarie von Hans Sachs in Wagners *Meistersinger*: „Verachtet mir die Meister nicht und ehrt mir ihre Kunst! Was ihnen hoch zum Lobe spricht, fiel reichlich Euch zur Gunst!"

Abb. 4. Konzentration in der Automobilbranche

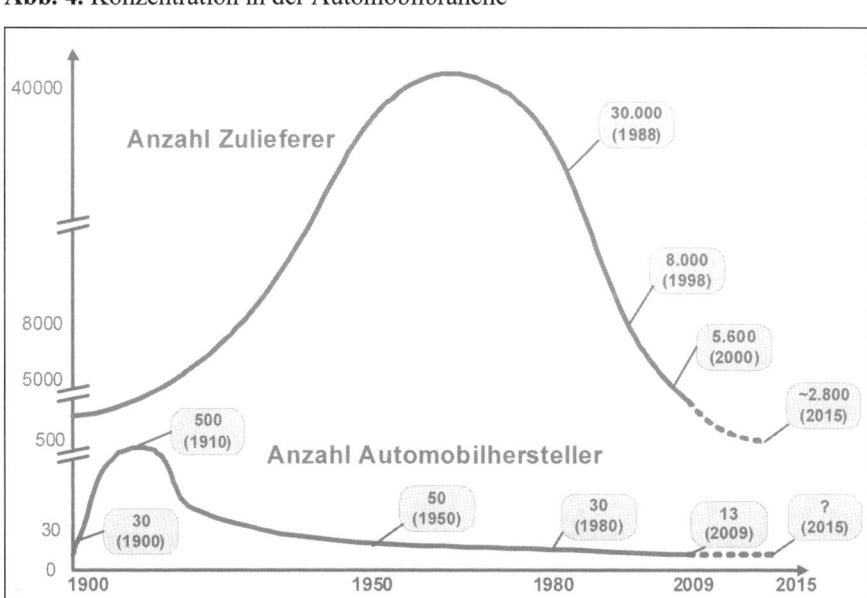

Quelle: Mercer, IWK

Neben dem Konzentrationsprozess ist in der Zulieferindustrie, wie natürlich auch bei den OEMs, mittlerweile ein gegenläufiger Trend zu beobachten: Neue Anbieter kommen auf dem Weltmarkt hinzu. Diese neuen Marktteilnehmer kommen weniger aus geographisch neuen Regionen (die „neuen" OEMs arbeiten dort zum Großteil auch mit den etablierten Zulieferern zusammen), sondern vor allem aus technologisch neuen Regionen. Speziell in dem Bereich des Elektroantriebs entwickelt sich ein komplett neuer Zulieferbereich für die Automobilindustrie. Die klassischen Automobilzulieferer müssen sich in diesem Bereich das nötige Know-how größtenteils durch Übernahmen oder Kooperationen mit entsprechenden Unternehmen sichern und ehemals branchenfremde Unternehmen werden plötzlich zu einem etablierten Bestandteil der Wertschöpfungskette. Beispielsweise vereinbarten vor kurzem Süd-Chemie und Evonik eine Lieferantenpartnerschaft bei neuen Batteriematerialien für Elektroantriebe in Automobilen – für den Einsatz neuer Materialien in der nächsten Generation von Lithium-Ionen-Batterien. Ebenfalls bildet der Zuliefergigant Bosch mit dem südkoreanischen Elektronikkonzern Samsung ein Joint Venture für Lithium-Ionen-Batterien. Auf diese Weise sorgen Innovationen immer wieder für neue Marktchancen von Außenseitern und Branchenfremden – und das schon seit über hundert Jahren.

2.2 In Zeiten der Marktsättigung

Die weltweite Automobilindustrie leidet zum Frühsommer 2010 noch unter den Spätfolgen der größten Krise ihrer Geschichte. Drastische Absatzrückgänge und erhebliche Beschäftigungsprobleme mit massenhafter Kurzarbeit und zahlreichen Werkschließungen bis hin zu Insolvenzen von Zulieferern prägten das Bild der Branche in den zurückliegenden 18 Monaten. Nur das hohe Wachstum in China und die staatlichen Absatzförderprogramme in vielen westlichen Ländern konnten die Auswirkungen in einzelnen Teilbereichen kurzzeitig abfedern, insgesamt war die Automobilindustrie von der Krise aber getroffen wie nie zuvor.

Im Frühjahr 2010 sind zwar die Zeichen einer kräftigen konjunkturellen Markterholung unverkennbar, der Wettbewerb unter den Anbietern wird sich in den nächsten Jahren jedoch strukturell weiter verschärfen. Wie sich die einzelnen Unternehmen längerfristig unter den verschärften Marktbedingungen behaupten können, ist daher die wichtigste Frage überhaupt.

Sicher ist, dass nur die Fittesten und Anpassungsfähigsten eigenständig überleben können.[17]

Bei den großen Automobilherstellern finden, ausgelöst durch die Krise, bereits aktuell erhebliche Umwälzungsprozesse statt. Mit einer grundlegenden Veränderung der oligopolistisch geprägten Wettbewerbsstruktur ist dabei nicht zu rechnen. Einzelne Marken werden zwar teilweise komplett übernommen, wie z.b. Porsche und möglicherweise auch Suzuki durch VW, oder aufgegeben (z.b. Saturn und Pontiac von GM, Mercury von Ford); andere werden verkauft (z.b. Jaguar, Volvo, Saab, Hummer), oder es finden, wie bei Opel, Versuche einer Teil-Verselbstständigung statt. Im Großen und Ganzen wird die westliche Automobilwelt aber weiterhin aus der Gruppe der derzeit existierenden 12 bis 13 großen Automobilhersteller-Konzerne bestehen.

An Stelle von Übernahmen und Fusionen, die in der Vergangenheit die Regel waren, ist der aktuelle Trend in der Wettbewerbsstruktur mehr und mehr durch Kooperationen geprägt, um durch diese Form der „Als-ob-Fusionen" die notwendigen Kosten- und Losgrößenvorteile zu erlangen. In Form von strategischen Allianzen und Joint Ventures zwischen den Herstellern wird in der heutigen Zeit der globalisierten Märkte versucht, positive Skalenerträge zu sichern sowie Wettbewerbsfähigkeit und Rentabilität zu erreichen. Jüngstes Beispiel ist die strategische Kooperation von Daimler mit Renault-Nissan, in der die gegenseitige Kapitalbeteiligung in Höhe von 1,5% bzw. 3,1% eher als symbolische Geste und nicht als Beginn einer neuerlichen Brautwerbung seitens Daimler zu werten ist, die dann in einer neuen „Hochzeit im Himmel" münden soll. Denn bei Renault-Chef Carlos Ghosn kann man nie ganz sicher sein, ob er nicht doch zum Bräutigam mutiert, obwohl er doch Braut sein sollte. Fazit: Die „Alte Welt" ist saturiert, alle verbliebenen Hersteller sind so groß, dass ein allgemeines, wenngleich labiles Machtgleichgewicht zwischen ihnen besteht. Über Kooperationen versuch en die kleineren Hersteller eine Art "Als-ob-Wettbewerbsstärke" eines Großen zu erlangen.

Während in den großen westlichen Industrieländern ein vorläufiges Ende des Konzentrationsprozesse unter den etablierten Herstellern erreicht zu sein scheint, treten auf dem globalen Automobilmarkt zunehmend neue *Player* aus den Emerging Markets in Erscheinung. Der Zugang zu den großen Wachstumsmärkten (v.a. China, Russland, Indien) ist den westlichen Herstellern meist nur über Kooperationen und Joint Ventures mit dort

---

[17] Siehe Kap. 4: IWK-Survival Index.

heimischen Herstellern möglich[18], die sich dadurch das westliche Automobil-Know-how anzueignen versuchen, um so mittel- bis langfristig zu eigenständigen Wettbewerbern am Weltmarkt aufsteigen zu können. Um diesen Vorgang zu beschleunigen kaufen chinesische und indische Hersteller seit einigen Jahren zudem marode und unprofitable westliche Marken (z.B. Tata: Land Rover & Jaguar; SAIC: Rover; Geely: Volvo), um sich dadurch neben dem Know-how auch die physische Produktionstechnik anzueignen und einen späteren Zugang zu den westlichen Absatzmärkten zu eröffnen.[19]

Durch das starke Wachstum auf ihren Heimatmärkten sowie in anderen Emerging Markets, wie Russland und Lateinamerika, werden vor allem einige der indischen und chinesischen Hersteller in den kommenden Jahren an Statur und Positur gewinnen. Ihnen gelingt es als Insidern besser als den großen westlichen Herstellern, sich an die Gegebenheiten und andersartigen Bedürfnisse der Kunden auf diesen Märkten anzupassen, z.B. Tata mit dem Billigauto Nano.

Die etablierten westlichen Hersteller müssen sich daher auf wachsende Konkurrenz auf dem Weltmarkt aus diesem Bereich einstellen, zunächst in den Heimatländern dieser Emporkömmlinge, dann in den umliegenden Schwellenländern und langfristig auch im unteren Marktsegment der westlichen Triade-Märkte. Genauso hat Toyota in den fünfziger und sechziger Jahren des letzen Jahrhunderts seine Weltmarktposition zuerst über die Randmärkte in den Entwicklungsländern aufgebaut, bevor es die etablierten Märkte in den USA und Europa „unter Bearbeitung" genommen hat. Dies gilt vor allem für die OEMs, aber auch zunehmend für bestimmte Zulieferteile, wenn es den dortigen Lieferanten gelingt, die westlichen Produzenten in ihren Heimatländern zu verdrängen. Bislang jedoch ist die Zulieferindustrie auch in den BRIC-Staaten noch weitgehend fest in westlicher und japanischer Hand.

Lediglich in Russland, obwohl ebenfalls Schwellenland mit bester Wachstumsperspektive, ticken die Uhren anders. Während die Automobilindustrie in China und Indien blüht und gedeiht, steht sie in Russland infolge von Unfähigkeit, Missmanagement und politischer Vetternwirtschaft

---

[18] Einige Beispiele: BMW Group - Brilliance China Automotive, SAIC-GM-Wuling Automobile Co., Dongfeng Honda Automobile (Wuhan) Co. in China, Maruti Suzuki in Indien.

[19] Bis jetzt sind alle Versuche chinesischer Hersteller, ihre Autos nach Europa zu verkaufen, aufgrund der miserablen technischen Standards grandios gescheitert, z.B. bedingt durch verheerende Ergebnisse bei Crashtests des Geländewagens Landwind oder des Brilliance BS6.

vor dem Abgrund. Die beiden russischen Automobilkonzerne AvtoVaz und Gaz stammen noch aus der kommunistischen Vergangenheit des Landes und sind technisch sowie wirtschaftlich nicht konkurrenzfähig. AvtoVaz hat Insolvenz angemeldet, Gaz steht kurz davor. Der Abbau von Arbeitsplätzen geht in die Zehntausende. – Dass vor diesem Hintergrund der österreichisch-kanadische Zulieferer Magna Opel unter emsiger Hilfestellung durch den Opel Betriebsrat an AutoVaz „durchreichen" wollte, bedürfte einer besonderen Würdigung.

In Indien existieren nur wenige unabhängige Automobilhersteller, in China werden laut unterschiedlichen Angaben noch 200 bis 300 Hersteller gezählt. Auch hier hat nun ein Konzentrationsprozess eingesetzt, wie er im Westen zu Beginn des vorigen Jahrhunderts stattgefunden hat. Mit dem Unterschied, dass in China der allmächtige Staat diesen Prozess zu großen Teilen kontrolliert und steuert. Zumindest versucht er es!

Die wichtigsten Newcomer aus den BRIC-Staaten sind im Anhang 1 kurz porträtiert.

2.3 Neue Rahmenbedingungen des Auslesewettbewerbs

2.3.1 Verlagerung der Nachfrage und Produktion

Ziemlich genau seit der Jahrtausendwende steht der Welt- Automobilmarkt in einem verschärften globalen Verdrängungswettbewerb, der von Sättigungstendenzen, Überkapazitäten, verfehlter Modellpolitik und von neuen auf den Markt drängenden Anbietern in China, Indien und Osteuropa geprägt ist. Und wie schon immer gilt, dass nur die Unternehmen mit den schnellsten und zukunftsorientiertesten Reaktionen erfolgreich und langfristig diesen Ausleseprozess überleben werden.

Unabhängig von den konjunkturellen Belastungsfaktoren sieht sich die gesamte Automobilindustrie seit einigen Jahren einem elementaren Veränderungsprozess ihrer Geschäftsgrundlagen gegenüber: Der Weltautomobilmarkt befindet sich derzeit in einer strukturellen Umbruchphase. Die seit Ende des Zweiten Weltkriegs gültige globale Aufteilung der Welt hat sich innerhalb der letzten zehn Jahre nachhaltig und irreversibel verändert. Seit Beginn des 21. Jahrhunderts herrscht in den Kernmärkten der Automobilindustrie eine ausgeprägte Nachfrageflaute – völlig unabhängig von der aktuellen Weltwirtschaftskrise, die den Trend noch weiter verschärft hat. Der Grund dafür: Die hoch entwickelten Volumenmärkte der Triade sind weitgehend gesättigt. Der Absatz in der Triade hatte mit 39, 8 Mio. verkauften Pkw (inkl. leichter Nutzfahrzeuge) seinen Höchstwert im Jahr 2000. Seitdem stagniert der Wert zwischen 38 und 39 Mio. Fahrzeugen pro Jahr, ein allgemeines Marktwachstum findet hier kaum noch statt. Im Jahr 2009 brach der Absatz in der Triade durch die Auswirkungen der weltweiten Finanzkrise auf 28 Mio. Pkw ein (siehe Abb. 5). Dieser Rückgang ging nahezu vollständig zu Lasten der USA. In Westeuropa konnte der Markt durch massive staatliche Unterstützungsmaßnahmen, wie z.B. die Abwrackprämie in Deutschland, in wichtigen Absatzmärkten zwar stabilisiert werden. Ohne diese Subventionen wäre die Nachfrage auch hier stark eingebrochen (siehe Abwrackprämie in Kap. 5.1). In Japan schrumpft der Markt bereits seit längerem aus demographischen Gründen.

In diesen gesättigten Regionen der Triade können die Hersteller ihren Absatz nur noch über Marktanteilsgewinne und damit nur zu Lasten ihrer Wettbewerber steigern. Als Folge herrscht in den Triade-Ländern seit der Jahrtausendwende ein umfassender Verdrängungswettbewerb mit teilweise ruinösen Rabattschlachten. Ähnlich wie seit 2003 in den USA zwischen den *Big Three* konnte dadurch die Gesamtnachfrage zwar nicht wesentlich erhöht werden, aber jeder Hersteller versuchte sich ein größeres Stück vom Kuchen abzuschneiden, was in der Summe natürlich nicht funktionieren kann.

Abb. 5. Entwicklung der Pkw-Neuzulassungen in der Triade

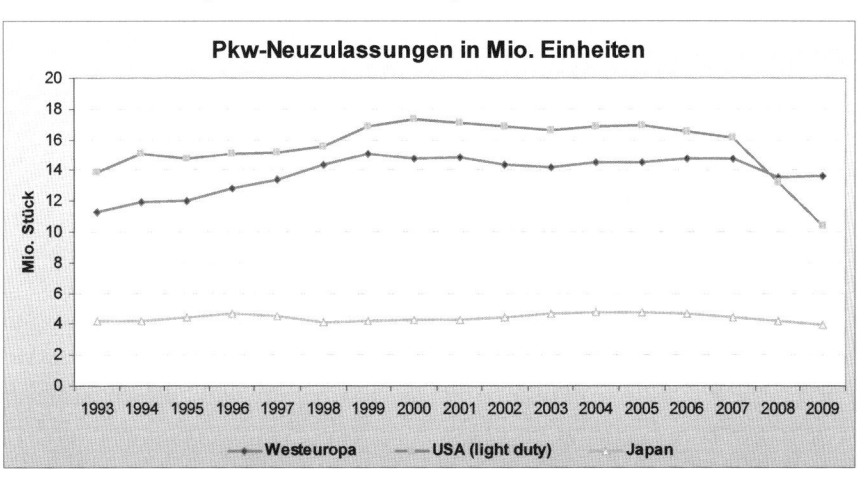

Quelle: VDA, eigene Darstellung

Während also die etablierten Absatzmärkte der Automobilindustrie seit Jahren stagnieren und teilweise sogar schrumpfen, kam es zwischenzeitlich zu einer Verlagerung der Wachstumszentren der Branche in die Boom-Regionen der Weltwirtschaft. Diese regionale Verschiebung erfolgte einerseits innerhalb Europas in die Staaten des ehemaligen Ostblocks, anderseits weltweit in Richtung Asien, vor allem in die Bevölkerungsriesen China und Indien (siehe Abb. 6). Im Jahr 2009 hat China die USA bereits vom ersten Platz verdrängt und ist zum größten Automobilmarkt der Welt avanciert. – Ein Menetekel an der Wand auch für politische Machtverschiebungen!

Abb. 6. Entwicklung der Pkw-Neuzulassungen in den BRIC-Staaten

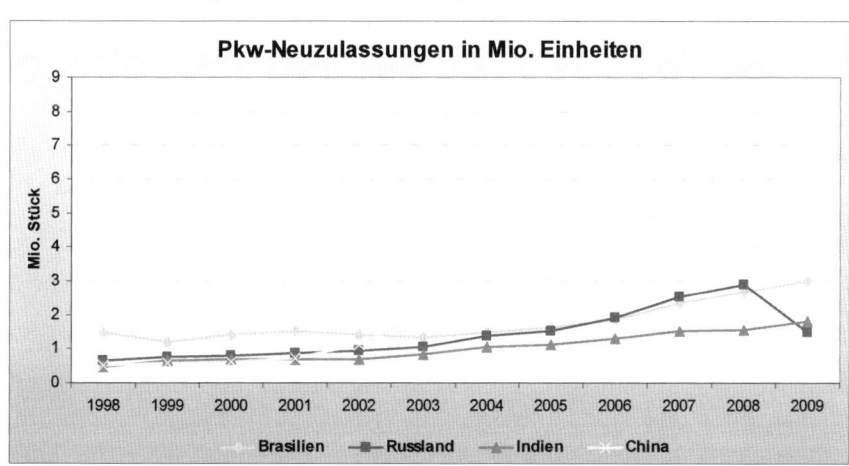

Quelle: VDA, eigene Darstellung

In den westlichen Industriestaaten der Triade ist neben ökonomischen Faktoren (stagnierende Realeinkommen, steigende Rohstoffpreise, kreditgetrieben Nachfrage etc.) vor allem der hohe Motorisierungsgrad der Bevölkerung eine wesentliche Ursache für die Marktsättigung. Bei einer Dichte von 800 Pkw pro 1.000 Einwohner in den USA und 500 Pkw in Westeuropa und Japan ist in der Triade bereits ein Niveau erreicht, das nur noch wertmäßige aber kaum noch volumenmäßige Wachstumspotenziale bietet.

Die neuen Wachstumsmärkte in Osteuropa, Asien und Südamerika weisen dagegen geringe Pkw-Dichten und einen entsprechend hohen Aufholbedarf in der Motorisierung auf. In China und Indien hat statistisch gesehen bisher nur jeder fünfzigste bzw. hundertste Einwohner einen Pkw. In den osteuropäischen Ländern liegt die Pkw-Dichte in der Bevölkerung bei weniger als der Hälfte des deutschen Niveaus (siehe Abb. 7). Im Zuge der wirtschaftlichen Entwicklung und dem fortschreitenden Wohlstand in diesen Wachstumsregionen ist daher auch zukünftig mit einem starken Anstieg der Pkw-Verkäufe zu rechnen. In China beispielsweise hat sich die Pkw-Dichte innerhalb nur eines Jahrzehnts fast vervierfacht.

Zusätzlich wächst in vielen Regionen, wie beispielsweise in Indien oder Brasilien, die Bevölkerungszahl (im Gegensatz zu Europa und Japan) noch stark an, so dass hier die Pkw-Verkäufe selbst dann ansteigen, wenn der Mobilitätsgrad auf dem niedrigen Ausgangsniveau bliebe. Das widerspricht aber allen bisherigen Erfahrungen mit Entwicklungsprozessen!

Abb. 7. Pkw-Dichten nach Weltregionen

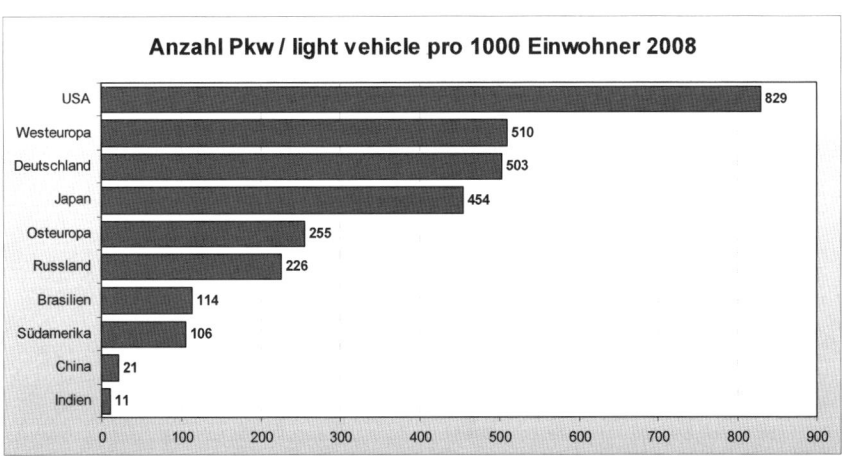

Quelle: VDA, eigene Darstellung

Mit anhaltendem wirtschaftlichen Aufstieg der Emerging Countries gewinnen die dortigen Automobilmärkte zunehmend an (Über-) Gewicht, vor allem angesichts der Stagnation auf den traditionellen Volumenmärkten. Die Länder Asiens und Osteuropas sind innerhalb der Weltautomobilindustrie nicht länger auf die Rolle billiger Produktionsstandorte für einfache Zulieferteile beschränkt, sondern sind schon heute die wichtigsten Wachstumstreiber bei der lokalen Produktion und dem Absatz der Endfahrzeuge. So wird es auch bleiben! Nur dank dieser neuen Märkte konnte die Automobilindustrie als Industriebranche trotz der Stagnation in der Triade und trotz der tiefgreifenden Krise der letzten zwei Jahren weiter kräftig wachsen: Von rund 56 Mio. verkaufter Fahrzeuge im Jahr 2000 auf fast 70 Mio.

im Jahr 2008 (2009: 60 Mio.). Die wichtigsten Wachstumsmärkte sind dabei die so genannten BRIC-Staaten: Brasilien, Russland, Indien und China. Allein in diesen vier Ländern stieg der Absatz seit dem Jahr 2000 somit um mehr als 15 Mio. Fahrzeuge, während die weltweiten Verkäufe in Summe lediglich um 5 Mio. zunahmen. Das bedeutet: Ohne die BRIC-Staaten wären die Automobilhersteller weltweit schon seit Jahren einem schrumpfenden Absatzmarkt ausgesetzt gewesen.

Dementsprechend gravierend stellen sich die Veränderungen in der regionalen Aufteilung des Weltautomobilmarkts dar. Der Anteil der Triade an den weltweiten Fahrzeug-Neuzulassungen sank von 75% im Jahr 2000 auf nur noch knapp über 50% im Jahr 2009 (siehe Abb. 8). Für die etablierten Hersteller bedeuten diese Verschiebungen in der regionalen Struktur der weltweiten Automobilnachfrage neben neuen Wachstumschancen auch ein erhebliches Bedrohungspotenzial für ihre Geschäftstätigkeit. Denn während auf ihren traditionellen Absatzmärkten der Konkurrenzkampf um die stagnierende Käuferzahl zunimmt, müssen sie sich in den Wachstumsmärkten mit neuen und vor allem andersartigen Anforderungen und Kundenbedürfnissen an das Produkt und darüber hinaus mit neuen einheimischen Wettbewerben auseinandersetzen. So ist der chinesische Markt beispielsweise nach wie vor nur über Joint Ventures mit chinesischen Herstellern zu bedienen. Und in Indien muss hauptsächlich die Nachfrage nach preiswerten Einstiegsfahrzeugen für Erstkäufer abgedeckt werden, die bei den westlichen Herstellern in der Angebotspalette (noch) nicht vorhanden sind. Suzuki hilft Volkswagen dabei künftig auf die Sprünge – ein genialer Schachzug von Ferdinand Piëch.

Abb. 8. Regionale Verteilung der Kfz Neuzulassungen

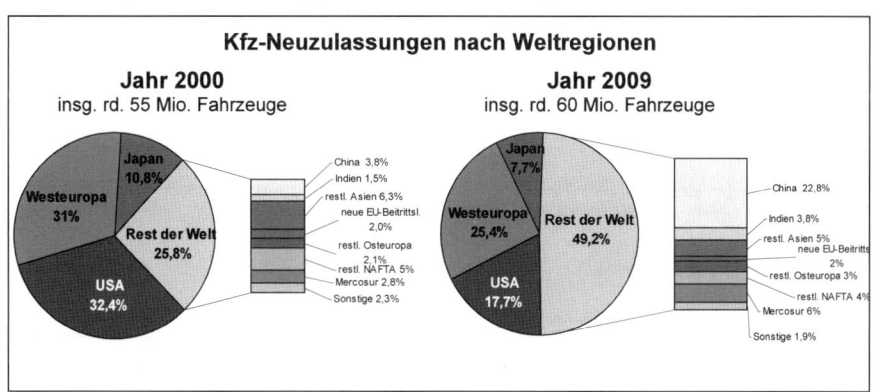

Quelle: VDA, eigene Darstellung

Innerhalb der letzten zehn Jahre hat sich der chinesische Automobilmarkt um mehr als das sechsfache vergrößert und ist – auch dank des Einbruchs in den USA – inzwischen zum weltweit größten Absatzmarkt aufgestiegen. Und auch die anderen BRIC-Staaten liegen inzwischen in den Top 10, Brasilien hinter Deutschland und vor Frankreich auf Platz 5, Indien noch vor Großbritannien auf Rang 8 und Russland, trotz der aktuellen Krise, auf Platz 10. Bevor die russischen Neuzulassungen 2009 um rund die Hälfte wegbrachen, war Russland sogar schon kurz davor, sich vor Deutschland auf Platz 4 zu schieben. Dies hat sich nun etwas verzögert, aber in wenigen Jahren könnte es wieder soweit sein, wenn nicht nur die Oligarchen, sondern Iwan Normalverbraucher wieder zu steigenden Einkommen zurückfindet.

Abb. 9. Top 10 Absatzmärkte 2000 vs. 2009

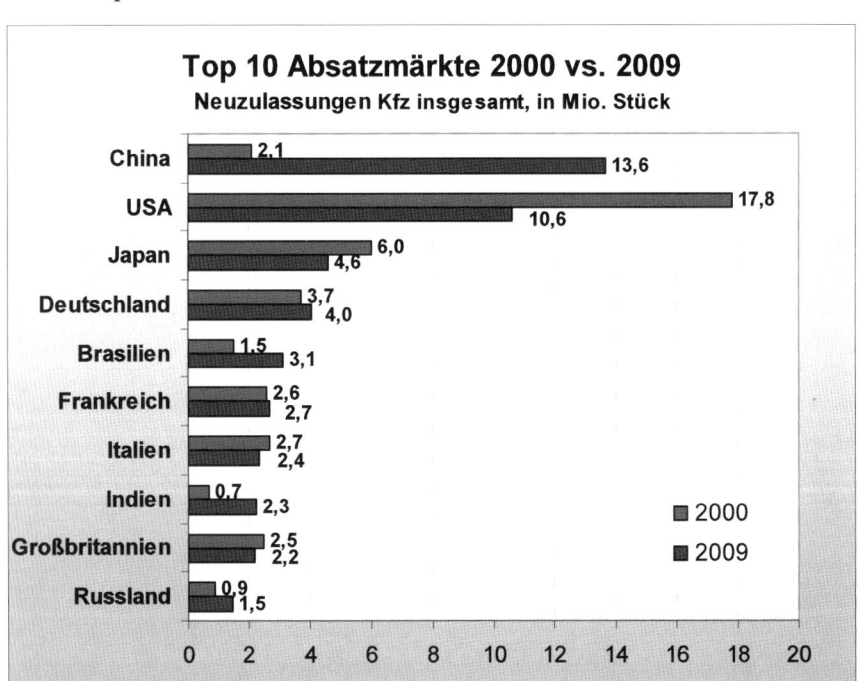

Quelle: VDA, eigene Darstellung

Im Gegensatz zu den Wachstumsmärkten tendieren in den westlichen Industriestaaten der Triade die Zuwachsraten beim Bestand an Kraftfahrzeugen (und damit bei der Pkw-Dichte) aufgrund des bereits erreichten hohen Niveaus im längerfristigen Trend gegen Null. In Deutschland wuchs der Pkw-Bestand innerhalb der vergangenen zehn Jahre nur noch um 10% auf 41 Mio. Pkw, in den letzten Jahren sogar überhaupt nicht mehr.

Ähnlich erging es Westeuropa und den USA, in beiden Regionen lag der Bestandszuwachs prozentual nur unwesentlich höher. Das größte Bestandswachstum in den vergangenen Jahren war in China zu verzeichnen, wo sich die Anzahl der Pkw seit 1999 nahezu verfünffacht hat, von 4,5 Mio. auf 28 Mio. im Jahr 2008. In Indien war ein ähnlich starkes Wachstum zu verzeichnen, in Russland und Brasilien waren die Zuwächse etwas geringer. Allerdings bleibt festzuhalten, dass diese Länder aufgrund ihres niedrigen Ausgangsniveaus bezüglich ihrer Flottengröße noch immer eine untergeordnete Rolle im Vergleich zu den Triade-Märkten spielen. Der Bestandszuwachs in allen vier BRIC-Staaten zusammen war – trotz der sehr hohen relativen Zuwachsraten bei den Neuzulassungen – in absoluten Stückzahlen mit rund 51 Mio. Pkw gerade einmal so groß wie das Bestandwachstum in absoluten Einheiten in den USA im selben Zeitraum (siehe Abb. 10). Merke: Zuwachsraten alleine machen nicht glücklich! Für Produktion, Beschäftigung und letztlich auch Ertrag kommt es entscheidend auf die absoluten Volumina an, die sich hinter den Wachstumsraten verbergen. Die hohen Zuwachsraten des Bestands in den BRIC-Staaten werden in Zukunft noch weiterhin anhalten, da in diesen Ländern die Neuwagenverkäufe infolge nahezu fehlender Verschrottungen den Fahrzeug-Bestand nahezu eins zu eins erhöhen.

Abb. 10. Pkw-Bestandszuwachs in der Triade und in den BRIC-Staaten

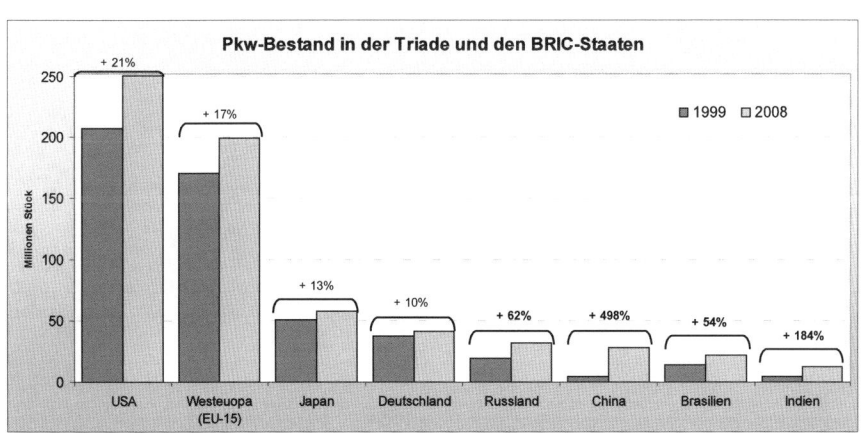

Quelle: VDA, eigene Darstellung

In Deutschland dienen indessen bereits weit über 90% der verkauften Neufahrzeuge lediglich dem Ersatz von Altfahrzeugen und führen somit nicht mehr zu Bestandswachstum. Die Nachfrage nach Neufahrzeugen gründet hier fast ausschließlich auf dem notwendigen Ersatzbedarf (siehe Abb. 11). Angesichts der zunehmenden Lebensdauer der Fahrzeuge aufgrund von Qualitätsfortschritt, abnehmender Fahrleistung und Einschränkung der Nutzung in Ballungsgebieten verschiebt sich allerdings der Ersatzzeitpunkt immer weiter hinaus und nimmt das Durchschnittsalter des Fahrzeugbestands stetig zu. Im Jahr 2008 waren bereits mehr als 16 Mio. Pkw – fast ein Drittel des Bestandes – in Deutschland älter als neun Jahre. Dies erklärt auch den Erfolg der Abwrackprämie, durch die 2 Mio. Altfahrzeuge durch neue ersetzt wurden.

Durch die Abwrackprämie hat sich der Bestand zwar wieder ein wenig verjüngt, dies war aber ein einmaliger Sondereffekt und betrifft nur in geringem Umfang den Ersatzbedarf in den kommenden Jahren. Denn klassischerweise werden Neuwagenkäufe durch Besitzer von 3 bis 5-jährigen Fahrzeugen gedeckt, die ihre Altfahrzeuge über den Gebrauchtwagenmarkt als Ersatzbedarf für älter Fahrzeuge zur Verfügung stellen. In der Regel sind das gewerblich genutzte Fahrzeuge.

Abb. 11. Neuzulassungen in Deutschland nach Bestandszugang und Ersatzbedarf

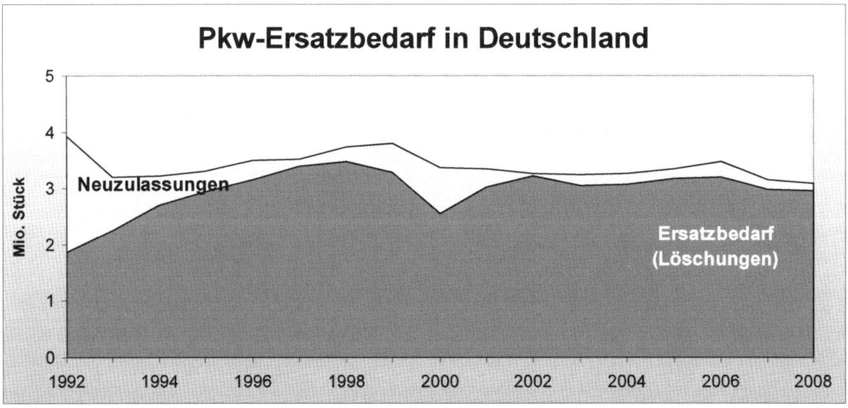

Quelle: VDA, eigene Darstellung

Während in allen Triade-Ländern der Absatz wegen Sättigungserscheinungen stagniert und Marktwachstum fast ausschließlich außerhalb der hoch entwickelten Industrieländer stattfindet, sieht das Bild auf der **Produktionsseite** etwas differenzierter aus. Unabhängig von der aktuellen Branchenkrise, von der die USA sowie Europa besonders stark getroffen sind, herrschen deutliche strukturelle Unterschiede.

In den USA hat die Automobilproduktion bereits Ende der neunziger Jahre ihren Höhepunkt überschritten und ist seitdem deutlich von 12,6 Mio. (1999) stetig Richtung 10 Mio.-Grenze gesunken und im Zuge der aktuellen Krise dramatisch auf nur noch 5,6 Mio. (2009) Fahrzeuge eingebrochen. Der größte Produktionsrückgang fand bei den drei großen US-Herstellern (GM, Ford, Chrysler) statt, die sich über Jahre auf das SUV-Segment (*Sport Utility Vehicle*) zurückgezogen hatten. Denn die asiatischen Hersteller bauten ihre Produktion in den USA gleichzeitig auf und bedienten die wachsende Nachfrage nach ihren verbrauchsärmeren Fahrzeugen nicht mehr nur durch Exporte aus den Heimatwerken, sondern auch kontinuierlich durch den Aufbau von Produktionsstätten vor Ort. Seit Mitte 2008 hat sich in den USA im Zuge der Finanzkrise und des allgemeinen Markteinbruchs allerdings auch die Lage der japanischen und koreanischen Hersteller deutlich verschlechtert. Dies auch deshalb, weil sie sich ebenfalls sehr stark mit ihren US-Werken auf den SUV-Bereich nach amerikanischem Geschmack auf- und eingestellt haben. So hat mittlerweile auch Toyota mit einem Teil seiner Produktpalette ähnliche Probleme wie die *Big Three*, ein geplantes neues Produktionswerk für den Off-Roader Tundra wurde auf Eis gelegt. Die Produktion der deutschen Hersteller in den USA spielt bislang volumenmäßig keine nennenswerte Rolle, andere europäische Hersteller sind mit eigener Produktion in den USA seit langem nicht mehr vertreten. Lediglich Fiat wagt aktuell mit der Übernahme von Chrysler ein Comeback und möchte den Lancia als Chrysler Modell „lancieren". Nun ja, wenn es hilft! Marketing-Experten glauben jedenfalls nicht an den Erfolg einer solchen Strategie.

In Japan und in Westeuropa wurden die stagnierenden Neuzulassungen auf den Heimatmärkten in den letzten Jahren durch gesteigerten Export in andere Absatzmärkte ausgeglichen, so dass die Produktion zumindest bis zum Ausbruch der weltweiten Wirtschaftskrise konstant anstieg (Japan), bzw. zumindest relativ konstant blieb (Westeuropa). Durch die weltweite Wirtschaftskrise brach die Produktion allerdings in der gesamten Triade dramatisch ein. Der einzige weltweit bedeutsame Produktionsstandort, der ein Wachstum verzeichnete, lag außerhalb der Triade: China!

Abb. 12. Entwicklung der Pkw-Produktion in der Triade

Pkw-Produktion in der Triade
in Mio. Stück

— Westeuropa — USA (light duty) — Japan

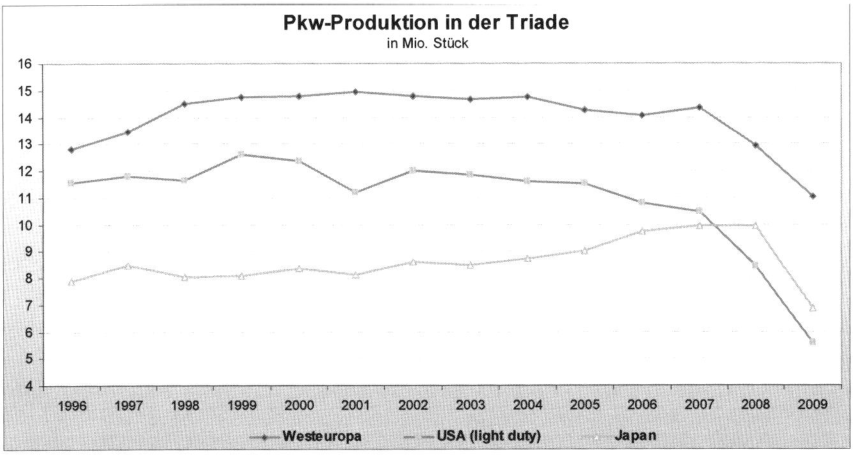

Quelle: VDA, eigene Darstellung

Dank der Exporterfolge von BMW, Daimler und dem wieder erstarkten US-Absatzes des Volkswagenkonzerns konnte die Pkw-Produktion in Deutschland seit dem Jahr 2000 weiter gesteigert werden. Im Jahr 2009 lag der Absatz der deutschen Automobilhersteller[20] auf ihrem Heimatmarkt bei ca. 2,2 Mio. Pkw. Weltweit konnten sie aber 10,4 Mio. Fahrzeuge produzieren und absetzen (Weltmarktanteil: 17%). Knapp die Hälfte dieser Fahrzeuge wurde in den deutschen Werken der Hersteller produziert. Von dieser Inlandsproduktion gingen wiederum rund 70% der Fahrzeuge in den Export, überwiegend in andere westeuropäische Länder (61%), sowie in die USA (10,5%), nach Asien (14,5%) und Osteuropa (4,6%). Der Anteil der exportierten Fahrzeuge ging 2009 zwar aufgrund der Sondereffekte der Abwrackprämie und der weltweiten Wirtschaftskrise im Vergleich zu 2008 leicht zurück, insgesamt blieb aber der Trend des steigenden Exportanteils an der gesamten Inlandsproduktion bestehen.

---

[20] Die deutschen Konzerne, inkl. ihrer ausländischen Tochtermarken, sowie die deutschen Töchter der US-Hersteller: VW, Daimler, BMW, Opel, Ford (Deutschland), Porsche.

Abb. 13. Exportanteil an der Inlandsproduktion der deutschen Hersteller

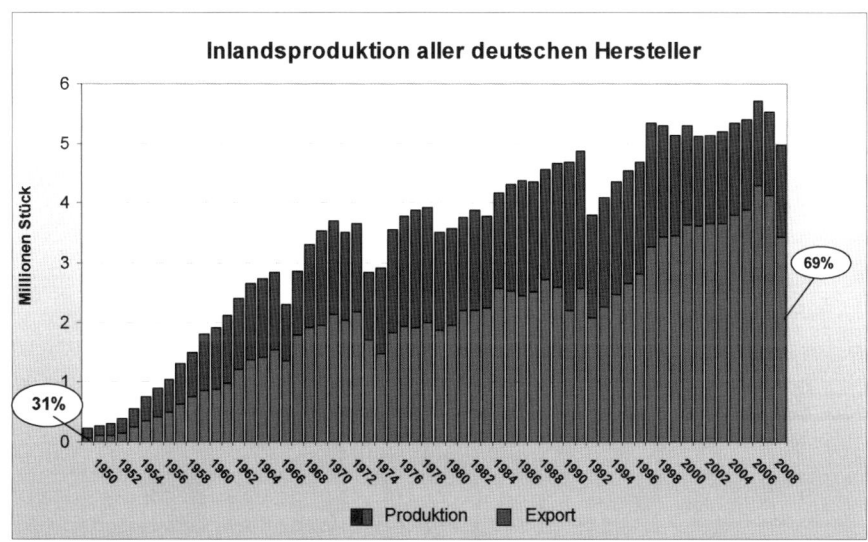

Quelle: VDA

Langfristig ist weder in Westeuropa noch in Japan mit einem nennenswerten Produktionswachstum zu rechnen, da die Hersteller immer stärker dazu übergehen, einen Teil ihres Exports durch den Aufbau von Produktionsstätten vor Ort in den weltweiten Wachstumsmärkten zu ersetzen. Der deutsche Export findet dann überwiegend in andere Länder Westeuropas statt, deren Märkte ebenfalls gesättigt sind und kein Wachstum mehr aufweisen, setzen also Verdrängung anderer Marken und Marktanteilsgewinne voraus Dagegen werden die asiatischen Hersteller, die auf dem europäischen Markt zunehmend aktiv geworden sind, insbesondere Hyundai und die Tochtermarke Kia, ihre Produktion am Hochlohnstandort Westeuropa nur geringfügig ausbauen und ihre neuen Werke eher im osteuropäischen Ausland (Tschechien, Slowakei, Ungarn, Polen, Russland) aufbauen – und natürlich direkt vor der eigenen Haustüre in Asien selbst.

Folgend dem globalen Strukturwandel der Nachfrage hat sich die regionale Verteilung der Weltautomobilproduktion mittlerweile erheblich verändert und passt sich nach und nach der regionalen Nachfrageverteilung an. Immer mehr Autos werden außerhalb der Triade produziert. 1970 waren es nur 10%, mittlerweile werden schon mehr als die Hälfte aller Fahrzeuge nicht mehr in den USA, Japan oder Westeuropa gefertigt. Noch bis zum Jahr 2000 fanden die regionalen Verschiebungen in der Produktion vornehmlich innerhalb der Triade statt, da beispielsweise die japanischen Hersteller die Absatzmärkte in den USA und Westeuropa weniger durch den Export aus Japan, sondern vermehrt durch die Produktion vor Ort bedienten. Dasselbe passiert nun seit einigen Jahren mit den Märkten außerhalb der Triade, so dass die Produktion und damit auch die Beschäftigungssituation in der Branche in den westlichen Industrieländern stagnierend bis rückläufig sind.

Abb. 14. Aufteilung der Fahrzeugproduktion nach Regionen

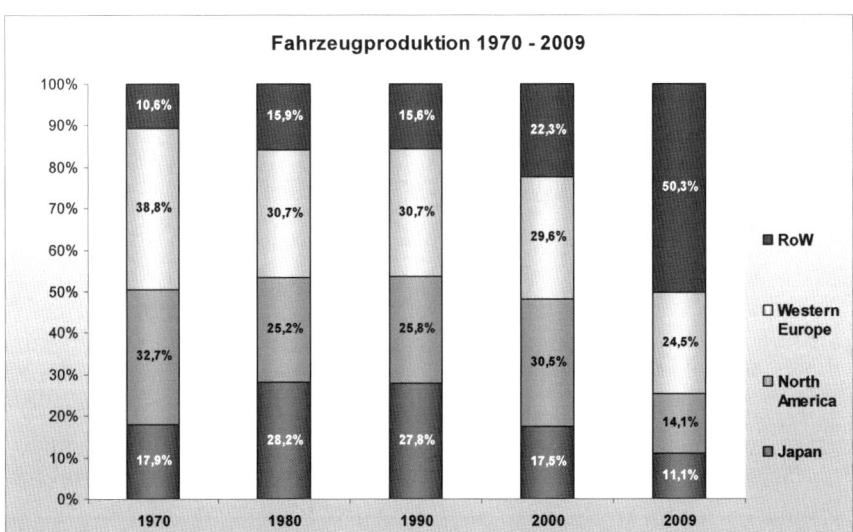

Quelle: VDA

Ein Blick auf die Rangliste der Hersteller zeigt, dass die Weltautomobilproduktion weiterhin von den etablierten Herstellern dominiert wird. Auch wenn die Produktion mittlerweile bereits zu mehr als der Hälfte außerhalb der Triade stattfindet, so sind es doch nach wie vor die gleichen Unternehmen, die die Fahrzeuge produzieren, allerdings zunehmend an anderen Standorten. Einen Hersteller aus den großen Wachstumsmärkten, wie China oder Indien, sucht man bisher vergeblich unter den Top 15.

Mit dem Einbruch der amerikanischen Automobilproduktion verlor General Motors seine jahrzehntelang angestammte Position als weltweit größter Automobilhersteller. Auf Rang 1 liegt seit dem Jahr 2008 der japanische Toyota-Konzern vor GM. Volkswagen konnte 2009 erstmals Ford von Platz 3 verdrängen. Ein weiterer Aufstieg von Volkswagen in den kommenden Jahren ist durchaus wahrscheinlich, Konzernchef Winterkorn hat Platz 1 als Ziel für 2018 klar vorgegeben.

Abb. 15. Fahrzeugproduktion nach Herstellern, 2009

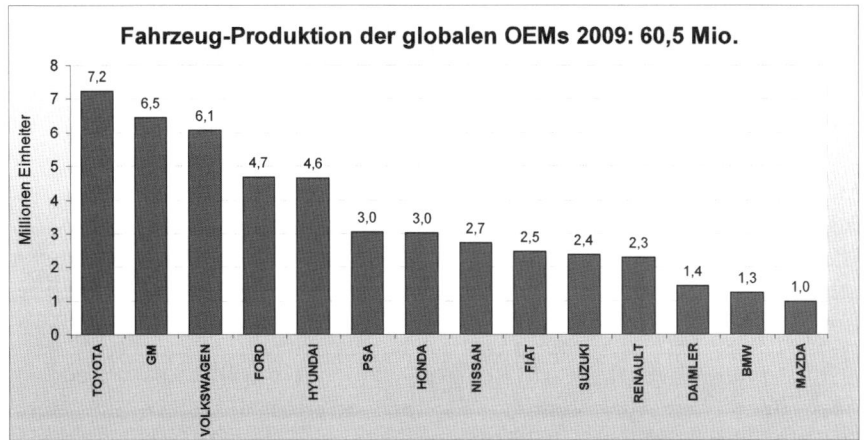

Quelle: OICA

2.3.2 Entwicklung der Rohstoff- und Energiepreise

Neben den Verschiebungen in der Nachfragetektur ist die turbulente Entwicklung der Rohstoff- und Energiepreise in den letzten Jahren ein wesentlicher Grund für die scharfe Krise der Automobilindustrie. Das Gute an der Hausse war: Es traf alle Hersteller gleichermaßen, war also so gesehen wettbewerbsneutral. Die Produktionskosten der Hersteller und Zulieferer nahmen aufgrund stark steigender Preise für Rohmaterialien, wie beispielsweise für Stahl, und einem dramatischen Anstieg der Energiepreise erheblich zu. Innerhalb von nur sechs Jahren hatte sich bis Mitte des Jahres 2008 der Preis für Edelmetalle mehr als verdreifacht und die Energiepreise waren sogar sieben Mal so hoch wie Anfang 2002. Ausgelöst wurde dieser enorme Preisanstieg vor allem durch die steigende Rohstoffnachfrage der wirtschaftlichen Schwellenländer, allen voran China und Indien. Das rasante Wachstum der dortigen Industriezweige verursachte eine stark erhöhte Nachfrage nach den nötigen Rohstoffen (v.a. Edelmetalle und Energie), mit der das Angebot auf dem Weltmarkt nicht mithalten konnte. Spekulative Übertreibungen dieses Trends durch die internationale Finanzindustrie verstärkten die Preishausse und machten sie zunächst *self-fulfilling*.

Zum Vergleich: Im Zeitraum von 2002 bis 2008 fand bei den Lebensmitteln, deren Preisindex bis zur Jahrtausendwende deutlich über den Energiepreisen lag, „nur" eine Verdoppelung der Preise statt. Die Energiepreise hatten sich somit von der allgemeinen Entwicklung abgekoppelt und – teilweise spekulationsgetrieben – auf Rekordniveau geschossen.

Mit Beginn der weltweiten Finanzkrise im Herbst 2008 fand die Rohstoff- und Energiehausse ein sehr abruptes Ende, die Spekulanten bekamen „kalte Füsse"! Der Einbruch war allerdings nur von kurzer Dauer. Seit Anfang 2009 ziehen die Energiepreise auf dem Weltmarkt wieder an und liegen im Frühjahr 2010 dreieinhalb Mal so hoch wie Anfang 2002. Die Edelmetallpreise hatten ebenfalls ab Ende 2008 deutlich nachgelassen, lediglich die Nahrungsmittelpreise gaben nicht so stark nach. – Gegessen wird immer, dafür sorgt schon die weiter wachsende Weltbevölkerung!

Mittlerweile befinden sich Rohstoff- und Edelmetallpreise wieder auf einem deutlichen Aufwärtstrend. Es sind vor allem die Emerging Countries, wie China und Indien, die sich trotz der globalen Finanzkrise überraschend stabil entwickelten, zu wichtigen Stützen für die Weltwirtschaft wurden und mit hohen Wachstumsraten weiterhin einen hohen Bedarf an Rohstoffen aufwiesen. Zusammen mit dem erneuten Anziehen der Konjunktur in den westlichen Industrieländern stiegen die Energiepreise bereits wieder auf das gleiche Niveau wie Mitte 2007 an. Und es ist nicht damit zu rechnen, dass die Energiepreise mittel- oder langfristig wieder sinken könnten, der Trend geht eindeutig in eine Richtung: Nach oben!

Abb. 16. Langfristige Entwicklung der Rohstoffpreise

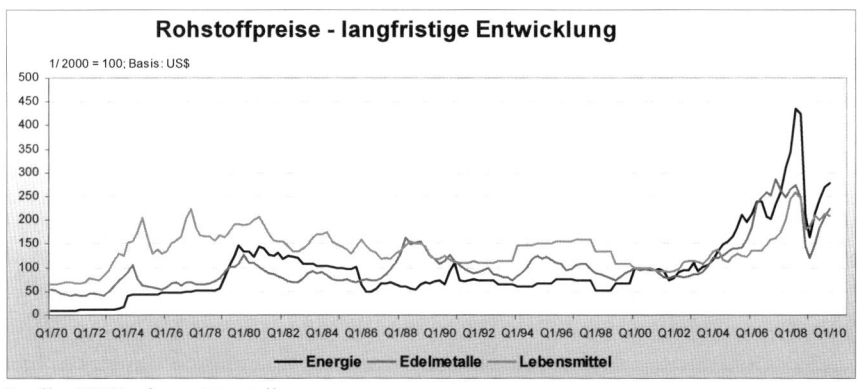

Quelle: FERI, eigene Darstellung

Für die Automobilindustrie ging dieser starke Anstieg der Einkaufs- und Produktionskosten über die gesamte Wertschöpfungskette gesehen nahezu ungebremst direkt zu Lasten der Gewinnmarge, da die meisten Unternehmen die gestiegenen Kosten kaum an ihre Kunden weitergeben konnten. Besonders betroffen waren viele Zulieferanten, die sich z.B. zwischen Stahl- und Aluminiumindustrie und ihren Abnehmern, den OEMs und dem Maschinenbau, in einer höchst ungemütlichen Sandwich-Position befinden. Der hohe globale Wettbewerbsdruck und die schwache Nachfrage an den Absatzmärkten ließen Preisweitergaben kaum und nur mit Wohlwollen der Abnehmer zu. Denn die Autokäufer waren als Konsumenten von dem starken Anstieg der Energiekosten ebenfalls betroffen, bei ihnen sorgte er für einen realen Kaufkraftentzug und einen entsprechenden Rückgang des Mineralölverbrauchs und der Pkw-Nutzung. Allein in Deutschland belief sich der Kaufkraftentzug zeitweise auf bis zu 15 Mrd. Euro. Die Verbraucher sahen sich Mitte 2008 mit einem Rohölpreis konfrontiert, der mit bis zu 130 US$ pro Barrel sogar inflationsbereinigt deutlich über dem Höchstwert der letzten Ölkrise im Jahr 1979 lag.

In den USA waren die Autofahrer von diesem Ölpreisanstieg gleich dreifach betroffen:

- Der Großteil der amerikanischen Pkw-Flotte besteht aus schweren, großmotorigen Off-Road-Fahrzeugen, wie Pick-ups und SUVs, die einen sehr hohen Kraftstoffverbrauch haben und nach 2002 durch heftige Rabattschlachten der US-Hersteller weit über den Normalbedarf hinaus in den Markt gedrückt wurden. Ein Umstieg auf verbrauchsärmere Fahrzeuge findet in den USA erst sehr langsam statt, zumal der Bestand an SUVs durch diese Verkaufsförderungsmaßnahmen noch relativ jung ist und nicht so schnell ersetzt wird.

- Aufgrund des relativ niedrigen Steueranteils für Benzin in den USA schlug sich der Ölpreisanstieg an den amerikanischen Tankstellen überproportional auf die Budgets der Konsumenten nieder – da brachten auch *Prayer at the Pump*[21] keine Hilfe, während beispielsweise in Europa der hohe fixe Steueranteil (Mineralölsteuer) wie ein Puffer wirkte.

- Der sinkende Wechselkurs des US$ sorgte ebenfalls für eine stärkere Auswirkung in den USA als in Europa. So stieg der Rohölpreis im Zeitraum von 2002 bis 2008 von 20 Euro auf einen

---

[21] Als Mitte 2008 der Preis für eine Gallone (3,79 l) Kraftstoff auf vier US$ (ca. 2,60 Euro) anstieg, bildete sich in den USA die religiöse Bewegung *Prayer at the Pump*, die an Tankstellen für billigeres Benzin betete. – Die USA sind und bleiben also das Land der unbegrenzten Möglichkeiten. Ob sich angesichts des BP-Öldesasters im Golf von Mexiko eine ähnliche Bewegung bildet, ist nicht bekannt.

Höchststand von 90 Euro (+350%), während er im gleichen Zeitraum von 20 US$ auf 140 US$ anstieg (+600%).

Dementsprechend war der US-Markt der erste große Absatzmarkt, auf dem die Neuwagenverkäufe seit 2006 bereits zurückgingen. In den Jahren 2006 und 2007 fand dies noch in geringem Ausmaß statt. Gegen Mitte des Jahres 2008, als auch der Höchststand des Ölpreises erreicht war, betrug der Rückgang zeitweise bis zu 50%. Besonders getroffen von dieser Entwicklung waren die drei großen US-Hersteller und Toyota mit ihrer auf „Spritfresser" ausgerichteten Modellpolitik. Die übrigen asiatischen Anbieter mit ihren überwiegend kleinen Autos konnten dagegen zunächst noch profitieren und Marktanteile hinzugewinnen.

Volkswirtschaftlich gesehen hat der Ölpreis eine wichtige Indikator – und Lenkungsfunktion. Blickt man zurück, so stellt er einen klassischen system-immanenten Konjunkturstabilisator dar, da er eine boomende Wirtschaft mit entsprechend hoher Ölnachfrage durch einen hohen Preis abbremst und bei konjunktureller Abschwächung und damit verbundenem niedrigeren Ölbedarf durch einen sinkenden Preis den Druck auf die Wirtschaft verringert. In der Krise des vergangenen Jahres war dies zwar auch der Fall, die Automobilindustrie konnte von diesem Effekt allerdings nur in einem geringen Umfang profitieren, da die negativen Effekte der weltweiten Wirtschaftskrise schwerer wogen. Die Nachfrage nach Fahrzeugen ging in den Industrieländern (ohne staatliche Fördermaßnahmen) stark zurück und auch in einigen vorherigen Boom-Regionen, wie Russland oder Brasilien, brach die Nachfrage weg. Dort hatten die hohen Rohstoffpreise für ein starkes Wachstum der Wirtschaft und der Neuzulassungen gesorgt, das plötzlich infolge eines nicht vorhandenen Mittelstands in der Wirtschaft aufgrund der sinkenden Einnahmen aus dem Rohstoffexport gestoppt wurde.

Die kurzfristige Entwicklung des Ölpreises ist im Wesentlichen von der weiteren konjunkturellen Entwicklung der Weltwirtschaft abhängig, er wird also bei anhaltenden Aufschwungtendenzen ansteigen. Mit den verbesserten weltweiten Konjunkturaussichten gegenüber dem Krisenjahr 2009 stieg der Ölpreis seit seinem Tiefststand von 34 US$ (Dez. 2008) mittlerweile wieder auf über 74 US$ (Apr. 2010) an. Unabhängig von der schwankenden kurzfristigen Preisentwicklung ist vor allem die Erkenntnis wichtig, dass die Zeiten billigen Öls langfristig eindeutig vorbei sind, da die weltweiten Reserven knapper werden und nur bei entsprechend hohen Ölpreisen lukrativ zu fördern sind. Die Menge der noch vorhandenen Ölvorkommen ist vor allem eine Frage des Preises, der für den Rohstoff gezahlt wird. Denn die Förderung wird aufwändiger, teurer und risikoreicher, wie der Umweltschaden durch die gesunkene Ölplattform im Golf von Mexiko jüngst eindrucksvoll bewiesen hat. Ein weiterer Anstieg des Ölpreises in der langen Frist gilt daher als sicher, solange keine ausreichende Versorgung mit nicht-fossiler, nachhaltiger Energie sichergestellt ist.

Die weltweite Energienachfrage wird in Zukunft weiter deutlich ansteigen, hauptsächlich getrieben von den Ländern außerhalb der OECD. In den letzten Jahren hatten diese Entwicklungs- und Schwellenländer einen Beitrag von 90% zum Wachstum des weltweiten Energieverbrauchs, d.h. der Anstieg der weltweiten Energienachfrage kam nahezu gänzlich aus den Nicht-OECD-Ländern, während in den westlichen Industrieländern kaum ein Anstieg im Energiebedarf festzustellen war. Dieser Trend wird auch in Zukunft weiter anhalten, die Energienachfrage in der entwickelten Welt wird nahezu konstant bleiben. Außerhalb der Industrieländer wird die Nachfrage dagegen bis zum Jahr 2020 um rund 50% ansteigen.

Denn zusätzlich zu ihrem höheren Wirtschaftswachstum weisen die großen Wachstumsländer China und Indien überdies auch noch eine höhere Energieintensität ihres Wachstums auf – Zeichen einer noch nicht reifen Volkswirtschaft mit niedriger Energieeffizienz. Der Energieaufwand, der für die Produktion einer BIP-Einheit benötigt wird, ist in China mehr als viermal und in Indien fast dreimal so hoch wie in Deutschland. Die Energieeffizienz ihrer Produktionsprozesse erheblich zu verbessern, wird also in Zukunft eine zentrale Aufgabe für die betreffenden Länder sein – sehr zum Wohl des deutschen Maschinenbaus, der in diesem Bereich führend ist. Von hohen Öl- und Treibstoffpreisen profitieren natürlich auch die deutschen Autobauer mit ihrer hoch energieeffizienten Modellpalette, denen die Hersteller gerade in den Emerging Markets bis dato nicht entgegen zu setzen haben – außer der vagen Hoffnung auf Elektroautos, die irgendwann einmal gebrauchstüchtig sein sollen.[22]

Die beiden Faktoren: Hohes BIP-Wachstum und niedrige Energieeffizienz in den Emerging Countries werden indessen im Trend für einen stark wachsenden Energiebedarf weltweit sorgen, der mit den knapper werdenden Ressourcen gedeckt werden muss. Dies wird sich entsprechend auf den Ölpreis auswirken. Aber auch andere Energieträger, wie Kohle und Erdgas, das preislich an den Ölpreis gekoppelt ist, werden sich weiter verteuern.

---

[22] Auf deutschen Autobahnen dürften solche Fahrzeuge allenfalls rechts parkend und auf Nothaltestellen zu finden sein – so die Meinung von Experten, die es eigentlich wissen müssten.

2 Wie der Auslesewettbewerb funktioniert

Kurzum: Ein langfristiger Ölpreisanstieg ist trotz temporärer Abweichungen unausweichlich. Der Preiseinbruch im Zuge der Wirtschaftskrise oder durch die Entdeckung neuer Ressourcen kann nur kurzfristig sein. Auch andere Rohstoffe, die für die industrielle Produktion nötig sind, werden einen ähnlichen langfristigen Trend aufweisen, ebenfalls im Wesentlichen getrieben durch die steigende Nachfrage in den Emerging Countries. Der Preisanstieg wird für diese anderen Rohstoffe durchschnittlich etwas weniger steil ausfallen als im Energiebereich, da mehr weltweite Ressourcen vorhanden sind.

Abb. 17. Langfristige Ölpreisentwicklung

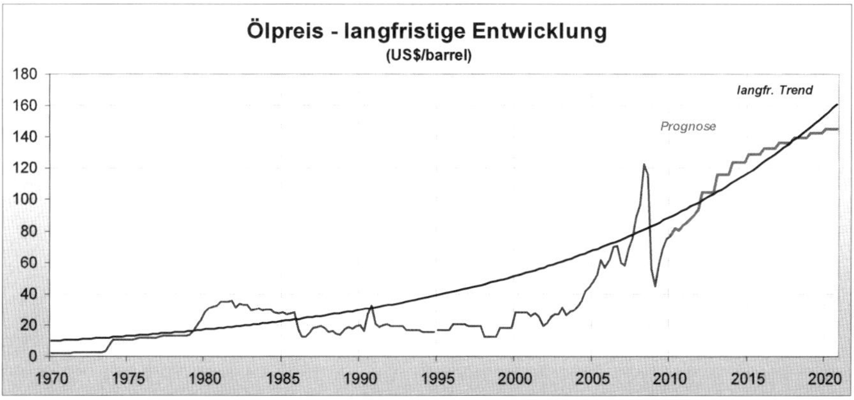

Quelle: FERI, eigene Darstellung

Höhere Treibstoffpreise sind kein Beinbruch und auch nicht der Untergang der Automobilindustrie, geschweige denn der deutschen! Die Automobilindustrie muss sich also auf ein deutlich höheres Ölpreisniveau als in der Vergangenheit einstellen und ihre Modellpolitik und Antriebstechnologie entsprechend anpassen. Für die Endkunden werden Treibstoffpreise und Verbräuche ein zunehmend wichtigeres Entscheidungskriterium beim Autokauf werden. Zumal die jüngste Krise der Weltwirtschaft vielfach Anlass zu künftig rationalerem Verbraucherverhalten sein dürfte. So ist der Treibstoffverbrauch in Deutschland in den Krisenjahren 2008/2009 um 8% gesunken. Hut ab vor den Verbrauchern, es gibt ihn also noch, den rationalen! All dies läuft auf eine überproportionale Bevorzugung der unteren Pkw-Marktsegmente hinaus. Und auch in der Produktion werden die langfristig steigenden Rohstoffpreise bei Zulieferern und Herstellern für einen weiter anhaltenden Kostendruck sorgen, so dass sich die Branche nicht auf niedrigen Kosten ausruhen darf, sondern die nötigen technologischen Anpassungen an hohe Rohstoffpreise weiter vorantreiben muss.

2.3.3 Neue Anforderungen zur Umweltverträglichkeit – Aktuelle und künftige gesetzliche Auflagen

Einer der wichtigsten zukünftigen Technologietreiber in der gesamten Automobilbranche ist die Fokussierung auf die zunehmend erforderliche Umweltverträglichkeit. Erstens hat die Automobilindustrie wegen der oben beschriebenen zu erwartenden weiteren strukturellen Verteuerung der Rohstoffe aus Kosten- sowie Wettbewerbsgründen ein Eigeninteresse an diesem Thema. Zweitens spielt bei den Kunden der Umweltaspekt beim Neuwagenkauf eine zunehmend wichtigere Rolle und drittens müssen in Zukunft wesentlich strengere gesetzliche Vorschriften und Auflagen zum Umweltschutz eingehalten werden. Dies alles wird erhebliche strukturelle Auswirkungen auf die gesamte Branche haben. Die Automobilhersteller und Zulieferer müssen ein entsprechendes Umweltkonzept entwickeln, das alle Phasen von der Entwicklung, Produktion, Nutzung bis hin zur Verwertung des Automobils einschließt, wobei die Schwerpunkte in folgenden Bereichen liegen:

- Minderung der Schadstoff-Emissionen und des Kraftstoffverbrauchs
- Schonender und effizienter Einsatz der Ressourcen
- Umweltfreundliche Produktion
- Geschlossener Materialkreislauf (Recycling und Entsorgung)

Der wichtigste Ansatzpunkt für die gesetzliche Umweltpolitik ist dabei mit Sicherheit der Schadstoffausstoß der Fahrzeuge. Im Rahmen der globalen Klimaerwärmung und des Treibhauseffekts erhält die Reduzierung des CO_2-Ausstoßes eine zunehmende politische Bedeutung. Der Verkehr trägt dabei mit 26% erheblich zu den CO_2-Gesamtemissionen in der Europäischen Union bei und für etwa die Hälfte dieser Emissionen ist der Pkw-Verkehr verantwortlich.

Bei den staatlichen Abwrackprämien haben nur einzelne Ländern die Prämienzahlung an strenge Umweltauflagen geknüpft. In den meisten Ländern, wie auch in Deutschland, wurde diese Maßnahme trotz der offiziellen Bezeichnung als Umweltprämie nur als Konjunkturhilfe für die Automobilindustrie eingeführt (siehe Kap. 5.1); viel Zeit zum Überlegen blieb der Bundesregierung dabei auch nicht, wollte sie die Katastrophe in der Branche verhindern! Die französische Regierung verfolgt zusätzlich schon seit Januar 2008 ein Bonus-Malus-System, bei dem der Kauf schadstoffniedriger Neuwagen mit bis zu 5.000 Euro subventioniert und der Kauf CO_2-intensiver Neuwagen mit bis zu 2.600 Euro Strafzahlung belegt wird. Dies kann jedoch ziemlich unverhohlen als staatliche Subventionierung für die nationalen Hersteller betrachtet werden, da vor allem die französischen Kleinwagen von dieser Regelung profitieren.

Innerhalb der Europäischen Union haben sich die Mitgliedsstaaten inzwischen auf einheitliche langfristige Vorgaben zur CO_2-Reduzierung im Straßenverkehr geeinigt. Nachdem die europäischen Pkw-Hersteller ihre freiwillige Selbstverpflichtung von 140 g/km CO_2 bis 2009 nicht einhalten konnten, hat das EU-Parlament im April 2009 erstmals ein Emissionslimit erlassen. Der CO_2-Ausstoß von Neuwagen innerhalb der EU soll ab 2012 schrittweise sinken, von derzeit über 150 g/km auf 130 g/km[23] CO_2 im Jahr 2012. Für jeden großen Hersteller wird ein Flottenzielwert ermittelt, der von dem Produktportfolio, also dem Durchschnittsgewicht der Flotte des Herstellers abhängig ist. Für Hersteller von schweren Premiumfahrzeugen bedeutet das eine Senkung des CO_2-Ausstoßes auf einen Wert, der etwas über dem EU-Zielwert von 130 g/km liegt, für Kleinwagenhersteller etwas darunter. Da es bei großen, schweren Autos mit einem hohen Verbrauch mehr Möglichkeiten zur CO_2-Senkung gibt, müssen diese Hersteller nach den EU-Vorgaben den Flottendurchschnitt nicht nur absolut in g/km stärker senken, sondern auch relativ zu ihrem derzeitigen Ausgangswert. Für Premiumanbieter wie Daimler und BMW bedeuteten die Vorgaben in Höhe von 135 g/km bzw. 138 g/km eine größere prozentuale Reduzierung als für Hersteller von kleineren Fahrzeugen, die einen Zielwert deutlich unter 130 g/km realisieren müssen.

Um die branchentypischen Produktionszyklen zu berücksichtigen, wird diese neue EU-Regelung gestaffelt eingeführt. Damit Fahrzeugmodelle, die heute neu in den Markt eingeführt werden, auch noch die nächsten Jahre unverändert vom Band laufen können, müssen im Jahr 2012 erst 65% der Neuwagenflotte die Werte erfüllen. In den Folgejahren steigt die Quote zunächst auf 75% und später auf 80%. Bis zum Jahr 2015 müssen 100% der Neuwagenflotte das Ziel erfüllen. Zusätzlich soll langfristig bis 2020 der durchschnittliche CO_2-Ausstoß auf 95 g/km gesenkt werden.

---

[23] Weitere 10 g/km CO_2 sollen zusätzlich durch den Einsatz von Biokraftstoffen und so genannten Ökoinnovationen eingespart werden.

Abb. 18. Geforderte CO_2-Reduzierung nach Herstellern

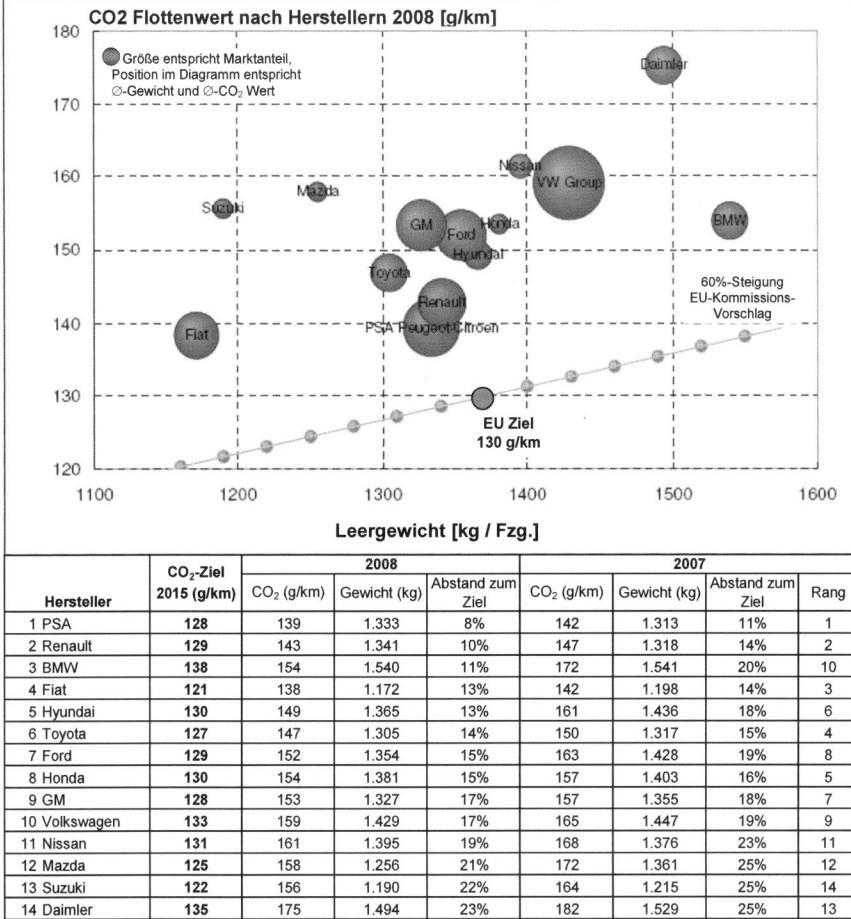

Hersteller	CO_2-Ziel 2015 (g/km)	2008			2007			Rang
		CO_2 (g/km)	Gewicht (kg)	Abstand zum Ziel	CO_2 (g/km)	Gewicht (kg)	Abstand zum Ziel	
1 PSA	128	139	1.333	8%	142	1.313	11%	1
2 Renault	129	143	1.341	10%	147	1.318	14%	2
3 BMW	138	154	1.540	11%	172	1.541	20%	10
4 Fiat	121	138	1.172	13%	142	1.198	14%	3
5 Hyundai	130	149	1.365	13%	161	1.436	18%	6
6 Toyota	127	147	1.305	14%	150	1.317	15%	4
7 Ford	129	152	1.354	15%	163	1.428	19%	8
8 Honda	130	154	1.381	15%	157	1.403	16%	5
9 GM	128	153	1.327	17%	157	1.355	18%	7
10 Volkswagen	133	159	1.429	17%	165	1.447	19%	9
11 Nissan	131	161	1.395	19%	168	1.376	23%	11
12 Mazda	125	158	1.256	21%	172	1.361	25%	12
13 Suzuki	122	156	1.190	22%	164	1.215	25%	14
14 Daimler	135	175	1.494	23%	182	1.529	25%	13
Durchschnitt	130	153,5	1.374	15%	158,7	1.379	18%	

Quelle: European Federation for Transport and Environment (T&E)

Die Hersteller haben bisher insgesamt nur leichte Verbesserungen beim CO_2-Ausstoß erreicht (siehe Abb. 18). Im Durchschnitt lagen sie im Jahr 2008 mit 153,5 g/km CO_2 noch 15% über ihren Vorgaben für 2015, nach 159 g/km (18%) im Vorjahr. Die Fortschritte fallen bei den einzelnen Herstellern allerdings sehr unterschiedlich aus. BMW konnte seinen Flottenwert stark reduzieren und liegt mit 154 g/km CO_2 nur noch 10% über dem Zielwert von 138 g/km, während Daimler mit 175 g/km noch 25% von seinem Zielwert (135 g/km) entfernt ist. Die japanischen Hersteller Toyota und Honda, die mit ihren Hybrid-Fahrzeugen für Schlagzeilen und ein grünes Image sorgen, sind beispielsweise deutlich weiter von ihren Zielvorgaben entfernt als beispielsweise BMW. Aber auch der Volkswagen-Konzern hat noch einige Anstrengung vor sich, um seinen Flottenwert in Höhe von 159 g/km CO_2 (2008) bis 2015 auf das Ziel 133 g/km CO_2 zu reduzieren

Für den Fall, dass der jeweilige Grenzwert für die Flotten-Emissionen überschritten wird, sieht die EU-Kommission Strafzahlungen für den entsprechenden Hersteller vor. Ab 2012 muss für jedes Gramm CO_2-Ausstoß über dem Grenzwert Strafe gezahlt werden. Zunächst gestaffelt 5 Euro für das erste Gramm, 15 Euro für das zweite, 25 Euro für das dritte und ab vier g/km über dem Flottenziel sind 95 Euro pro verkauftem Fahrzeug fällig. Bei einem Absatzvolumen von 2,5 Mio. Pkw kostet ein um drei Gramm erhöhter Flottenverbrauch den Hersteller somit 112 Mio. Euro, bei 5 Gramm zu viel beträgt die Strafe bereits 590 Mio. Euro. – Solche Beträge sollten deutsche Premium-Hersteller aber nicht schrecken: Zum einen erreichen sie solche Absatzzahlen nicht, zum anderen kostete jedes Formel 1-Engagement mindestens das Gleiche oder mehr und schließlich sind die Aufwendungen für elitäres Sport-Sponsoring (Polo, Golf, Tennis, Yachting) noch höher. Da CO_2-Strafzahlungen ohnehin von den Herstellern in den Preisen überwälzt werden dürften, ist die Wahrscheinlichkeit groß, dass die betroffenen Kundschaft auch zu der PR-mäßig Begünstigten gehört – was für einen sozialen Ausgleich sorgen würde!

Die Hersteller werden erhebliche Anstrengungen unternehmen müssen, um diese zukünftigen Vorgaben ohne Strafzahlungen zu erreichen. Mit einem relativ hohen Anteil an großen, schweren Fahrzeugen der Premiumanbieter lag der Wert im Jahr 2008 in Deutschland mit 165 g/km auf dem höchsten Niveau der westeuropäischen Industrieländer. Nur in Lettland war der Wert noch schlechter.

Abb. 19. CO_2-Ausstoß der neu zugelassenen Pkw in Europa in g/km

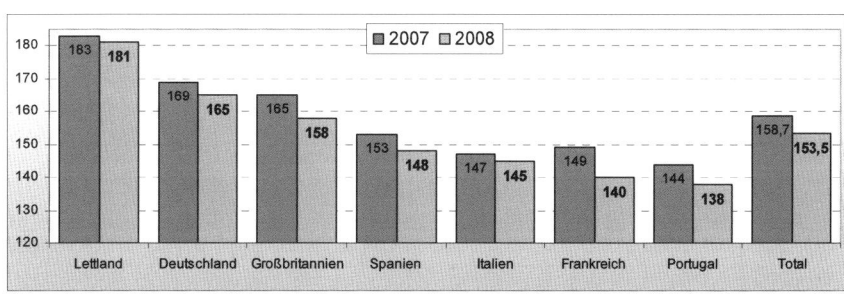

Quelle: Transport & Environment

2.3 Neue Rahmenbedingungen des Auslesewettbewerbs

Neben diesen ab 2012 geltenden CO_2-Vorschriften begrenzt ebenfalls die im September 2009 europaweit eingeführte Abgasnorm Euro 5 den Schadstoffausstoß. Gegenüber der Euro 4 Norm wird der Grenzwert für Stickstoffoxide von Pkw mit Benzinmotor von 80 mg/km auf 60 mg/km und der von Dieselfahrzeugen von 250 mg/km auf 180 mg/km verringert. Kohlenwasserstoffe und Stickstoffoxide dürfen dabei zusammen den Wert von 230 mg/km nicht überschreiten. Im September 2014 tritt die Euro 6 Norm in Kraft, die den Grenzwert für Stickstoffoxide von Dieselfahrzeugen auf 80 mg/km senkt und die Obergrenze für die Summe von Stickstoffoxiden und Kohlenwasserstoffen auf 170 mg/km festschreibt.

Eine weitere Maßnahme zur Schadstoffreduzierung ist die Änderung der Kfz-Steuer, die in vielen Ländern mittlerweile an den CO_2-Ausstoß gekoppelt ist. So gilt in Deutschland seit Juli 2009 und in Frankreich schon seit Januar 2006 eine neue Kfz Steuer, die sich nicht mehr allein nach dem Hubraum eines Autos, sondern zusätzlich nach dessen CO_2-Ausstoß bemisst. In Deutschland ist ein CO_2-Ausstoß von 120 g/km bis 2011 kostenfrei. Diese Regelung gilt für Neuwagen und wird in den nächsten Jahren schrittweise auf 95 g/km CO_2 gesenkt. Fahrzeuge mit weniger Emissionen werden ausschließlich nach dem Hubraum versteuert. Ältere Pkw fallen erst ab dem Jahr 2013 unter die neue Kfz Steuer.

Die Automobilhersteller müssen sich aber auch außerhalb der EU auf verschärfte Schadstoffvorschriften einrichten. Die US-Regierung verschärfte im März 2009 die seit 1985 unverändert geltenden „Corporate Average Fuel Economy" (CAFE) - Standards. Das sind die durchschnittlichen Meilenstrecken, die ein Automobil per Gallone Benzin verbraucht. Die Änderung verringert den Benzinverbrauch für das Modelljahr 2011 umgerechnet von derzeit durchschnittlich 9,5 l auf 8,8 l/ 100 km Benzin für Pkw. Zudem beschloss die US-Regierung 2009 die von Kalifornien vorgeschlagenen Grenzwerte für den CO_2-Ausstoß und Benzinverbrauch nicht wie geplant bis 2020, sondern bis 2016 umzusetzen. Der Verbrauchsstandard für Fahrzeuge wird dann um knapp 30% auf 6,7 l/ 100 km gesenkt. Damit werden CO_2-Emissionen von derzeit rund 210 g/km auf etwa 150 g/km begrenzt. Die neuen Vorschriften sind allerdings noch deutlich milder als die CO_2-Grenzwerte in der Europäischen Union.

Auch China, mittlerweile weltweit größter CO_2-Verursacher, hat strengere Umweltvorschriften eingeführt, darunter auch Grenzwerte für den Treibstoffverbrauch von Pkw, und verbietet den Verkauf von Neuwagen, die je nach Gewicht durchschnittlich mehr als 7,2 l/ 100 km (Grenzwert 2008) verbrauchen.[24] In Japan gelten seit 2010 ähnliche Werte.

2.3.4 Veränderungen in den gesellschaftlichen Mobilitätsansprüchen

Mobilität ist das Kennzeichen aller modernen Gesellschaften. Trotz des krisenbedingten Nachfrageeinbruchs und auch ohne staatliche Förderprogramme wie Verschrottungsprämien, bleibt das Bedürfnis nach Mobilitätsbefriedigung durch das Auto weltweit nicht nur hoch, sondern wird mittelfristig sogar überproportional wachsen. Treiber der künftigen gesellschaftlichen Mobilitätsansprüche gibt es in drei Hinsichten:

- Der Markt in Asien wächst rasant
- Die Ausrichtung der Mobilitätspalette in den westlichen Industriestaaten ändert sich
- Die Entstehung zahlreicher Megastädte erfordert weltweit ein neues Segment von Autos

Für die Autoindustrie ergeben sich aufgrund demographischer Faktoren zwei wesentliche Trends. Wichtig sind die Tendenzen der asiatischen Länder, in denen mit dem Bevölkerungswachstum ein intensives wirtschaftliches Wachstum stattfindet und dadurch die Nachfrage nach Mobilität rasch steigt. Vor allem das Marktsegment der Billigautos wird damit in den nächsten Jahren boomen, und das nicht nur in den BRIC-Wachstumsstaaten Brasilien, Russland, Indien und China. Auch in Europa verkaufen sich Billigmarken wie die rumänische Dacia äußerst erfolgreich, erfolgreicher jedenfalls, als die deutschen Wettbewerber es für möglich gehalten haben.

Geiz ist eben geil! In diesem Niedrig-Preis-Segment sind nicht mehr die innovativsten und fortschrittlichsten und damit teuersten Technologien gefragt, sondern Technologien und Teile, die das Auto vereinfachen. Der Trend geht hin zum kleinen Auto mit geringem Verbrauch und Materialeinsatz. Minimierung statt Maximierung ist das neue Gebot, damit der Preis für das Endprodukt sinkt. Beispielhaft in diesem Segment ist der indische Nano, der für 1.700 Euro verkauft wird. Als problematisch könn-

---

[24] Ob zur Vermeidung von CO_2-Ausstoß in chinesischen Innenstädten auch der Verkauf von konventionellen Fahrrädern zugunsten von Elektrofahrrädern verboten wurde, ist dem Autor nicht bekannt.

ten sich dabei für die westlichen Automobilhersteller die begrenzten Ertragspotentiale bei verschärfter Konkurrenz mit asiatischen Herstellern erweisen. Um wettbewerbsfähig zu bleiben, bedarf es bei den westlichen OEMs und Zulieferern neben Kosteninnovationen auch grundsätzlich neuer Konzepte, um ihre Modellpaletten, oder zumindest regional spezifische Teile davon für die Anforderungen der Zukunft wettbewerbsfähiger zu machen. Die Kooperation von Volkswagen mit Suzuki, dem Platzhirsch am indischen Markt, deutet in diese Richtung. Oder jene von Daimler mit Renault/Nissan, dem Eigentümer von Dacia.

Noch gibt es im Bereich der Billigautos keine direkte regionale Konkurrenz zwischen lokalen asiatischen Anbietern und großen traditionellen Automobilherstellern. Dies verschafft den westlichen Herstellern einen gewissen Zeit- und Wettbewerbsvorsprung an Komfort, Umweltverträglichkeit und Sicherheit, was sich preislich bisher positiv für die westlichen Hersteller niederschlägt.

Neben dem Billigsegment gibt es eine weitere Parameter-Änderung für die Autoindustrie. In den westlichen Industriestaaten werden die Hersteller ihre Fahrzeugpalette nach den Bedürfnissen einer älteren und alternden Bevölkerung ausrichten müssen. Dabei kommt ihnen entgegen, dass – obwohl das Bevölkerungswachstum stagniert und in einigen Teilen sogar zurückgeht – dies zunächst nicht mit einem Rückgang der Kaufkraft verbunden ist. Kurz: Das Käuferpotenzial wird zwar kleiner, das Kaufkraftpotenzial dagegen größer.

Die ältere Bevölkerung macht in Zukunft einen immer größeren Anteil an den Neuwagenkäufern aus und durch die Verschiebung der Alterspyramide nach oben ist per Saldo sogar mit einem erhöhten Fahrzeugabsatz zu rechnen. Vor allem das Premium-Segment wird dabei überproportionale Wachstumschancen erfahren, allerdings in einer anderen Modellpalette als heute. Im Vordergrund für die alternde Gesellschaft stehen Einsteige- und Bedienungs-Komfort, Ausstattung und Sicherheit. Der Erfolg der City-Off-Roader liegt vor allem darin begründet. Außerdem muss Premium nicht mehr zwangsläufig große, schwere Oberklassenlimousinen bedeuten, Premium kann auch bei Klein- und Mittelklassewagen erreicht werden. Alle großen Premiumanbieter bauen ihre Palette in jüngster Zeit stark Richtung Kleinwagen aus, denn in den unteren Segmenten findet das Wachstum der Automobilindustrie statt. In Westeuropa ist mittlerweile bereits nahezu jedes zweite neu zugelassene Auto ein Kleinwagen und gemeinsam mit der unteren Mittelklasse machen die beiden Segmente drei Viertel aller Neuzulassungen für sich aus. Im Jahr 1990 dagegen war es noch nicht einmal die Hälfte (siehe Abb. 20). Durch die staatlichen Umwelt- oder Abwrackprämien in vielen Ländern sind die jüngsten Zahlen zwar etwas verzerrt, dies ändert aber nichts an dem klar zu erkennenden Trend in Richtung kleinerer Autos. Nicht nur mit niedrigerem Kaufpreis und geringeren Unterhaltskosten, sondern auch mit umweltfreundlicheren Verbrauchs- und Abgaswerten und geringerem Platzbedarf entsprechen kleinere Autos inzwischen oftmals mehr den Bedürfnissen und Ansprüchen der Kunden. Dabei geht es wohlgemerkt zunächst einmal nur um die Größe der Autos, nicht um deren Ausstattung. Luxus und Komfort sind auch in den unteren Klassen gewünscht und werden mit einem (angemessenen) Preisaufschlag bezahlt. Die Smarts und Minis sind der rollende Beweis!

Abb. 20. Entwicklung der Neuzulassungen nach Klassen, in Westeuropa

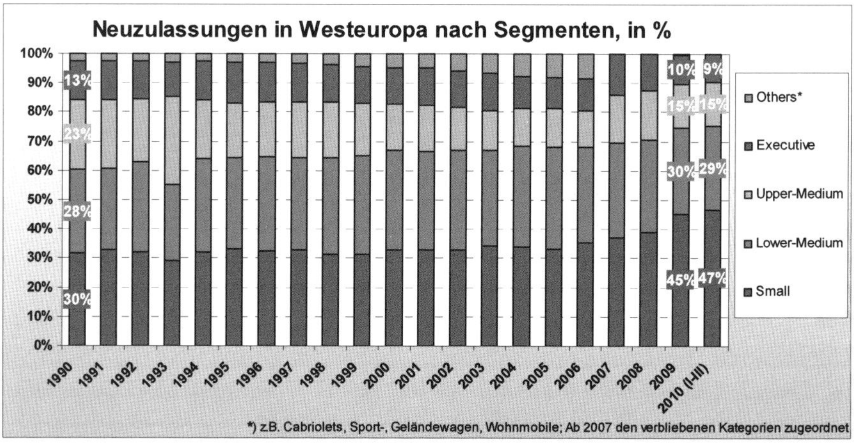

Quelle: ACEA

Vor allem außerhalb von Europa werden die Mobilitätsansprüche darüber hinaus durch die Ausbreitung von immer mehr Megastädten beeinflusst. Zu diesen Städten, bzw. Metropolregionen mit über 10 Mio. Einwohnern wurden im Jahr 2000 nach Schätzung der UN weltweit bereits 18 Megacities gezählt. Der Großraum Tokio hat mit rund 27 Mio. Menschen fast so viele Einwohner wie ganz Kanada (31 Mio.) und gilt als die weltweit größte Megacity. Bis zum Jahr 2015 wachsen voraussichtlich fünf weitere Städte zu Megacities an und eine Vielzahl (im Westen oftmals unbekannte Städte) liegt knapp unterhalb dieser Grenze. Das urbane Wachstum ist real und kaum zu bremsen, geschweige denn umkehrbar. Lebten im Jahre 1800 erst 3% der Weltbevölkerung in Städten, waren es im Jahr 1950 bereits rund 30%. Im Jahr 2007 lebten weltweit erstmals mehr Menschen in Städten als auf dem Lande. Nach Schätzungen der UN werden im Jahr 2030 bereits zwei Drittel und bis 2050 circa 70% der Weltbevölkerung in Städten leben. Allerdings dürfte sich die Ballung in Megacities vor allem in Asien und auf der südlichen Halbkugel abspielen, nicht in Mitteleuropa. Für die westlichen Automobilhersteller nicht unbedingt ein Vorteil, es besteht die Gefahr, dass sich aufstrebende Autobauer vor Ort besser an diese lokalen Gegebenheiten anpassen und entsprechende Angebote entwickeln können (siehe Tata Nano in Indien).

Abb. 21. Megastädte der Welt von 1950 bis 2015

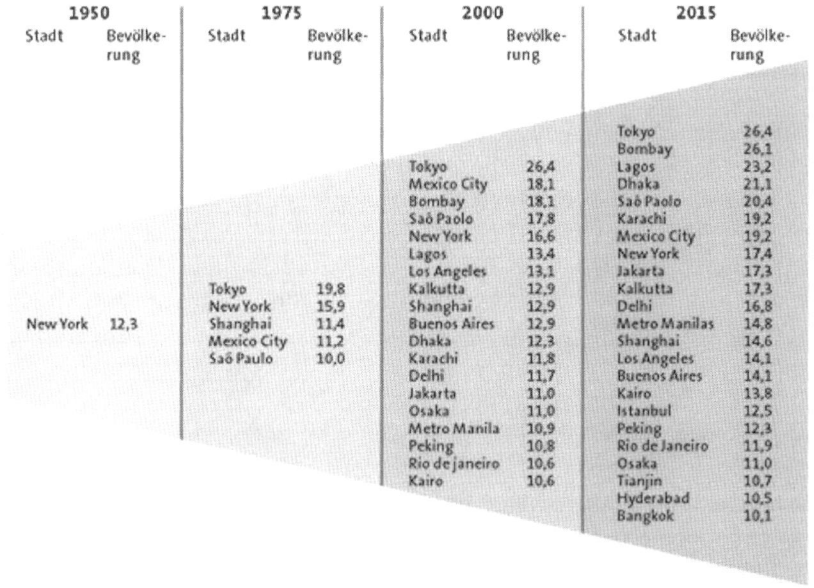

1950		1975		2000		2015	
Stadt	Bevölkerung	Stadt	Bevölkerung	Stadt	Bevölkerung	Stadt	Bevölkerung
New York	12,3	Tokyo	19,8	Tokyo	26,4	Tokyo	26,4
		New York	15,9	Mexico City	18,1	Bombay	26,1
		Shanghai	11,4	Bombay	18,1	Lagos	23,2
		Mexico City	11,2	Saõ Paolo	17,8	Dhaka	21,1
		Saõ Paulo	10,0	New York	16,6	Saõ Paolo	20,4
				Lagos	13,4	Karachi	19,2
				Los Angeles	13,1	Mexico City	19,2
				Kalkutta	12,9	New York	17,4
				Shanghai	12,9	Jakarta	17,3
				Buenos Aires	12,9	Kalkutta	17,3
				Dhaka	12,3	Delhi	16,8
				Karachi	11,8	Metro Manilas	14,8
				Delhi	11,7	Shanghai	14,6
				Jakarta	11,0	Los Angeles	14,1
				Osaka	11,0	Buenos Aires	14,1
				Metro Manila	10,9	Kairo	13,8
				Peking	10,8	Istanbul	12,5
				Rio de Janeiro	10,6	Peking	12,3
				Kairo	10,6	Rio de Janeiro	11,9
						Osaka	11,0
						Tianjin	10,7
						Hyderabad	10,5
						Bangkok	10,1

Quelle: Geographie Infothek

Das anhaltende Bevölkerungswachstum sowie die Konzentration der Menschen in immer mehr Megacities werden einerseits einen starken Ausbau des Massentransports, wie des Öffentlichen Personennahverkehrs (ÖPNV) erfordern. Gleichzeitig müssen aber weiterhin die individuellen Mobilitätsbedürfnisse befriedigt werden – dies mit möglichst wenig Schadstoffausstoß und ohne einen Kollaps der Infrastruktur herbeizuführen. Dabei wird der weltweite Fahrzeugbestand in wenigen Jahren von derzeit 910 Mio. auf über 1 Mrd. Einheiten anwachsen, mit einem überproportional schnellen Wachstum der Welt-Pkw-Flotte in den BRIC-Staaten.

Diese Entwicklung wirkt sich neben vielen verschiedenen Konsequenzen auch auf die Autoindustrie aus. In Städten existiert ein anderer Bedarf an Autos als auf dem Land. Die Folgen für die Mobilität sind vielfältig. Neben dem massiven Ausbau der öffentlichen Verkehrsmittel und allgemeinen Verkehrsinfrastruktur müssen neue Autokonzepte für Megastädte entwickelt werden. Im Kern müssen sie klein und flexibel sein und abgasfrei oder -arm fahren. Für die Autoindustrie heißt das, Emissionen und Energieverbrauch extrem zu verringern und ihre alte Flotte *downzusizen*. In den Städten werden nur geringe Durchschnittsgeschwindigkeiten gefahren und die Technik muss an die vielen Start- und Stopp-Situationen angepasst werden. Der Trend zum „rollenden Büro" scheint unaufhaltsam. Auch Komfort zur Überbrückungen der langen Stauzeiten ist unabdingbar – alles Features, über die Automobile aus den BRIC-Staaten nicht verfügen!

Außerdem müssen völlig neue Mobilitätskonzepte angeboten werden, die sich an den neuen Bedürfnissen der urbanen Bevölkerung orientieren. Ein Beispiel ist das von Daimler in Ulm unter dem Namen *car2go* gestartete Modellprojekt mit 200 Smart-Fahrzeugen. Das Projekt funktioniert ähnlich wie das *Call a Bike*-System der Deutschen Bahn. Die Smarts sind quer über die gesamte Stadt verteilt, können von jedem registrierten Kunden rund um die Uhr zu einem Minutenpreis von 19 Cent beliebig lange gemietet und anschließend im gesamten Stadtgebiet wieder abgestellt werden. Der Smart eignet sich hier vor allem in der Elektroversion und auf Grund seiner Größe als Stadtauto. Generell sind elektrische Fahrzeuge wegen niedrigen bzw. keinen Schadstoffemissionen vorteilhaft für den innerstädtischen Stadtverkehr. BMW nutzt beispielsweise die Ergebnisse aus den Studien zum E-Mini für die Entwicklung von so genannten *Megacity-Vehicles*, deren Einführung für 2013 geplant ist (siehe Kap. 5.4).

Fasst man alles zusammen, bleibt nur der Schluss: Die Automobilindustrie ist global gesehen keinesfalls eine aussterbende Branche. Im Gegenteil, ihr steht vielmehr ein ungeheures Wachstum bevor (siehe Kap. 5.2). Für das Jahr 2030 wird weltweit eine Verdoppelung des heutigen Fahrzeugbestands auf fast 2 Mrd. Fahrzeuge prognostiziert.

Die Hersteller und Zulieferer stehen „nur" vor der großen Herausforderung, sich an die aufgezeigten, stark veränderten externen Rahmenbedingungen der Branche anpassen zu müssen. Dies ist mit Sicherheit kein einfaches Unterfangen, denn die Anpassungen erfordern Unsummen an Investitionen in Forschung und Entwicklung und eine langfristig ausgerichtete Unternehmensstrategie. Unternehmensführer mit Visionen sind gefragt, nicht (nur) mit Harvard-Prädikatsexamen, so wie sie die deutsche

Automobilindustrie mit Eberhard von Kuenheim und Ferdinand Piëch hatte und noch hat. Solche strategischen Entscheidungen sind zwangsläufig mit einer Vielzahl an Unsicherheiten verbunden und binden viel Vorleistungskapital, ohne direkten und sicheren Rückfluss. Gleichzeitig müssen die Unternehmen im laufenden Geschäft unter verschärften Wettbewerbsbedingungen erfolgreich wirtschaften, um all diese Herausforderungen zu meistern. Gerade für Premium-Hersteller mit überschaubaren Produktionsvolumen (Ausnahme: VW-Konzerntochter Audi) keine leichte Aufgabe!

So wie sich in der Natur die verschiedenen Spezies an Eiszeiten oder an die Auswirkungen von Meteoriteneinschlägen entweder angepasst haben oder nicht, werden sich auch die Unternehmen der Automobilindustrie an die veränderten Rahmenbedingungen anpassen müssen. Die große Frage ist nur, wie gut die einzelnen Unternehmen bezüglich dieser Herausforderungen aufgestellt sind und welche Hersteller möglicherweise auf der Strecke bleiben werden. Denn Evolution bedeutet auch, dass diejenigen ausscheiden, die es nicht schaffen, sich zu verändern und anzupassen. Oder wie es Carlos Ghosn so unnachahmlich ausdrückte: „Nothing is ever unchanging in our industry."

3 Welcher Automobilhersteller hat die besten Überlebenschancen

> *„Bewunderung besteht aus Überraschung*
> *in Begleitung von etwas Vergnügen*
> *und einem Gefühl der Zustimmung!"*
>
> **Charles Darwin (1809 – 1882)**

3.1 Der IWK-Survival-Index

Ohne Zweifel: Die gesamte Automobilindustrie befindet sich in einer nachhaltigen strukturellen Umbruchphase mit einem extremen Verdrängungswettbewerb. Daher stellt sich zwangsläufig für einen Automobilanalysten die Frage, welcher der großen etablierten Automobilkonzerne sich in diesem darwinschen Ausleseprozess durchsetzen kann. D. h. wer ist in diesem schwierigen Umfeld strategisch am besten für die Zukunft aufgestellt und wer ist in der Lage (und Willens), sich optimal an die veränderten Bedingungen anzupassen?

Um dieser Frage nachzugehen, hat das Institut für Wirtschaftsanalyse und Kommunikation (IWK) im Jahr 2005 erstmalig den *IWK-Survival-Index* (ISI) erstellt und seitdem regelmäßig aktualisiert. In dieser Untersuchung werden die aktuell noch vorhandenen zwölf großen eigenständigen Automobilkonzerne (BMW, Daimler, Fiat, Ford, GM, Honda, Hyundai, PSA, Renault/Nissan[25], Toyota, Volkswagen) hinsichtlich ihrer gegenwärtigen wirtschaftlichen Situation und ihrer zukünftigen Wettbewerbsfähigkeit untersucht[26]. Selbstverständlich existieren auch noch andere Hersteller

---

[25] Trotz der gegenseitigen Unternehmensbeteiligungen werden Renault und Nissan getrennt betrachtet, da nur separate Konzernbilanzen verfügbar sind.

[26] Solch höchst ungleiche Automobilkonzerne zu vergleichen, ist ohne stark restriktive Annahmen und Simplifizierungen nicht möglich. Darüber sind sich die Autoren voll im Klaren! Näheres dazu und über den methodischen Weg des IWKs, diese Schwierigkeiten zu überbrücken, siehe Becker, H. (2005): *„Auf Crashkurs – Automobilindustrie im globalen Verdrängungswettbewerb.*

auf dem Markt, die aber entweder nicht komplett eigenständig sind (z.B. gehörte Suzuki zunächst teilweise zu GM, mittlerweile hat sich VW eine 20-prozentige Beteiligung gesichert) oder eine zu geringe Unternehmensgröße aufweisen (z.B. Mitsubishi). Ebenso sind die *neuen Player* aus den großen Wachstumsmärkten (z.B. Tata aus Indien oder Geely, SAIC etc. aus China) nicht im ISI enthalten. Entweder sie verfügen bisher ebenfalls noch nicht über eine relevante Größe oder sie sind nicht global, sondern nur auf einem regional stark begrenzten Markt tätig. Sollte sich dies in absehbarer Zukunft ändern, und diese Unternehmen solide Bilanzdaten veröffentlichen, so werden auch diese neuen Hersteller in den ISI aufgenommen.

Die Überlebensfähigkeit der einzelnen im ISI aufgenommenen Automobilkonzerne wird analysiert anhand von:

- Kennzahlen, welche die *aktuelle* wirtschaftliche Situation des Konzerns (Marktanteile, Wachstumsdynamik, Marktwert des Eigenkapitals, Bonität, Produktivität, Profitabilität und Stabilität) beschreiben,

- Einflussfaktoren, die auf die *zukünftige* Entwicklung des Unternehmens (Investitionstätigkeit, Innovationsorientierung, Effektivität der F&E-Ausgaben, Globalisierungsgrad, Ausnutzung der Potenziale, Image, Effektivität und Qualität des Managements) ausgerichtet sind.

In der Einschätzung der Zukunftsfähigkeit findet sich auch die Kategorie ‚subjektive Bewertung', in der all diejenigen Einflussfaktoren bewertet werden, die nicht oder nur bedingt quantitativ messbar sind. Dahinter steckt die Überlegung, dass für die Beurteilung der Zukunftsfähigkeit eines Konzerns nicht nur die tatsächlich ermittelten (also historischen) Kennzahlen, wie z.B. die aus der Bilanz- sowie Gewinn- und Verlustrechnung (GuV) herangezogen werden müssen, sondern auch zusätzliche, über diese Kennzahlen hinausgehende aussagekräftige Merkmale (qualitative Risiko- und Chancenfaktoren) berücksichtigt werden. Zu solchen gehören z.B. die Zukunftsorientierung der strategischen Konzernausrichtung, die Nachhaltigkeit der Konzernpolitik, die systematische Qualitätssicherung, die Vertriebsstrukturen oder auch die Informationspolitik eines Konzerns.

In vielen Fällen sind es gerade diese qualitativen Faktoren, die als Frühindikatoren kritische Entwicklungen oder Gefährdungsquellen hinsichtlich der Überlebensfähigkeit des Konzerns signalisieren. Für unsere Analysezwecke haben daher solche Faktoren einen gewichtigen Stellenwert. Ihre Berücksichtigung ist allerdings nur nach Kriterien denkbar, die subjektiv und uneinheitlich sind. Um eine möglichst hohe Objektivität sicherzustellen und die Aussagekraft des Gesamtergebnisses nicht signifikant beeinflussen zu können, fließen solche Einflussfaktoren aus Vorsichtsgründen insgesamt mit einem Gewichtungsfaktor von 10% in den IWK-Survival-Index ein.

Der systematische Aufbau des ISI ergibt sich daher wie folgt:

Abb. 22. Systematischer Aufbau des IWK-Survival-Index

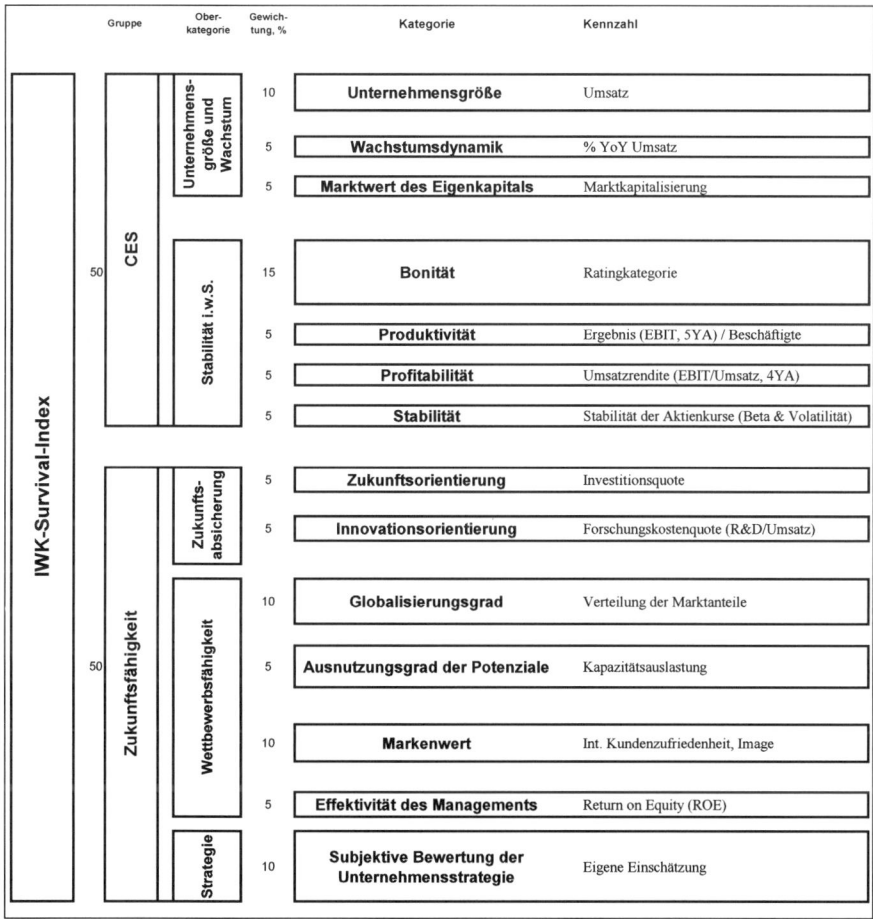

Das Ergebnis ist ein Ranking der Hersteller, das die Wahrscheinlichkeit widerspiegelt, ob ein Konzern langfristig die Kraft hat, sich selbstständig am Markt zu behaupten oder ob er übernommen wird bzw. eventuell ganz vom Markt verschwindet. Es geht um die Automobilkonzerne als solche, nicht um einzelne von ihnen geführte Marken, wie z.B. SEAT im VW-Konzern oder Opel bei GM, Kia als Tochtermarke im Hyundai-Konzern, Lexus bei Toyota etc.

Zum ISI selbst folgende Anmerkungen: Der ISI basiert auf einer konsistenten Auswahl von Unternehmenskennzahlen, die sowohl auf ökonomischen Theorien als auch auf empirisch messbaren Branchenerfahrungen beruhen. Der ISI ist somit eine aktuelle Momentaufnahme, bei der die Hersteller aufgrund ihrer realisierten Wirtschafts- und Finanzkennzahlen der letzten Jahre bewertet werden. Er ist somit kein Werturteil für die Ewigkeit. D.h. der ISI 2009 spiegelt die zukünftige Marktstärke der betrachteten 12 Hersteller wieder, unter der Annahme, dass diese so weiter machen wie im untersuchten Zeitraum. Erfolgreiche strategische Managemententscheidungen, die am langfristigen – nicht quartalsweisen – Erfolg orientiert sind, können die Zukunftsfähigkeit eines Unternehmens verbessern und es im Ranking nach oben steigen lassen, ebenso wie der Abstieg im Ranking durch schlechte Unternehmenspolitik möglich ist. Kurz: Jedes Unternehmen bestimmt sein Schicksal selbst, nichts ist vorherbestimmt oder unabänderlich!

3.2 Die Ergebnisse des IWK-Survival-Index

Das Ergebnis der jüngsten Berechnung des ISI beruht auf Grundlage der Datenbasis der Geschäftsjahre 2008 (bei den japanischen Hersteller der Geschäftsjahre April 2008 bis März 2009). Zum Zeitpunkt der Erstellung dieses Buchs waren die Jahresabschlüsse der Konzerne für das Geschäftsjahr 2009 noch nicht verfügbar, die absehbaren Tendenzen flossen aber teilweise in der Kategorie „subjektive Bewertung" mit ein.

Die Status-quo-Bewertung der Zukunftsfähigkeit laut ISI 2009 findet sich in der nachfolgenden Tabelle 1. Die Ergebnisse der vorjährigen Berechnungen sind dort ebenfalls enthalten. Dabei sind neben der Veränderung der Rangplätze vor allem die der Punkte im Gesamtscore entscheidend, da sie Rückschlüsse über den Trend der einzelnen OEMs im Vergleich zu ihren Wettbewerbern zulassen.

3.2 Die Ergebnisse des IWK-Survival-Index 57

Tabelle 1. Gesamtergebnis ISI 2009

Tab. 1: Gesamtergebnis ISI 2009

Ranking der Automobilkonzerne

		IWK-Survival-Index 2009																
		CES										Zukunftsfähigkeit						
		Unternehmensgröße und Wachstum			Stabilität i.w.S.				Zukunfts-absicherung		Wettbewerbsfähigkeit				Strategie			
Rang 2009	Rang 2007	Rang 2006	Rang 2005	Gesamtscore 2009	Veränderung geg. 2007	Unternehmensgröße	Wachstumsdynamik	Marktwert des Eigenkapitals	Bonität	Produktivität	Profitabilität	Stabilität	Zukunftsorientierung	Innovationsorientierung	Globalisierungsgrad / Diversifikation	Ausnutzungsgrad der Potenziale	Int. Kundenzufriedenheit, Image	Effektivität des Managements (ROE)	Subjektive Bewertung der Unternehmensstrategie
1.	1.	1.	1.	87,28	-6,67	100	59	100	94	100	98	100	64	75	78	94	81	60	97
2.	2.	2.	3.	80,76	-1,36	49	63	36	78	87	95	96	70	100	94	100	88	75	99
3.	7.	7.	8.	70,80	18,17	70	74	94	67	60	76	68	36	76	40	89	64	94	100
4.	3.	3.	2.	70,68	-1,37	33	65	17	67	97	94	72	43	90	100	92	93	72	60
5.	6.	5.	7.	66,45	9,53	59	42	35	56	71	77	54	49	54	73	86	100	77	60
6.	4.	4.	4.	61,56	-9,82	41	40	15	50	85	86	55	51	92	95	78	51	56	67
7.	5.	6.	-	59,34	1,51	27	100	1	39	62	76	72	100	47	76	83	42	77	65
8.	12.	12.	11.	45,84	11,26	36	77	6	39	60	84	66	62	57	1	75	29	100	40
9.	8.	9.	10.	45,12	-4,75	23	27	6	50	82	100	39	49	84	0	72	59	74	44
10.	10.	10.	9.	43,08	2,52	33	33	4	6	52	56	76	39	64	0	83	52	61	36
11.	9.	8.	6.	38,19	-3,35	65	15	5	0	17	15	33	0	85	81	83	59	0	43
12.	11.	11.	5.	31,97	-8,13	66	0	2	0	0	0	24	41	92	65	84	51	0	16

Rang 2009	Unternehmen
1.	Toyota Motor Corporation
2.	Honda Motor Co., Ltd.
3.	Volkswagen AG
4.	BMW AG
5.	Daimler AG
6.	Nissan Motor Co., Ltd.
7.	Hyundai Motor Company
8.	Fiat S.p.A.
9.	Renault S.A.
10.	Peugeot S.A.
11.	Ford Motor Company
12.	General Motors Corp.

Wichtig: Da in den einzelnen Bewertungskategorien[27] dem jeweils besten Hersteller der Score von 100 und den anderen Herstellern ein entsprechend niedrigerer Score zugewiesen wurde, kann sich der Score eines Herstellers verbessert haben, selbst wenn sein eigentliches Ergebnis in dieser Kategorie gleich geblieben ist und gleichzeitig der beste Hersteller ein schlechteres Ergebnis erzielt hat. D.h., die Score-Veränderungen eines Herstellers im ISI bilden jeweils die *relative* Stärke gegenüber den anderen Herstellern ab, nicht die *absolute* Lage. Dies gilt sowohl für die erzielten Punkte in den einzelnen Bewertungskategorien als auch für den Gesamtscore.

Als wesentliche Ergebnisse des „IWK-Survival-Index 2009" lassen sich – in Kurzform – folgende Schlussfolgerungen ziehen:

Die Branche als Ganzes leidet seit dem Jahr 2008 unter einem massiven Einbruch der weltweiten Nachfrage und den Folgen der Finanzmarktkrise. Diese Auswirkungen treffen die gesamte Automobilindustrie, von den OEMs über die Händler bis zu den Zulieferern. Bei der individuellen Betrachtung der einzelnen Hersteller ergibt sich allerdings ein durchaus differenziertes Bild, während einige stärker betroffen sind, können andere die Krise besser bewältigen.

Im ISI weisen die Hersteller nahezu in allen Einzelkategorien durchweg schlechtere Ergebnisse als in den Vorjahren auf, bei einigen Herstellern fallen diese Verschlechterungen allerdings geringer aus und lassen sie somit im Ranking aufsteigen. Dies führt teilweise zu deutlichen Verschiebungen innerhalb des ISI 2009.

An der Spitze des Rankings finden sich nach wie vor die beiden japanischen Hersteller **Toyota** und **Honda**, ihr Vorsprung gegenüber den Wettbewerbern ist allerdings deutlich gesunken. Vor allem die ehemalige Dominanz des Toyota-Konzerns bröckelt, und zwar bereits weit vor den zahlreichen Rückrufaktionen, die den Konzern aktuell bis ins Mark treffen! Durch die Verschlechterung von Toyota und Honda in vielen Einzelkategorien, in denen sie oftmals weiterhin den Spitzenplatz belegen, verbessern sich automatisch die relative Stärke der anderen Hersteller, so dass die Wettbewerber insgesamt enger zusammen rücken.

Die wesentlichen Gewinner sind der **VW**-Konzern, der vom 7. Platz auf Rang 3 aufsteigen kann, die **Daimler** AG, die im ISI 2009 erstmals ohne Chrysler bewertet wird und sich dadurch erheblich verbessert, sowie der

---

[27] Mit Ausnahme der Kategorie „Bonität": Hier existiert ein definierter Höchstwert (Moody's Ranking AAA) mit entsprechenden Abstufungsschritten.

3.2 Die Ergebnisse des IWK-Survival-Index

Fiat-Konzern, der von einem sehr niedrigen Niveau zum Mittelfeld aufschließen kann. Fiat profitiert dabei vor allem von der Schwäche der anderen Hersteller, die sich deutlich verschlechtern.

Allen voran verschlechtern sich die US-Hersteller **Ford** und **General Motors** erneut und liegen abgeschlagen auf den untersten Rängen und weisen somit bereits im Geschäftsjahr 2008 die geringste strategische Überlebensfähigkeit auf. Dies bestätigt sich schon im Jahr 2009 durch die Insolvenz von GM, die der ehemals größte Hersteller der Welt nur durch die Übernahme der Unternehmensmehrheit durch den US-Staat überstehen konnte.

Infolge fehlender eigenständiger Unternehmenskennzahlen konnte **Chrysler** auch nach der Trennung von **Daimler** nicht in den ISI aufgenommen werden. Und so wird es wohl auch bleiben!

In der Gesamtbetrachtung ergibt sich ein interessantes Ergebnis bezüglich der Herkunftsländer der Unternehmen. Die beiden *japanischen Hersteller* Toyota und Honda liegen auf den ersten beiden Plätzen, erstmals gefolgt von einem Block aus den drei *deutschen Herstellern* VW, BMW und Daimler. Im Mittelfeld befinden sich mit Nissan aus Japan und Hyundai aus Korea erneut zwei *asiatische Hersteller*. Die *restlichen europäischen* (nicht-deutschen) OEMs bilden gemeinsam das untere Mittelfeld und die beiden *amerikanischen Hersteller* liegen abgeschlagen am Ende des Rankings.

In der Gruppe der *asiatischen Hersteller* gibt es somit die zwei Champions Toyota und Honda, die an der Spitze des Rankings liegen und auf der anderen Seite die beiden anderen fernöstlichen Hersteller Nissan und Hyundai, die das Mittelfeld bilden. Bei den *europäischen Herstellern* gibt es die Zweiteilung in die *deutschen Hersteller*, die die Plätze drei bis fünf belegen und damit wesentlich besser aufgestellt sind als ihre *französischen und italienischen* Nachbarn (Plätze 8 bis 10). Nur bei den *amerikanischen Herstellern* gibt es kaum Unterschiede, sie liegen gemeinsam auf den letzten beiden Plätzen.

Abb. 23. Entwicklung der ISI-Platzierungen 2005 bis 2009

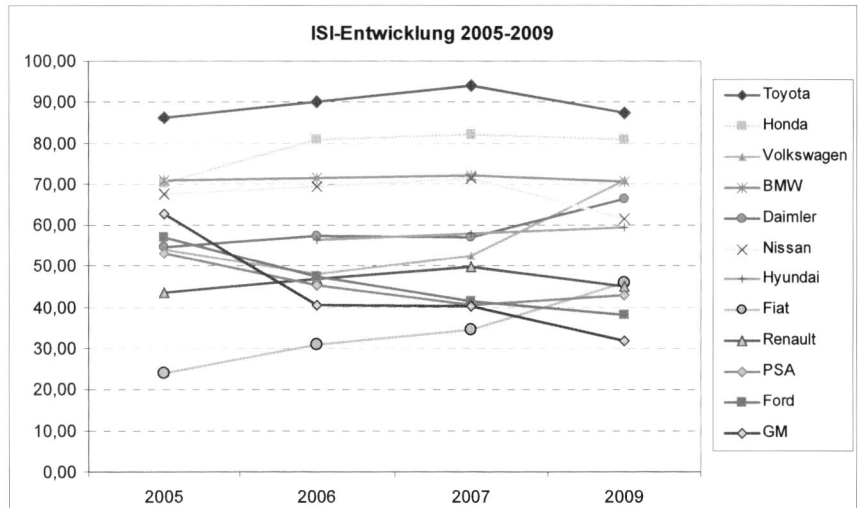

Quelle: IWK

3.3 Stärken und Schwächen der 12 wichtigsten Automobilhersteller

Betrachtet man die Ergebnisse der ISI-Berechnung 2009 im Detail, vergleicht sie mit den Ergebnissen aus den Vorjahren und berücksichtigt die aktuellen Entwicklungstendenzen bei den einzelnen Herstellern, so ergibt sich folgendes Bild:

- **Platz 1:** Der **Toyota**-Konzern weist im ISI 2009, wie schon in den vorangegangenen Jahren, das beste Überlebenspotenzial unter allen bewerteten Unternehmen auf und stellt im Untersuchungszeitraum somit weiterhin die Nr. 1 der Weltautomobilindustrie dar. Allerdings verzeichnet Toyota im ISI 2009 erstmals eine Verschlechterung im Gesamtscore gegenüber dem Vorjahr. Der mittlerweile größte Autobauer der Welt bekam im Jahr 2008 die globale Krise in der Automobilindustrie und vor allem die massiven Nachfrage-Einbrüche auf dem wichtigen US-Markt voll zu spüren, bleibt aber bei der Bewertung der

3.3 Stärken und Schwächen der 12 wichtigsten Automobilhersteller 61

aktuellen ökonomischen Lage weiterhin auf dem ersten Platz mit Spitzenplätzen in sechs der sieben Unterkategorien (nur bei der Wachstumsdynamik gab es eine deutliche Verschlechterung). Im Bereich der Zukunftsfähigkeit verschlechtert sich Toyota dagegen in fast allen Kategorien, lediglich auf dem wichtigen Gebiet der Innovationsorientierung kann sich das Unternehmen geringfügig verbessern. Die Aussichten für Toyota sind somit bereits zu Beginn des Jahres 2009 nicht mehr so glänzend wie in der Vergangenheit und die weitere Entwicklung bestätigt dies. Der Nachfrageeinbruch auf dem für Toyota mittlerweile wichtigsten Absatzmarkt USA hat den Konzern besonders stark getroffen, auf dem westeuropäischen Markt ist Toyota dagegen weiterhin unterrepräsentiert und konnte deswegen auch weniger von den staatlichen Absatzförderungen in Westeuropa profitieren. In den wichtigen BRIC-Staaten kann nur ein geringes Wachstum erreicht werden, so dass Toyota im Jahr 2009 einen Absatzrückgang um mehr als eine Mio. Fahrzeuge verkraften muss – mehr als jeder andere Hersteller! Toyotas Unternehmenspolitik war jahrelang nur auf rasantes Wachstum ausgerichtet und daher von der aktuellen Krise besonders betroffen. Mit dem dramatischen Absatzeinbruch verschlechtern sich die Ertragslage, sowie die Produktivität und Profitabilität 2009 deutlich. Darüber hinaus muss Toyota erstmals die F&E-Ausgaben gegenüber dem Vorjahr deutlich senken, was zu einer verschlechterten Zukunftsfähigkeit führt. Trotz allem ist Toyota der weltweit größte Automobilhersteller, mit einer weiterhin guten Finanzstärke und einem hoch effizienten Produktionssystem. In vielen Punkten wird Toyota daher im ISI weiterhin besser sein als viele Wettbewerber. Der Abstand allerdings schrumpft und der Platz an der Spitze ist deutlich gefährdet! Die Rückrufaktionen von über 7,5 Mio. Fahrzeugen im Frühjahr 2010 wird Toyota einen erheblichen finanziellen Schaden bescheren, aber vor allem wird das Image der Marke Toyota langfristig darunter leiden und sich in den ISI-Berechnungen der nächsten Jahre spürbar negativ auswirken. – Eine deutliche Chance für die Verfolger!

- **Platz 2:** Auf dem zweiten Platz des ISI 2009 liegt mit **Honda** ebenfalls unverändert der zweite japanische Hersteller. Das Unternehmen verschlechtert sich zwar in den Kennzahlen der meisten Einzelkategorien, aber nur geringfügig im Gesamtscore und kann dadurch den Abstand zu Toyota nahezu halbieren. Bei Honda wird deutlich: Größe und Volumen ist nicht alles, auf die Gesamt-Performance kommt es an! Trotz der eher geringen Unternehmensgröße und moderaten Wachstumsdynamik weist Honda in der gesamten Breite der Kategorien hervorragende Werte auf. Im Gegensatz zu Toyota überzeugt Honda vor allem im Bereich der Zukunftsfähigkeit. Mit einer hohen F&E-Quote liegt Honda in der Innovationsorientierung erstmals auf dem ersten Rang. Durch die Aktivitäten in verwandten Branchen (Motorrad, Schiffsmotoren, Rasenmäher etc.) ist Honda mit einer Jahresproduktion von 22 Mio. Motoren nicht nur der größte Motorenhersteller der Welt, sondern verfügt dadurch auch über eines der fortschrittlichsten und effizientesten Motorenangebote der gesamten Automobilbranche. Bei dem in der nahen Zukunft vielleicht wichtigsten Antriebskonzept, dem Hybridantrieb, ist Honda bereits seit einigen Jahren gemeinsam mit Toyota weltweit führend und hat einen deutlichen Technologievorsprung gegenüber den Wettbewerbern. Allerdings hat sich Honda in der Vergangenheit sehr stark auf den US-Markt fokussiert (nahezu die Hälfte des gesamten Absatzes) und ist dementsprechend von dem dortigen Nachfrageeinbruch besonders stark betroffen. Im Gegensatz zu Toyota kann Honda im Geschäftsjahr 08/09 immerhin einen positiven Gewinn verbuchen, der sogar auch für das Krisenjahr 09/10 erwartet wird. Der aktuelle Absatzrückgang fällt bei Honda geringer aus als bei Toyota und langfristig ist Honda strategisch gut aufgestellt. Damit bestehen gute Voraussetzungen, dass sich Honda auch weiterhin in der Spitzengruppe des ISI-Rankings behaupten kann, auch wenn sich die generelle Wettbewerbsfähigkeit von Honda zunächst nicht weiter verbessern wird.

- **Platz 3:** Der größte Gewinner im ISI 2009 ist eindeutig die **Volkswagen AG**, die im Gesamtscore 18 Punkte zulegt und sich damit von Rang 7 auf Rang 3 verbessert. Dies ist die größte Einzelveränderung, die ein Unternehmen im ISI seit seiner Berechnung jemals erfahren hat! Im Vergleich zu den anderen OEMs litt Volkswagen deutlich weniger an den weltweiten Absatzeinbrüchen und Ertragsschwierigkeiten und kann dadurch gegenüber den Wettbewerbern deutlich aufholen. Besonders auf dem europäischen Heimatmarkt konnte der Konzern mit seinen Volumenmarken VW, Seat und Skoda von den staatlichen Absatzförderungen profitieren. Der vormalige strategische Makel, die kaum vorhandene Marktpräsenz in den USA, wirkt sich durch den dortigen massiven Absatzeinbruch ausnahmsweise sogar positiv für VW aus. Ebenso wichtig für das anhaltende Wachstum des Konzerns ist die hohe Präsenz auf dem weltweit wichtigsten Wachstumsmarkt China. Auf diesem mittlerweile größten Absatzmarkt des Konzerns, kann VW auch 2009 die Auslieferungen um 37% (!) auf aktuell 1,4 Mio. Einheiten steigern. In der Wachstumsdynamik holt Volkswagen daher deutlich auf, kann seinen Marktwert erheblich verbessern und auch in der Effektivität des Managements (gemessen als *Return on Equity*) gehört der Konzern inzwischen zur Spitzengruppe. In der Zukunftsabsicherung werden ebenfalls deutliche Verbesserungen erzielt, vor allem durch eine gesteigerte Innovationsorientierung. Die Investitionsquote fällt allerdings im Branchenvergleich eher niedrig aus. Die einstigen Schwächen von VW in den Kategorien Produktivität und Profitabilität können stark verbessert werden. Im Jahr 2009 ist VW neben Hyundai der einzige Hersteller, der seinen Absatz steigern kann, allein die Kernmarke Volkswagen legt um 8% auf knapp 4 Mio. verkaufte Pkw zu. Insgesamt profitiert der Konzern stark von seiner Mehrmarkenstrategie, so kann beispielsweise die Premiummarke Audi auf die Kosten- und Innovationsvorteile des Mutterkonzerns zurückgreifen und dadurch den Wettbewerbsdruck auf die Konkurrenten BMW und Daimler erhöhen. Ein strategischer Schwachpunkt von VW ist der unzureichende Globalisierungsgrad, der allerdings mit dem Aufbau einer eigenen Produktionsstätte in den USA sowie der künftigen Kooperation mit Suzuki in Indien in Angriff genommen wurde. Insgesamt ist der VW-Konzern sehr gut für die Zukunft aufgestellt und der Abstand zum Branchenprimus Toyota wird sich voraussichtlich nicht nur weiter verringern, sondern VW wird Toyota möglicherweise bereits im ISI 2010 überholt haben. Aus der persönlichen automobilen Erfahrung des Autors gesprochen: Volkswagen ist bereits heute, Mitte 2010, der Automobilkonzern mit dem weltweit größten Zukunftspotenzial!

- **Platz 4: BMW** verliert seine Stellung als bester westlicher Hersteller im Ranking und landet mit leicht verschlechterten Werten knapp hinter Volkswagen auf Rang 4. Eine eindeutige Schwäche von BMW ist nach wie vor die geringe Unternehmensgröße, mit entsprechenden Kostennachteilen gegenüber den Wettbewerbern, wie Audi oder Lexus, die von den Größenvorteilen (*Economies of Scale*) der Konzernmütter profitieren. Zusätzlich haben sich die Eigenkapitalrendite und die Investitionsquote von BMW im Vergleich zu den Wettbewerbern deutlich verschlechtert und auch bei der Zukunftsabsicherung landet BMW nur noch im Mittelfeld. Hier kommen die strategischen Unterlassungen und Versäumnisse sowie die personalpolitischen Fehlentscheidungen der Vergangenheit zum Tragen. Die Stärken von BMW im ISI 2009 liegen dagegen in der Produktivität und Profitabilität, sowie in der hohen Innovationsorientierung. Von der weltweiten Absatzkrise im Jahr 2009 ist BMW allerdings als Premiumhersteller stärker getroffen als beispielsweise die europäischen Massenhersteller (oder die nicht separat aufgeführten Kollegen aus Ingoldstadt) Entsprechend schlechter fallen bei BMW Produktivitätskennzahlen, Kapazitätsauslastung und die Finanzsituation im Geschäftsjahr 2009 aus. Es besteht somit durchaus die Gefahr, dass der langsame Abwärtstrend des Konzerns bezüglich seiner strategischen Überlebensfähigkeit (2005: Rang 2; 2007: Rang 3; 2009: Rang 4) weiter anhalten wird und sich die Position von BMW in der nächsten ISI-Berechnung weiter verschlechtert. Die Kooperation zwischen Daimler und Renault/Nissan verheißt für BMW jedenfalls nicht Gutes, der Abstand zu den Stuttgartern ist bereits sehr gering geworden.

- **Platz 5:** Die **Daimler** AG erzielt eine deutliche Steigerung im Gesamtscore und verbessert sich auf Rang 5. Diese Verbesserung beruht allerdings im Wesentlichen auf der Tatsache, dass das Unternehmen nach seiner Trennung von Chrysler[28] erstmals eigenständig und ohne den schwindsüchtigen „amerikanischen Patienten" im Ranking 2009 bewertet wird. Dadurch verschlechtert sich das Unternehmen zwar gegenüber den Vorjahren in den Kategorien Unternehmensgröße und Globalisierungsgrad, dem stehen allerdings deutliche Verbesserungen in nahezu allen Finanzkennzahlen gegenüber. Bei der Image- & Kundenzufriedenheitsbewertung erreicht Daimler ohne die Chrysler-Marke sogar den ersten Rang unter den untersuchten Herstellern. Die Verbesserung von Daimler im Ranking 2009 ist aber insgesamt nur als Einmaleffekt aufgrund des Chrysler-Verkaufs zu betrachten und es droht bei Daimler noch deutlich stärker als bei BMW das Risiko der zu geringen Zukunftsabsicherung. Denn auch Daimler ist im Pkw-Bereich langfristig zu klein, um mit den Kostenvorteilen der großen Konzerne mithalten zu können. Dies zeigt sich auch speziell bei den hohen Aufwendungen für die Entwicklung neuer effizienter Antriebskonzepte, die für das zukünftige Überleben in der Branche entscheidend sein werden. Zusätzlich zu dem schlecht laufenden Pkw-Geschäft leidet Daimler im Jahr 2009 aber auch noch unter der stark verlustreichen Lkw-Sparte, die von der Wirtschaftskrise besonders stark betroffen war. Allerdings dürften hier in Zukunft bei besserer Konjunktur auch wieder positivere Beiträge zu erwarten sein, über die BMW nicht verfügt. Die Bilanzzahlen von Daimler für das Jahr 2009 fallen in nahezu

---

[28] Die nach dem Verkauf eigenständige **Chrysler Group LLC** kann nicht mehr als Hersteller in den ISI aufgenommen werden, da sie im Besitz des Finanzinvestors Cerberus keine Bilanzkennzahlen veröffentlicht. Im April 2009 meldete Chrysler Insolvenz an, seit Juni 2009 hat sich der italienische Fiat-Konzern an dem amerikanischen Hersteller beteiligt.

allen Bereichen deutlich schlechter aus als im Vorjahr, so dass der Konzern im nächsten ISI-Ranking wieder abrutschen wird. Die im April 2010 verkündete Kooperation mit Renault-Nissan zeigt in erster Linie, wie angespannt die finanzielle Lage bei Daimler ist. Allein ist der Konzern zu klein, um im Wettbewerb mithalten zu können und braucht daher einen volumenstarken Partner, den er in dem französisch-japanischen Hersteller nun gefunden hat. Von der Kostenseite erscheint diese Kooperation zunächst einmal sinnvoll. Ob Daimler mit dem neuen Partner von den Unternehmenskulturen und Ingenieursdenkweisen her besser zusammenpasst als mit den früheren Schremppschen Welt AG Partnern Hyundai, Mitsubishi oder Chrysler, bleibt zumindest zu hinterfragen und abzuwarten. Die strategische Zwangslage, handeln zu müssen, wurde von Dieter Zetsche jedenfalls richtig erkannt, und dies ist immerhin schon der erste Schritt zur Besserung. Auf den ISI 2010 wird sich diese Entscheidung wohl noch nicht auswirken, hier wird Daimler Plätze gegenüber den Wettbewerbern verlieren. Auch das sind, wie bei den Kollegen aus München, Spätfolgen vergangener Missgriffe.

- **Platz 6:** Einer der Verlierer des ISI 2009 ist der japanische Hersteller und zukünftige Daimler-Kooperationspartner **Nissan**, der sich um knapp 10 Punkte verschlechtert und vom 4. auf den 6. Rang abrutscht. Trotz der engen Verflechtung mit Renault wird das Unternehmen in Ermangelung konsolidierter Daten weiterhin als eigenständiger Konzern bewertet. Vor allem die starken Absatzeinbrüche auf den Hauptmärkten Japan und den USA verschlechtern die Wachstumsdynamik und die Ertragskennzahlen von Nissan bereits im Geschäftsjahr 08/09 deutlich. Des Weiteren fällt die Investitionsquote, die vormals große Stärke bei Nissan, im ISI 2009 deutlich niedriger aus. Ähnlich wie die anderen beiden japanischen Hersteller Toyota und Honda, verschlechtern sich auch bei Nissan in der ersten Jahreshälfte 2009 die Absatz- und Ertragssituation weiterhin. Ende des Jahres verbessern sich allerdings die veröffentlichten Unternehmenszahlen, da Nissan vor allem in China ein starkes Wachstum verzeichnen kann - von Oktober bis Dezember 2009 +72% gegenüber dem Vorjahr - und sich auch die Verkäufe auf den entwickelten Märkten früher erholen als bei der japanischen Konkurrenz. Ein wichtiger strategischer Vorteil von Nissan besteht in der Zusammengehörigkeit mit dem Renault-Konzern und den sich daraus ergebenden Größenvorteilen. So wird das Baukastensystem inzwischen konzernübergreifend nahezu in Vollendung angewendet, so dass alle Volumenmodelle der beiden Hersteller im Wesentlichen auf lediglich zwei gemeinsamen Fahrzeug-Plattformen basieren. Zusätzlich besticht Nissan mit einer anhaltend hohen Innovationsorientierung, so dass die mittel- bis langfristige strategische Überlebensfähigkeit von Nissan mit hoher Wahrscheinlichkeit gewährleistet ist. Wie sich die zweigeteilte Geschäftsentwicklung im Gesamtjahr 2009 auf die ISI-Platzierung von Nissan auswirken wird, lässt sich allerdings noch nicht konkret abschätzen.

- **Platz 7:** Der koreanische Hersteller **Hyundai**, kann seinen Gesamtscore im ISI 2009 gegenüber dem Vorjahr zwar absolut leicht verbessern, rutscht dennoch um zwei Plätze auf Rang 7 ab, da die oben beschriebenen Verbesserungen bei Volkswagen und Daimler in den meisten Kategorien größer ausfallen und die beiden deutschen Hersteller dadurch Hyundai überholen. Der koreanische OEM mit seiner Tochtermarke Kia leidet trotz seiner mehr als 4 Mio. verkaufter Autos (2008) an einer relativ geringen Unternehmensgröße (gemessen am Umsatz), sowie einem sehr niedrigen Marktwert des Eigenkapitals. In beiden Kategorien zählt Hyundai zu den Schlusslichtern des ISI 2009. Allerdings befindet sich das Unternehmen weiterhin auf einem starken Expansionskurs und erreicht im Bilanzjahr 2008 die höchste Wachstumsdynamik und Investitionsquote unter den bewerteten Automobilherstellern. Als Massenhersteller im Niedrigpreissegment kann Hyundai im Krisenjahr 2009 im Gegensatz zu allen anderen Herstellern sogar deutlich wachsen und den Absatz um rund 15% auf 4,8 Mio. Fahrzeuge steigern. Dabei profitiert der Konzern von dem generellen Trend zu kleineren Fahrzeugen auf den Automobilmärkten weltweit und von den zahlreichen staatlichen Subventionsprogrammen, die vor allem den Absatz von günstigen Kleinwagen beflügeln. Selbst auf dem über ein Fünftel gesunkenen US-Markt kann Hyundai 2009 den Absatz um fast 9% auf 735.000 Autos steigern. Das größte Wachstum erzielt Hyundai in seinem Nachbarland China, wo die Koreaner ihren Absatz um knapp 85% auf rund 830.00 Einheiten steigern können und mittlerweile viertgrößter Anbieter in der Volksrepublik sind. Nur im krisengeschüttelten russischen Automarkt muss Hyundai 2009 eine verringerte Nachfrage hinnehmen. Weltweit sind die Koreaner damit mittlerweile zum fünftgrößten Hersteller aufgestiegen, noch vor Ford. Die Schwächen des koreanischen Herstellers liegen bisher vor allem in der niedrigen Innovationsorientierung und dem geringen Markenwert, der bisher über den niedrigen Verkaufspreis kompensiert wird. Die zukünftigen Wachstumsaussichten von Hyundai sind weiterhin hervorragend, auch wenn speziell in den Wachstumsmärkten, wie China, der

Wettbewerb durch neu aufkommende Konkurrenz im Bereich der günstigen Kleinwagen stark zunehmen wird. Die Herausforderung besteht für Hyundai daher vor allem darin, neben dem Umsatzwachstum auch weiterhin den entsprechenden Ertrag zu erwirtschaften.

- **Platz 8:** Der zweite große Gewinner im ISI 2009 ist **Fiat**. Der italienische Hersteller verbessert sich deutlich und belegt erstmals nicht mehr den letzten Platz, sondern kann sich auf Rang 8 im Mittelfeld platzieren. Durch ein erfolgreiches Kosten-Management und eine attraktivere Produktpalette, insbesondere dem großen erfolg des Cinquecento gelingt es Fiat, sich vom bisherigen Abwärtstrend zu lösen und die eigene Überlebenswahrscheinlichkeit deutlich zu erhöhen. Die Wachstumsdynamik wird deutlich gesteigert und gleichzeitig werden die Produktivität und Profitabilität bei den Italienern erheblich verbessert. Durch den Einstieg bei Chrysler hat Fiat nun die Möglichkeit, seine zwei verbleibenden großen Mankos (unzureichende Globalisierung, geringe Unternehmensgröße) zu beseitigen und sich langfristig erfolgreich zu positionieren. Die Übernahme des maroden Chrysler-Konzerns birgt aber auch deutliche Risiken, wie Daimler in der Vergangenheit schmerzhaft feststellen musste. Im Jahr 2009 verzeichnet Fiat einen leichten Absatzrückgang um 4% und schneidet somit schlechter ab als die anderen europäischen Volumenhersteller, aber immer noch deutlich besser als die amerikanischen und japanischen Automobilkonzerne. Der Abstand zur bisherigen Nummer Eins im ISI wird sich daher verringern und Fiat wird sich im Ranking voraussichtlich leicht verbessern können. Denn insgesamt befindet sich Fiat mit neuen Modellen, optimierten Produktionsstrukturen und einer daraus resultierenden verbesserten Ertragslage mittlerweile wieder auf einem erfolgreichen Stabilisierungskurs, der auch durch die negativen Auswirkungen der weltweiten Wirtschaftskrise bisher nicht gefährdet zu sein scheint. Mittelfristig ist eher davon auszugehen, dass sich Fiat im Mittelfeld des ISI etablieren kann, da der Konzern gute Wachstumsaussichten in den osteuropäischen und vorderasiatischen Schwellenländern hat. Allerdings hat die Vergangenheit gezeigt, wie schnell der Trend bei Fiat kippen kann, sowohl vom negativen ins positive, als auch umgekehrt. Die Zukunft der Italiener ist noch lange nicht dauerhaft gesichert. Die Chrysler-Beteiligung kann den Pendelausschlag in beide Richtungen noch deutlich verstärken, birgt also Risiken und Chancen.

- **Platz 9: Renault** fällt im ISI 2009 durch den Aufstieg von Fiat um einen Platz zurück auf Rang 9, muss aber auch eine Verschlechterung des eigenen Gesamtscores verzeichnen. Bei den Finanzkennzahlen zur Produktivität und Profitabilität kann Renault zwar von der Schwäche der anderen Hersteller profitieren und dadurch bessere Werte als im Vorjahr erzielen. Dies reicht aber nicht aus, um das fehlende Wachstum, die geringe Unternehmensgröße und die mangelnde Globalisierung von Renault auszugleichen. Wegen der Beteiligung an Nissan muss Renaults strategische Überlebensfähigkeit speziell bei den beiden letzt genannten Faktoren in Realität allerdings besser eingeschätzt werden, dies kann aber bei der Bewertung nur begrenzt in der Kategorie der subjektiven Strategieeinschätzung berücksichtigt werden. Eigentlich ist die Position des Konglomerates Renault/Nissan in der Weltautomobilindustrie daher höher einzustufen. Positiv wirkt sich im Renault-Konzern vor allem der konsequente Aufbau der Billigmarke Dacia aus. Das Segment der äußerst preisgünstigen Autos mit solider Technik, aber ohne modische Raffinesse, ist ein klares Wachstumssegment in der Automobilindustrie. Und bei der Marke Dacia zeigt sich, dass die Fahrzeuge aus rumänischer Produktion nicht nur als Einstiegsautos in Schwellenländern Erfolg haben, sondern auch durchaus bei einer gewissen Käuferschicht auf den etablierten Märkten der Industrieländer. Es besteht allerdings dabei die Gefahr der Markenkannibalisierung innerhalb des Renault-Konzerns, d.h. dass das Wachstum von Dacia auf Kosten der Marke Renault stattfindet, die im Jahr 2009 deutliche Absatzverluste erlitt. Mit Beteiligung am russischen Hersteller Avtovaz (Lada) ist Renault auch auf dem wichtigen Wachstumsmarkt Russland vertreten, aktuell zeigt diese Beteiligung aber aufgrund des russischen Absatzmarktes und der maroden Finanzlage von Avtovaz seine negativen Auswirkungen für Renault. Insgesamt macht der Konzern 2009 Verluste in Höhe von mehr als 3 Mrd. Euro, wovon rund die Hälfte durch die mit dem Konzern verbundenen Unternehmen verursacht ist (neben Nissan, Dacia und Avtovaz auch die Lkw-Sparte von Volvo). Trotz dieser schlechten Finanzkennzahlen für 2009 wird sich Renault im ISI 2010 voraussichtlich auf dem Vorjahresniveau behaupten oder eventuell sogar noch leicht verbessern können, aufgrund der noch schlechteren Ergebnisse bei einigen Wettbewerbern, vor allem den japanischen und amerikanischen Herstellern. Wie sich die neue Partnerschaft mit Daimler für die Franzosen auswirkt, wird sich dann im ISI 2011 zeigen.

- **Platz 10:** Der zweite französische Hersteller **Peugeot** liegt im ISI 2009 unverändert am unteren Rand des Mittelfelds auf Rang 10. Die geringe Verbesserung im Gesamtscore erreicht Peugeot trotz verschlechterten Finanzkennzahlen (Jahresverlusts von 360 Mio. Euro im Geschäftsjahr 2008) vor allem durch die noch schwächeren Umsatz- und Ertragsergebnisse der Wettbewerber. Ähnlich wie die anderen europäischen Massenhersteller kann Peugeot dabei von seinem geringen Engagement außerhalb Europas profitieren. Dies ist zwar eigentlich als strategische Schwäche zu bewerten, aktuell ist Peugeot dadurch aber nicht so stark von den massiven Markteinbrüchen in den USA und Japan betroffen. Trotz der starken staatlichen Absatzfördermaßnahmen in Europa kann der PSA-Konzern seine Lage auch im Jahr 2009 nicht verbessern, der Absatz sinkt insgesamt um 2,2% auf 3,18 Mio. Einheiten und der operative Verlust erhöht sich auf 689 Mio. Euro. Momentan weist Peugeot damit eine eher schlechte strategische Ausgangssituation auf, mit einer vergleichsweise geringen Unternehmensgröße, mangelnder globaler Präsenz und einer unzureichenden Zukunftsabsicherung durch vergleichsweise geringe Investitionen und Forschungsaktivitäten. Eine strategisch sinnvolle Gegenmaßnahme könnte eine enge Kooperation mit dem japanischen Hersteller Mitsubishi sein, über die momentan verhandelt wird. PSA nutzt bereits seit längerem Mitsubishi-Geländewagen für seine Modellpalette und baut gemeinsam mit den Japanern ein Werk in Russland auf. Mit Toyota betreibt PSA bereits seit 2005 ein gemeinsames Werk in Tschechien für den Peugeot 107, Citroën C1 und Toyota Aygo. Mit BMW besteht eine Kooperation bei der Produktion von Vierzylinder-Motoren, die bei BMW im Mini Verwendung finden. Mittelfristig wird PSA nur mit deutlich weit reichenden Kooperationen im Wettbewerb bestehen können, um die erforderlichen Skalenerträge beim Volumen und bei der globalen Präsenz zu erreichen. Langfristig ist sogar eher mit einer Fusion oder gegenseitigen Beteiligung à la Renault/Daimler mit einem anderen Hersteller zu rechnen. Denn gänzlich auf sich selbst gestellt, wird es für PSA sehr schwer werden, im Wettbewerb zu bestehen.

- **Platz 11:** Die **Ford** Motor Company ist von allen tief in die Krise geratenen US-Herstellern noch am besten aufgestellt und landet daher im ISI 2009 „nur" auf dem vorletzten Platz. Ford verschlechtert sich in nahezu allen Kategorien gegenüber den Vorjahren und weist massive Probleme bei den Finanzkennzahlen auf. Durch jahrelange ruinöse Rabattschlachten auf dem US-Markt für den Verkauf der veralteten Modellpalette, und als Folge des endgültigen Nachfrageeinbruch auf dem amerikanischen Automobilmarkt im Jahr 2008, verbuchte Ford von 2005 bis 2008 drei Jahre lang in Folge einen Jahresverlust in Milliardenhöhen. Bei einer gleichzeitig negativen Eigenkapitalausstattung kann von langfristiger Überlebensfähigkeit eigentlich schon keine Rede mehr sein. Allerdings hat sich die Situation im Jahr 2009 geändert. Im Gegensatz zu den beiden amerikanischen Konkurrenten GM und Chrysler kann Ford die drohende Insolvenz abwenden und die Krise aus eigener Kraft überstehen. Der weltweite Absatz von Ford sinkt 2009 um rund 700.000 Einheiten und auch der Umsatz fällt um fast ein Fünftel, aber dennoch erzielt Ford 2009 erstmals wieder einen Gewinn, immerhin 870 Mio. US$. Unter Alan Mulally, der 2006 Bill Ford als Konzernchef ablöste, wurde ein strenger Sparkurs eingeschlagen und der Hersteller „gesund geschrumpft". Es wurden Werke geschlossen, zehntausende von Arbeitsplätzen gestrichen und Kürzungen bei Gesundheitsausgaben und Pensionszahlungen erzielt. Die Modellpalette wurde radikal angepasst, kleiner und sparsamere Autos wurden in den USA ins Angebot aufgenommen und die beiden britischen Nischenmarken Jaguar und Land Rover an den indischen Tata-Konzern verkauft. Zuletzt trennte sich Ford auch noch von dem Verlustbringer Volvo, durch Verkauf der Marke an Geely (China). Mit diesen Maßnahmen scheint Ford die Wende geschafft zu haben, auch wenn im Jahr 2009 mit dem eigentlichen Kerngeschäft der Automobilherstellung noch Verluste gemacht werden und nur durch die Finanzierungssparte der Unternehmensgewinn erzielt wird. Finanziell leidet Ford weiter unter einem Schuldenberg von rund 34 Mrd. US$ und einem entsprechend niedrigen Kreditrating. Der Konzern ist aber mittlerweile zumindest wieder so gut aufgestellt, dass Ford bei einem Wiederbeleben des US-Markts und der weltweiten Autonachfrage wieder stabil auf die Beine kommen könnte. Zumal bei der amerikanischen Konkurrenz (neben GM und Chrysler kann auch Toyota mittlerweile dazugezählt werden) keine Verbesserung in Sicht ist. Im ISI 2010 wird sich Ford erst einmal nur leicht verbessern können, mittelfristig sieht die Zukunftsfähigkeit von Ford aber wieder deutlich besser aus.

- **Platz 12:** Das Schlusslicht des ISI 2009 bildet erstmals **General Motors**. Das Unternehmen verschlechtert sich um mehr als 8 Punkte im Gesamtscore und landet nur noch auf Platz 12. In der Bewertung der gegenwärtigen ökonomischen Lage verzeichnet GM in fast allen Kategorien den schlechtesten Wert und selbst bei der Unternehmensgröße, dem großen Pluspunkt in der Vergangenheit, landet GM nur noch im Mittelfeld. Der Umsatz schrumpft in den Jahren 2005 bis 2008 um durchschnittlich mehr als 6% pro Jahr, der Verlust 2007 beträgt -39 Mrd. US$, im Jahr 2008 nochmals rund 31 Mrd. US$, und 2009 insgesamt (Old GM bis 10. Juli 2009 und New GM seitdem) ca. -22 Mrd. US-$. Die im Juni 2009 eingeleitete Insolvenz des einst größten und erfolgreichsten Automobilherstellers der Welt war damit hundert Jahre nach seiner Firmengründung zwangsläufig. Nur durch den Einstieg des amerikanischen Staats konnte „Government Motors" (Old GM) dank rund 60 Mrd. US$ Steuermitteln seine Geschäftstätigkeit aufrechterhalten. Der Absatz bricht bei GM aufgrund der Wirtschaftskrise und der veralteten Modellpalette im Jahr 2009 erneut um rund eine Mio. Einheiten ein, wie bereits auch schon im Jahr zuvor. Neben den schlechten Finanzkennzahlen zeigt das Chaos um den ursprünglich geplanten und dann wieder revidierten Verkauf der europäischen Töchter Opel und Vauxhall, dass bei GM vor allem eine klar erkennbare Unternehmensstrategie fehlt, die zur Wiedergewinnung der eigenständigen Überlebensfähigkeit eine dringend notwendige Grundvoraussetzung ist. Doch trotz aller strategischen Fehler, die in Detroit in den vergangenen Jahren begangen worden sind, ist GM nicht zwangsläufig dauerhaft dem Untergang geweiht. Denn geographisch ist General Motors gut aufgestellt, mit seinen Konzernmarken weltweit präsent und vor allem in den wichtigen Wachstumsmärkten gut vertreten. In China kann GM im Jahr 2009 mit seinen Joint Ventures (SAIC, Wuling, FAW) sogar noch deutlich stärker wachsen als der Gesamtmarkt, auf insgesamt 1,8 Mio. Einheiten, das ist ein Plus von 67% gegenüber dem Vorjahr. Außerdem zeigen die Beispiele von Fiat und Ford, dass mit dem passenden strategischen Kopf an der Konzernspitze das Ruder auch wieder herumgerissen und ein Unternehmen auf Kurs gebracht werden kann. Im Fall von GM könnte dieser neue starke Mann möglicherweise Ed Whitacre sein, der im Dezember 2009 den Vorsitz von Fritz Henderson übernahm. Ähnlich wie die Herren Marchionne[29] und Mulally[30] ist auch Whitacre branchenfremd und ein erfahrener Unternehmens-Sanierer. Unter Whitacre wurden beispielsweise die Entscheidungen getroffen, die unrentablen Marken Pontiac, Hummer und Saab aufzugeben, aber die strategisch wichtige Tochter Opel im Konzern zu behalten. Ob das Konzept erfolgreich sein wird und GM noch

---

[29] Sergio Marchionne ist gelernter Wirtschaftsprüfer und hatte Führungspositionen bei verschiedenen Industrie- und Dienstleistungsunternehmen in Kanada und der Schweiz inne, bevor er 2004 CEO bei Fiat wurde und den kriselnden italienischen Hersteller sanierte.

[30] Alan Mulally ist Flugzeugingenieur und war beim Flugzeugbauer Boing tätig, wo er ein drastisches Sanierungskonzept erfolgreich umsetzte, bevor er Anfang 2006 Vorstandschef bei Ford wurde.

mal erfolgreich wiederbelebt werden kann, ist derzeit noch sehr unsicher. Aber immerhin ist nun ein Konzept erkennbar und bei Fiat und Ford hat es auch mehrere Jahre gedauert, bis die bittere Medizin angeschlagen hat. GM ist also noch nicht tot, sondern liegt im Wachkoma und die lebenserhaltenden Geräte laufen noch. Ausgang ungewiss!

Aus diesen einzelnen Unternehmensbeurteilungen lässt sich für den ISI 2010 somit bereits ein deutlicher Trend ableiten, auch wenn die genauen Berechnungen erst möglich sind, wenn alle Unternehmen ihre Geschäftsberichte und Bilanzkennzahlen für das abgelaufene Geschäftsjahr vorgelegt haben. Die für das IWK bisher erkennbare Tendenz der einzelnen Hersteller im ISI 2010 sieht wie folgt aus:

- Toyota wird erheblich zurückfallen und seinen Spitzenplatz verlieren.
- Eine leichte Verschlechterung findet bei Honda statt.
- VW wird deutlich gewinnen, möglicherweise bis auf Platz 1 zulegen.
- BMW wird sich vermutlich weiterhin leicht verschlechtern.
- Daimler verliert stark gegenüber der Konkurrenz.
- Bei Nissan ist die Tendenz noch nicht genau abzuschätzen.
- Hyundai wird neben VW der zweite große Gewinner sein.
- Fiat wird sich weiter leicht steigern können.
- Renault könnte sich möglicherweise leicht verbessern.
- PSA wird in etwa auf dem niedrigen Vorjahreswert verbleiben.
- Bei Ford werden erste Erholungstendenzen zu erkennen sein.
- GM wird weiter abrutschen, das Schlusslicht bleiben und ohne staatliche Hilfszahlungen den ISI verlassen.

Damit wird die neue Spitzengruppe im ISI 2010 voraussichtlich aus dem Trio VW, Honda und Toyota bestehen, deren Ergebnisse sehr eng beieinander liegen werden. Allerdings mit einem unterschiedlichen Trend – VW ist auf dem Weg nach oben, die beiden Japaner dagegen eher nach unten.

Im oberen Mittelfeld werden sich vermutlich BMW und auch Daimler trotz ihrer Verluste neben Nissan halten können. Hinzu kommt der koreanische Hersteller Hyundai, der seit Jahren konstant zulegt.

3.3 Stärken und Schwächen der 12 wichtigsten Automobilhersteller

Das untere Mittelfeld wird die Volumenherstellern aus Frankreich (Renault und PSA) und Italien (Fiat) umfassen. Der Ford-Konzern wird die Trendwende schaffen und zum unteren Mittelfeld aufschließen können. Insgesamt rücken diese vier Massenhersteller näher an die deutschen und asiatischen Unternehmen des oberen Mittelfeldes heran.

Einsames Schlusslicht im ISI 2010 wird der insolvente GM-Konzern mit einem wachsenden Abstand zu den Konkurrenten sein. Das Gesamtergebnis von GM könnte sogar erstmals den Tiefstwert von Fiat im ISI 2005 unterschreiten.

Tabelle 2. Hersteller-Tendenzen ISI 2010

IWK-Survival-Index						
	Rang 2009	Rang 2007	Rang 2006	Rang 2005	Gesamtscore 2009	Tendenz 2010*
Toyota Motor Corporation	1.	1.	1.	1.	87,28	↘
Honda Motor Co., Ltd.	2.	2.	2.	3.	80,76	→
Volkswagen AG	3.	7.	7.	8.	70,80	↗
BMW AG	4.	3.	3.	2.	70,68	→
Daimler AG	5.	6.	5.	7.	66,45	↘
Nissan Motor Co., Ltd.	6.	4.	4.	4.	61,56	↙
Hyundai Motor Company	7.	5.	6.	-	59,34	↗
Fiat S.p.A.	8.	12.	12.	11.	45,84	↗
Renault S.A.	9.	8.	9.	10.	45,12	→
Peugeot S.A.	10.	10.	10.	9.	43,08	→
Ford Motor Company	11.	9.	8.	6.	38,19	↗
General Motors Corp.	12.	11.	11.	5.	31,97	↘

*) Die Beurteilung erfolgt auf Grundlage der bisher vorliegender Unternehmensdaten sowie internen Einschätzungen des IWK

Quelle: IWK

Abb. 24. ISI-Ergebnisse Trend 2010

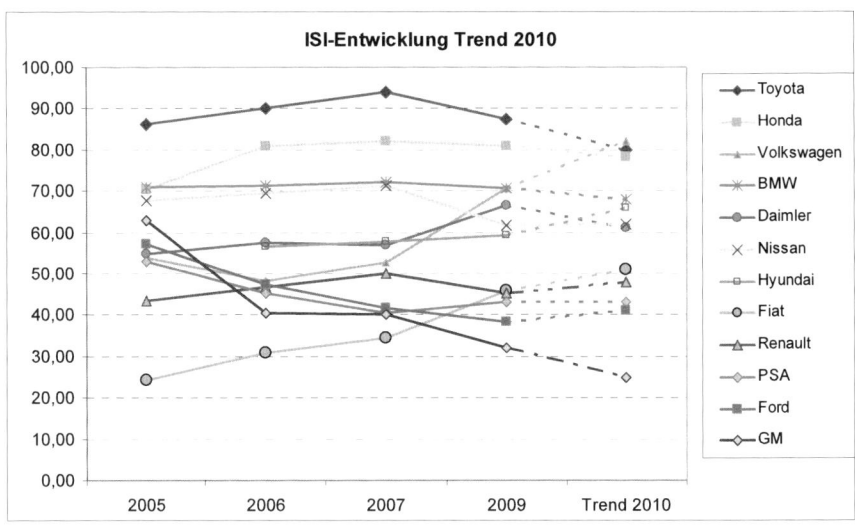

Quelle: IWK

4 Die Karten werden neu gemischt: Vom Aufstieg und Fall wesentlicher Marktspieler

4.1 Nichts ist unmöglich: Ein Weltmarktführer demontiert sich selbst!

Wir bedauern sehr, dass wir unsere Kunden verschreckt haben."

Akio Toyoda (Präsident von Toyota)

„Es kommt uns nicht darauf an, erster, zweiter oder dritter auf dem Weltmarkt zu sein.", sagte ein Toyota-Sprecher im Dezember 2009[31] als Reaktion auf den Einstieg des VW-Konzerns bei Suzuki und dessen erneute Ankündigung den weltweiten Marktführer Toyota vom Thron stoßen zu wollen. Schiere Größe sei nicht die Unternehmensphilosophie von Toyota, der japanische Autobauer wolle vornehmlich die Nummer Eins sein bei der Qualität und der Kundenzufriedenheit.

Bereits knapp drei Monate später muss einem diese Aussage wie ein schlechter Scherz vorkommen, nach dem Qualitätsdebakel im Frühjahr 2010. Denn Toyota steht mittlerweile vor einem riesigen Image-Scherbenhaufen. Auf den einstigen Star und Vorzeigekonzern unter den Automobilherstellern stürzen momentan die schlechten Nachrichten von allen Seiten ein, allen voran die massiven Rückrufaktionen. Wie kein anderer Autohersteller stand der Konzern bislang für Qualität und die Produktionsprozesse und Managementansätze der Japaner galten über Jahrzehnte der gesamten Branche als Vorbild. Die Rückrufaktionen sind daher mehr als nur ein technisches Problem. Es ist die Demontage einer Legende.

Der junge Unternehmensführer Akio Toyoda, Enkel des Firmengründers Kiichiro, hat so viele Baustellen zu bearbeiten, dass er gar nicht weiß, wo er anfangen soll. Die branchenweite Absatz-Krise in Japan und auf dem

---

[31] FTD: *VWs Einstieg bei Suzuki - Toyota schwört schierer Größe ab*, 10.12.2009.

US-Markt hat Toyota voll erwischt, der Konzern verkaufte im Kalenderjahr 2009 weltweit nur noch 7,8 Mio. Fahrzeuge, rund 1,2 Mio. weniger als im Jahr zuvor. Im Geschäftsjahr 2009[32] musste Toyota zum ersten Mal in seiner Unternehmensgeschichte einen Verlust verbuchen und zwar in Höhe von 3,3 Mrd. Euro. Das Jahr 2009 zeichnete sich durch weitere trübe Meldungen aus: Produktionskürzungen im Januar und August und Toyota musste sogar ein Werk in Kalifornien schließen, ebenfalls zum ersten Mal seit 72 Jahren. Und eine weitere Premiere in der Unternehmenshistorie: Im Juni 2009 wurde erstmals ein Vorstandschef entlassen, Katsuaki Watanabe musste mitten in der Krise seinen Sessel räumen. Im November des Jahres wurde dann auch noch bekannt, dass Volkswagen in den ersten neun Monaten des Jahres mehr Autos produziert hat als Toyota und damit die Japaner zeitweise von der Weltmarktspitze verdrängt hat. VW hat dies dauerhaft erst für 2018 vorgesehen.

Für das Geschäftsjahr 2010 hatte Toyota aufgrund der weltweiten Konjunkturspritzen und nach einem überraschend guten dritten Quartal eine Rückkehr in die Gewinnzone angekündigt, allerdings war dies noch vor dem Start der globalen Rückrufaktionen. Zum Zeitpunkt der Fertigstellung dieses Buches lagen noch keine aktuellen Finanzergebnisse von Toyota vor. Aber sollte der Konzern tatsächlich ein Plus erwirtschaften, so sollte er das Geld in Rückstellungen für drohende Schadensersatzklagen stecken. Denn Anfang 2010 musste Toyota nach einer scheinbar unendlichen Pannenserie weltweit insgesamt mehr als 8,5 Mio. Autos wegen diverser Defekte zurückrufen, die meisten davon auf dem wichtigen US-Markt. Von rutschenden Fußmatten über aussetzende Bremsen beim Prius und aus der Verankerung gerissene Antriebswellen bei Pick-ups bis hin zum festklemmenden Gaspedal[33] traf es nahezu die gesamte Modellpalette Toyotas. Zuletzt folgten noch Rostprobleme bei Minivans, die zu herab fallenden Ersatzrädern führen konnten, und die vermeintliche Kippgefahr[34] bei einem Lexus Geländewagen, dessen Produktion daraufhin zunächst einmal gestoppt werden musste.

Dadurch entstehen für den Konzern Kosten in Milliardenhöhe. Die direkten Kosten für die Reparaturen und Rückrufaktionen werden noch am geringsten sein, ebenso übersehbar ist die von der US-Verkehrssicherheits-

---

[32] 01. April 2008 bis 31. März 2009

[33] Etwa 21 Euro soll das zeitweise wohl berühmteste Autoteil der Welt kosten.

[34] Der Fahrtest, der bei einer renommierten US-Verbraucherzeitschrift zur Empfehlung „nicht kaufen" führte, ist durchaus umstritten. Bei dem angeschlagenen Image Toyotas kommt die berechtigte Kritik an den Testkriterien allerdings nicht mehr bei der Öffentlichkeit an.

behörde verhängte Strafzahlung über 16 Mrd. US$. Unabsehbar dagegen sind die Folgen der Schadensersatzklagen, die sich grundsätzlich auf folgende drei Sachverhalte stützen:

- Bis zu 52 Todesfälle und mehr als 100 Verletzte nach Unfällen, die auf ungewollte Beschleunigung oder Bremsversagen zurückgeführt werden,
- Wertverlust von Millionen Gebrauchtwagen infolge der allgemeinen Verunsicherung und
- Wertverlust der Toyota-Aktie: Nach dem Bekanntwerden des Gaspedal-Problems reduzierte sich der Börsenwert des Unternehmens innerhalb weniger Wochen um satte 20 Mrd. US$.

Die Klagen könnten nach Experteneinschätzung durchaus von Erfolg gekrönt sein und in Schadensersatzzahlungen in zweistelliger Milliardenhöhe enden.[35] Denn verhängnisvoll für Toyota ist nicht nur die Tatsache, dass solche Mängel aufgetreten sind, sondern vor allem, dass der Konzern von den technischen Problemen deutlich früher gewusst und sie bewusst vertuscht hat. Das misslungene Krisenmanagement, die miserable Kommunikation mit der Öffentlichkeit und die verspätete Reaktion auf ernsthafte Angelegenheiten haben Toyota einen Imageschaden beschert, der dem Unternehmen eine noch viel schwerere Last sein wird. Die öffentlichen Erklärungen und Entschuldigungen vom Toyota-Chef Akio Toyoda vor der amerikanischen Regierung werden definitiv nicht helfen, weder die verlorene Glaubwürdigkeit der Marke Toyota noch die verlorenen Kunden wieder zu gewinnen.

Denn die Wettbewerber nutzen die momentane Schwäche Toyotas knallhart aus. Auf dem US-Markt werben die amerikanischen Hersteller die verunsicherten Toyota-Kunden mit Extra-Prämien ab und bohren mit hohem Werbeaufwand in der offenen Wunde der Japaner. Der Absatz Toyotas brach in den ersten zwei Monaten 2010 entsprechend ein und konnte im März nur aufgrund von Preisnachlässen, Null-Prozent-Finanzierungen, niedrigen Leasingraten und kostenlosen Wartungsgarantien stabilisiert werden – für Toyota äußerst ungewöhnliche Aktionen. Dies geht zwar zu Lasten des Gewinns, kann aber kurzfristig helfen.

Was jetzt aber wirklich zählt sind Taten – die Kunden müssen aufs Neue überzeugt werden, dass sie bei Toyota in Sachen Sicherheit, Zuverlässigkeit und Qualität gut aufgehoben sind. Denn das waren bis vor kurzem die

---

[35] FTD: *US-Pannenserie – Toyota kämpft gegen Trittbrettfahrer*, 19.03.2010.

hohen Werte der automobilen Qualitätsikone. Heute ist Toyota einfach unglaubwürdig, da kann Toyotas viel gelobtes Produktionssystem noch so lean und effizient sein, – das ist es in der Tat auch nach wie vor – dadurch werden keine Autos verkauft! Die Japaner konnten noch nie mit der äußeren Attraktivität oder technischen Raffinesse ihrer Fahrzeuge punkten und taten sich daher z.B. auch in Europa im Wettbewerb mit den anspruchsvolleren deutschen Autos schwer. Mit Modellen wie dem Toyota Auris, einem grundsoliden Langweiler, mit viel Mainstream und tristem Plastik im Innenraum, hat der groß angekündigte Angriff auf die Golfs und Corsas bereits vorher nicht funktioniert, ohne das Image der Zuverlässigkeit und Qualitätsführerschaft wird es noch viel weniger funktionieren.

Durch eine äußerst effiziente Produktion konnte Toyota seine Autos kostengünstig herstellen und auf dem Weltmarkt zu wettbewerbsfähigen Preisen anbieten. Verbunden mit hohen Qualitätsstandards konnte Toyota seinen Absatz von Jahr zu Jahr steigern und 2008 war das hohe Ziel erreicht – Toyota war zum weltgrößten Autohersteller aufgestiegen. In diesem Wachstumsrausch - Anfang 2008 stand noch fest, dass Toyota 2012 rund 11,3 Mio. Autos bauen will - wurden jedoch erste Anzeichen für eine hausgemachte interne Konzernkrise ignoriert. Das Unternehmen wuchs zu schnell, die innere Struktur konnte das Tempo nicht mithalten, und eine deutliche Abweichung von der altbekannten Ideologie des Konzerns machte sich breit, vor allem mit zunehmender Entfernung vom Machtzentrum in Toyoda City. Die alte Ethik von Toyota wurde dem Wachstum geopfert, substanzielle Probleme wurden übersehen, wichtige Krisenzeichen und Qualitätsmängel vernachlässigt oder gar vertuscht. Toyota wurde einfach *too fast, too big*!

Seit Beginn des Jahrtausends steigerte Toyota die Produktion jährlich um 500.000 bis 600.000 Autos, das entspricht zwei bis drei neuen großen Fabriken pro Jahr. Zehntausende neue Arbeiter mussten geschult werden, auch bei den Zulieferern. Die traditionell sehr enge und auf Langfristigkeit ausgelegte Zusammenarbeit mit den Zulieferern, die immer mehr die Toyota-Philosophie übernehmen sollten, wurde erschwert und eherne Grundsätze wie „Keine neuen Teile in neuen Werken mit neuer Belegschaft!" wurden in den vergangenen Jahren während des rasanten Wachstums, vor allem in den USA, nicht mehr konsequent eingehalten. Die eigene Belegschaft und die Zusammenarbeit in der Wertschöpfungskette konnten nicht mehr organisch wachsen, Erfahrungen nicht weitergegeben werden. Gleichzeitig verlangte aber das kosteneinsparende Konzept, gleiche Teile in möglichst vielen Modellen einzusetzen, eine Null-Fehler-Toleranz, denn der kleinste Fehler hätte riesige Auswirkungen. Der Wachstumsdrang und der Zwang, perfekt zu produzieren, konnten daher fast zwangsläufig nicht lange gelingen. Beständig stieg die Zahl der Toyota-Rückrufe in den vergangenen Jahren bis auf etwa 2 Mio. jährlich an. Der Mythos Toyota verblasste zusehends, im ADAC-Kundenzufriedenheitsranking rutschte die Marke beispielsweise zuletzt auf Platz sieben ab, nachdem sie bis 2003 jahrelang den Spitzenplatz belegt hatte. Mit dem bekannten Höhepunkt der Pannenserie und Rückrufwelle Anfang 2010 ist das Topargument, einen Toyota zu kaufen – die hohe Zuverlässigkeit – ruiniert.

Die nun ausgerufene neue Bescheidenheit und die Absage an die reine Größe als Unternehmensziel kommen reichlich spät und reichen nicht aus, um die Glaubwürdigkeit und das Image des Konzerns wieder aufzupolieren. Aber die Erkenntnis hat zumindest auch auf oberster Führungsebene eingesetzt. Konzernchef Akio Toyoda hat eingestanden, Toyota sei zu schnell zu groß geworden. Laut Berichten soll er das Buch *How the Mighty Fall* des amerikanischen Managementgurus Jim Collins gelesen haben, in dem fünf Stufen des Niedergangs definiert werden.[36] Nachdem die ersten drei Stufen – die Hybris aus dem schnellen Erfolg, der ungestüme Wachstumsdrang, das Unterschätzen jeglicher Risiken – schon durchlaufen sind, sieht Toyoda sein Unternehmen bereits auf Stufe vier und warnte, dass man womöglich bald vor der Wahl stehe „in der Bedeutungslosigkeit zu versinken oder zu sterben."[37]

Der Fall von Toyota ist ein sehr nützliches Beispiel – eine Art Warnung vor dem schnellen steilen Aufstieg und welche Gefahren dieser in sich verbirgt. Besonders in Wolfsburg sollte man sich diese Warnung zu Herzen nehmen und bei dem erklärten Ziel, zum weltgrößten Automobilhersteller aufzusteigen, weniger auf das Tempo als auf die Zuverlässigkeit und weltweite Einhaltung der hohen deutschen Standards achten. Qualität vor Quantität!

In dem Fall von Toyota droht nicht das Ende, da das Unternehmen auf eine solide Substanz zurückgreifen kann. Auch wenn der amerikanische Verkehrsminister Ray LaHood, offenbar kein Freund japanischer Automobile, verlauten ließ: „Wir sind noch nicht fertig mit Toyota."

---

[36] Diese fünf Stufen lauten im Original:
    1. Hubris (Excess Pride) due to Prior Success
    2. Undisciplined Pursuit of More
    3. Denial of Risk and Peril
    4. Grasping for Salvation
    5. Capitulation to Irrelevance or Death
[37] FTD: *Agenda - Wenn ein Mini-Fehler zum GAU wird*, 01.02.2010.

Es wird in Zukunft von entscheidender Bedeutung sein, die Werte der alten Toyoda-Generationen, das „Familien-Silber", wiederzubeleben und im täglichen Wirtschaften intensiv einzubeziehen. Das Umdenken muss in den führenden Köpfen geschehen – vor allem die Prioritäten in der langfristigen Zielsetzung müssen neu geordnet werden. Die Sicherheit und die Qualität sollen dabei höhere Priorität genießen als die schiere Größe – und das nicht nur in Worten, sondern vor allem in Taten.

4.2 Das Wunder von Wolfsburg: Ein Konzern auf dem Weg an die Spitze

„VW muss mit voller Kraft und höchster Konsequenz Autos profitabel verkaufen und Marktanteile erobern."

Martin Winterkorn [38]

Wir befinden uns im Jahr 2009 n. Chr. Die ganze Welt-Automobilindustrie leidet unter der Krise.... Die ganze Automobilindustrie? Nein! Ein unbeugsamer Hersteller aus Wolfsburg hört nicht auf, der Krise Widerstand zu leisten.[39]

Auch wenn der VW-Konzern nicht über einen Zaubertrank verfügt, so scheint Volkswagen zurzeit alles richtig zu machen, um als großer Gewinner aus der Krise hervorzugehen. Das vom VW-Vorstandsvorsitzenden Martin Winterkorn vorgegebene Ziel, bis zum Jahr 2018 zum weltweit größten Automobilhersteller aufzusteigen, wird zunehmend leichter und früher zu erreichen sein. VW muss gar nicht viel dazu beitragen, die wesentlichen Konkurrenten, wie Toyota und General Motors, haben in den letzten Monaten und Jahren selbst für den eigenen Abstieg gesorgt und räumen mehr oder weniger freiwillig den Thron für Volkswagen. Wie im Fußball, wo eine Mannschaft auch ohne eigene Treffer gewinnen kann, wenn der Gegner genügend Eigentore schießt!

Die Wolfsburger profitieren in der aktuellen Krise vor allem von ihrer *geringen Marktpräsenz* in den USA, die bisher eine wesentliche strategi-

---

[38] Automobilwoche Nr. 3, 25.01.2010
[39] In Anlehnung an die Einleitung der Asterix-Comic-Hefte.

sche Schwäche von VW darstellte. Während vor allem die japanischen und amerikanischen Hersteller mit Absatzeinbrüchen von bis zu 30% auf dem für sie wichtigen US-Markt zu kämpfen hatten, konnte sich VW nicht nur beruhigt zurücklehnen, sondern kann jetzt genau in dieser Schwächephase dort angreifen. Mit einer lokalen Produktion vor Ort will VW den so lange vernachlässigten US-Absatz wiederbeleben. Ab 2011 sollen im neu gebauten Werk in Chattanooga zunächst 150.000 Autos für den US-Markt gefertigt werden, und das Werk im mexikanischen Pueblo soll die Kapazität für den Export in die USA deutlich ausbauen. Zeitlich trifft dies genau in die Aufschwungphase des amerikanischen Automobilmarkts, der nach dem aktuellen Einbruch in den kommenden Jahren wieder stark wachsen wird. Bis 2018 rechnet VW mit einer Verdoppelung seines Marktanteils von 3% auf 6% und einer Steigerung des Absatzes von derzeit 0,3 Mio. auf rund 1 Mio. Einheiten im Jahr 2018.

Ein weiterer wichtiger Wachstumstreiber für VW sind die BRIC-Staaten, die für den Großteil des Wachstums in der gesamten Branche verantwortlich sind, und in denen VW bereits heute gut vertreten ist. Im Jahr 2009 verkaufte der Volkswagen-Konzern mit 2,2 Mio. Einheiten rund 35% seines Jahresabsatzes in die BRIC-Staaten, deutlich mehr als die wichtigsten Wettbewerber Toyota (12%), GM (25%) oder Hyundai (28%). Allen voran kann VW von China profitieren, dem mittlerweile größten Automobilmarkt weltweit, mit 13,6 Mio. Neuzulassungen im Jahr 2009. Dort ist VW seit 1984 als erster westlicher OEM vertreten und mit seinen beiden lokalen Joint Ventures (SAIC, FAW) Marktführer bei den Pkw mit 16,5% Marktanteil. Durch das kräftige Marktwachstum im Jahr 2009 (+46% auf 13,6 Mio. Fahrzeuge) konnte auch VW seinen Absatz in China von 1,0 auf 1,4 Mio. Einheiten steigern. Damit verkaufte der VW-Konzern erstmals mehr Fahrzeuge in China als in Deutschland. Konzernchef Winterkorn bezeichnet China inzwischen schon als zweiten Heimatmarkt des Unternehmens. Durch die Ausweitung der Angebotsmodelle und den weiteren Ausbau der Produktionskapazitäten hat VW gute Voraussetzungen, an den großen Wachstumschancen dieses Marktes zu partizipieren und die Marktführerschaft zu verteidigen. Für das erste Quartal 2010 vermeldete VW China erneut Rekorderergebnisse, der Absatz stieg um 60% gegenüber dem Vorjahreswert auf über 450.000 verkaufte Autos innerhalb von drei Monaten!

Auch in Brasilien ist VW seit langem gut vertreten, mit mittlerweile fünf Werken vor Ort und einem Pkw-Marktanteil von über 25%. Als einer von weltweit wenigen Märkten konnte Brasilien seine Neuzulassungen im Jahr 2009 steigern und bietet weiterhin ein hohes Wachstumspotential, an dem VW mit lokal produzierten und speziell für den Markt entwickelten

Modellen partizipieren will und kann. Auf dem russischen Markt, der im Jahr 2009 um rund die Hälfte einbrach, dem aber allgemein großes Wachstum vorhergesagt wird, ist VW mit seinem Werk in Kaluga gut aufgestellt. Seit Oktober 2009 werden dort Pkw der Marken VW und Škoda gefertigt, zunächst mit einer Jahreskapazität von 150.000 Einheiten. Einzig in Indien ist VW bisher schwach vertreten, mit lediglich 19.000 verkauften Einheiten 2009. Nach dem Willen des VW-Vorstands wird sich dies aber bald ändern, zum einen durch die Aufnahme der VW- und Skoda-Produktion in dem neu errichteten Werk in Pune, zum anderen durch die 20%-Beteiligung am japanischen Suzuki-Konzern. Suzuki ist in Indien mit seinem lokalen Partner Maruti die klare Nummer Eins, mit einem Marktanteil von 42% und 860.000 verkauften Fahrzeugen.

Aber nicht nur bezüglich der regionalen Marktpräsenz ist VW strategisch besser aufgestellt als die meisten Wettbewerber, auch das Angebot- und Produktsortiment von VW bietet einige strategische Vorteile. Mit seinen acht Pkw-Marken VW, Skoda, Seat, Audi, Bentley, Bugatti, Lamborghini und Porsche (+ Suzuki) deckt der Konzern das ganze Sortiment von Kleinwagen über Limousine und Sportwagen bis zum Luxusauto ab. Damit bietet Volkswagen nicht nur die komplette Bandbreite an, die ein Hersteller benötigt, um seinen Kunden immer das passende Modell anbieten zu können, sondern VW profitiert durch die Integration der Einzel-Marken in den Gesamtkonzern von immensen Größenvorteilen (*Economies of Scale*). Dadurch kann beispielsweise der Premiumanbieter Audi auf die gleichen Plattformen und Bauteile zugreifen wie die VW-Mutter und die Billigmarke Skoda.

Mit der Einführung des Modularen Querbaukastens (MQB) werden nicht mehr nur gemeinsame Plattformen für unterschiedliche Modelle genutzt, sondern alle Modelle greifen über eine Vielzahl von Baureihen hinweg auf den gleichen Baukasten voller Module zu und stellen daraus das jeweilige Fahrzeug zusammen. Als erstes Modell nutzt der Nachfolger des Audi A3 im kommenden Jahr dieses neue Konzept, gefolgt vom Golf VII ab 2012. Wenn die Volkswagens Bestseller Golf und Polo samt ihren Ablegern bei den Schwestermarken Skoda und Seat auf dem Querbaukasten aufbauen, kann der Konzern auf MQB-Basis mehr als 3,5 Mio. Autos pro Jahr produzieren Dadurch erreicht VW das notwendige Volumen, um die Entwicklungs- und Einkaufskosten für die einzelnen Module niedrig zu halten, und so kann Audi beispielsweise einen deutlichen Renditevorteil gegenüber allen allein stehenden Premiumanbietern, wie Daimler oder BMW, erzielen. Ähnliche Größenvorteile gelten für die Nutzfahrzeugsparte mit den Marken VW Nutzfahrzeuge, Scania und MAN[40], die ein wichtiges zusätzliches Standbein für den Konzern bildet.

Diese Mehrmarkenstrategie, die bei VW deutlich stärker ausgeprägt ist als bei Toyota (neben der Hauptmarke Toyota nur noch Lexus und Scion), birgt allerdings auch ein erhebliches Risiko, denn die Marken müssen klar voneinander abgegrenzt sein, um nicht gegenseitig zu konkurrieren. Es ist für VW eine Sisyphus-Daueraufgabe, die Konzernmarken zu separieren, zahlreiche Vertriebsvorstände sind schon daran gescheitert!

Wenn überall die gleichen Teile enthalten sind, wird es schwer sein, Kunden zu finden, die einen erheblichen Premiumaufschlag zahlen, nur weil ein Porsche-Logo auf dem Kühlergrill prangt. Die Marken müssen daher klar positioniert sein, über ein eigenes Image bzw. eine eigene Identität verfügen und vor allem in kundenspezifischen Merkmalen deutlich unterschiedlich sein. Solange sich ein Audi in den äußerlich sichtbaren Merkmalen, der Motorisierung und der Fahrzeugabstimmung von einem Skoda abhebt, können unter dem Blech ruhig 90% Gleichteile verbaut sein, die der Kunde überhaupt nicht wahrnimmt. Diese Abgrenzung ist allerdings eine gefährliche Gratwanderung und Konzernchef Winterkorn hat bereits die Gefahr der Kannibalisierung zwischen den Marken Skoda und VW unternehmensintern bemängelt. Denn Skoda, eigentlich als preiswerte Einstiegsmarke in Konkurrenz zur Renault-Tochter Dacia positioniert, wurde in letzter Zeit immer hochwertiger ausgestattet und wilderte zunehmend im Terrain der Konzernmutter VW. So soll Martin Winterkorn sehr verärgert gewesen sein, als der Skoda Superb Kombi einen Vergleichstest gegen den Passat gewann, weil „er einfach mehr bietet fürs Geld – vielmehr Ausstattung und noch mehr Raum"[41] und „bei der Qualität kaum ein Unterschied" festgestellt wurde aufgrund der gleichen verwendeten Technik. Die Ausstattung des Skoda übertraf mit 17- statt 16-Zoll-Rädern, sowie Leder, Holz und verchromte Armaturen im Innenraum jene des Passat. Das Problem dabei: Der Superb Kombi ist um mehrere tausend Euro preiswerter als ein vergleichbarer Passat – und bringt daher auch entsprechend geringere Margen für das Konzernergebnis.

Unklar ist außerdem schon seit mehreren Jahren die Positionierung der spanischen Tochter SEAT, die zwischen den günstigen Skoda-Autos, der Massenmarke VW und der sportlichen Premiummarke Audi keinen pas-

---

[40] An MAN hält VW derzeit eine Minderheitsbeteiligung von 30%, aber die weitere Übernahme erscheint nur noch eine Frage der Zeit zu sein. An der schwedischen Marke Scania hat VW bereits einen Anteil von 71%.
[41] Spiegel Online: *Autoindustrie - Wettkampf der Schwestern*, 08.03.2010.

senden Platz findet und in der Vergangenheit fast durchgehend Verlust gemacht und etliche Firmenchefs verbraucht hat. Die zusätzlichen Markentöchter im Luxussegment von VW sollen hierbei dem Image des VW-Konzern etwas Glanz verleihen, sie sind aber auch persönliche Spielereien des Firmenpatriarchen Piëch – sei es Bugatti mit dem 1001 PS starken Veyron oder Lamborghini, die zusammen im Jahr 2009 gerade einmal 1.500 Autos verkauften (-40%), oder der Phaeton als Luxusmodell innerhalb der VW-Marke. Bentley und Lamborghini machten im Krisenjahr 2009 beispielsweise 228 Mio. Euro Verlust und werden laut VW-Finanzvorstand Bötsch auch 2010 weiterhin Verluste schreiben.[42] Wie sich Porsche in diese Markenvielfalt einbauen lässt, wird sich noch herausstellen müssen, in der Vergangenheit hat dies ohne gemeinsame Konzernmutter recht gut funktioniert.

Neben der Gefahr der fehlenden Markenabgrenzung birgt die Gleichteilestrategie bei VW, wie bei auch allen anderen Herstellern, eine weitere Gefahr: Das erhöhte Risiko bei fehlerhaften Gleichteilen. Toyota hat aktuell ein Paradebeispiel dafür geliefert, welche Ausmaße der Schaden durch ein einzelnes schadhaftes Teil annehmen kann. Durch den immensen Expansionskurs der letzten Jahre konnte Toyota seine hohen Qualitätsstandards nicht mehr einhalten und der VW-Konzern, der sich momentan auf einem ähnlichen Wachstumskurs befindet, sollte spätestens jetzt gewarnt sein. Denn würde bei VW ein fehlerhaftes Bauteil entdeckt werden, so würden die notwendigen Rückrufe mit hoher Wahrscheinlichkeit schnell mehrere Millionen Fahrzeuge aller Marken von Skoda über VW, Audi und Porsche betreffen. Der Qualitätskontrolle muss daher allerhöchste Aufmerksamkeit geschenkt werden, möchte Martin Winterkorn nachts noch ruhig schlafen können.

Bei dem zukünftig immer wichtiger werdenden Thema der Umweltverträglichkeit kann Volkswagen vom aktuellen Trend zum Kleinwagen profitieren und dadurch die CO_2-Bilanz der verkauften Neufahrzeuge rein optisch reduzieren. Eine Vorreiterrolle in Sachen Verbrauchsreduzierung nimmt VW dadurch aber nicht ein. Gemäß der für alle deutschen Hersteller typischen Denkweise wurden in der Vergangenheit Effizienzsteigerungen beim Antrieb nicht in niedrigeren Verbrauch umgesetzt, sondern in höhere Leistung. Der Golf I hatte in den siebziger Jahren beispielsweise mit 50 PS einen Verbrauch von 6,4 l/100 km, exakt genauso viel wie die niedrigste Einstiegsvariante des Golf VI mit 80 PS über dreißig Jahre später. Verbreiteter ist aber die 100 PS-Variante mit 7,2 l Verbrauch und 166

---

[42] FTD: *Luxusprobleme*, 12.4.2010.

g/km CO_2. Das berühmte VW-1-Liter-Auto kam lediglich bei einer werbewirksamen Probefahrt des damaligen VW-Chefs Ferdinand Piëch zur VW-Hauptversammlung nach Hamburg im April 2002 zum Einsatz, Wiederholen wollte Piëch die Fahrt allerdings nicht, er wechselte danach in den Aufsichtsrat und überließ Bernd Pieschetsrieder das Volant. Der wollte auch nicht, es bleib bei dem Status als Konzeptauto.

Während die Konkurrenten bei Toyota und Honda seit Jahren bereits Hybrid-Fahrzeuge verkaufen und erste Elektroautos testen, herrscht bei VW in diesem Bereich nach Meinung von Experten noch eine große Lücke. Die auf dem Genfer Automobilsalon im März 2010 vorgestellte Elektrostrategie sieht das Jahr 2013 für den Konzern als „Schlüsseljahr bei den Elektroautos". Zunächst soll der Kleinstwagen Up!, der bisher noch gar nicht auf dem Markt ist, in einer mit Strom betriebenen Variante den Durchbruch der E-Mobilität ankündigen, gefolgt von einem Elektro-Golf und einer Elektro-Version des Jetta. An dieser Einführungsstrategie gibt es aber bereits deutliche Zweifel und Kritik aus dem eigenen Aufsichtsrat. Der gut drei Meter lange Kleinstwagen Up! wird zunächst nur im Werk in Bratislava und nur mit einer Maximalkapazität von 150.000 Stück pro Jahr gefertigt. Bei einer Elektrovariante für den Modularen Querbaukasten der übrigen Volumenmodelle und ihrer Ableger ließe sich der Einmalaufwand in Milliardenhöhe dagegen auf eine deutlich größere Stückzahl umlegen, kritisiert der Aufsichtsrat.[43]

Die reinen Elektrofahrzeuge muss jeder Hersteller zwar möglichst bald im Programm haben, für den Massenmarkt sind sie in absehbarer Zukunft allerdings kaum von Bedeutung. Hier wird der Effizienzsteigerung und Verbrauchsreduzierung die entscheidende Rolle zukommen, um die künftigen gesetzlichen Umweltauflagen und die veränderten Kundenwünsche zu erfüllen. Daher setzt VW auf seine BlueMotion-Varianten, bei denen der Kraftstoffverbrauch u.a. durch Start-Stopp-Automatik und Bremsenergierückgewinnung deutlich optimiert ist. Ende 2009 kamen für die wichtigsten Volumenmodelle jeweils neue BlueMotion-Modelle auf den Markt, bei denen der CO_2-Ausstoß auf nur noch 87 g/km (Polo), 99 g/km (Golf) und 114 g/km (Passat) reduziert wurde. Allerdings ist die BlueMotion-Technologie bisher nur für Dieselvarianten entwickelt, für Benzinmotoren sind noch keine Umweltmodelle erhältlich.

Wenn Volkswagen tatsächlich der „ökonomisch und ökologisch weltweit führende Automobilhersteller" werden möchte, wie Konzernchef Winterkorn es bei der Vorstellung seiner „Strategie 2018" beschrieb, dann

---

[43] Handelsblatt: *VW streitet über Fahrplan ins Elektrozeitalter*, 11.03.2010.

sollte nach Expertenmeinung der Konzern seine BlueMotion-Strategie vielleicht noch einmal überdenken. Zukunftsfähig wäre es, Sondermodelle mit reduziertem Kraftstoffverbrauch herauszubringen und die effiziente BlueMotion-Technik dagegen in alle Standardmodelle einzubauen. Dass die VW-Ingenieure die nötige Technologie beherrschen, haben sie bewiesen, jetzt muss sie nur noch konsequent umgesetzt werden.

Die VW-Kaufleute wissen hingegen schon längst, was zu tun ist: „Es zeigt sich deutlich: Volkswagen darf keine Pause einlegen, sondern muss weiterhin Kosten und Liquidität konsequent managen!",[44] so Hans-Dieter Pötsch, VW Finanzvorstand seit Januar 2003.

4.3 Aufholjagd: Die jungen Wilden aus Ingoldstadt

Wenn der VW-Konzern das kleine gallische Dorf ist, das der Krise in der Automobilindustrie erfolgreich Widerstand leistet, dann ist Audi wohl der Asterix unter den Galliern. Und sein Zaubertrank ist der große Teilebaukasten von VW, aus dem er sich bedienen kann.

Audi jagt unter seinem Vorsitzenden Rupert Stadler von Rekord zu Rekord und scheint kaum aufzuhalten zu sein im Wettbewerb um Platz Eins der Premiumhersteller. In den vergangenen Jahren hat Audi ein rasantes Absatzwachstum erzielt und im Jahr 2008 erstmals die Millionenmarke überschritten. Zwar verkauft Audi noch immer weniger Autos als die Konkurrenten BMW und Daimler, der Abstand wird aber zunehmend kleiner – zum Teil durch die wachsende Stärke Audis, mindestens zum gleichen Teil aber durch die hausgemachten Schwächen der Wettbewerber. Mit dem einstigen unangefochtenen Spitzenreiter Mercedes lag Audi im Jahr 2009 erstmal nahezu gleichauf, und der Abstand zu BMW hat sich deutlich verringert (siehe Abb. 25). Bei Daimler und BMW erhöht sich der Konzernabsatz zusätzlich um die Verkäufe ihrer separaten Kleinwagenmarken Smart und Mini. Audi startet erst im Jahr 2010 mit dem A1 im Kleinwagensegment, das für die Premiumhersteller zunehmend wichtig wird, da es als einziges Segment noch wächst. Audi plant zunächst bis zu 100.000 verkaufte A1-Modelle pro Jahr, die vor allem dem Mini aus dem BMW-

---

[44] Automobilwoche: *Führungsriege des VW-Konzerns befürchtet langwierige Autokrise*, 25.01.2010.

Konzern Konkurrenz machen sollen. Bis zum Jahr 2015 soll der Audi-Absatz auf insgesamt 1,5 Mio. Autos pro Jahr steigen und die Wettbewerber hinter sich zurücklassen. Bereits heute sieht sich Audi aber schon als Premiummarke Nummer Eins, dieses Selbstbewusstsein zeigte auch der der Audi-Vorsitzende Rupert Stadler: „Wir sind nicht mehr Jäger, wir sind die Gejagten."[45]

Abb. 25. Absatz der deutschen Premiummarken

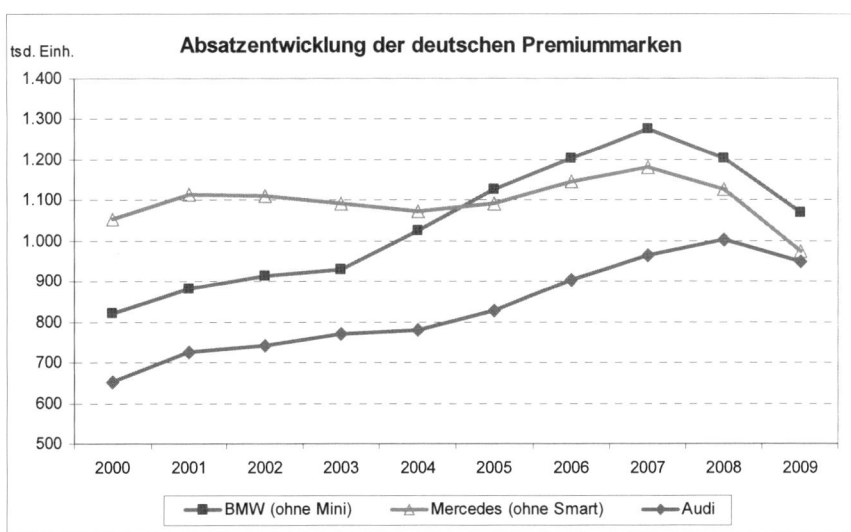

Quelle: Unternehmensangaben, eigene Darstellung

Beim Blick auf die Bilanzen hat Audi die beiden anderen deutschen Premiumhersteller bereits deutlich in den Schatten gestellt. Während das Autogeschäft sowohl bei BMW als auch bei Daimler im Krisenjahr 2009 Verluste eingebracht hat, konnte Audi trotz leichten Absatzeinbußen mit einem Milliardengewinn glänzen und der Volkswagen-Mutter damit in die Gewinnzone verhelfen. Der Umsatz schrumpfte bei Audi um 13% auf knapp 30 Mrd. Euro und der Gewinn (nach Steuern) ging zwar um 39% zurück, lag aber immer noch bei 1,3 Mrd. Euro. Die Kapitalrendite lag bei 11,5%, die operative Umsatzrendite bei 5,4%. Damit zählt Audi zu den ertragstärksten Unternehmen der gesamten Branche. Und zwar weltweit!

---

[45] Bei der Bilanzvorstellung im März 2010.

Dieser Erfolg von Audi lässt sich auf mehrere Gründe zurückführen. Zugute kam den Ingoldstädtern mit Sicherheit, dass sie in den vergangenen Jahren, gestützt auf eine äußerst motivierte Mannschaft und auf den Zaubertrank-Kessel der großen Mutter in Wolfsburg eine Modelloffensive sondergleichen starteten. Im Jahr 2010 sollen 11 weitere neue Modelle folgen, vom Kleinwagen A1 bis zur Oberklasselimousine A8. Zusätzlich profitiert Audi davon, dass das Design ihrer Fahrzeuge momentan den Puls der Zeit trifft und die vier Ringe einen deutlich moderneren Ruf genießen als der weiß-blaue Propeller oder der Stern. Das Image von Audi hat sich seit Anfang der neunziger Jahre stark gewandelt, durch innovative Technik, gutes Marketing und gelungenes Design konnte sich die VW-Tochter vor allem bei der jüngeren Zielgruppe als sportliche, moderne Marke positionieren und die beiden Wettbewerber alt und behäbig aussehen lassen. Design-Irritationen bei BMW kamen hinzu.

Darüber hinaus kam Audi die frühe Positionierung in China mit der Volkswagen-Mutter zugute, dem wichtigsten Wachstumsmarkt der Branche. Seit 1988 ist Audi in China vertreten und produziert gemeinsam mit dem Joint Venture Partner FAW die Modelle A4 und A6 in der speziellen chinesischen Langversion, sowie den Geländewagen Q5. Im Premiumbereich ist Audi in China seit jeher Marktführer, im Jahr 2009 mit einem Marktanteil von 40% im Premiumsegment, vor BMW (25%) und Mercedes (18%). Mit knapp 160.000 verkauften Pkw war China für Audi im Jahr 2009 nach Deutschland der zweitwichtigste Absatzmarkt und in diesem Jahr könnte China eventuell sogar den deutschen Heimatmarkt überholen. Im ersten Quartal 2010 erreichte Audi in China mit 51.500 Verkäufen ein Plus von 77% gegenüber dem Vorjahreszeitraum und einen höheren Absatz als in Deutschland.

Auf dem zweiten wichtigen Auslandsmarkt, den USA, sieht die Lage dagegen anders aus. Hier liegt Audi mit zuletzt rund 83.000 Autos deutlich hinter den Konkurrenten BMW und Mercedes zurück, die beide mehr als doppelt so viele Fahrzeuge verkauften. Durch ihre Werke vor Ort genießen BMW und Mercedes in den USA einen Heimvorteil, den Audi zukünftig mit dem neuen VW-Standort Chattanooga in Tennessee auch nutzen könnte. Vorerst ist dort allerdings noch keine Audi-Fertigung vorgesehen, mittelfristig wäre es aber mit Sicherheit eine strategisch sinnvolle Option für Audi. Bauland ist in Chattanooga noch verfügbar. Noch scheint Audi allerdings der Schock der selbstbeschleunigenden Audis[46] in den Knochen zu

---

[46] Unter dem Schlagwort *Unintended Acceleration* wurde 1986 in US-Medien über Zwischenfälle mit Audi-Modellen berichtet, bei denen die Autos von alleine losfuhren und

stecken: Von 75.000 Audis im Jahr 1985 büßte die Marke bis zu 80% ihres US-Exportvolumens ein. Erst heute, 24 Jahre später, hat sich Audi von diesem Imageverlust wieder einigermaßen erholt.

Die Zugehörigkeit zum großen VW-Konzern ist mit Sicherheit der größte Vorteil, den Audi gegenüber seinen Wettbewerbern hat. Im Premiumsegment hat nur Lexus als Nobelmarke von Toyota einen ähnlich großen Konzern im Rücken, aufgrund der unterschiedlichen regionalen Aufstellung ist der Wettbewerb zwischen diesen beiden Anbietern aber (bisher) nicht so stark ausgeprägt. Die Hauptkonkurrenten von Audi bleiben Daimler und BMW, die beide nicht über die Volumina eines Massenherstellers verfügen, auch wenn sich dies bei Daimler durch seine neueste Kooperation mit Renault-Nissan nun ändern soll. Audi kann bei Entwicklung, Einkauf und Produktion auf den Volkswagenverbund zurückgreifen, mit enormen Kostenvorteilen aufgrund der erreichten Größenvorteile, den höheren Stückzahlen im VW-Verbund. Der neue Kleinwagen A1 basiert beispielsweise im Wesentlichen auf der Plattform des neuen VW-Polo, und damit verteilen sich allein die Fixkosten für diese Plattform nicht nur auf die bis zu 100.000 A1 pro Jahr, sondern zusätzlich auch noch auf die rund 450.000 Polo pro Jahr. Den Kompromiss, den Kleinwagen auf Geheiß der VW-Konzernpolitik im krisengeschüttelten Brüsseler VW-Werk fertigen zu lassen, nahm Audi aufgrund der enormen Größenvorteile bereitwillig in Kauf.

Die Aussichten für die Marke Audi sind durchweg positiv und Daimler und BMW werden große Probleme haben, mitzuhalten, nicht nur bei den Absatzzahlen, sondern vor allem ertragsmäßig. Sie könnten enden wie bei Asterix die Piraten, die auf ihrem sinkenden Schiff vom Ausguck rufen „Gallier!" bzw. „Ingoldstädter!".

Schaden anrichteten. Die Vorfälle stellten sich zwar als Bedienungsfehler aufgrund ungewohnt kleiner Bremspedale heraus, aber das Image von Audi in den USA war ruiniert.

4.4 Weiß-blaue Ernüchterung: Fast aus der Kurve gespart!

„Das Auto und die Freude am Fahren gehören zum Glück noch nicht zu den Todsünden"

Doris Leuthard[47]

Für BMW waren diese Worte Balsam auf die geschundene Seele! Die Münchner Nobel-Marke ist zwar nach wie vor der Spitzenreiter unter den deutschen Premiumherstellern und verkaufte auch im Jahr 2009 weltweit mehr Autos seiner Kernmarke, als die Konkurrenten von Mercedes und Audi. Aber der Druck auf die Münchener wird zunehmend größer. Nach der Bekanntgabe der Kooperation zwischen Daimler und Renault-Nissan ist BMW größenmäßig ins Hintertreffen geraten, denn der Konzern ist – neben PSA – einer der wenigen noch verbliebenen Einzelkämpfer unter den Herstellern. Die Herausforderungen sind mit der Absatzkrise, verschärften Umweltauflagen und innovativen Antriebskonzepten in der gesamten Branche groß genug, ohne den Vorteil großer Stückzahlen sind sie kostenmäßig auf Dauer kaum noch zu meistern.

Die Münchener weisen in diesem Zusammenhang gerne darauf hin, dass sie bereits seit Jahren mit dem französischen PSA-Konzern in der Motorenentwicklung zusammenarbeiten und gegenseitig Motoren für den Mini von BMW und für verschiedene Modelle von Peugeot und Citroen austauschen. Eine deutliche Ausweitung der gemeinsamen Aktivitäten ist aber nicht absehbar geplant und PSA hat zusätzlich noch viele andere Kooperationspartner, wie Mitsubishi beim Elektroauto, Fiat im Bereich kleiner Lieferwagen und Toyota in der Fertigung in einem gemeinsamen Werk in Tschechien für die baugleichen Modelle Peugeot 107, Citroen C1 und Toyota Aygo. BMW entwickelt dagegen gerade eine neue Kleinwagenplattform in Eigenregie.

Um trotz der geringen Größe und den damit verbundenen höheren Stückkosten mit der Konkurrenz mithalten zu können, setzt BMW auf ein rigoroses Sparkonzept. Die strategische Neuausrichtung des Konzerns wurde im Rahmen des Programms *Number One* im Februar 2008 der Öffentlichkeit vorgestellt. Der Konzern erklärte darin, Nummer Eins im Premiumsegment bleiben zu wollen und bis zum Jahr 2012 eine durchschnittliche Umsatzrendite von 8% bis 10% zu erwirtschaften. In dem Programm

---

[47] Schweizer Bundespräsidentin bei der Eröffnung des Genfer Autosalon 2010.

sind klare Zielvorgaben definiert für die Lösung von essenziellen Grundproblemen in der Produktion, im Einkauf und in der strategischen Ausrichtung, vor allem aber enthält es klare Sparvorgaben. Beim Einkauf wurden sofortige, konkrete Maßnahmen ergriffen – die Verträge mit den Zulieferern wurden neu verhandelt und jegliche Ersparnismöglichkeit wurde zulasten der Lieferanten ausgeschöpft. Nach Angaben von betroffenen Lieferanten sind die dabei zum Einsatz kommenden Vergabemethoden durchaus grenzwertig (*Pay to Play*). Auch beim Personal wurden alle Sparmöglichkeiten in Anspruch genommen und 6.500 Zeitarbeitern und 1.500 Festangestellten frei gestellt. In der Fertigung wurde die notwendige Umstrukturierung zu einer schlanken Produktion auf den Weg gebracht. Zudem sucht man in allen Bereichen nach Möglichkeiten, die eigenen Entwicklungs- und Fertigungskosten durch Kooperationen und Fremdaufträge auf möglichst hohe Stückzahlen zu verteilen. Die vereinbarte Einkaufskooperation mit Daimler hat es dagegen bekanntermaßen nie über den gemeinsamen Bezug von Kleinteilen, wie Scheibenwischern und elektrischen Fensterhebern, hinaus geschafft. Die Animositäten und der Stolz der Ingenieure auf beiden Seiten waren zu groß. Die fehlenden Stückzahlen müssen also weiterhin durch Einsparungen ausgeglichen werden – eine gefährliche Strategie!

Ein klares Zeichen des Sparens war auch der überraschende Ausstieg BMWs aus der Formel 1, zum Ende der Saison 2009. Offiziell begründete Konzernchef Reithofer diesen Schritt mit einer strategischen Neuausrichtung, bei der sich Premium immer stärker über Nachhaltigkeit und Umweltverträglichkeit definiert. Im Frühjahr 2010 erklärte BMW allerdings stattdessen den Einstieg in die DTM-Serie, die deutlich kostengünstigere Rennsport-Variante. Der Kostenfaktor dürfte also beim Formel 1-Austieg doch im Vordergrund gestanden haben und es bleibt fraglich ob BMW tatsächlich erkannt hat, dass für die Automobilhersteller zukünftig nicht mehr das Thema Leistungssteigerung (größer, lauter, schneller, …) im Vordergrund stehen darf, sondern durch den Trend zum Downsizing (kleiner, leiser, effizienter, …) abgelöst wird. Mit seinem technologischen Maßnahmenpaket Efficient Dynamics hat BMW bei der Reduzierung von Spritverbrauch und CO_2-Ausstoß immerhin eine Vorreiterrolle eingenommen. In allen Baureihen der Bayern ist serienmäßig diese Spritspartechnologie eingeführt, die mit Start-Stopp-Automatik, Bremsenergierückgewinnung und anderen Maßnahmen den Benzinverbrauch deutlich senkt. An dieser Technik arbeitet BMW schon länger und intensiver und ist besser aufgestellt als die meisten seiner Wettbewerber.

Das Downsizing findet bei BMW aber auch bezüglich der Angebotspalette statt, die im unteren Bereich mit mehreren neuen Kleinwagen-

Modellen stark ausgebaut werden soll. Zukünftig werde es neben neuen Mini-Abkömmlingen auch eine Modellreihe unterhalb des BMW 1er geben, sowie speziell für die Großstädte dieser Welt entwickelte City-Autos, die rein elektrisch fahren sollen. Dieses unter dem Namen Megacity-Vehicle bekannte Fahrzeug soll laut jüngsten Ankündigungen ab dem Jahr 2013 im BMW-Werk Leipzig hergestellt werden und unter einer Sub-Marke von BMW auf den Markt kommen.

Fast jedes zweite Auto aus dem Haus des Oberklassen-Herstellers BMW soll zukünftig ein Kleinwagen sein. Derzeit stammen rund ein Viertel der insgesamt knapp 1,3 Mio. verkauften Autos des Konzerns aus dem unteren Segment. Nach eigenen Angaben ließen sich zukünftig mit einer neuen gemeinsamen Plattform für Mini- und kleine BMW-Modelle 700.000 bis eine Mio. Fahrzeuge pro Jahr bauen. Bis 2012 will BMW den Absatz auf über 1,6 Mio. Pkw steigern, bis 2020 auf mehr als 2 Mio. Dabei sind die Kleinwagen in der Modellpalette unerlässlich, da hier die Nachfrage in Zukunft weiter zunehmen wird, aber auch, um die immer strenger werdenden CO_2-Richtlinien in Amerika, Europa und Asien einhalten zu können. Zudem ist eine deutliche Steigerung der Kleinwagenproduktion auch nötig um bei den niedrigeren Margen in diesem Segment überhaupt die Gewinnzone erreichen zu können.

Nach dem Krisenjahr 2009, in dem BMW einen Absatzrückgang um mehr als 10% verzeichnen musste und nur dank seiner Finanzsparte noch einen Gesamtgewinn erzielen konnte, sieht die aktuelle Lage im Jahr 2010 wieder besser aus. Dies liegt unter anderem an der neuen Fünfer-Baureihe des Konzerns, die seit Ende März auf dem Markt ist und in der Vergangenheit rund ein Fünftel aller BMW-Verkäufe ausmachte. Dazu kommen weitere neue Modellen, wie das Dreier Coupé und Cabrio oder der erst Ende 2009 eingeführte kleine Geländewagen X1.

Wie für alle anderen Automobilhersteller, wird auch für BMW der chinesische Absatzmarkt immer wichtiger. Im vergangenen Jahr haben die Münchener über 90.000 Fahrzeuge in China abgesetzt. Im ersten Quartal 2010 verdoppelten sich die Auslieferungen im Vergleich zur Vorjahresperiode auf mehr als 36.500 Fahrzeuge, und China stieg für BMW zum drittwichtigsten Absatzmarkt nach Deutschland und den USA auf. Für die BMW-Topmodelle, die Siebener-Reihe, ist China schon jetzt weltweit der größte Markt. Von der neuen Generation wurden im vergangenen Jahr in den acht Monaten seit der Markteinführung rund 17.000 Stück verkauft. In Deutschland waren es den Unternehmensangaben zufolge nur knapp 6.000 Wagen im ganzen Jahr. Dabei muss für einen Siebener in China wegen hoher Importzölle rund doppelt so viel wie in Deutschland gezahlt werden.

BMW baut derzeit die Baureihen Dreier und Fünfer, als Langversion exklusiv für den chinesischen Markt, vor Ort in China mit seinem lokalen Kooperationspartner Brilliance. Um die Produktionskapazität von derzeit rund 40.000 Fahrzeugen pro Jahr auf rund 100.000 zu erhöhen, bauen BMW und Brilliance ein zweites Werk in Tiexi in der Region Shenyang, das 2012 fertig sein soll. Sein Absatzziel 2010 im Reich der Mitte erhöhte BMW nach dem erfolgreichen ersten Quartal von 100.000 auf 120.000 Fahrzeuge, langfristig sehen die Münchner ein Potenzial von 300.000 verkauften Autos pro Jahr.

Abzuwarten bleibt, ob das ausreicht, um Reithofers Vision zu erfüllen, im Jahr 2020 der führende Premiumhersteller zu sein, ein Ziel, das auch Audi-Chef Rupert Stadler ausgerufen hat.

Die Einführung des strengen Sparprogramms als frühzeitige Reaktion auf die Krise zeigt, dass die BMW-Führung – anders als die Kollegen in Stuttgart – den Ernst der Lage rechtzeitig erkannt hat. Kurzfristig wird das Unternehmen dadurch nun erst einmal einen positiven Impuls in der wirtschaftlichen Entwicklung erzielen können. An einer langfristig wirkungsvollen und richtungsweisenden Strategie muss aber noch gefeilt werden, denn Sparen allein reicht nicht aus. Ebenso wenig wie das Verteilen einer Anleitung zum „Audi-Mobbing" an die eigenen Händler. Diese wurden Ende 2009 in einem Infobrief über Argumentationshilfen für Verkaufsgespräche und über die geringe technische Eigenständigkeit und Fortschrittlichkeit des Konkurrenten aus Ingolstadt unterrichtet.[48]

4.5 Ausgepowert: Ein Stern verblasst

Die Not bei Daimler ist groß! Das ehemalige Flagschiff der deutschen Wirtschaft ist in Schieflage geraten und klammert sich an die Hoffnung, mit einem neuen Kooperationspartner wieder frischen Wind in die Segel zu bekommen und Fahrt aufzunehmen. Der Stuttgarter Autobauer leidet nicht nur unter den Auswirkungen der Wirtschaftskrise, die im Jahr 2009 alle Premiummarken besonders hart getroffen hat, sondern auch an einer Vielzahl hausgemachter Probleme. Bei der Bilanzpressekonferenz im Februar 2010 musste Konzernchef Zetsche einen Absatzrückgang auf nur noch

---

[48] Spiegel Online: *BMW contra Audi – Aus Freude am Spott*, 23.02.2010.

1,6 Mio. Fahrzeuge (eine halbe Mio. Pkw und Lkw weniger als im Vorjahr) und einen Konzernverlust in Höhe von 2,6 Mio. Euro bekannt geben. Ohne den eingeschlagenen strikten Sparkurs wäre der Verlust noch deutlich höher ausgefallen, Maßnahmen wie aufgeschobene Lohnerhöhungen, gekürzte Sozialabgaben und die Kurzarbeit für zehntausende Beschäftigte haben zu Einsparungen von mehr als 5 Mrd. Euro geführt.

Daimler hat sich in den vergangenen zwei Jahrzehnten systematisch heruntergewirtschaftet, ob aus Unfähigkeit, Leichtsinn oder gutgläubigem Optimismus soll offen bleiben. Fakt ist nur, dass Abermilliarden D-Mark und Euro durch strategische Fehlentscheidungen und Misswirtschaft verbrannt worden sind und das Geld heute hinten und vorne fehlt. Denn kaum hatte sich Daimler, schwer angeschlagen, aber noch kurz vor dem K.O., vom Chrysler-Abenteuer getrennt (das im Jahr 2009 noch immer knapp 300 Mio. Euro Kosten verursachte), wurde der Konzern mit den nächsten negativen Tatsachen konfrontiert – wütende Aktionäre, die schwere Last in der Lkw-Sparte, unausgelastete Mitarbeiter, ein latent schwacher Dollar, milliardenteure Forschung für umweltfreundliche Antriebe, schleppende Kooperationen, aggressive Konkurrenz und vor allem zu geringe Stückzahlen sorgten für massive Probleme.

Die Einsicht in die verheerende Lage kam aber erst verspätet, mit entsprechend chaotischen Reaktionen der Führung. Als im Frühjahr 2009 die Zahlungsunfähigkeit drohte, brauchte das Unternehmen zunächst Cash, um sich Luft zu verschaffen und eine geeignete Handlungsstrategie auszuarbeiten. Der Staatsfonds aus Abu Dhabi wurde als Investor gewonnen, das Emirat wurde mit 9,1% größter Daimler-Aktionär vor Kuwait (6,9%) und brachte dem Konzern Einnahmen von rund zwei Mrd. Euro – die mittlerweile längst verbrannt sind. Eine Vision oder eine langfristige Strategie bleiben lange Zeit nicht ersichtlich. Energie, Zeit und finanzielle Mittel wurden an den falschen Stellen eingesetzt, die die Entwicklung und das profitable Wirtschaften des Unternehmens in der Zukunft nicht entscheidend beeinflussen konnten.

Im Hintergrund suchte Daimler verzweifelt nach einem starken Partner unter den verbliebenen Automobilherstellern, nachdem die Kooperationsvereinbarungen mit BMW über den gemeinsamen Einkauf von Scheibenwischern und Fensterhebern nicht hinausging. Doch die Brautschau für die deutsche Nobelmarke fiel schwierig aus, weder der VW-Konzern noch Toyota hatten Interesse, denn beide haben bereits eine eigene Premiummarke und die nötigen Stückzahlen im eigenen Haus. Kurz vor der Hauptversammlung im April 2010 konnte Dieter Zetsche schließlich die Kooperation mit Renault-Nissan bekannt geben, die nach der langen Suche noch übrig geblieben waren. Nachdem Renault für das Jahr 2009 mit 3,1 Mrd. Euro einen noch größeren Verlust zu vermelden hatte als Daimler, und Nissan mit einem Minus von rund 1,9 Mrd. Euro auch nicht wesentlich besser dastand, musste auch der Renault-Nissan-Vorstand Ghosn Handlungsfähigkeit beweisen und willigte in die strategische Kooperation mit einer gegenseitigen Kapitalbeteiligung in Höhe von 3,1% (Renault) bzw. 1,5% (Daimler) ein.

Nach den gescheiterten Beteiligungen und Fusionen mit Hyundai, Mitsubishi und Chrysler soll nun eine strategische Kooperation mit dem japanisch-französischen Massenhersteller die Rettung für Daimler bringen. Auch wenn diese Ehe für die noble Marke mit dem Stern nicht standesgemäß zu sein scheint, in der gegenwärtigen Situation ist sie zumindest zweckmäßig! Denn die Aussichten auf Erfolg stehen diesmal gar nicht so schlecht, es bestehen durchaus sinnvolle Anknüpfungspunkte. Als erstes soll auf der Baustelle im Kleinstwagensegment von Daimler mit Hilfe von Renault angepackt und der Smart endlich rentabel gemacht werden. Nach eigenem Bekunden hat der Konzern seit 1998 nur in einem Jahr Gewinn mit dem Smart erzielt und die nötige Neuentwicklung des Nachfolgemodells wäre ohne fremde Hilfe überhaupt nicht zu finanzieren.[49] Die nun geplante gemeinsame Plattform mit dem Renault Twingo erleichtert Mercedes die kostenintensive sowie missliche Lage, alle wichtigen Komponenten speziell nur für den Smart entwickeln zu müssen. Mit der neuen gemeinsamen Plattform, auf deren Basis auch wieder eine viersitzige Version des Smart gefertigt werden soll, wollen Renault und Daimler auf insgesamt 300.000 bis 400.000 Kleinstwagen pro Jahr kommen.

Bei der A- und B-Klasse soll die Kooperation neue Kleinwagenmotoren hervorbringen, die Daimler von den Franzosen übernimmt und nur noch an die eigenen Bedürfnisse anpasst. Dadurch will Daimler sein Kleinwagensegment stärken und seine Abhängigkeit vom Oberklassengeschäft verringern. Weil Kleinwagen in Europa das Segment mit den höchsten Zuwachsraten bilden, sind sie auch für die Premiumanbieter überlebenswichtig geworden. Denn Premium kann auch in einem Kleinwagen enthalten sein, sowohl in der Ausstattung als auch in der Technik. Allerdings sind die Margen in dem Segment generell kleiner, so dass nur über große Stückzahlen ein wirtschaftlicher Erfolg erzielt werden kann. Dementsprechend groß war die Gefahr, dass der Kleinwagenzug an Daimler vorbeifährt, während Konzerne wie Volkswagen mit Audi, Toyota mit Lexus oder selbst Fiat mit Chrysler von hohen Volumina profitieren können. Daimler verkaufte

---

[49] FTD: *Wie Zetsche Daimlers Stern poliert*, 14.04.2010.

zuletzt nur 330.000 Kleinwagen im Jahr – Nissan und Renault kommen zusammen auf mehr als sechs Mio. Autos, die meisten davon Kleinwagen. Dieses Segment wird darüber hinaus für alle Premiumanbieter auch wegen der strenger werdenden Umweltrichtlinien immer wichtiger. Denn durch die leichten und verbrauchsarmen Kleinwagen sinkt der Flottendurchschnitt der Hersteller beim CO_2-Ausstoß, so dass die verschärften Grenzwerte in der EU und den USA leichter eingehalten und mögliche Strafzahlungen verhindert werden können.

Zusätzlich profitiert Daimler durch die Kooperation auch bei der kostenintensiven Entwicklung der Elektromobilität. Bei Renault-Nissan ist man in diesem Punkt schon deutlich weiter und möchte bereits im Jahr 2011 in der Lage sein, in Europa, den USA und Japan insgesamt mehr als eine halbe Mio. Elektroautos zu fertigen. Mit dem Projektpartner Better Place testen sie das Konzept der auswechselbaren Akkus anstelle des langwierigen Aufladeprozesses an der Steckdose. Daimler ist dagegen seit 2009 am US-Elektroautohersteller Tesla beteiligt und hat im März 2010 eine Kooperation mit dem chinesischen Unternehmen BYD (Build Your Dreams) zur Produktion von Elektroautos in China angekündigt. Mit Hilfe von Renault sollen ab 2013 bei der Markteinführung des neuen Smart auch reine Elektro-Varianten beim Händler angeboten werden.

Insgesamt ist die Zusammenarbeit der Hersteller vor allem eine große Kostensenkungskooperation, die alle drei Beteiligten dringend gebrauchen können. Wenn die etablierten Märkte schon gesättigt sind und kaum noch Absatzsteigerungen zulassen, dann müssen wenigstens die Kosten bei Einkauf, Entwicklung und Fertigung gesenkt werden, um wieder Gewinne zu erwirtschaften. Dies ist der vorrangige Zweck der Kooperation zwischen Daimler und Renault-Nissan und könnte in den vorgestellten Bereichen - Smartplattform und kleine Motoren von Renault für Daimler, sowie leistungsstarke Diesel-Motoren von Daimler für Nissan – durch die erzielbaren Skalenerträge auch funktionieren.

Die Kooperation mit Renault reicht aber dem Vorstand bei weitem nicht aus, um Daimler wieder zurück auf die Erfolgsspur zu bringen, Kosten müssen an vielen weiteren Stellen eingespart werden. Eine entsprechende Maßnahme trifft das Kerngeschäft der Marke Mercedes, und zwar die Verlagerung der C-Klasse-Fertigung. Ab 2014 soll die wichtigste Modellreihe des Konzerns nicht mehr im Stammwerk Sindelfingen, sondern im US-Werk in Tuscaloosa, Alabama gefertigt werden. Dort sind die Produktionskosten und Wechselkursrisiken niedriger. Die Daimler-Produktion soll zunehmend in den Absatz-Regionen vor Ort stattfinden, daher wird für den europäischen Markt im Bremer Werk hergestellt, und in geringeren Stückzahlen in den CKD-Werken[50] in Südafrika und China. Auch wenn die Zustimmung der Belegschaft in Sindelfingen nur durch eine Arbeitsplatzgarantie bis 2020 erreicht werden konnte, ist für Daimler „aufgrund des starken Wettbewerbs im Segment der C-Klasse [...] eine kostenoptimale Aufstellung der Produktion für die Zukunft enorm wichtig".[51]

Eine wichtige Unterstützung und Antriebskraft bei der Konzeption und Umsetzung des rigorosen Sparkonzepts dürfte der im Februar 2010 wieder in den Daimler-Vorstand zurückgekehrte Wolfgang Bernhard sein. Der alte Weggefährte von Vorstandschef Zetsche hat sich in der Vergangenheit bereits bei Daimler, Chrysler und VW als Sanierer und Kostensenker profiliert und soll dies nun als Verantwortlicher für Produktion und Einkauf der wichtigsten Daimler Sparte Mercedes-Benz Cars erneut unter Beweis stellen.

Die Sparmaßnahmen bei Daimler kommen zwar spät, aber immerhin scheint die Zukunft für den Stern nicht mehr ganz so düster wie noch vor wenigen Monaten. Die kurzfristig erzielten Einspareffekte von rund 5 Mrd. Euro und ein wiedererstärkter Absatz hat Daimler zurück in die Gewinnzone manövriert. Die Pkw-Sparte Mercedes-Benz Cars hat im ersten Quartal 2010 einen Gewinn von 800 Mio. Euro erzielt und das Gewinnziel (Ergebnis vor Zinsen und Steuern) für das Gesamtjahr 2010 wurde deutlich nach oben korrigiert, auf 2,5 bis 3 Mrd. Euro. Und auch die zweitgrößte Sparte, Daimler Trucks, schaffte die Wende und erwirtschaftete im ersten Quartal einen Gewinn von 130 Mio. Euro. Hier kann es nur besser werden!

Die wichtigsten Probleme des Konzerns hat Daimler-Chef Zetsche angepackt und treibt den größten Umbau seit Jahren voran. Dazu gehört auch, dass sich das Unternehmen von ungeliebten Beteiligungen, wie der an Tata Motors, mittlerweile getrennt hat und außerdem versucht, sein Markenimage zu verjüngen. Das moderne sportlich-dynamische Image möchte man nicht länger den Konkurrenten Audi und BMW überlassen, deren Kunden einen bis zu zehn Jahre jüngeren Altersdurchschnitt aufweisen. Laut einer kürzlich veröffentlichten Untersuchung rangiert die Marke Daimler in der Beliebtheit bei jungen Leuten sogar noch hinter dem Massenhersteller Ford.[52]

---

[50] Completely Knocked Down, d.h. reine Montagewerke zum Zusammenbau der gelieferten Teilsätze.
[51] FAZ: *Mercedes-Benz-Produktionschef Rainer Schmückle*, 02.04.2010.
[52] CAMA (2010): *Elektromobilität 2010 – Wahrnehmnung, Kaufpräferenzen und Preisbereitschaft potenzieller E-Fahrzeug-Kunden*.

Daimler hat eine Vielzahl von Baustellen aufgemacht und wird die nächsten Jahre einen harten Sanierungskurs fahren müssen. Doch Kosteneinsparungen alleine können Daimler nicht retten, es müssen auch attraktive Produkte auf dem Markt angeboten werden.

4.6 Gediegene Unauffälligkeit: Eine Pflaume hält Kurs

Um Ford ist es relativ ruhig geworden in letzter Zeit, der amerikanische Mutterkonzern und die deutsche Tochter in Köln haben sich weitestgehend aus den Schlagzeilen und dem Medienfokus herausgehalten und sich vielmehr intern, still und leise bemüht, wieder in die Gänge zu kommen. Zunächst wurde Ford lange Zeit noch in einem Atemzug mit General Motors und Chrysler und dem Niedergang der amerikanischen Automobilindustrie genannt. Dabei wurde in Dearborn, dem Hauptsitz von Ford, hinter den Kulissen offensichtlich fleißig geschuftet. Als einziger der ehemals als *Big Three* bezeichneten US-Hersteller musste Ford nicht Insolvenz anmelden und kam ohne direkte staatliche Hilfszahlungen über die Runden.[53]

„Das Wichtigste, was wir tun müssen, um zur Profitabilität zurückzukehren, ist eine Anpassung der Produktion an die tatsächliche Nachfrage", sagte Ford-Chef Alan Mulally bereits Ende des Jahres 2008.[54] Der branchenfremde ehemalige Boing-Manager löste 2006 Bill Ford, den Urenkel des legendären Unternehmensgründers Henry Ford, als Konzernchef ab und räumte bei Ford kräftig auf. Der Konzern litt an den gleichen Schwächen wie die anderen US-Hersteller: Verfehlte Modellpolitik, veraltete Werke mit schlechter Qualität und explodierende Gesundheits- und Pensionszahlungen für die Mitarbeiter. Jahr für Jahr sanken die Absatzzahlen und Marktanteile in den USA – das Unternehmen fiel auf dem Heimatmarkt sogar auf Platz 3, hinter Toyota! – gleichzeitig stiegen die Verluste kontinuierlich an, auf zuletzt rund 15 Mrd. US$ (2008). Mulally leitete eine harte Sanierung ein, strich rund 50.000 Stellen und legte 14 Fabriken in Nordamerika still. Zusätzlich stieß er eisern die unrentablen Tochterun-

---

[53] Ganz ohne Staatsgeld ist Ford allerdings auch nicht ausgekommen. Durch die staatlichen Abwrackprämien weltweit profitierte auch Ford von Subventionszahlungen, und er nutzt ein großzügiges Förderprogramm zur Entwicklung neuer Antriebstechnologien der US-Regierung für ihre Autobauer.
[54] Automobilwoche: *Schrumpfkur bei Ford*, 17.11.2008.

ternehmen ab. Die beiden Marken Jaguar und Land Rover wurden 2008 an den indischen Hersteller Tata für 2,3 Mrd. US$ verkauft und im März 2010 wurde der Verkauf von Volvo für 1,8 Mrd. US$ an den chinesischen Autobauer Geely bekannt gegeben. Des Weiteren wurden die Mehrheitsanteile am britischen Sportwagen Bauer Aston Martin und die 20%-Beteiligung am japanischen Hersteller Mazda verkauft.

Um Liquidität in die Kassen zu spülen hat Ford nahezu alles beliehen, was im Unternehmen von Wert war, sogar das berühmte blaue Firmenlogo. Dadurch konnte sich das Unternehmen noch kurz vor Ausbruch der Finanzkrise einen Milliardenkredit der Banken sichern und so, im Gegensatz zu GM und Chrysler, das drohende Insolvenzverfahren aus eigener Kraft abwenden. Im Jahr 2009 gelang Ford die Wende und das Unternehmen konnte erstmals seit 1995 in den USA wieder Marktanteile hinzu gewinnen und am Ende des Jahres sogar seit langer Zeit schwarze Zahlen in der Bilanz ausweisen. Dabei musste zwar auch Ford der Weltwirtschaftskrise und der Kaufzurückhaltung der amerikanischen Käufer Tribut zollen und einen Umsatzrückgang von 20% hinnehmen, aber durch die massiven Kostensenkungsmaßnahmen blieb letztendlich ein Nettogewinn von 2,7 Mrd. US$ stehen. An diesem Erfolg ließ Ford auch die (verbliebene) Belegschaft durch Auszahlung einer Gewinnbeteiligung teilhaben, stellt mittlerweile in den USA sogar wieder neue Mitarbeiter ein, und hat in Europa betriebsbedingte Kündigungen für das Jahr 2010 ausgeschlossen.

Die Sanierungsstrategie scheint somit fürs Erste aufgegangen zu sein. Allerdings ist das Unternehmen noch lange nicht über den Berg, der Schuldenstand ist nach wie vor enorm hoch und der Absatz niedrig. Das Kerngeschäft, die Automobilproduktion, war auch 2009 noch defizitär und der Gewinn wurde nur durch die Finanzsparte erwirtschaftet. Es ist daher nur als erstes Anzeichen der Besserung zu sehen, dass Ford das Krisenjahr 2009 erfolgreich abgeschlossen hat, vor allem im Vergleich zu den amerikanischen Wettbewerbern Chrysler und GM.

Das Konzept, das Unternehmen gesund zu schrumpfen, wurde bei Ford auch auf die eigene Modellpolitik angewendet, denn mit den überdimensionierten PS-Monstern und Spritschluckern können auch in den USA immer weniger Kunden angelockt werden. Die Amerikaner entdecken den Kleinwagen und die US-Hersteller entdecken, dass sie mal wieder einen Trend verschlafen haben. Konzernchef Mulally, der vor seinem Amtsantritt bei Ford einen Toyota fuhr, nahm sich ein Beispiel an der asiatischen Konkurrenz und setzt vermehrt auf sparsame Kleinwagen und Mittelklassemodelle. Dabei greift Ford dankbar auf die Dienste seiner europäischen Tochter zurück, die über große Erfahrung in diesem Bereich verfügt. Für den wachsenden Kleinwagenmarkt hat Ford kurzerhand den Fiesta aus Europa über den Atlantik geholt, ähnlich wie General Motors jetzt auf den Opel Corsa setzt und Chrysler auf den 500er des neuen Kooperationspartners Fiat hofft.

Aufgrund der vorhandenen Erfahrung und dem hohen technischen Know-how im Kleinwagenbereich, wurde in der Europa-Zentrale in Köln auch der neue Ford Focus III entwickelt und designt, der im Januar 2010 auf der Automesse in Detroit erstmals vorgestellt wurde und ab Ende des Jahres als neues Weltauto des Konzerns vom Band laufen soll. Die Markteinführung ist für Anfang 2011 zeitgleich in Europa und Nordamerika geplant, soll anschließend in Asien, Afrika und Südamerika folgen, und bis 2012 soll sich der von deutschen Ingenieuren entwickelte neue Focus in 122 Ländern weitgehend unverändert wieder finden. Anstatt für jede Region einzeln Fahrzeuge zu entwickeln, setzt Ford nun auf das von Konzernchef Alan Mulally *One Ford* getaufte Grundprinzip, weltweit mit einer global einheitlichen Fahrzeugarchitektur aufzutreten. Der Entwicklungsstandort Köln-Merkenich spielt dabei als "Center of Excellence" für die Pkw-Entwicklung eine Schlüsselrolle, die Kompetenz und Hartnäckigkeit von Deutschlandchef Bernhard Mattes haben sich also ausgezahlt. Anders als GM (Detroit), weiß Ford offensichtlich (Dearborn), was es an seiner deutschen Tochter als Technologieführer hat. Ein Großteil der weltweiten Fahrzeug-Entwicklung konzentriert sich hier. Auf der neuen C-Segment-Plattform des Focus III will Ford anschließend insgesamt zehn verschiedene Modell-Ableger aufstellen, die künftig 80% Gleichteile aufweisen sollen. Die Kostenstrukturen können dadurch erheblich gesenkt werden, die Risiken sollten spätestens seit Toyotas Gaspedal bekannt sein. Umso wichtiger ist es für Ford, dass bereits bei der Entwicklung der Modelle die Qualitätssicherung auf dem hohen deutschen Niveau erfolgt.

Aber nicht nur das deutsche Entwicklungszentrum von Ford profitiert von der neuen Konzernstrategie und dem Trend zu kleinen sparsamen Autos. Das Unternehmen hält fest an seiner deutschen Tradition, die Fertigung des neuen Focus III wird am Produktionsstandort Deutschland, im Werk Saarlouis, stattfinden. Die deutsche Ford-Tochter hat seit ihren Anfängen 1925 in Berlin mehr als 40 Mio. Autos gefertigt und betreibt heute als Ford-Werke GmbH Standorte in Köln, Saarlouis sowie Genk und Lommel in Belgien, mit insgesamt rund 29.000 Mitarbeitern. Somit kann Ford bis heute zu Recht als einer der bedeutendsten Automobilhersteller Deutschlands gezählt werden, zumal der Konzern auch langfristig Investitionen in die Produktion von sparsamen Motoren und Fahrzeugen am Standort Deutschland investieren möchte. In Deutschland konnte Ford im Jahr 2009 aufgrund der Abwrackprämie seinen Absatz um mehr als 30%

steigern und in Westeuropa hält sich Ford seit Jahren mit einem Marktanteil um 11% konstant auf Rang drei, hinter Volkswagen und dem PSA-Konzern.

Den größten Erfolg konnte das Unternehmen im Februar 2010 auf dem amerikanischen Heimatmarkt verbuchen, als Ford erstmals seit Jahrzehnten mehr Autos verkaufte als die ewige Nummer 1 GM. Noch im Jahr 2008 war Ford sogar hinter Toyota auf Platz 3 abgerutscht, mit der umgekrempelten Modellpalette und den Pannen bei der Konkurrenz gelang nun die Umkehr auf den Weg nach oben. Der Erfolg gibt der neuen Ford-Strategie der sparsameren Pkw aus dem europäischen Programm und Kostenersparnis durch weltweit einheitliche Modelle bisher Recht. Jedoch ist der Erfolg noch mit Vorsicht zu genießen, der Finanzchef warnt daher vor Übermut – bei dem *Struggle for Life*, der gerade in der Branche herrscht, ist kein Erfolg genug, und keine Weiterentwicklung zu viel.

4.7 Ausgebeutet und verschachert: Die Rüsselsheimer Tragödie

„Die Mutter aller Fragen ist die Entwicklung bei der Mutter."

Rainer Brüderle[55]

Unter allen deutschen Automobilherstellern ist Opel eindeutig der schwächste. Zum Leben zu klein, zum Sterben zu groß! Und das, obwohl die urdeutsche Marke durchaus mit einem passablen Preis-Leistungsverhältnis aufwarten kann. Das Image der Marke ist aber über Jahrzehnte heruntergewirtschaftet worden und wird heute als bieder bis stinklangweilig empfunden! Eigentlich steht Opel aus Kundensicht für nichts, für die Mitarbeiter dagegen für alles, denn die „leben Opel". Die Zeiten, in denen sich junge Männer in einem getunten Manta mit blonder Begleitung wie James Dean fühlen konnten, sind lange dahin. Zertrümmert durch preiswertere und attraktivere japanische und koreanische Produktof-

---

[55] Vgl. Bundeswirtschaftsminister zu Gesprächen über deutsche Milliardenhilfe für GM-Tochter Opel, Automobilwoche Nr. 9 vom 19.4.2010, S.23

fensiven mit fernöstlichem/exotischem Flair. Und diesem ganzen Treiben sah die Konzernmutter General Motors in Detroit tatenlos zu. Selbst der bei BMW freigesetzte Vorstand Carl-Peter Forster konnte das Blatt nicht mehr wenden, obwohl er zum Wiedererstarken der Marke Opel sehr viel Positives bewirkt hat. Doch er kam zu spät! Der enorme Verschleiß an Vorstandsvorsitzenden bzw. Geschäftsführern bei Opel ist durchaus beachtlich und ein eindeutiges Indiz für das Fehlen einer auf Langfristigkeit ausgerichteten Strategie, bei Opel, bzw. in Detroit. Nur Edward Zdunek war als erster Opel-Chef nach dem zweiten Weltkrieg zwölf Jahre lang an der Spitze, danach betrug die durchschnittliche Verweildauer seiner mittlerweile 15 Nachfolger nur noch durchschnittlich drei Jahre.[56]

Der Mutterkonzern General Motors ist der Dinosaurier in der Evolution der Automobilindustrie Allerdings steht noch nicht fest, ob GM das gleiche Ende droht wie den Riesenechsen vor 65 Mio. Jahren. Die Größe und Behäbigkeit des Konzerns legen jedenfalls ebenso wie die Statur vieler GM-Fahrzeuge der letzten Jahre den Dinosaurier-Vergleich nahe. Mit den großmotorigen Pickups, Vans und SUVs á la Hummer, produzierte GM zuletzt vielfach an den Kundenwünschen und Marktgegebenheiten vorbei und rutschte unweigerlich ins wirtschaftliche Aus. Im Jahr 2007 erlitt General Motors mit 38,7 Mrd. US$ den größten Verlust seiner Geschichte und mit Ausbruch der Finanzkrise Ende 2008 verschlechterte sich die Lage so weit, dass der Konzern nach hundert Jahren Firmengeschichte am 1. Juni 2009 Insolvenz anmeldete.[57]

Die europäische Unternehmenstochter Opel (mit der Schwestermarke Vauxhall) wurde noch kurz vorher rechtlich verselbständigt, um mit Staatsbürgschaften in Höhe von 1,5 Mrd. Euro aus Deutschland und anderen europäischen Ländern am Leben gehalten zu werden. Der anschließend geplante Opel-Verkauf an das Konsortium aus dem österreichisch-kanadischen Automobilzulieferer Magna und der russischen Sberbank, das sich gegen den italienischen Fiat-Konzern, den Finanzinvestor Ripplewood und den chinesischen BAIC-Konzern als Mitbewerber durchsetzen konnte, platzte jedoch, als sich der Verwaltungsrat von GM Anfang November 2009 relativ überraschend dafür entschied, an der europäischen Tochter festzuhalten. Der deutsche Staat, als wichtigster Treuhänder, hatte den Opel-Verkauf an Magna favorisiert, obwohl die beiden von Bund und Ländern in den Opel-Treuhandbeirat entsandten Vertreter – der ehemalige

---

[56] Siehe Auflistung der Vorsitzenden bei Opel seit 1948 im Anhang 2.
[57] Laut Insolvenzanmeldung hatte GM zum Stichtag ein Vermögen von 82,3 Mrd. US$ und Schulden von 172,8 Mrd. US$.

4.7 Ausgebeutet und verschachert: Die Rüsselsheimer Tragödie 103

Conti-Vorstandschef Manfred Wennemer und FDP-Politiker Dirk Pfeil – den Verkauf deutlich kritisiert hatten. Beide warnten, dass der Rüsselsheimer Autohersteller allein zu klein sei, um am Markt zu bestehen, daher bald wieder die Insolvenz drohen könnte, und dass der größte Teil des finanziellen Risikos dabei beim Steuerzahler liege.

Nachdem die Konzernmutter GM die Insolvenz überraschend schnell bereits nach 40 Tagen abgeschlossen hatte und mehrheitlich verstaatlicht wurde (61% der Aktien übernahmen die USA, 12% Kanada, 17,5% Automobilarbeitergewerkschaft UAW und 10% Streubesitz an Gläubiger), kam es im Verwaltungsrat zu einer grundlegenden Kontroverse über die weitere Konzernstrategie. Dabei konnte sich schließlich Verwaltungsratschef Whitacre mit seiner Vorstellung durchsetzen, dass Opel für die globale GM-Strategie als Brückenkopf nach Europa und mit der hohen Entwicklungskompetenz im Kleinwagenbereich zu wichtig sei und nicht abgegeben werden solle.

Der schon beschlossene Opel-Verkauf wurde daher wieder aufgehoben und der ehemalige AT&T-Manager Whitacre löste den erfolglosen Fritz Henderson nach nur einem halben Jahr als Konzernchef ab. Ähnlich wie bei Ford führt nun auch bei GM ein branchenfremder Sanierer die Geschäfte an und erste kleine Erfolge zeigen sich bereits. Mit der Aussicht auf ein gut laufendes erstes Quartal 2009 kündigte GM bereits an, die noch ausstehenden Schulden bei der US-Regierung (4,7 Mrd. US$) früher als geplant zurückzahlen zu wollen. Bei Opel hat General Motors die staatlichen Beihilfen nach dem geplatzten Verkauf an Magna noch im November 2009 zurückgezahlt, die Opel Treuhandgesellschaft wurde aufgelöst und ihr 65-prozentiger Anteil an der Adam Opel GmbH an GM zurück übertragen.

Bezüglich der Opel-Zukunft ist allerdings fraglich, ob es eine gute Idee der GM-Führung war, zunächst großspurig zu verkünden, die europäische Tochter Opel selbst sanieren zu wollen, und kurz darauf von den europäischen Ländern Staatshilfen in Milliardenhöhe einzufordern. Es ist aber durchaus beispielhaft für das Chaos, das in Detroit und Rüsselsheim herrscht, alles wirkt unkoordiniert und sprunghaft.

Die Regierungen lehnten die Unterstützung zunächst etwas brüskiert ab, bevor GM im März 2010 sein Angebot nachbesserte; statt der ursprünglich geplanten 600 Mio. Euro wird GM nun 1,9 Mrd. Euro zur Opel-Sanierung beitragen. Gleichzeitig stiegen die veranschlagten Kosten für das Sanierungsprogramm aber von 3,3 auf 3,7 Mio. Euro an. Die europäischen Regierungen müssten daher einen Anteil in Höhe 1,8 Mrd. Euro beisteuern. Da sich aber vor allem die deutsche Bundesregierung (im Gegensatz zu den Landesregierungen in Hessen, Nordrhein-Westfalen, Rheinland-Pfalz und Thüringen) noch weigert, versucht Opel-Chef Reilly eine mögliche Fertigung des neuen Elektroautos Ampera am Standort Bochum als Lockmittel einzusetzen. Auch das Werk im englischen Ellesmere Port wurde von Opel als Ampera-Standort ins Gespräch gebracht, um englische Staathilfen zu sichern. Vermutlich wird der Opel Ampera aber überhaupt nicht in Europa produziert, sondern gemeinsam mit dem baugleichen Chevrolet Volt im US-Werk in Hamtramck (Michigan), wo die Fertigung Elektroauto bereits begonnen hat. Nachdem GM jedoch erstmals seit drei Jahren ein Quartal mit Gewinn abgeschlossen hat – 865 Mio. US$ im ersten Quartal 2010 – dürfte es keine deutschen Staatshilfen für Opel geben. GM steigerte seinen Umsatz um 40% gegenüber dem Vorjahresquartal und lieferte weltweit etwa zwei Mio. Neuwagen aus, ein Anstieg um fast 400.00 Fahrzeuge. GMs Marktanteil in den USA beträgt 18,4%, weltweit beläuft er sich auf 11,2%. In Europa fährt GM mit seinen Töchtern Opel und Vauxhall weiterhin Verluste ein, im ersten Quartal 2010 rund 500 Mio. US$.

Im Rahmen des Restrukturierungsplans von Opel steht bisher lediglich fest, dass als einziger Standort das belgische Werk in Antwerpen mit 2.300 Mitarbeitern spätestens bis Jahresende 2010 geschlossen werden soll, wenn sich kein externer Investor zur Fortführung des Produktionsstandortes findet. Insgesamt sollen bei Opel/Vauxhall europaweit 8.000 der 48.000 Stellen wegfallen und die Fertigungskapazitäten um 20% abgebaut werden.

Weltweit sollen bei GM über 35.000 Mitarbeiter abgebaut und unrentable Konzernmarken, soweit noch nicht geschehen, verkauft oder eingestellt werden.

- Die ur-amerikanische Marke Pontiac wurde bereits zum Jahresende 2009 ersatzlos eingestellt.
- Bei Hummer – dem Vorzeigebild des amerikanischen Größenwahns im Automobilbau und *Gas-Guzzler* par Excellence – wurde nach gescheiterten Verkaufsverhandlungen an einen chinesischen Industriekonzern die Produktion ab März 2010 ebenfalls ersatzlos eingestellt.
- Die Marke Saturn soll bis Oktober 2010 gestrichen werden, bereits seit Oktober 2009 werden keine neuen Saturn-Modelle mehr produziert.
- Die schwedische Tochtermarke Saab wurde Ende Februar 2010 an den niederländischen Autohersteller Spyker Cars verkauft.

In Nordamerika will sich GM somit auf die Kernmarken GMC, Buick, Cadillac und Chevrolet konzentrieren und in Europa auf Opel und Vauxhall. Der chinesische Markt, der Wachstumsmotor der Automobilindustrie wird auch in Zukunft ausschließlich dem Mutterkonzern mit seinen lokalen Joint Ventures vorbehalten bleiben. Insgesamt 1,8 Mio. Fahrzeuge der Marken Buick, Chevrolet und Wuling konnte GM im Jahr 2009 in China verkaufen, der Zuwachs lag mit 67% noch über dem Gesamtmarkt. Für Opel bleibt dieser Markt zunächst verschlossen, die Marke soll sich neben dem Kerngebiet Westeuropa vor allem in Osteuropa etablieren. Insbesondere die 2009 herrschende Nachfrageschwäche auf den osteuropäischen Märkten wird bei Opel als Grund für die aktuellen Unternehmensverluste angeführt. Allein im vierten Quartal 2009 meldete die Europa-Tochter von GM 814 Mio. US$ Verlust vor Zinsen und Steuern. In Deutschland konnte Opel seinen Absatz dank der Abwrackprämie und trotz des Übernahmetheaters mit Magna und der drohenden Pleitegefahr um mehr als 30% steigern und lag mit 340.000 verkauften Pkw hinter Volkswagen auf Platz 2. Dies kann aber nicht darüber hinwegtäuschen, dass sich Opel bereits seit langem auf dem absteigenden Ast befindet, der Marktanteil von Opel hat sich in Deutschland seit Mitte der neunziger Jahre kontinuierlich reduziert und lag im Jahr 2008 mit 8,4% nur noch halb so hoch wie 1995 (17%). Für Westeuropa zeigt sich ein ähnliches Bild, der Opel-Absatz sank innerhalb von zehn Jahren von 1,5 Mio. Einheiten beständig und hat im Jahr 2009 gerade noch die 1-Mio.-Grenze erreicht.

Eine Besserung der Lage ist momentan noch nicht in Sichtweite, auch wenn die Produkte aus Rüsselsheim und Co. von zunehmend guter Qualität und Technik sind. Die Absätze im gesättigten europäischen Markt werden nicht ansteigen und der russische Markt wird dies als alleiniger Heilbringer auch nicht ändern können. Selbst wenn Opel seine Verkaufszahlen wieder stabilisieren oder leicht ausbauen könnte, wären die Stückzahlen zu niedrig, um mit der Konkurrenz mithalten zu können.

Daher will der Mutterkonzern mit einer neuen, globalen Entwicklungsstrategie einen ähnlichen Weg einschlagen wie Ford mit dem *One-Ford*-Konzept. Die Produktentwicklung, die bisher auf vier regionalen Zentren beruhte, will GM nun durch ein einheitliches globales Produktentwicklungssystem ersetzen, weltweit soll dieselbe Technik eingesetzt und das gleiche Auto gebaut werden, als Voraussetzung für große Synergieeffekte. Auch bei GM kommt dem europäischen Entwicklungszentrum Rüsselsheim eine entscheidende Bedeutung zu. Laut dem neuen Opel Chef Reilly sei es zum einen das Herzstück der Marke Opel und diene zum anderen als Ideenlieferant für Architekturen und Komponenten von GM weltweit.

Ob die Umsetzung dieser Strategie im GM-Konzern gelingen kann, bleibt fraglich, zu oft wurde in der Vergangenheit der Kurs gewechselt oder die Realität nicht wahrgenommen. Zuletzt räumte Finanzchef Chris Liddell bei der Vorstellung der Unternehmenszahlen im Frühjahr 2010 ein, dass GM im zweiten Halbjahr 2009 noch einmal 4,3 Mrd. US$ Verlust gemacht habe, allerdings müsse man nur „die 2,6 Mrd. US$ für Pensionsverpflichtungen und die 1,3 Mrd. US$ durch Währungsschwankungen abziehen", dann sei man zwar immer noch im Minus, aber immerhin „dem Breakeven schon recht nahe."[58] Auch der 500 Mio. US$ Verlust in Europa wird mit 300 Mio. US$ Sanierungsgeld beschönigt.

Im ersten Quartal 2010 scheint die Rechnung für GM allerdings aufgegangen zu sein, erstmals seit drei Jahren konnte der Konzern einen Quartalsgewinn ausweisen. Der Umsatz von GM stieg in den ersten drei Monaten des Jahres um gut 40% gegenüber dem Vorjahresquartal an, auf 31 Mrd. US$ und unterm Strich blieb ein Gewinn von 865 Mio. US$ übrig. Weltweit lieferte GM in diesem ersten Quartal rund 2 Mio. Neuwagen aus, das waren 400.000 Fahrzeuge mehr als ein Jahr zuvor.

Das Europageschäft von GM, das nach dem Saab-Verkauf nur noch aus Opel und Vauxhall besteht, war allerdings immer noch defizitär. Im ersten Quartal 2010 fiel hier ein Verlust in Höhe von 500 Mio. US$ an, was von Opel-Chef Nick Reilly schon als eine Verbesserung gegenüber den 800 Mio. US$ Verlust im Vorquartal gewertet wurde. Der Verlust von Opel dient natürlich auch weiterhin dazu, Staatshilfe für den angeschlagenen Autobauer einzufordern. Thüringen hat als erstes Bundesland mit Opel-Werk Ende Mai 2010 eine Bürgschaft zugesagt, allerdings nur über 27 Mio. Euro. Den Hauptteil der beantragten Bürgschaften über 1,3 Mrd. Euro soll der Bund übernehmen (46%), gefolgt von den Opel-Ländern Hessen, NRW, Rheinland-Pfalz und Thüringen. Die Bundesregierung lehnt eine finanzielle Hilfe für Opel derzeit ab, da sie die amerikanische Mutter in erster Linie in Verantwortung sieht, Opel zu helfen. Zumal wenn es GM gelingt, wieder aus den roten Zahlen herauszukommen und Gewinn zu schreiben. Danach sieht es bei der deutschen Staatskasse auf absehbare Zeit erst einmal nicht aus.

Solange der Mutter-Dinosaurier sich die Situation nach dem Meteoriteneinschlag aber weiterhin schön redet und auf Hilfe von außen wartet, muss auch die Dino-Tochter nach wie vor Angst vor dem Aussterben haben! Es liegt einzig und allein an der Mutter, wie es mit Opel weitergeht. Die Bundesregierung war gut beraten, im Falle von Opel keine Wettbe-

---

[58] FTD: *GMs voreilige Versprechen*, 12.04.2010.

werb verzerrenden Subventionen vorzunehmen, vor allem nicht solange GM Gewinn erwirtschaftet. Denn „wer die schöpferische Zerstörung nicht zulässt, der schafft unwirtschaftliche Strukturen!"[59]

4.8 Übermut tut selten gut: Ein Sportwagenbauer fliegt aus der Bahn!

„Das Glück ist eine harte Nuss, die schwer zu knacken ist!"

Ian McEwan[60]

Der Porsche-Konzern galt bis vor kurzem als Paradebeispiel dafür, wie ein Unternehmen in einer kleinen Nische nicht nur exzellent überleben, sondern auch noch ordentliche Gewinne erwirtschaften kann. Unter der Leitung von Wendelin Wiedeking hat sich der Sportwagenspezialist seit 1992 dank effizienter Produktionsmethoden, einer klaren Markenführung und innovativer Modelle in rasantem Tempo zu einem der erfolgreichsten und profitabelsten Automobilhersteller der Welt entwickelt.

Porsche sei ein Modell für Deutschland, hat der ehemalige Bundeskanzler Gerhard Schröder einst gesagt – und dabei nicht nur an die Ingenieurskunst gedacht, für die das Unternehmen steht. Er hat auch die David-Methoden gemeint, mit denen sich Porsche als kleiner Automobilhersteller sechzig Jahre lang unter den Großen behauptet hat. In die Rolle des modernen Davids schlüpfte Porsche vor allem bei dem Versuch den 15-mal größeren Volkswagen-Konzern zu übernehmen. Im Gegensatz zu der Geschichte aus der Bibel war das Ende in dieser aktuellen Version ein anderes, denn schließlich siegte Goliath (VW) über David (Porsche).

Zunächst schien Porsche alles richtig gemacht zu haben, vier Jahre lang bereitete das Team Wiedeking und Härter die Übernahme des Volkswagen-Konzerns vor. Zunächst übernahm Porsche im Herbst 2005 19% der VW-Stammaktien mit der Begründung, die Unabhängigkeit der Wolfsburger, die von vielen als Übernahmekandidat angesehen wurden, sicherzu-

---

[59] Joachim Starbatty, Prof. für Wirtschaftsgeschichte an der Uni Tübingens.
[60] Britischer Schriftsteller, Zitat aus seinem Roman *Saturday*.

stellen. Dieser von Wiedeking als „deutsche Lösung" gepriesener Einstieg bei VW geschah auch aus Eigeninteresse, da Porsche und VW schon lange eng verflochten waren, und Porsche von der gemeinsamen Entwicklung und Gleichteilestrategie mit dem Volumenhersteller VW profitierte. So konnte beispielsweise Porsche im Jahr 2002 sein SUV-Modell Cayenne auf den Markt bringen, das auf der gleichen Plattform beruht wie der VW-Touareg und der Audi Q7. Die Fahrwerk-, Elektrik- und Karosserieauteile der Fahrzeuge sind weitestgehend identisch, außerdem kommt eine Vielzahl an Kleinteilen aus dem Repertoire des Volkswagen-Konzerns zum Einsatz. Die hohen Entwicklungskosten für ein komplett neu entwickeltes SUV-Modell hätte Porsche im Alleingang nur schwer stemmen können – der Cayenne hätte sich vermutlich nicht als Erfolgsmodell mit 30.000 bis 40.000 verkauften Einheiten pro Jahr für Porsche etablieren können.

Der Einstieg von Porsche bei VW als zweiter Großaktionär neben dem Land Niedersachsen schien daher plausibel und wurde gegenüber der drohenden Alternative – dem Einstieg eines Hedgefonds bei VW – von allen Seiten mehrheitlich begrüßt.

Skepsis gegenüber den friedlichen Absichten von Porsche kam erstmals auf, als sich Wiedeking im Jahr 2007 für die Abschaffung des umstrittenen VW-Gesetzes einsetzte. Dieses Gesetz sichert dem Land Niedersachsen durch die Beschränkung des Stimmanteils eines Aktionärs auf maximal 20%, auch wenn er mehr Anteile besitzt, ein Vetorecht in allen wichtigen Entscheidungen bei VW, Eine Machtübernahme bei VW war nach diesem Gesetz nicht möglich. Kurz bevor der Europäische Gerichtshof im Herbst 2008 das VW-Gesetz für rechtswidrig erklärte, zeigte Porsche seine wahre Absicht bei Volkswagen. Der kleine Sportwagenbauer aus Zuffenhausen erhöhte seinen Aktienanteil an VW auf 35%, wodurch VW de facto zu einem Tochterunternehmen von Porsche wurde.

Dank guten Geschäftsergebnissen konnte Porsche den Aktienaufkauf leicht bewerkstelligen. Bis Mitte 2008 verzeichnete Porsche Rekordwerte bei Absatz, Umsatz und Konzernergebnis. Vor allem durch Optionsgeschäfte und spekulative Finanzprodukte erwirtschaftete der kleine Konzern im Geschäftsjahr 2007/2008 mit 8,57 Mrd. Euro ein Ergebnis vor Steuern, das sogar größer war als sein Umsatz von 7,47 Mrd. Euro. Ein einmaliges Ereignis in der deutschen Wirtschaft!

Konzernchef Wiedeking kündigte daraufhin an, den Anteil an VW auf 75% ausbauen zu wollen. Porsche stockte seine VW-Aktien zunächst auf 43% auf und kaufte Optionen über weitere 32%, mit denen die Komplettübernahme von VW im Laufe des Jahres 2009 ermöglicht werden sollte.

4.8 Übermut tut selten gut: Ein Sportwagenbauer fliegt aus der Bahn!

Diese Options- und Spekulationsgeschäfte verursachten heftige Kursturbulenzen der VW-Aktie mit zwischenzeitlichen Höchstpreisen von bis zu 1.000 Euro im Oktober 2008. Damit war VW der weltweit teuerste Autobauer, deutlich höher bewertet als Toyota. Von diesen überhöhten Kursen der VW-Aktie profitierte zunächst vor allem Porsche mit seinen raffinierten Optionskonstruktionen, die ihnen das nötige Geld in die Kassen spülten. An der Genialität der Finanzkonstruktionen des Finanzvorstands Härter hegen sich allerdings inzwischen vermehrt Zweifel, mittlerweile ermittelt die Justiz gegen die Herren Wiedeking und Härter wegen Verdachts auf Kursmanipulation und Insiderhandel.

Mit Ausbruch der Finanzkrise platzten dann ab Ende 2008 sehr schnell die hochtrabenden Träume von Porsche. Nicht nur die VW-Übernahme geriet in Gefahr, sondern durch die hoch spekulativen Finanzkonzepte und den plötzlich weg gebrochenen Kreditzugang musste Porsche nun um das eigene Überleben kämpfen. Auch der ursprüngliche Plan auf die VW-Kasse zugreifen zu können, um damit die Übernahme finanzieren zu können, scheiterte aufgrund der Aufrechterhaltung des VW-Gesetzes durch die EU-Kommission.

Im Mai 2009 war offiziell klar, dass Porsche sich bei dem Versuch, VW zu kaufen, verhoben hat und sogar selbst auf externe Hilfe angewiesen war, um seine Kredite zurückzuzahlen. Der Geschäftsbericht 2008/09 sah entsprechend düster aus. Während ein Jahr zuvor noch Rekordwerte erzielt wurden, sanken die Zahlen bis Juli 2009 auf Tiefstwerte. Der Absatz der Porsche AG brach um 24% ein, die Produktion sogar um 27%. Die stärksten Einbußen verzeichnete Porsche auf dem wichtigen US-Markt, dort wurden 30% weniger Autos abgesetzt. Das Ergebnis vor Steuern sank auf Minus 4,4 Mrd. Euro. Der Porsche-Vorsitzende Wiedeking und sein Finanzvorstand Härter mussten ihr Scheitern eingestehen und traten am 23. Juli zurück. Daraufhin war für Porsche der Weg frei, sich von VW retten zu lassen und das Emirat Katar[61] als externen Investor aufzunehmen.

Im Dezember 2009 erwirbt die Volkswagen AG schließlich für 3,9 Mrd. Euro eine 49,9-prozentige Beteiligung an der Porsche AG. Bis zum Jahr 2011 soll Porsche entschuldet sein, eine Komplettübernahme stattfinden und Porsche als zehnte Marke in das Unternehmen der Volkswagen AG eingegliedert werden. Wie Porsche im Detail in den großen VW-Konzern integriert werden soll, ist bisher noch unklar. Es steht fest, dass

---

[61] Die staatlich kontrollierte Katar Investment Authority hält 10% an Porsche und einen Sitz im Aufsichtsrat. Zudem übernahm das Emirat VW-Optionen von Porsche und übte sie aus, wodurch Katar nun 17% an VW hält.

Porsche als zehnte Marke noch stärker als bisher in die Plattform- und Modulstrategie des Mutterkonzerns eingebunden wird. Bis Ende 2010 soll entschieden werden, was weiterhin bei Porsche entwickelt und gefertigt wird. Ein Porsche wird in Zukunft nicht mehr zwangsläufig in einem Porsche-Werk produziert werden, wenn er auf der gleichen Plattform bzw. den gleichen Modulen aufgebaut ist wie seine Schwestermarken von Audi, Seat, VW und Skoda. Der Porsche Cayenne aus dem VW-Werk in Bratislava hat dies bereits gezeigt.

Am Ende der Geschichte schluckt also der große Volkswagen-Konzern den kleinen Sportwagenhersteller. Und die Moral aus der Geschichte? Hochmut kommt vor dem Fall!

Speziell während der weltweiten Wirtschaftskrise hat sich bewiesen, dass Porsche lediglich eine Spielerei in der Evolution der Automobilindustrie ist, die nur in ihrer kleinen Nische eine Daseinsberechtigung hat. Denn eines ist klar: Niemand braucht wirklich ein Auto, bei dem allein die Keramikbremsen mit einem Preis über 8.000 Euro teurer sind als der Neuwagenpreis für so manchen hierzulande erhältlichen Kleinwagen. Die dramatischen Absatzeinbrüche in den USA haben dies eindrucksvoll bewiesen. Nachdem sich die angloamerikanische Finanzindustrie dramatisch verspekuliert hatte, kauften die (ehemaligen) Investmentbanker in Manhattan keine 911er, Boxster und Cayenne mehr, und Porsche war plötzlich fast ebenso überschuldet wie Lehmann-Brothers. Wiedeking und Härter hatten sich dramatisch verspekuliert, und Porsche konnte sich nur noch unter den Schutzschirm von VW retten, unter Aufgabe der Eigenständigkeit. In Zukunft wird Porsche als zehnte Marke im Volkswagen-Konzern geführt werden. Die große Herausforderung wird es dabei sein, den Mythos Porsche aufrecht zu erhalten, wegen dem die Käufer bisher bereit waren einen erheblichen Preisaufschlag zu zahlen.

5 Zehn Gründe, warum die deutsche Automobilindustrie überleben kann

5.1 Vor dem Boom: Absehbare Auflösung des Krisenstaus

Als im Krisenjahr 2009 nahezu alle großen Autobauer und Zulieferunternehmen ihre Produktion stark kürzen und Mitarbeiter nach Hause schicken mussten, sahen viele bereits den Niedergang der Automobilindustrie gekommen. Obwohl einzelne Unternehmen tatsächlich vor dem Aus standen und teilweise auch in Insolvenz gehen mussten, sieht die Lage für die gesamte Branche im Frühjahr 2010 schon wieder erheblich positiver aus. Weltweit erlebt die Branche eine teilweise boomartige Belebung des Pkw-Markts, wie sie der Autor in Deutschland bereits schon einmal nach der ersten Ölkrise 1973/74 erlebt hat. Die Unternehmen melden stark angestiegene Auftragseingänge aus allen Regionen und müssen ihre Produktion wieder deutlich hochfahren, um die zuvor leer geräumten Lager aufzufüllen. Besonders begünstigt davon sind die Premiumhersteller Audi, BMW und Daimler, die vor allem von einem regelrechten Nachfrageschub aus China profitieren.

Der drastische Markteinbruch ab Beginn der Finanzkrise im Herbst 2008 bis Frühjahr 2009 hatte zu einem erheblichen Nachfragestau auf dem Pkw-Markt geführt, der nun erwartungsgemäß wieder abgebaut wird – die Menschen wollen natürlich auf Dauer nicht zu Fuß laufen! Es zeigt sich weltweit eine nachhaltige Markterholung, mit besonders hoher Dynamik auf den asiatischen Wachstumsmärkten, allen voran China. Aber auch aus den westlichen Industrieländern kommen starke Impulse für eine rasche Markterholung. So steigt in Deutschland insbesondere die gewerbliche Nachfrage nach Fahrzeugen wieder deutlich an, die im Jahr 2009 konjunkturell bedingt weg gebrochen war. Hier steht dabei vor allem das Premiumgeschäft im Brennpunkt, bei dem die letztjährig staatlichen Kaufanreize der Abwrackprämie keine Auswirkungen hatten und das jetzt im Vergleich zu den miserablen Verkaufszahlen des Jahres 2009 wieder kräftige Zuwächse verzeichnen kann (Basiseffekt).

In Westeuropa werden die Neuzulassungen im Jahr 2010 voraussichtlich nur das Vorjahresniveau halten, aber (noch) nicht stark zulegen können. Doch allein das ist ein großer Erfolg und zeigt den deutlichen Aufwärtstrend in der Branche, denn das eigentliche Nachfrageniveau wurde im Jahr 2009 in wichtigen europäischen Volumenmärkten durch die Effekte der staatlichen Förderprogramme stark verzerrt und somit künstlich überhöht.

Bekanntermaßen beschloss eine Vielzahl westlicher Industrieländer im Rahmen der staatlichen Konjunkturmaßnahmen die Subventionierung von Neuwagenkäufen, um die Krise in der Automobilindustrie abzumildern. Diese staatlichen Verschrottungsprämien sollten für die Besitzer alter Fahrzeuge einen Anreiz zum Neuwagenkauf bieten und somit tatsächliche Zusatz-Nachfrage schaffen, da die Zielgruppe dieser Prämienzahlungen normalerweise keine Neuwagenkäufer sind. Reine Mitnahme- und Vorzieh-Effekte wurden durch ein Mindestalter der Altfahrzeuge weitestgehend verhindert. – Für die interessierten Fachleute (und Studenten mit Diplomarbeiten mit automobiler Thematik) dazu im folgenden Exkurs mehr! Die übrigen Leser mögen diesen Teil überspringen.

Exkurs: Die Abwrackprämien des Jahres 2009

a) Ausgestaltung und Wirkung

Ab Anfang des Jahres 2009 wurden solche Abwrackprämien bereits in über einem Drittel der EU-Mitgliedstaaten eingeführt, die Höhe der Prämien und die Bedingungen waren dabei sehr unterschiedlich gestaltet. Mehrheitlich wurde versucht, mit dem wirtschaftspolitischen Anreiz gleichzeitig Umweltziele zu verknüpfen, indem der Kauf energiesparenderer und damit umweltfreundlicherer Autos gefördert werden sollte. Aber nicht in allen Ländern wurden strenge Abgasnormen oder Grenzwerte für den CO_2-Ausstoß als Kriterien herangezogen. So waren beispielsweise die so genannte „Umweltprämie" in Deutschland und die „Ökoprämie" in Österreich, die beide seit Anfang des Jahres 2009 galten, nicht an den CO_2-Ausstoß gekoppelt. Ebenso in anderen europäischen Ländern (siehe Tabelle 3 und Tabelle 4).

In Deutschland erhielt man ab Mitte Januar 2009 für die Verschrottung seines mindestens neun Jahre alten Pkw 2.500 Euro und damit europaweit die höchste Prämie. Der Neuwagen musste dabei mindestens der bereits seit 2005 gültigen Euro 4-Norm entsprechen, die inzwischen von nahezu allen Neuwagen erfüllt wird und somit kein wirkliches Umweltkriterium für die Abwrackprämie darstellte. Die staatlichen Mittel für die Prämie wurden wegen der unerwartet großen Nachfrage im April 2009 von ursprünglich 1,5 Mrd. auf 5 Mrd. Euro erhöht und waren bis zum 2. September ausgeschöpft. In Österreich reichte das Kontingent von 45 Mio. Euro für die Verschrottungsprämie im Zeitraum vom 1. April bis zum 8. Juli 2009 für 30.000 Neuwagen. Für den Eintausch eines mindestens 13 Jahre alten Pkw gegen einen Neuwagen mit Euro 4 lag in Österreich die Prämie mit 1.500 Euro im europäischen Mittelfeld. Der Staat trug nur mit 50% zur Zahlung der Prämie bei, die andere Hälfte wurde von der Kfz-Branche übernommen. Auch in Großbritannien, Rumänien, den Niederlanden und der Slowakei galten keine bestimmten Umwelteigenschaften für den Neuwagen, um die staatlichen Zuschüsse zu erhalten.

Tabelle 3. Übersicht Verschrottungsprämie (Kriterium: Alter)

Land	Geltungsdauer	Prämie (€)	Staat (€)	# Pkw	Alter Pkw	Anteil*
Deutschland	14.Jan - 2.Sep 2009	2.500	5.000 Mio.	2 Mio.	> 9	100%
Österreich	1.April - 8.Juli 2009	1.500	22,5 Mio.	30.000	> 13	50%
Großbritannien	18.Mai - 28.Feb 2009	2.250	340 Mio.	300.000	> 10	50%
Rumänien	1.Feb - 31.Dez 2009	915	60 Mio.	60.000	> 10	100%
Niederlande	29.Mai 2009 - 29.Mai 2010	750 – 1.000	85 Mio.	80.000	> 9 (Benzin) >13 (Diesel)	100%
Slowakei	3. - 25.März 2009 6.Apr - 31.Dez 2009	1.000 - 1.500 1.000	55 Mio.	40.000	> 10	100%
Japan	Seit März 2009	2.200	2.700 Mio.	1.000.000	> 13	100%

Staatlicher Auszahlungsanteil der Prämie

Anders gestaltet waren die Bedingungen für die Verschrottungsprämien in den Vereinigten Staaten, Frankreich, Italien, Luxemburg, Spanien und Portugal. Dort dienten die Prämien nicht allein der Konjunkturbelebung, sondern förderten durch die Bedingung eines niedrigen CO_2-Ausstoßes zusätzlich den Klimaschutz. Die US-Regierung verknüpfte ihre Prämie *Cash for Clunkers* an den Verbrauch des Alt- und Neuwagens. Der Käufer eines Neuwagens erhielt vom 24. Juli bis zum 24. August 2009 je nach Verbrauchsersparnis des Neuwagens zwischen 3.500 und 4.500 US$ Prämie. Das Altauto musste dafür mehr als 13 l/100 km und der Neuwagen nicht mehr als 10,7 l verbrauchen und weniger als 45.000 US$ kosten. Insgesamt hatte die US-Regierung rund zwei Mrd. Euro für die Prämie bereitgestellt, die innerhalb eines Monats aufgebraucht waren. Um einen plötzlichen Nachfrageeinbruch zu verhindern, wurden in Frankreich und Großbritannien die Verschrottungsprämien verlängert.

Tabelle 4. Übersicht Verschrottungsprämie (Kriterium: CO_2-Ausstoß)

Land	Geltungsdauer	Prämie (€)	Staat (€)	# Pkw	CO_2 (g/km)	Anteil*
USA	24.Juli – 24.Aug 2009	2.400 3.100	2.000 Mio.	700.000	<10,7l/100km <8,4 l/100km	100%
Frankreich	Jan 2008 – 2011	Bis zu 5.000	390 Mio.		< 130	100%
Italien	2.Feb – 31.Dez 2009	Bis zu 5.000			< 140	100%
Luxemburg	22.Jan – 1.Okt 2010	1.500 1.750			< 150 < 120	100%
Spanien	18.Mai – 18.Mai 2010	2.000	200 Mio.	200.000	< 140	50%
Portugal	2009 ganzjährig	Bis zu 1.250			< 140	100%

Staatlicher Auszahlungsanteil der Prämie

Die Auswirkungen in Westeuropa zeigen, dass im Jahr 2009 die Verkaufszahlen in Ländern mit Abwrackprämien trotz Finanzkrise zulegen konnten. Vor allem in Deutschland wuchs der Verkauf von Neuwagen dank der massiven staatlichen Unterstützung um mehr als 23%. Positive Wachstumsraten konnten zudem Österreich und Frankreich mit 9% und 11% verbuchen. Die künstlich erhöhten Verkäufe in diesen Ländern sind dafür verantwortlich, dass in Westeuropa der Markt um 0,5% leicht wachsen konnte. In den Ländern ohne Abwrackprämien, das sind vor allem die Länder ohne eigene Automobilindustrie, waren dagegen besonders starke Einbrüche zu verzeichnen. In Finnland gingen die Absatzzahlen um 35% zurück, in Dänemark um 25%. Dies lässt erkennen, dass die Verschrottungsprämie vor allem produktions- und beschäftigungssichernde und weniger umweltpolitische Ziele hatte.

Nachdem in den meisten Ländern inzwischen die Verschrottungsprämien ausgelaufen sind, wird sich zeigen, wie sich die Absatzzahlen ohne staatliche Förderung entwickeln. Fest steht aber bereits jetzt, dass per Saldo über zwei Jahre gerechnet, die Prämie eine deutliche Marktstützung erreicht hat. Das Ziel der Verschrottungsprämie, die kurzfristige konjunturbelebende Wirkung, einen temporären drastischen Nachfrage-Einbruch zu verhindern, wurde erreicht.

b) Über den volkswirtschaftlichen Sinn und Unsinn der Abwrackprämie

Ungewohnt scharfe Kritik an der Abwrackprämie übte der sonst sehr besonnene Präsident des Münchner Ifo-Instituts, Prof. Hans-Werner Sinn. „Ich halte die Abwrackprämie für pervers, weil sie Anreize setzt, ökonomische Werte zu vernichten", so Sinn wörtlich.[62] Deutsche Autos seien nach neun Jahren „noch keine Schrottkisten, die man vernichten muss". Sinn wies auch auf die Umweltbelastung hin, die bei der Produktion der neuen Autos entstehe: „Für die Umwelt ist es vermutlich besser, wenn man die alten Autos weiter fährt, auch wenn sie etwas mehr Sprit als neue verbrauchen." *Vermutlich* ist vermutlich als wissenschaftliches Beweismittel etwas schwach!

Für Sinn ist die Abwrackprämie als staatlich verordneter Stimulus mehr als negativ. „Nein, das war keine sinnvolle Politik. Wenn ich ein ökonomisches Gut stark fördere, fließt die Nachfrage von anderen Gütern dorthin. Dann gibt es einen optisch starken Effekt, der einen übersehen lässt, dass die Nachfrage an anderer Stelle fehlt. Die Menschen verzichten auf den Fernseher und die Waschmaschine, damit sie ein neues Auto anschaffen können. […] Das Schlimmste ist doch, dass mit der Abwrackprämie die Vernichtung von ökonomischen Gütern bezuschusst wird – ein widersinniges Programm. Da sträuben sich bei mir als Ökonom die Nackenhaare. Auch ist es keine ökologische Maßnahme. Die Neuproduktion eines Fahrzeugs stößt so viel CO_2 aus, dass der ganze Vorteil einer vielleicht geringen Verbrauchsminderung beim Wechsel zum neuen Modell mehr als aufgewogen wird."[63] Grundsätzlich ist Sinn gegen „den Marsch in eine Wegwerf-Gesellschaft, nur um die Konjunktur zu stützen."[64] – So weit, so gut?

Das kann man so sehen, das kann man aber auch ganz anders sehen! Vielen anderen Makroökonomen sträuben sich bei der Sinnschen ökonomischen Bewertung der Umweltprämie ebenfalls die Nackenhaare. Aber aus ganz anderem Grund. Im Gegensatz zu Sinn halten sie die vom

---

[62] Passauer Neue Presse, 15.01.2009, S.2.
[63] Sueddeutsche Zeitung: *Die Abwrackprämie – ein widersinniges Programm*, 14.05.2009.
[64] T-Online: *Abwrackprämie verunsichert Autohändler*, 16.01.2009.

Volksmund getaufte *Abwrackprämie* nicht für pervers. Sondern ganz im Gegenteil für einen, zwar mit heißer Nadel genähten, gleichwohl weisen Entschluss der Bundesregierung im Schulterschluss mit dem Verband der Automobilindustrie (VDA),[65] die Automobilindustrie und damit die deutsche Wirtschaft in der schärfsten Krise der Weltwirtschaft seit 1929 antizyklisch zu stützen. Und das ist auch voll gelungen!

Grundsätzlich sei bei der wirtschaftstheoretischen Bewertung der Abwrackprämie – in aller Bescheidenheit eines Otto-Normalökonomen – darauf verwiesen, dass

- in reifen Volkswirtschaften mit hohen Sättigungsgraden auf den Märkten jede Maßnahme zur Konjunkturstimulierung auf die Vernichtung von alten und den Kauf von neuen Gütern abzielt: Anders geht es gar nicht.

- sämtliche staatliche Subventionsmittel für Forschung und Entwicklung nichts anderes im Schilde führen, alte Fertigungsmethoden und Produkte zu vernichten und durch neue und bessere Problemlösungen zu ersetzen – ohne dass die Forscher von Max-Planck-Instituten oder Fraunhofer Gesellschaften dabei je ökonomische Skrupel bewiesen hätten.

Kurz: Der ganze Prozess der „schöpferischen Zerstörung", des Ersatzes von Altem durch Neues, vernichtet immer volkswirtschaftliche Werte, und das auch noch staatlich, vielleicht nicht stattlich genug, gefördert. So und nicht anders funktioniert technischer Fortschritt.

Exkurs Ende

Alles in allem ist die Skepsis gegenüber der Abwrackprämie für einen Makroökonomen also nicht ganz nachvollziehbar! Sie war so ziemlich die einzige Maßnahme der staatlichen Konjunkturprogramme, die unmittelbar und rasch gegen den rasanten Niedergang der Wirtschaft wirkte. Und die Regierung Merkel/Steinbrück hätte mehr Anerkennung für ihr insgesamt gekonntes Krisenmanagement aus Wirtschaft und Wissenschaft verdient als sie bekommen hat!

---

[65] Böse Zungen behaupten, das sei das einzige Mal seit der 1. Ölkrise 1974, dass der VDA etwas Sinnvolles für seine Mitgliedsbeiträge geleistet habe. Dem kann sich der Autor nicht anschließen! Selbst wenn dem so wäre, so hätte die Initiierung der Abwrackprämie mit all ihren positiven Wirkungen auf Automobil- und Volkswirtschaft diese Kosten bei weitem wettgemacht.

Denn es gibt auch empirisch nachweisbares und ökonomisch positives Resultat der Abwrackprämie:

Für das Jahr 2010 wurde zu Jahresbeginn mit einem Rückgang der Neuzulassungen in Deutschland um 21% gegenüber 2009 gerechnet, ein Einbruch um 800.000 Pkw. Mit diesem Rückgang kann man natürlich zahlreiche Negativ-Schlagzeilen erzeugen, die sich allerdings bei genauerer Betrachtung schnell wieder relativieren. Denn ohne die Prämie wäre der Absatz im Jahr 2009 aufgrund der verschlechterten konjunkturellen Lage massiv eingebrochen, so wie 1974 auch. Nach Berechnungen des IWK lässt sich abschätzen, dass die Zahl der Neuzulassungen im Jahr 2009 auf ca. 2,15 Mio. zurückgegangen wäre. Von den tatsächlich neu zugelassenen 3,8 Mio. Pkw in Deutschland 2009 wurden 2 Mio. Pkw durch die Abwrackprämie gefördert. Abzüglich der geförderten Jahreswagen (knapp ein Fünftel aller geförderten Pkw war bereits zugelassen) bleibt eine reine Zusatz-Nachfrage in Höhe von 1,65 Mio. Pkw aufgrund der staatlichen Prämie. Ein Vorzieheffekt, bei dem die ohnehin geplante Nachfrage nur wegen der Prämie auf das Jahr 2009 vorgezogen wurde, kann aufgrund des vorgeschriebenen Mindestalters von neun Jahren für das zu verschrottende Auto weitestgehend ausgeschlossen werden. Der klassische Neuwagenkäufer behält sein Fahrzeug wesentlich kürzer, während die Besitzer älterer Autos größtenteils Gebrauchtwagenkäufer sind. Die Prämie hat massenweise Autokäufer zu den Händlern gelockt, die nie zuvor ein Autohaus von innen gesehen haben.

Somit handelt es sich im Jahr 2010 nur um einen scheinbaren Rückgang von 3,8 auf voraussichtlich 3 Mio. Neuzulassungen, tatsächlich findet ein Zuwachs von 0,85 Mio. Neuzulassungen gegenüber dem unverzerrten Jahreswert 2009 statt. In Summe werden in den Jahren 2009 und 2010 mit Abwrackprämie voraussichtlich 6,8 Mio. Pkw neu zugelassen worden sein, im Vergleich zu 5,15 Mio. ohne die Abwrackprämie. Durch die staatliche Förderung wurde daher eine tatsächliche Zusatznachfrage geschaffen, die konjunkturstabilisierend wirkte.[66]

---

[66] Zweitrundeneffekte auf dem Gebrauchtwagenmarkt und die zusätzliche Staatsverschuldung außer Betracht gelassen.

Abb. 26. Auswirkungen der Abwrackprämie in Deutschland

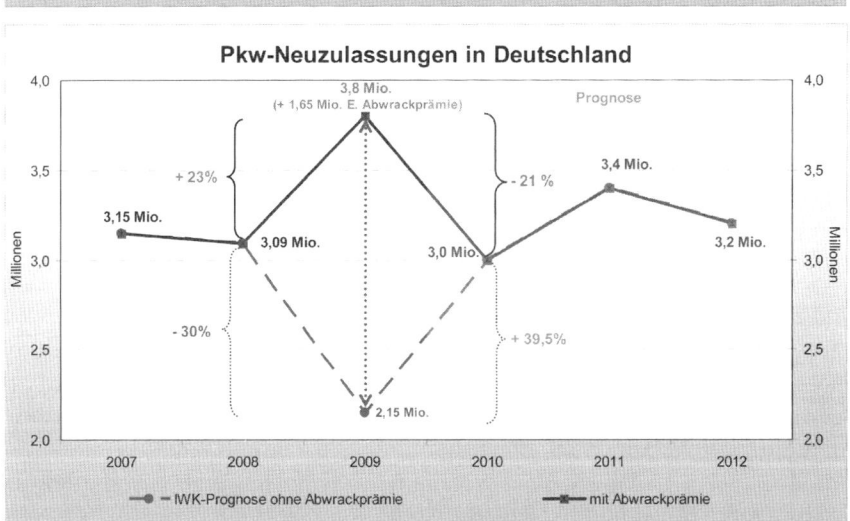

Quelle: IWK; eigene Berechnungen

Nachdem die Abwrack- und Verschrottungsprämien in Deutschland und weltweit zu einer Zusatznachfrage auf den Automobilmärkten geführt haben, besteht aber weiterhin ein konjunktureller Nachfragestau aus den Vorjahren. Die klassischen Neuwagenkäufer und die Geschäftskunden (Flottenfahrzeuge, Autovermietungen, Gewerbetreibende, etc.) haben sich aufgrund der verschlechterten Konjunkturlage seit Herbst 2008 bei der Fahrzeug-Neuanschaffung stark zurückgehalten. Ihr Fahrzeugbestand ist daher gealtert und muss irgendwann wieder erneuert werden. Mit den verbesserten Konjunkturaussichten ist daher in den Jahren 2010 und 2011 mit einem Auflösen des Krisenstaus zu rechnen, die aufgestaute Nachfrage wird die Absatzmärkte zusätzlich beleben. Folgt diese Stauauflösung dem Muster im Anschluss an die erste Ölkrise 1973/74, wird sie sich boomartig entladen. So war die Erwartung zu Jahresbeginn 2010. Inzwischen sind wir weiter: Die Entwicklung der realen Auftragseingänge in der Automobilindustrie aus dem Inland, vor allem aber aus dem Ausland, scheinen dieses Szenario voll zu bestätigen (siehe Abb. 27).

Abb. 27. Entwicklung Auftragseingang Kfz-Industrie

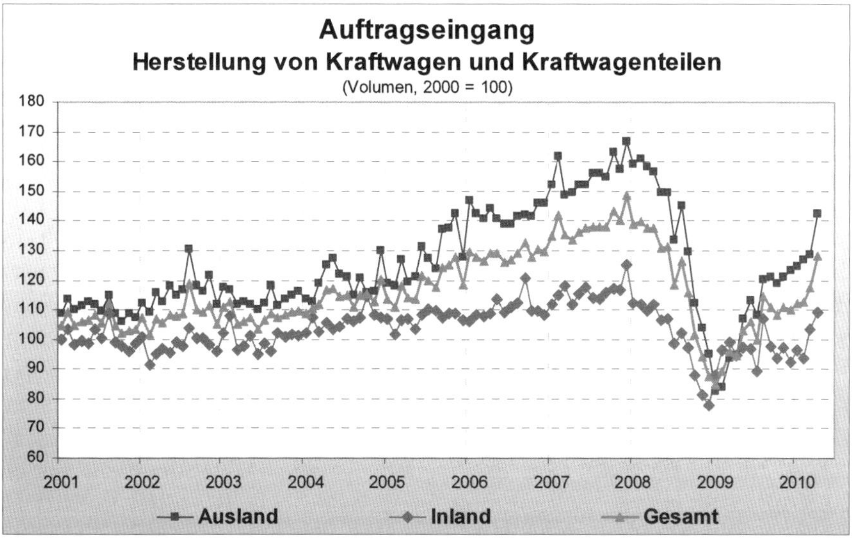

Quelle: Stat. Bundesamt; eigene Darstellung

Kluge Automobilhersteller und -zulieferer haben sich die pessimistischen Zukunftsaussagen prominenter Beratungsunternehmen und Consultants nicht zu eigen gemacht und waren auf diese boomartige Entwicklung vorbereitet. Sie haben keine Mitarbeiter entlassen und ihre Produktion auf breiter Front hochgefahren. Im Frühsommer 2010 beherrschen Sonderschichten und Überstunden das Bild in der Branche: Zeit zum Auffüllen der Ertrags- sowie der Arbeitszeitkonten! Kluge Arbeitgeber in der Automobilindustrie holen jetzt oder am Jahresende auch die Einkommenszahlungen nach, auf die ihre Belegschaften während der Krise als ihren Beitrag zur Arbeitsplatzsicherung verzichtet haben. – So funktioniert soziale Marktwirtschaft!

5.2 Die Zukunft fährt weiter Auto: Ungebrochenes Wachstum der Weltnachfrage nach Mobilität

5.2.1 Einkommens- und Kaufkraftentwicklung

Losgekoppelt von der weltweiten Wirtschaftskrise 2009 und den entsprechend unsicheren kurzfristigen Prognosen lassen sich mit wesentlich größerer Zuverlässigkeit die langfristigen Entwicklungen der Weltwirtschaft voraussagen. Die langfristigen Trends wurden zwar von der Wirtschaftskrise im vergangenen Jahr kurzzeitig unterbrochen, sind aber von bleibender Dauer und daher erheblich sicherer zu prognostizieren.

Der langfristige Wachstumstrend der Weltwirtschaft wird anhalten, vor allem durch die andauernde Globalisierung und den weiterhin ansteigenden Welthandel, angetrieben von den neuen Wachstumszentren der Welt, den Emerging Markets. Sie stehen voll im Aufholprozess und werden weiterhin überdurchschnittlich wachsen und gegenüber den etablierten Industriestaaten weiter aufholen. Mit China und Indien an der Spitze werden die BRIC-Staaten und Osteuropa die Weltwirtschaft weiter in Schwung halten und für weiteres Wachstum sorgen, sowohl innerhalb ihrer eigenen Grenzen als auch in den westlichen Exportländern, für die sie wichtige Abnehmerstaaten aber auch Konsumgüter-Lieferanten sind. Einerseits profitieren die Emerging Markets von ihren niedrigen Produktionskosten, die ausländische Investitionen anziehen, andererseits werden im Zuge des wirtschaftlichen Aufholprozesses die asiatischen Binnenmärkte deutlich stärker wachsen. Die Rohstoff-exportierenden Länder, wie Brasilien und Russland, die von der Krise besonders stark getroffen waren, werden von den mittelfristig wieder ansteigenden Rohstoffpreisen profitieren und auf den früheren Wachstumstrend zurückkehren. Langfristig werden diese Länder aufgrund ihrer schlechteren strukturellen Bedingungen allerdings nicht mit dem Tempo Chinas und Indiens mithalten können.

In den USA wird sich das Potenzialwachstum nach der Wirtschaftskrise 2009 auf ein etwas niedrigeres Niveau einpendeln als in den vergangenen Jahrzehnten, als sich der amerikanische Staat im Ausland und die amerikanischen Verbraucher bei ihren Banken noch nahezu grenzenlos verschulden konnten. Hier geht dem kreditgetriebenen privaten Verbrauch für längere Zeit die Puste aus, solideres Haushaltsgebaren – privates sowie öffentliches – und eine höhere Ersparnisbildung sind angesagt. Konsolidierung also.

Deutschland weist aufgrund eines insgesamt solideren volkswirtschaftlichen Datenkranzes ein strukturell niedrigeres Wachstum auf, wird aber als wichtiger Lieferant von Investitionsgütern von der wirtschaftlichen Entwicklung in den Emerging Markets im nahen und fernen Osten profitieren können. Die meisten europäischen EU-Partnerstaaten haben eine mehr oder weniger scharfe Konsolidierung ihrer Staatsverschuldung vor sich und müssen von daher, den privaten sowie staatlichen „Konsumgürtel" etwas enger schnallen. Sie werden schwächer wachsen als in der Vergangenheit – und dabei manch hochwertiges deutsche Auto weniger kaufen oder durch ein billigeres rumänisches oder chinesisches ersetzen.

Abb. 28. Prognose des langfristigen Wachstumstrends

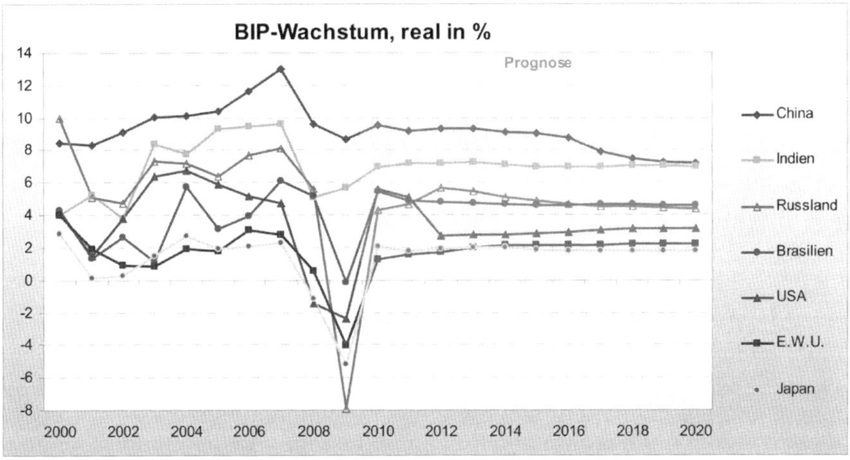

Quelle: IWK

Während die westlichen Industrieländer langfristig mit 2% bis 2,5% wachsen werden, können die BRIC-Staaten mit deutlich höheren Wachstumsraten bis zu 8% p.a. aufwarten. Bei einem anhaltenden Wirtschaftswachstum von 7,5% in China würde es aber trotzdem noch fast 25 Jahre dauern, bis das 1,3 Mrd.-Volk in der Wirtschaftsleistung zu den USA aufgeschlossen hat. Indien hätte auch bei einem anhaltend hohen Wachstum von 7% erst in 25 Jahren die Wirtschaftskraft Deutschlands erreicht – bei 1,3 Mrd. Indern und nur 80 Mio. Deutschen. Russland und Brasilien werden auch langfristig trotz hoher Zuwachsraten hinter Deutschland zurückbleiben. Daraus folgt: Die BRIC-Staaten holen gegenüber dem Westen mit imposanten Wachstumsraten auf, ihr Einkommensniveau bleibt allerdings sowohl absolut sowie auch pro Kopf noch relativ gering.

Der Abstand im durchschnittlichen Pro-Kopf-Einkommen der BRIC-Staaten zu den hoch entwickelten westlichen Industriestaaten wird sich daher auch trotz der deutlich höheren Zuwachsraten in absehbarer Zukunft nicht gravierend verringern. Selbst wenn sich in Indien und Russland das BIP pro Kopf bis zum Jahr 2020 verdoppelt und in China nahezu verdreifacht, bleibt das Niveau aber trotz allem noch sehr niedrig, verglichen mit Deutschland oder den USA. So wird der Durchschnittsdeutsche auch in mehr als zehn Jahren noch rund fünf bis zehnmal so reich sein wie ein durchschnittlicher Chinese oder Inder.

Vor allem in China, aber auch in Russland war ein deutlicher Anstieg der Reallöhne bereits in den letzten Jahren zu verzeichnen, der auch – in Russland nach einer kurzen Delle 2009 – in den kommenden Jahren anhalten wird. Im Jahr 2015 werden dort die Reallöhne bis zu viermal so hoch sein wie im Jahr 2000, in Indien und Brasilien fällt der Anstieg dagegen deutlich niedriger aus. In den westlichen Industriestaaten findet bereits seit einigen Jahren so gut wie überhaupt kein realer Einkommensanstieg mehr statt, die Löhne stagnieren oder sind real sogar teilweise rückläufig, so z.B. in Japan und in Deutschland. Dies erhöht zwar die internationale Wettbewerbsfähigkeit und damit die Arbeitsplatzsicherheit – rechte Konsumfreude will sich dabei aber nicht einstellen!

Abb. 29. Entwicklung der Reallöhne in den BRIC-Staaten und der Triade

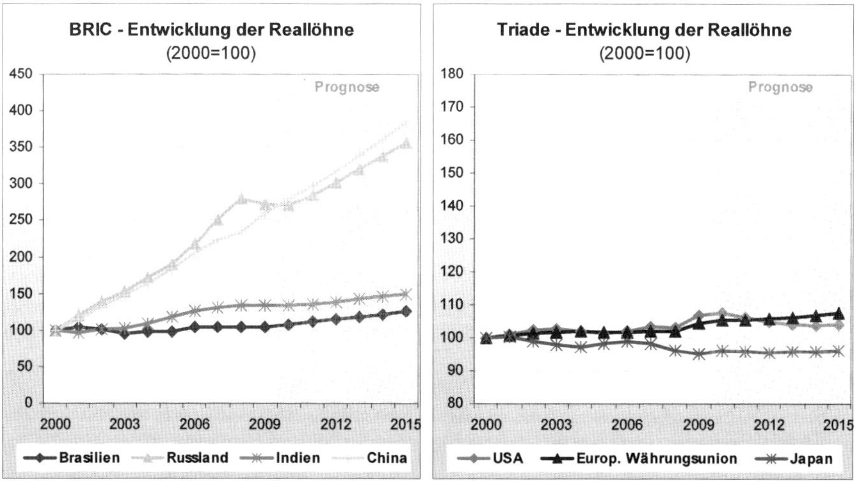

Quelle: Feri, IWK

Bei all diesen Betrachtungen ist allerdings zu berücksichtigen, dass es in der Realität kaum einen „durchschnittlichen" Chinesen oder Inder gibt, sondern immer mehr Chinesen der wirtschaftliche Aufstieg in eine deutlich wohlhabendere Mittelschicht gelingt, und vor allem dadurch das durchschnittliche Pro-Kopf-Einkommen ansteigt.

Abb. 30. Langfristige Entwicklung der Pro-Kopf-Einkommen

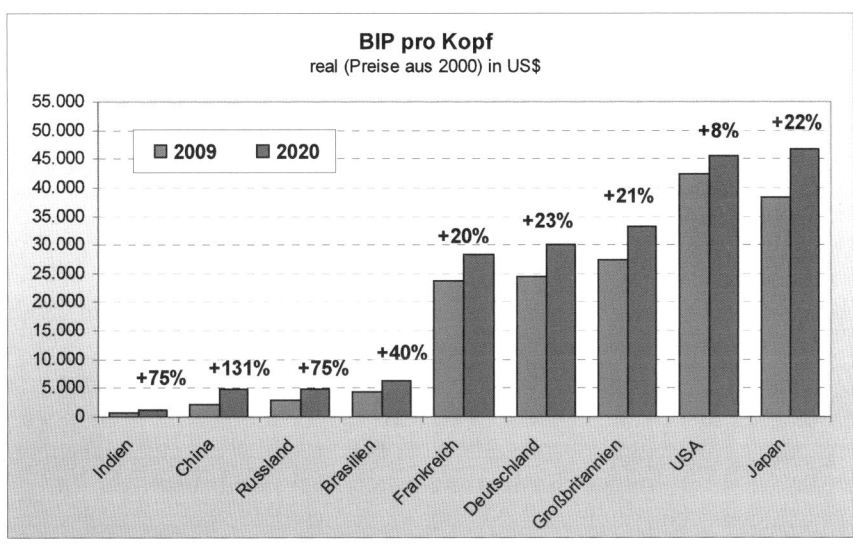

Quelle: IWK

Kurz: Die heute schon große Disparität in der Einkommensverteilung nimmt dort weiter zu. Vom kommunistischen Ideal der Einkommens-Gleichverteilung ist China weiter weg als es Mitteleuropa jemals war! Die Anzahl der Millionäre übertrifft bereits heute jene in Deutschland erheblich; nach Expertenmeinung gibt es zur Zeit in China bereits 630.000 Millionäre; ihnen steht ein Heer von 400 bis 500 Mio. armen und weitgehend rechtlosen Wanderarbeiter gegenüber. – Bei so viel Kommunismus/Sozialismus würde es sogar Karl Marx übel werden!

Das Gleiche gilt im Übrigen auch für Russland mit seinen Oligarchen. In den BRIC-Staaten zeigt sich in genau dieser stetig wachsenden Mittelschicht das Marktpotenzial, das diese Staaten für die westliche Wirtschaft haben, gerade auch für den Absatz langlebiger und hochwertiger Konsumgüter sowie Luxusautomobile. Die überdies – anders als in Mitteleuropa – auch noch als Statussymbole gelten, mit denen man seinen neu erlangten Wohlstand ungehemmt darstellen kann und auch will. Auch wenn sich dort bisher nach wie vor nur ein kleiner Teil der Bevölkerung westliche Wohlstandsgüter – beispielsweise ein Auto – leisten kann, es kommen stetig neue Aufsteiger hinzu. In Summe sind dies dann genügend Kunden, um den Autoherstellern kräftige Wachstumsraten auf den Absatzmärkten vor Ort zu ermöglichen. Ein Ende dieses Trends ist nicht in Sicht, da im Durchschnitt das westliche Wohlstandsniveau auch in Jahrzehnten noch nicht annähernd erreicht sein wird.

Absehbar ist, dass die Menschen vor allem in Asien in den nächsten Jahren und Jahrzehnten zu einem bescheidenen Wohlstand kommen werden, der ihnen dann den Umstieg vom Motorrad zum Auto als primäres Fortbewegungsmittel ermöglicht. Diese breiten Bevölkerungsschichten – nicht der Club der Millionäre in China, Indien und Russland – werden allerdings andere Anforderungen an ein Auto stellen als die Bevölkerung in den westlichen Industrieländern, so dass hier ein völlig neues Marktsegment im Bereich der so genannten Billigautos entsteht. Bestes Beispiel ist der Tata Nano, der in Indien für umgerechnet 1.700 Euro als Einstiegsauto und Motorradersatz für die breite Bevölkerung auf den Markt kommen soll.

Und auch in Europa zeigt der Erfolg von Dacia, dass das Konzept von Billigautos für einen Teil der Bevölkerung funktioniert. Die Weltwirtschaftskrise im letzten Jahr scheint auch hier in der Skala der Konsumenten-Präferenzen einiges durcheinander gewirbelt zu haben! Uup´s!, für manche deutsche Automobilhersteller stellt dies eine völlig neue Herausforderung dar, da für diese Fahrzeuge zwar auch innovativste Technologien zum Einsatz kommen müssen, dies aber in Autos, von denen man dachte, sie wären in ihrer Auslegung für den europäischen Markt und Geschmack ungeeignet. Hier ist man dabei, umzudenken, auch in Richtung der technologischen Entfeinerung der heutigen Modellpalette.

5.2.2 Langfristige demographische Entwicklung

Ein wichtiger Faktor für den Automobilabsatz ist neben der Entwicklung der Kaufkraft die demographische Entwicklung der Bevölkerung. Es ist generell davon auszugehen, dass bei einer wachsenden Bevölkerung auch die absolute Nachfrage nach Fahrzeugen in einer Gesellschaft ansteigt. Aus diesem Grund besteht für die Branche zunächst einmal kein nachhaltiger Anlass zur Sorge, denn weltweit steigt die Bevölkerungsanzahl weiter an: Von derzeit rund 6,5 Mrd. Menschen allein in den nächsten

15 Jahren auf 7,5 Mrd. Für das Jahr 2050 wird mit über 9 Mrd. Menschen gerechnet – eigentlich eine apokalyptische Vorstellung.

Allerdings bestehen dabei deutliche regionale Unterschiede. Auf den heute wichtigen Absatzmärkten der Automobilindustrie in Europa und Japan findet kein Wachstum der Bevölkerung mehr statt, die Anzahl der Menschen wird hier in Zukunft sogar schrumpfen. Die Bevölkerung in Japan schrumpft noch stärker als die in Europa.

In Nordamerika steigen die Bevölkerungszahlen zwar auf Grund von Zuwanderung noch weiter an, aber auch in einem schwächeren Ausmaß als in der Vergangenheit. Südamerikas Bevölkerung wächst weiterhin stark an, jedoch ausgehend von einem eher niedrigen Niveau im globalen Kontext.

Das größte Wachstum findet in Asien statt, wo bereits heute über die Hälfte der Weltbevölkerung lebt. In China, dem bevölkerungsreichsten Land der Erde, verlangsamt sich das Wachstum aufgrund der staatlich geregelten Ein-Kind-Politik. Indien weist – politisch gewollt – die größte Wachstumsrate auf und wird im Jahr 2020 mit dann knapp 1,4 Mrd. Einwohner beinahe zu China aufschließen. Das sonstige Asien wächst außer in Japan ebenfalls stark an, genauso wie die restliche Welt (hauptsächlich Afrika).

Abb. 31. Entwicklung der Weltbevölkerung

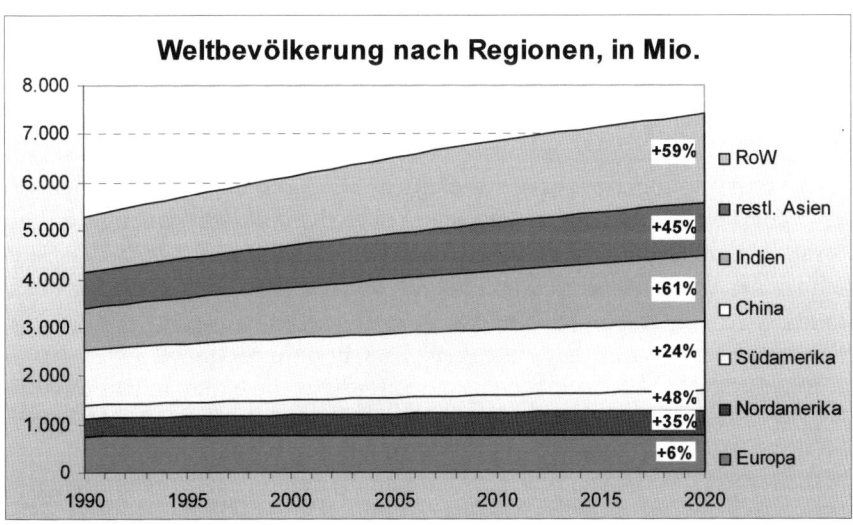

Quelle: Feri

Das Wachstum der Bevölkerung findet somit hauptsächlich in den Regionen der Welt statt, die ein geringes Einkommen und damit eine geringe Kaufkraft aufweisen. Als Käufer westlicher Automobile kommen diese „Kunden" kaum in Frage. Ein Großteil des afrikanischen Kontinents wird aus diesem Grund auch trotz des hohen Bevölkerungswachstums auch in Zukunft keine wesentlich größere Bedeutung für die Automobilindustrie spielen als heute. In Asien findet dagegen in vielen Regionen parallel zum Bevölkerungswachstum auch ein hohes wirtschaftliches Wachstum statt, so dass sich der Wohlstand der Bevölkerung und deren Kaufkraft sowohl im Durchschnitt, stärker aber noch in den oberen Schichten erhöhen. China weist eine stetig wachsende Mittelschicht auf, die zunehmend in der Lage ist, sich ein eigenes Auto zu kaufen, was sich in den gewaltigen Wachstumszahlen des chinesischen Automobilmarkts von 40% bis 80% der vergangenen Jahre niedergeschlagen hat. In den Wirtschaftszentren Chinas, allen voran den Küstenregionen, boomt die Nachfrage nach hochwertigen Gebrauchsgütern. Um die chinesische Nachfrage nach Luxusautos aus Deutschland, z.B. 7er BMW, Audi A8 und Daimler S-Klasse befrieden zu können, müssen die betroffenen Hersteller im Frühsommer 2010 sogar wieder zu Samstagsarbeit und Sonderschichten zurückkehren. Die Ankündigungen des Autors in einschlägigen Vortragsveranstaltungen im Herbst 2009, dass die Branche kurz vor dem nahtlosen Übergang aus der Kurzarbeit in Sonderschichten stünde, haben sich damit bewahrheitet. – Glück gehabt!

Neben den bevölkerungsreichen Schwellenländern besteht aber auch in den westlichen Industrieländern, trotz stagnierender oder rückläufiger Bevölkerungszahlen, durchaus ein gewaltiges Wachstumspotenzial für die Automobilindustrie. Denn die Bevölkerung schrumpft nicht über alle Altersklassen gleichmäßig, sondern aufgrund der geringen Kinderzahlen zuerst in den jungen Altersklassen, während der Anteil der älteren Bevölkerung zunächst noch weiter anwächst. Da der Großteil der Neuwagenkäufer – je nach Marke unterschiedlich – eher der mittleren bis älteren und damit in der Regel kaufkräftigen Altersklasse angehört, wird die Fahrzeugnachfrage nicht nur rein quantitativ, sondern vor allem auch qualitativ ebenfalls in den westlichen Industriegesellschaften trotz rückläufiger Gesamtbevölkerung zunächst ansteigen. Das Premiumsegment hat dabei überproportionale Wachstumschancen, allerdings in einer anderen Auslegung der Modellpalette als heute (siehe Kap. 2.3.4). Und die Hersteller haben bereits voll verinnerlicht, dass auch kleine Automobile, wie der Mini, der 1er BMW oder der A1 von Audi, durchaus als Premium angesehen werden, wenn man sie nur teuer genug macht. –Dies scheint gelungen!

5.2.3 Analyse und Prognose der weltweiten Automobilmärkte

Die Weltautomobilindustrie befand sich im Jahr 2009 stärker noch als der Rest der Weltwirtschaft in einer tiefen Rezession. Zusätzlich zu den strukturellen Sättigungstendenzen in den etablierten Absatzländern der Triade (siehe Kap. 2), ist der Automobilabsatz in Folge der weltweiten Rezession konjunkturell abrupt ein- und weg gebrochen. Den dramatischsten Rückgang wies dabei der US-Automobilmarkt auf, der schon seit längerer Zeit deutliche Sättigungsspuren aufwies und in den Vorjahren nur über harte Rabattschlachten der US-Hersteller künstlich „auf Pump" hoch gehalten werden konnte. Auf den europäischen Absatzmärkten brachen die Pkw-Neuzulassungen vor allem in jenen Staaten ein, in denen die Immobilienmarkt- und Finanzkrise besonders verheerende Wirkungen hatte, wie in Spanien, Großbritannien und Irland.

In vielen Ländern wurden mit Hilfe staatlicher Fördermaßnahmen, z.B. Abwrackprämien, die Neuzulassungen künstlich erhöht, was aber nur ein kurzfristiges Strohfeuer in der Krise darstellte. Immerhin wurde mit diesen „Brückenmaßnahmen" schlimmeres verhindert, in der Hoffnung, die konjunkturellen Auftriebskräfte böten 2010 Unterstützung, so wie wir das aktuell erleben.

In den BRIC-Staaten hat sich die Situation sehr uneinheitlich entwickelt: Während Russland – bar der Deviseneinnahmen aus dem Energie- und Rohstoffgeschäft – dramatische Absatzeinbrüche von rund -50% verzeichnete, erwies sich China nach kurzzeitiger Absatzdelle mit wieder beträchtlichem Wachstum von 47% als Stabilisator für die Branche und stieg sogar weltweit zum größten Absatzmarkt auf.

Die Lage in der globalen Automobilindustrie wird sich in den nächsten Jahren deutlich positiver gestalten als im Jahr 2009 noch von vielen Automobilexperten aus der Beraterbranche prognostiziert. Erste Zeichen für eine boomartige Erholung sind im Frühjahr 2010 bereits zu spüren, auch wenn weiterhin strukturelle Schwierigkeiten im Branchengefüge bestehen. Die Welt-Gesamtnachfrage wird sich voraussichtlich um rund 5% auf 67 Mio. Pkw (inkl. leichte Nutzfahrzeuge) erhöhen und somit den bisherigen Höchststand von 2008 (66 Mio.) zumindest egalisieren, wenn nicht deutlich überschreiten.

Auch langfristig muss die Zukunftsperspektive der Automobilindustrie insgesamt nicht pessimistisch gesehen werden. Nach dem konjunkturellen Einbruch 2009 steht das erste Halbjahr 2010 bereits im Zeichen einer kräftigen Nachfrageerholung,, die auch in den prinzipiell gesättigten Absatzmärkten der Triade die Neuzulassungen konjunkturell wieder deutlich ansteigen lassen wird. Im langfristigen Trend weisen diese Märkte allerdings kein großes Wachstum mehr auf, der Pkw-Absatz wird auch im Jahr 2020 eher geringfügig unter dem Wert von 2007 liegen. Richtiges Marktwachstum wird dagegen außerhalb der Triade stattfinden, mit einem Zuwachs von ca. 27 Mio. Pkw auf knapp 60 Mio. im Jahr 2020 gegenüber 2007.

Doch Achtung: Alle diese Prognoseüberlegungen basieren auf dem „technologischen Status-quo" der Automobile. Sollten ökologische sowie energiepolitische Zwänge einen radikalen Umbau der Welt-Automobilflotte in Richtung *Zero-Emission* und *Null-Verbrauch* erfordern, ergeben sich Wachstumschancen bis dato ungeahnten Ausmaßes. Dies quantitativ zu beziffern wäre reine Science-Fiction, also seriös nicht machbar.

Abb. 32. Pkw-Absatz – Entwicklung nach Regionen

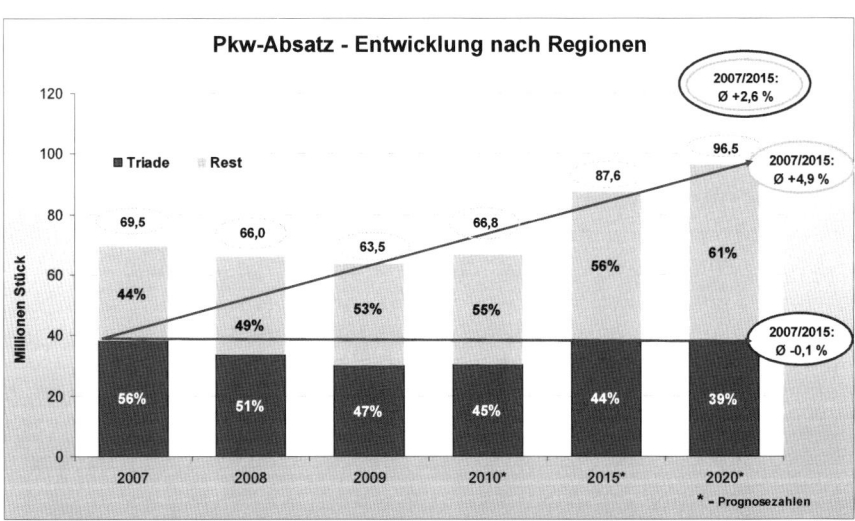

Quelle: Global Insight, IWK

5.2.3.1 Triade bis 2015

Die USA waren bis zum Ausbruch der Finanzkrise mit 16 bis 17 Mio. verkauften Fahrzeugen der größte Automobilmarkt der Welt. Im Jahr 2008 fiel der Absatz auf nur noch 13,2 Mio. Stück und im Jahr 2009 war ein Rückgang um weitere 21% auf unter 11 Mio. zu verzeichnen. Die *Cash for Clunkers* Prämie konnte diesen Abwärtstrend nur vorübergehend stoppen. Mit anderen Worten: Am US-Markt hat sich 2008/09 ein fundamentaler Wandel vollzogen, der Züge der Jahre 1929/30 aufweist.

Bis ins Mark getroffen von diesem Markteinbruch sind vor allem die ehemals *Big Three* US-Autobauer (GM, Ford und Chrysler) mit ihren heimischen Werken für SUVs und Light Duty Vehicles (leichte Nutzfahrzeuge). Aufgrund ihrer verfehlten Modellpolitik verlieren sie bereits seit Jahren auf ihrem Heimatmarkt an Boden gegenüber den Wettbewerbern aus Asien, in der jüngsten Krise noch stärker als vorher. Ihr Marktanteil lag im Jahr 2008 erstmals unterhalb der 50%-Marke und im Jahr 2009 unterhalb der japanischen *Big Three* (Toyota, Honda, Nissan). Allerdings hat sich die Lage der japanischen und koreanischen Hersteller in den USA mittlerweile ebenfalls deutlich verschlechtert, auch deshalb, weil sie sich sehr stark mit ihren US-Werken auf den SUV und Light Vehicle Bereich nach amerikanischem Geschmack aufgestellt haben. Ihre Wettbewerbsposition wurde zusätzlich durch den Imageschaden der jüngsten Rückrufaktionen bei Toyota erheblich geschwächt. Die US-Hersteller haben jetzt die Chance, an Toyota verlorene Kunden wieder zurück zu gewinnen, und zwar mit Automobilen, die bei ihren europäischen Töchtern entwickelt wurden (Ford: Focus III; GM: Opel-Insignia als Buick Regal). Hierzu ein Ford-Sprecher: „Wir waren noch nie in einer besseren Position, um das Feuer auf den Rivalen zu eröffnen."[67]

Die mittelfristigen Aussichten auf dem amerikanischen Automobilmarkt sind deutlich besser als der Eindruck der letzten Jahre. Nach dem Einbruch seit dem Jahr 2007 wird der US-Markt wieder ein deutliches Wachstum verzeichnen können. Neben der konjunkturellen Erholung und dem Auflösen des Nachfragestaus sprechen in den USA im mittel- bis langfristigen Trend auch strukturelle Gründe für ein weiteres Wachstum. Vor allem der höhere Mobilitätsbedarf in den USA, das Bevölkerungswachstum und das langfristig höhere Potenzialwachstum der US-amerikanischen Wirtschaft sind als Erklärung anzuführen, warum die Neuzulassungen in den USA einen nachhaltigen Wachstumstrend aufweisen, während sie in Westeuro-

---

[67] FTD: *Wenn ein Mini-Fehler zum Gau wird*, 01.02.2010.

pa eher stagnieren und in Japan sogar rückläufig sein werden. Das IWK rechnet daher mit einem langfristigen Trend von durchschnittlich über 17 Mio. Neuzulassungen in den USA, während sich der Pkw-Absatz in **Westeuropa** trendmäßig auf ein Niveau zwischen 14 und 15 Mio. Einheiten einpendeln wird und in **Japan** langfristig in Richtung der 4 Mio.-Marke absinkt. Den Platz 1 als weltweit größter Absatzmarkt für die Automobilindustrie haben die USA bereits 2009 an China verloren und werden ihn voraussichtlich auch nie mehr zurück erobern können.

Auf dem **westeuropäischen Markt** blieb aufgrund der staatlichen Abwrackprämien der tiefe Einbruch aus, der Gesamtmarkt blieb im Jahr 2009 (durch die künstlich erhöhte Nachfrage in einzelnen Volumenländern) nahezu unverändert auf dem Vorjahresniveau von 15 Mio. Pkw. Im Jahr 2010 werden hier die Neuzulassungen voraussichtlich trotz fehlender Fördermaßnahmen, aber wegen der verbesserten Konjunkturlage wieder leicht anziehen. Die durch die Krise aufgestaute Nachfrage (vor allem bei gewerblichen Nutzern) wird schon ab diesem Jahr greifen und für eine deutliche Erholung des Marktes in den kommenden Jahren sorgen. Mittel- bis langfristig ist der westeuropäische Markt aber strukturell gesättigt und stagnierend.

Abb. 33. Prognose Neuzulassungen in der Triade

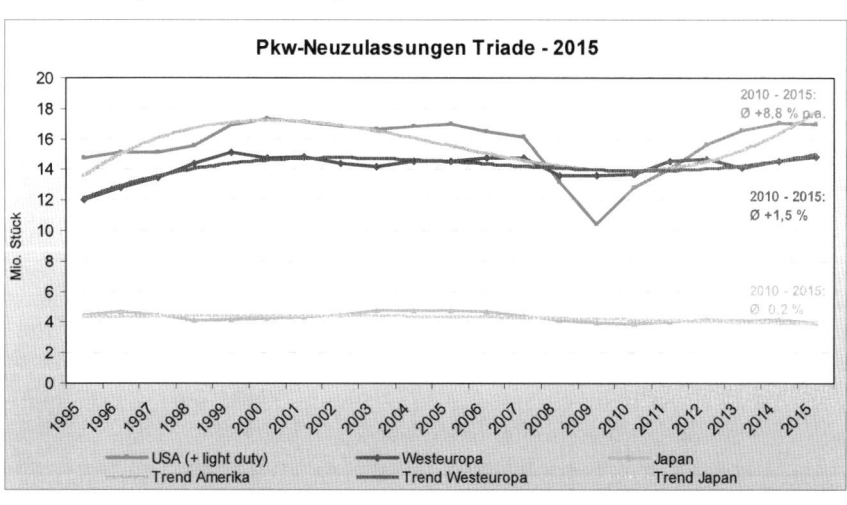

Quelle: VDA, IWK-Prognose

Deutschland kommt als größtem Absatzmarkt und Produktionsstandort in Europa eine hervorgehobene Stellung zu. Im Trend stagniert der Markt bereits seit dem Jahre 2000 bei rund 3,2 Mio. Einheiten. Das IWK sieht einen langfristigen Trend der Neuzulassungen in Deutschland zwischen 3,0 und 3,5 Mio. Pkw. Mit dem Abklingen der Negativwirkungen der Weltwirtschaftskrise wird voraussichtlich in den Jahren zwischen 2011 bis 2013 vorübergehend aufgrund des aufgestauten Ersatzbedarfs sogar temporär fast wieder das hohe Neuzulassungsniveau von Ende der Neuziger Jahre (3,8 Mio. Pkw) erreicht werden können – allerdings nicht dauerhaft. Dass es dazu kommt, dafür sprechen die anhaltende Alterung der deutschen Pkw-Flotte und der inzwischen seit fast einem Jahrzehnt zurück gestaute Ersatzbedarf. Ab dem Jahr 2014 wird die strukturelle Stagnation der Nachfrage durchschlagen, mit konjunkturellen Schwankungen um den langfristigen Trend.

Abb. 34. Prognose Pkw-Absatz in Deutschland

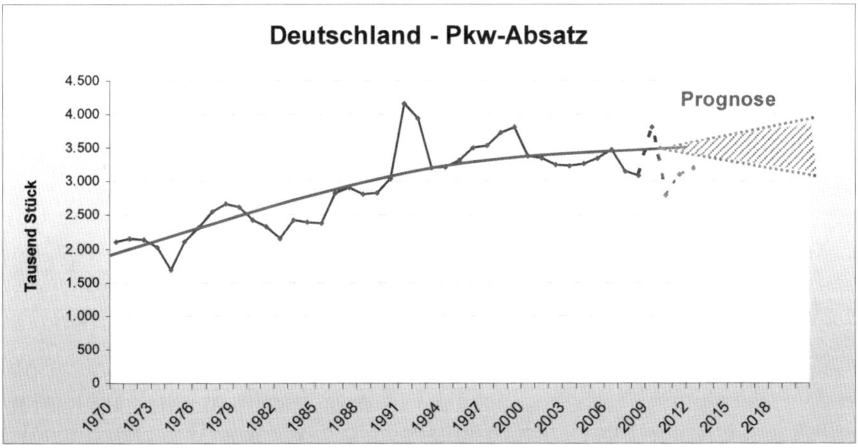

Quelle: VDA, IWK-Prognose

5.2.3.2 Wachstumsmärkte (BRIC-Staaten) bis 2015

Die wesentlichen Wachstumsmärkte der Automobilindustrie werden in Zukunft die BRIC-Staaten sein. Entsprechend der starken gesamtwirtschaftlichen Entwicklung werden die Emerging Countries der Automobilindustrie ein immenses Wachstum bescheren, das allerdings in den Massensegmenten zunehmend von der lokalen Automobilindustrie vor Ort bedient wird und nicht mehr über den Export der etablierten Produktionsländer im Westen. Importiert werden weiterhin Premiumspezialitäten, wie sie die deutsche Automobilindustrie als Einzige in der gewünschten Qualität und Exklusivität zu bieten vermag. Mit Ausnahme von Jaguar befinden sich alle vormals exklusiven britischen Marken fest in deutscher Hand. Wobei Chinesen ein indisches Auto grundsätzlich ablehnen.

Die **Volksrepublik China** ist nicht nur der am schnellsten wachsende Automobilmarkt weltweit, sondern mittlerweile auch die wichtigste Stütze für die gesamte Automobilindustrie. Im Krisenjahr 2009 verzeichnete China einen Absatzzuwachs von rund 50% gegenüber dem Vorjahreszeitraum und war damit erstmals weltweit größter Automobilmarkt, noch vor den USA. Während viele wichtige Absatzregionen in Folge der weltweiten Wirtschaftskrise starke Einbrüche verzeichneten, war in China nur eine kurze Stagnation Anfang 2009 zu bemerken, und ab dem Frühjahr konnte mit Hilfe der staatlichen Konjunkturmaßnahmen aus Peking (v.a. Steuererleichterungen beim Kauf von kleinmotorigen Autos) das rasante Wachstum der Vorjahre fortgesetzt werden. Mit jährlichen Wachstumsraten von über 20% hat sich der chinesische Automobilmarkt in einem atemberaubenden Tempo innerhalb von zehn Jahren quasi aus dem Nichts zum größten Absatzmarkt weltweit entwickelt, auf dem jeder der großen Hersteller präsent sein muss. In der jüngsten Krise war der florierende chinesische Markt für die Hersteller umso wichtiger, der Volkswagen-Konzern setzt beispielsweise inzwischen mit über 1 Mio. Fahrzeugen mehr als 15% seiner Fahrzeuge in China ab. Das Absatzvolumen von VW ist damit in China um ein Vielfaches größer als in den bereits entwickelten Märkten, wie den USA oder Japan. Nicht ohne Grund spricht VW-Chef Winterkorn daher auch schon von China als zweitem Heimatmarkt des Konzerns.

Das Potenzial des chinesischen Automobilmarkts ist trotz der bereits erzielten Zuwächse weiterhin hoch, der Ausstattungsgrad der Bevölkerung mit einem eigenen Pkw ist noch immer extrem niedrig. Berechnungen des Internationalen Währungsfonds zufolge erhöhte sich in China die Zahl der Automobile pro 1.000 Einwohner bei gleich bleibender wirtschaftlicher Entwicklung von derzeit 20 auf 267 bis zum Jahr 2035. Das wären dann rund 350 Mio. Autos auf Chinas Straßennetz, das bereits heute mit den vorhanden 30 Mio. Fahrzeugen in weiten Teilen hoffnungslos überfordert ist. Da die wirtschaftlichen Wachstumsraten nicht auf dem jetzigen Niveau bleiben werden, ist von einer langsameren Zunahme der Fahrzeuge in China auszugehen, die in ihrem absoluten Ausmaß nichtsdestotrotz alles bisher da gewesene übertrumpfen wird.

Diese gigantischen Wachstumsaussichten des chinesischen Automobilmarktes – bei gleichzeitig gesättigten Märkten in den Industrieländern – haben zu einem herdenartigen Aufbruch der westlichen Automobilindustrie nach China geführt. Der chinesische Automobilmarkt ist für alle westlichen Automobilkonzerne ein entscheidendes Unternehmensstandbein geworden und hat sich dementsprechend zu einem hart umkämpften Markt entwickelt. Parallel zur Absatzentwicklung wurde in China auch die Automobilproduktion aufgebaut. Da nur wenige Autos aus dem Ausland nach China importiert werden und die Exporte von chinesischen Produktionsstandorten auch (noch) sehr gering sind, wächst die Fahrzeug-Produktion in China im Gleichschritt mit der Nachfrage auf dem chinesischen Markt. Seit 1998 hat sich die Pkw-Produktion bis zum Jahr 2009 mehr als verzehnfacht. Allein von 2006 bis 2007 stieg die Anzahl der in China produzierten Fahrzeuge um 1,5 Mio. Einheiten, im Jahr 2009 um weitere 4,5 Mio. Fahrzeuge. China steht damit mittlerweile vor Japan und den USA weltweit an erster Stelle und hat sich als wichtiger Produktionsstandort für alle großen Automobilkonzerne etabliert. Im Jahr 2009 wurden insgesamt 13,8 Mio. Fahrzeuge in China hergestellt, in Deutschland ging die Automobilproduktion im Vergleich dazu um 13,8% auf 5,2 Mio. Fahrzeuge zurück.

Abb. 35. China: Produktion im internationalen Vergleich

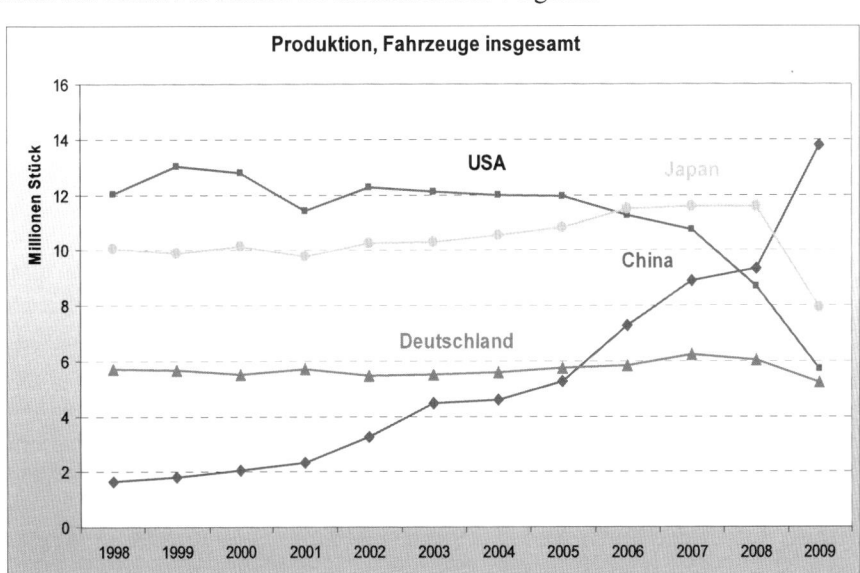

Quelle: VDA

Abb. 36. China: Neuzulassungen im internationalen Vergleich

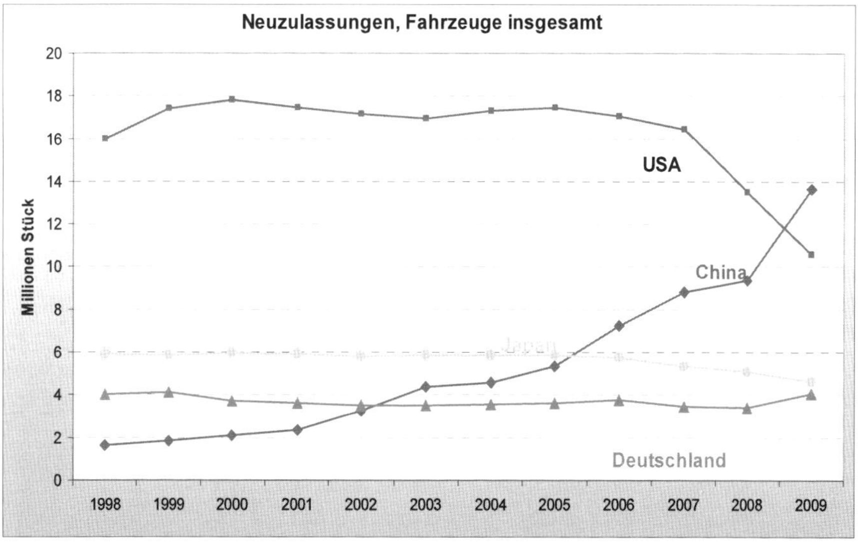

Quelle: VDA

In seinem absoluten Ausmaß übertrumpft der chinesische Automobilmarkt alle anderen Wachstumsländern bei weitem und in Zukunft wird dies noch deutlich stärker der Fall sein. Zwar werden sich in den kommenden Jahren die Wachstumsraten abflachen und trendmäßig nicht mehr 40% bis 50% betragen wie in den letzen Jahren, sondern nur noch 6% bis 8%. Aber selbst dann wird der Absatz in China ab dem Jahr 2015 bei rund 20 Mio. Fahrzeugen und mehr liegen.

Der zweite wichtige asiatische Wachstumsmarkt **Indien** wird diese Größenordnung bei weitem nicht erreichen können, spielt für die internationalen Herstellerkonzerne aber trotzdem eine zunehmend wichtigere Rolle. Davon zeugt auch die strategische Beteiligung von VW an dem Suzuki-Konzern, der mit seinem Kooperationspartner Maruti Marktführer in Indien ist. Wer in Indien als Hersteller erfolgreich sein will, muss kleine und vor allem billige Automobile herstellen können. Eine Kunst, die Piëch dem VW-Konzern mit der Beteiligung an Suzuki „blechnah" beibringen will. Auch in Indien wurde der Boom am Automobilmarkt mit Zuwachsraten von 15% bis 25% in den vergangenen fünf Jahren durch die weltweite Finanzkrise nur kurzzeitig gestoppt, mit einem Wachstum von weniger als 1% im Jahr 2008. Bereits 2009 konnte der Pkw-Absatz wieder um 18% zulegen.

In den nächsten Jahren ist auch in Indien mit einer wachsenden Mittelschicht mit erhöhter Kaufkraft zu rechnen, so dass bei einer Motorisierungsdichte von derzeit nur 11 Pkw pro 1.000 Einwohner hohe Wachstumsraten des Automobilmarktes geradezu vorprogrammiert sind. Der Pkw-Absatz wird sich innerhalb der nächsten 5 bis 10 Jahre auf über 5 Mio. Einheiten mehr als verdoppeln. Eine wichtige Bedeutung wird dabei den Billigautos als Einstiegssegment zukommen, wie dem Nano von Tata, aus heimischer Produktion und mit westlicher Elektronik von Bosch. Aber eben auch den Fahrzeugen von Maruti-Suzuki. Generell steht außer Zweifel, dass Indien dank seiner geografischen Lage und seiner Kostenvorteile als Produktionsstandort immer wichtiger wird. Mit einer Produktion von 2,4 Mio. Kraftfahrzeugen und einem Export von gerade einmal 412.000 Einheiten steht das Land eher noch am Anfang eines dynamischen Entwicklungsprozesses. Dabei ist an der Entschlossenheit der einheimischen Anbieter, künftig auch international auf sich aufmerksam zu machen, nicht zu zweifeln. Und schon zieht es deutsche Spitzenmanager, wie Carl-Peter Forster, nach Indien, um die Inder in die Geheimnisse eines erfolgreichen Automobilmanagements einzuführen.

Der Automobilmarkt **Russland** war dank hoher Zuwachsraten im ersten Halbjahr 2008 kurzzeitig größter Neuwagenmarkt Europas (vor Deutschland). Eine potemkinsche Scheinblüte! Denn danach brach der Absatz in Folge der globalen Wirtschaftskrise dramatisch ein. Seit Ende 2008 waren Rückgänge im Pkw-Verkauf um 50% zu verzeichnen; im Jahr 2009 schrumpfte der Absatz auf rund 1,5 Mio. Pkw, nach 2,9 Mio. im Jahr 2008. Damit fiel der Markt 2009 unter das Niveau des Jahres 2005 und erreichte im europäischen Vergleich nur den fünften Platz.

Im Jahr 2010 ist mit einer langsamen Erholung des russischen Automobilmarkts zu rechnen, aufgrund einer generellen gesamtwirtschaftlichen Erholung (steigende Rohöl- und Erdgas-Einnahmen) und der von der Regierung beschlossenen Maßnahmen zur Stützung des Kfz-Absatzes. Hierzu zählen subventionierte Kredite für den Kauf von in Russland montierten Neuwagen in- und ausländischer Marken und ein im März beschlossenes Abwrackprogramm. Längerfristig werden dem Absatzmarkt Russlands weiterhin gute Perspektiven eingeräumt. Die Zukunft des russischen Pkw-Markts gehört eindeutig den ausländischen Herstellern, die die russischen Marken zunehmend verdrängen und ihren Marktanteil innerhalb weniger Jahre auf über zwei Drittel steigern konnten. Ein Großteil der westlichen Marken wird dabei in Kooperation mit den einheimischen Herstellern produziert. Immer mehr westliche OEMs, so Toyota, Volkswagen etc. bauen aber auch eigene Werke in Russland auf, um für den russischen Markt vor Ort zu produzieren.

Als vierter großer Wachstumsmarkt der Welt gilt **Brasilien**. Nach einigen Turbulenzen in den neunziger Jahren weist der brasilianische Automobilmarkt mittlerweile ein stabiles Wachstum auf, und der Absatz konnte sich innerhalb von fünf Jahren mehr als verdoppeln, auf 3 Mio. Light Vehicles 2009. In Anbetracht der dramatischen Einbrüche auf den anderen süd- und nordamerikanischen Automobilmärkten, sowie der hohen Abhängigkeit der brasilianischen Wirtschaft von Einnahmen aus dem Rohstoffgeschäft (siehe Russland) ist die positive Entwicklung im Krisenjahr 2009 als Beweis für die Stabilität und das weitere Wachstumspotenzial des brasilianischen Automarkts zu werten. Langfristig sind in Brasilien zwar keine vergleichbaren Zuwachsraten wie in den anderen drei oben aufgeführten Ländern zu erwarten, mit durchschnittlich 5% Wachstum wird der brasilianische Markt bis 2015 aber immerhin auf rund 3,7 Mio. Einheiten wachsen können. Als regionale Besonderheit verzeichnen in Brasilien so genannte Flexi-Fuel-Vehicles (FFV)[68] ein hohes Wachstum. Der Anteil dieser Fahrzeuge stieg auf über 2 Mio. Einheiten im Jahr 2008, das sind mehr als 80% des Gesamtabsatzes. Die wichtigsten Akteure in Brasilien sind die drei Hersteller Fiat, VW und GM, die jeweils ca. ein Viertel der dortigen Nachfrage abdecken. Aber auch andere Hersteller, wie Toyota, Hyundai oder der chinesische Hersteller Chery, wollen in Brasilien verstärkt aktiv werden und planen den Aufbau eigener Werke vor Ort. Denn neben dem Wachstum des dortigen Markts sind die Exportmöglichkeiten in den gesamten süd- und mittelamerikanischen Raum ein wichtiges Standortkriterium für Brasilien.

Insgesamt bleibt festzuhalten, dass allein diese vier **BRIC-Staaten** für einen bisher unbekannten Wachstumsschub in der Welt-Automobilindustrie sorgen werden. Im Jahr 2015 wird der Pkw-Absatz in diesen vier Märkten zusammen ein Volumen von mehr als 35 Mio. Fahrzeugen erreicht haben, 14 Mio. mehr als 2009, und damit auch mehr als den Triade-Märkten zusammen genommen. Von diesem Zuwachs entfallen allein 7 Mio. auf China, den mit Abstand wichtigsten und größten Markt der Zukunft. Indien, Russland und Brasilien werden zusammengenommen aber ebenfalls um rund 7 Mio. Einheiten wachsen können. Alle in der globalen Automobilindustrie tätigen Unternehmen, Hersteller wie Zulieferer, müssen auf diese Differenzierung in den globalen Wachstumsmustern vorbereitet und in den entsprechenden Märkten aktiv sein, wenn sie den Anschluss im *Struggle for Life* nicht verpassen wollen.

---

[68] FFV können mit Benzin, Ethanol oder einer beliebigen Mischung der beiden Treibstoffe betrieben werden. Die entsprechende Technik wurde in den neunziger Jahren bei Bosch entwickelt und 2003 eingeführt.

Abb. 37. Prognose der Neuzulassungen in den BRIC-Staaten

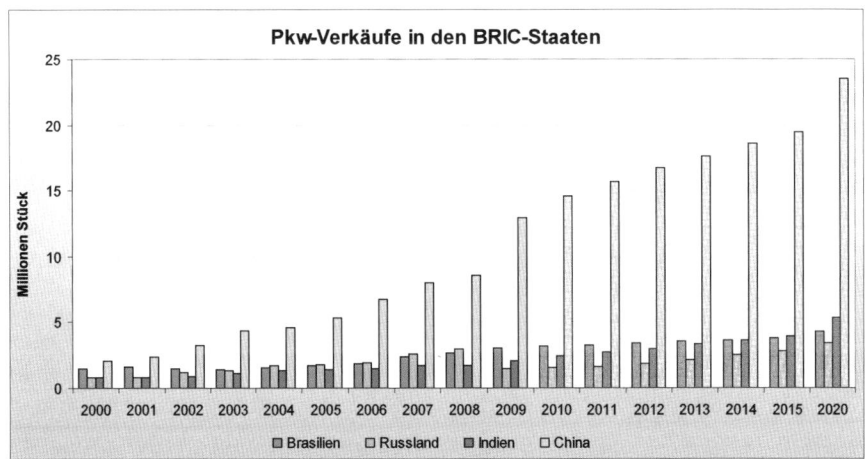

Quelle: VDA; Global Insight; Eigene Berechnung IWK

5.3 Neue Autos braucht die Welt: Die segensreichen Folgen der Energieverteuerung

5.3.1 Absehbare Entwicklungen in der Motoren- / Antriebstechnologien

Grundvoraussetzung für ein Überleben im *Struggle for Life* ist nach Darwin die unentwegte und erfolgreiche Anpassung an veränderte Lebens- und Rahmenbedingungen. Das gilt auch für die Automobilindustrie, die sich momentan in erster Linie auf die zunehmende Bedeutung von Verbrauchs- und Schadstoffreduzierung reagieren. Ihre wirksamsten Instrumente dazu sind eine fortschreitende Optimierung ihrer Motorentechnik, d.h. Effizienzsteigerung und Downsizing, sowie Entwicklung und Integration neuer Antriebstechnologien. Anders als die Dinosaurier beim Meteoriteneinschlag, wird sie von dieser neuen Herausforderung nicht überrascht. Gestiegene Energiepreise, schärfer werdende gesetzliche Vorschriften, veränderte Kundenpräferenzen, neue technologische Möglichkeiten und staatliche Fördermittel zur Forschung und Innovation für die Elektromobilität forcieren dieses Thema, das aktuell die größte Herausforderung für die Automobilhersteller und Zulieferer darstellt und für die zukünftige Überlebensfähigkeit vieler Unternehmen der Branche entscheidend ist.

Eine technologische sowie kaufmännische Sisyphos-Aufgabe! Die Hersteller müssen neue Drei- und Zweizylinder an den Start bringen, natürlich als Benziner und Diesel. Am oberen Ende der Skala wird langfristig der V8 den einsamen Gipfel des Zylinderberges bilden, während der Sechszylinder zum Standard in der Oberklasse avanciert. Unterhalb davon werden Vierzylinder mit 250 PS (Diesel) bis 350 PS (Benziner) keine Seltenheit mehr sein. Und alles soll zusätzlich noch hybrid durch einen Elektromotor unterstützt werden.[69]

Einen einheitlichen Technologietrend gibt es nicht, die Möglichkeiten auf dem Gebiet der Verbrauchsreduzierung sind extrem vielfältig und es wird in der gesamten Automobilindustrie in verschiedene Richtungen entwickelt. Dazu nachfolgend für den interessierten Laien ein kurzer Überblick über aktuelle Tendenzen:

- *Dieselmotor:*
  Die Dieseltechnologie hat sich seit den neunziger Jahren durch wesentliche technologische Verbesserungen vor allem in Europa stark ausgebreitet. Der Kraftstoffverbrauch und die Emissionen wurden durch eine verbesserte innermotorische Verbrennung signifikant reduziert, die Geräusche wurden auf ein komfortables Maß gedämmt. Zukünftige Entwicklungen zielen schwerpunktmäßig auf eine weitere Verbrauchsminimierung und Schadstoffreduzierung ab. Insbesondere sollen hohe Einspritzdrücke, verbesserte Brennverfahren und Aufladesysteme, sowie eine bessere Abgasnachbehandlung gewährleisten, dass weniger Emissionen und Partikel entstehen. Bosch, der deutsche Weltmarktführer auf der Zulieferebene, kann das!

- *Ottomotor*
  Auch der Benzinmotor weist noch ein starkes Optimierungspotenzial hinsichtlich der weiteren Reduzierung des Kraftstoffverbrauchs, vor allem hinsichtlich der CO_2-Emissionsziele auf. Durch effizientes Downsizing könnte der Benzinmotor den Dieselmotor beim Verbrauch durchaus einholen. Wesentliche Verbesserungen sind hier vor allem durch höhere Einspritzdrücke, Weiterentwicklungen im Bereich der Aufladung, höherer Verdichtung, Bi-Turbo, regelbarer Turbolader, variabler Ventilantrieb (Steuerzeiten/Hübe) oder verbessertes Energie- und Wärmemanagement zu erzielen. Zusätzlich sind Verbrennungs-

---

[69] Sueddeutsche Zeitung: *Die Karten werden neu gemischt*, Karcher, G., Nr. 2, 04.01.2010.

verfahren in der Entwicklung, die die Prinzipien von Otto- und Dieselmotor miteinander verbinden, und die Vorteile beider Prozesse (Ottomotor: Gutes Emissionsverhalten, homogene Gemischbildung, wenig Schadstoffe, kein Ruß – Dieselmotor: Hoher Wirkungsgrad, Selbstzündung, niedriger Verbrauch) vereinigen (Diesotto).

- *Hybridtechnologie:*
Vorbei sind die Zeiten, als deutsche Hersteller mitleidig auf die Bemühungen der japanischen Kollegen herabgeblickt haben, den Automobilantrieb mit dualer Technologie neu zu erfinden. An der Hybridtechnologie kommt inzwischen kein Hersteller mehr vorbei, sie wird als die wesentliche Brückentechnologie beim Übergang vom Verbrennungsmotor zum Elektrofahrzeug angesehen. Der Hybridantrieb besteht hierbei aus einem Verbrennungs- und einem Elektromotor, die unterschiedlich kombiniert sein können und gemeinsam für den Fahrzeugbetrieb sorgen. Durch den Elektromotor und die zugehörige Batterie soll der Verbrennungsmotor unterstützt, bzw. teilweise oder ganz ersetzt werden. Dies führt in erster Linie auf kurzen Strecken oder im Verkehr in Ballungsräumen zu Effizienzsteigerungen, während bei längeren Überlandstrecken die Verbrennungsmotoren von Vorteil sind. Grundsätzlich unterscheidet man drei Hauptformen der Hybridisierung: Der *Micro–Hybrid* ist die erste Stufe der Hybridisierung und unterscheidet sich nur durch geringe Fahrzeugmodifikationen von einem konventionellen Fahrzeug. Über eine Start-Stopp Automatik und eine Bremsenergierückgewinnung zum Laden einer kleinen Batterie kann eine Energieersparnis im Stadtverkehr von maximal 10% erreicht werden. Beim *Mild-Hybrid* kann der Elektroantrieb mit entsprechender Batterieleistung bereits den Verbrennungsmotor unterstützen, beispielsweise in der Anfahr- oder Beschleunigungsphase. Das Verbrauchseinsparpotential liegt durchschnittlich bei 15% bis 20%. *Voll-Hybride* können wahlweise rein elektrisch oder per Verbrennungsmotor angetrieben werden und benötigen daher einen deutlich größeren Energiespeicher. Beim rein elektrischen Betrieb im Stadtverkehr entstehen dabei keinerlei Emissionen. Bei der Konstruktion muss tiefer in die Antriebsstrang- und Fahrzeugstruktur eingegriffen werden als bei den Micro- und Mild-Hybriden. Je nach Ausprägung kann bei einem Voll-Hybrid der Verbrennungsmotor oder der Elektroantrieb überwiegen und der Akku zusätzlich an einer Steckdose aufgeladen werden (*Plug-In*). Da Full–Hybride bislang noch sehr kostenintensiv sind, ist davon auszugehen, dass sich im Volumensegment vorerst der Mild-Hybrid durchsetzen wird.

- *Elektrofahrzeug:*
  Das Elektrofahrzeug verfügt im Gegensatz dazu nur noch über einen Antrieb, den Elektromotor. Der Übergang vom Full-Hybrid zum reinen Elektrofahrzeug ist fließend, da beispielsweise auch bei reinen Elektroautos ein Verbrennungsmotor als Range Extender zur Stromerzeugung für den Elektroantrieb eingesetzt wird. Zum Aufladen der Batterie benötigen Elektrofahrzeuge allerdings eine Stromzufuhr von außen (Stromtankstelle, Steckdose, etc.). Die Automobilindustrie arbeitet zusammen mit Batterieherstellern, Energieversorgern und wissenschaftlichen Instituten mit Hochdruck am Elektromotor und -antrieb. Allerdings muss bedacht werden, dass zum einen die nötige Infrastruktur zum Aufladen eine große Herausforderung darstellt, zum anderen die Batterietechnologie aufgrund der hohen Akkukosten (ca. 10.000 Euro pro Batteriesatz; Lebensdauer: Zwei Jahre) auch noch für das Volumensegment rentabel sein muss. Außerdem stellen die Reichweite der Batterien und ihr Gewicht die Industrie vor weitere Herausforderungen, die bisher von keinem Hersteller befriedigend gelöst werden konnten. Momentan stellt allerdings neben der Reichweite, die im reinen Elektrofahrzeug in der heutigen Entwicklung noch unter 200 km liegt, insbesondere der hohe Preis von rund 30.000 Euro für einen Kleinwagen eine wesentliche Barriere für den Kauf eines Elektrofahrzeugs dar. Mittelfristig werden E-Fahrzeuge daher wohl nur in speziellen Nischen zum Einsatz kommen (z.B. als Gabelstapler in Automobilfabriken), während sich de Hybrid-Antrieb in nahezu allen Fahrzeugsparten durchsetzen wird.

- *Wasserstoffmotor/Brennstoffzellenantrieb:*
  Wasserstoff lässt sich als Kraftstoff für Verbrennungsmotoren oder Brennstoffzellen nutzen. Nach einer Phase großer Euphorie in den neunziger Jahren konzentrieren sich die meisten Hersteller mittlerweile auf den Elektroantrieb mit herkömmlichem Strom und haben die Forschung am Wasserstoffantrieb aus Kostengründen zurückgestellt. Der Vorteil von Wasserstoffmotoren ist der Ausstoß vor allem von Wasserdampf und keinerlei Feinstaub, zusätzlich hat er einen höheren Wirkungsgrad als Benzinmotoren (45% vs. 25%), allerdings bei niedrigerer Leistung. Der Brennstoffzellenantrieb verwendet ebenfalls Wasserstoff als Treibstoff, der hier aber nicht verbrannt, sondern über die Brennstoffzelle direkt in elektrischen Strom umgewandelt wird. Im Vergleich zum Elektroauto mit Stromanschluss kann mit Wasserstoffantrieb eine höhere Reichweite und ein schnelles Auftanken gewährleistet werden. Eines der großen Probleme bleibt die Speichermöglichkeit des hochsensiblen, flüchtigen Wasserstoffs und die Einführung

einer sehr teuren und bisher praktisch nicht existenten Infrastruktur, um eine flächendeckende Versorgung mit dem Kraftstoff sicherzustellen. Allerdings hat Wolfgang Reitzele zu recht darauf verwiesen, dass die für den Aufbau eines Tankstellennetzes für Wasserstoff veranschlagten Kosten von 4 Mrd. Euro beispielsweise von jeder ordentlichen deutschen Landesbank „an einem Vormittag verbrannt" wurden. Die Wasserstoff-Technik ist nach jetzigem Stand noch zu teuer und zu aufwändig, um für den normalen Autobetrieb in Frage zu kommen. Auf lange Frist könnte Wasserstoff jedoch als nachhaltiger Energieträger eine Schlüsselrolle in der Automobilindustrie zukommen.

Neben neuen Antriebstechniken gibt es einen weiteren umweltschonenden Ansatz. Die Einbeziehung alternativer Energiequellen zur *Kraftstoffherstellung* gewinnt zunehmend an Bedeutung, sowohl für Diesel- sowie Ottomotoren. Die leicht förderbaren Ölquellen sind zeitlich stark befristet und der Aufwand für die Erschließung und Nutzung abgelegener Quellen wird rapide zunehmen, was wiederum unweigerlich einen steigenden Ölpreis nach sich zieht. Daher wird neben der Notwendigkeit zur Verbesserung der CO_2-Bilanz die begrenzte Verfügbarkeit von Erdöl als wesentlicher Treiber alternativer Kraftstoffe angesehen. Erdgas (CNG) und vor allem Flüssiggas (LPG) sind seit den neunziger Jahren zunehmend verfügbar und aufgrund des geringeren CO_2-Ausstoßes bei der Verbrennung umweltfreundlicher als Erdöl. Die hohen Umrüstungskosten können durch die niedrigeren Tankkosten bei entsprechender Fahrleistung ausgeglichen werden. Als fossiler Brennstoff ist jedoch auch Gas eine begrenzte Ressource und nicht unendlich verfügbar. Alternativ kommen auch immer mehr Bio-Kraftstoffe aus nachwachsenden Rohstoffen zum Einsatz (z.B. Bio-Ethanol, Bio-Diesel), die in einem bestimmten Verhältnis dem fossilen Kraftstoff zugeführt werden, ihn unter Umständen auch vollständig substituieren und somit zu einer CO_2-Minderung beitragen. Während Bio-Ethanol in Deutschland seit 2005 zu 5% dem normalen Benzin beigemischt wird, kommt es vor allem in Entwicklungs- und Schwellenländern mit großen Agrarflächen verstärkt zum Einsatz. Brasilien ist zurzeit der weltweit größte Bioethanolerzeuger und dort sind Flexible-Fuels-Vehicles entsprechend verbreitet, die auch komplett mit Biotreibstoff fahren können.

Die Palette alternativer Kraftstoffe ist sehr breit – mit unterschiedlichen Auswirkungen auf die Technik der Verbrennungsmotoren, von der Korrosionsbeständigkeit der Komponenten bis hin zur Alterung der Dichtungen. Die Bewertung der unterschiedlichen Kraftstoffe erfolgt in der Regel nach den folgenden Kriterien: CO_2-Bilanz, Ressourcenverfügbarkeit, Substitutionsfähigkeit bestehender Kraftstoffe (Diesel, Benzin) und vorhandene Infrastruktur. Bei der weiteren Bewertung alternativer Kraftstoffe, wie Wasserstoff, Biodiesel, Ethanol, Pflanzenöl und Flüssiggas, sind neben deren Vorteile auch entsprechende Einschränkungen zu berücksichtigen, wie geringe Energiedichte, höhere Aggressivität und anderes Brennverhalten. Eine andere Problematik stellt bei vielen Biokraftstoffen die Verdrängung der Anbauflächen für Lebensmittel dar. Da in der EU die landwirtschaftliche Fläche nicht ausreicht, um die steigende Nachfrage nach Biokraftstoffen zu decken, werden die Anbauflächen in Entwicklungsländer verlegt, mit teilweise negativen Auswirkungen auf die lokalen Lebensmittelpreise und Umweltbelastung durch Monokulturen. Mittelfristig werden die Biokraftstoffe als Beimischung zu konventionellen Kraftstoffen voraussichtlich weiter voranschreiten, wie die Verbreitung der Flexi-Fuel-Vehicle in weiten Teilen der Welt zeigt. In der westlichen Welt und in den großen Metropolregionen Chinas wird dagegen die Elektromobilität stark an Bedeutung gewinnen – auf absehbare Zeit über Hybrid-Antriebe mit kleineren und effizienteren Benzin- und Diesel-Verbrennungsmotoren und nur in Teilbreichen mit reinen E-Autos.

5.3.2 Strukturveränderung durch Elektromobilität

Die gesamte Automobilindustrie und die öffentliche Diskussion sind aktuell von einem Virus namens *Elektromobilität* befallen. Die Politik ruft Sondergipfel aus und jede Automobilmesse wird von den Schlagzeilen neuer, in weißer Wagenfarbe gehaltener Elektroautos begleitet. Automobilexperten jeglicher Couleur beschwören das Zeitalter der Elektromobilität wie einstmals die Druiden in Stonehenge die Sonnenwende und mahnen dabei gleichzeitig den Untergang der deutschen Automobilindustrie an, da sie

- entweder alles verschlafen habe oder
- gegenüber den chinesischen Automobilbastlern bereits hoffnungslos ins Hintertreffen geraten sei.

Das ist aber alles sehr unreflektiert und übertrieben! Allzu gerne wird übersehen, dass die wenigsten Hersteller ein serienreifes und gebrauchstüchtiges (!) Elektrofahrzeug auf dem Markt haben und die Stückzahlen auch in den kommenden zehn Jahren im Vergleich zu den klassischen Antriebsarten verschwindend klein sein werden. In Deutschland waren im

Januar 2010 rund 1.500 Elektrofahrzeuge auf den Straßen unterwegs und weltweit wurden im Jahr 2009 rund 10.000 rein elektrisch betriebene Fahrzeuge abgesetzt – von insgesamt 60 Mio. Bundeskanzlerin Merkel bekräftigte anlässlich des Startschusses für eine „Nationale Plattform Elektromobilität" das Ziel, bis zum Jahr 2020 in Deutschland 1 Mio. E-Fahrzeuge auf den Markt zu bringen. In zehn Jahren führen dann hierzulande von 100 Autos schon 2 Fahrzeuge rein elektrisch – und 98 noch nicht! Bis zum Jahr 2025 rechnet man mit weltweit 15 Mio. Elektrofahrzeugen auf den Straßen, das sind etwa 1,5% des zukünftigen Fahrzeugbestands. Bis das E-Auto die vorherrschende Antriebstechnik sein wird, dauert es also noch Jahrzehnte. Darwin würde sagen: Wenn der Markt nach Elektromobilität verlangt, wird sie sich durchsetzen!

Darüber hinaus ist auch die Bedeutung der Elektromobilität für den Umweltschutz stark umstritten. Zum einen aufgrund der für die Batterieherstellung verwendeten Rohstoffe, zum anderen heißt elektrisches Fahren noch lange nicht schadstofffreies Fahren, solange der Strom aus Kohle- oder Gaskraftwerken stammt. Auch lässt sich die Reduzierung des CO_2-Ausstoßes in anderen Bereichen deutlich preiswerter erzielen. Nach Expertenschätzungen[70] liegen die CO_2-Vermeidungskosten bei der Elektromobilität jenseits der Tausend-Euro-Schwelle pro Tonne CO_2 und sind damit exorbitant hoch; derzeit liegt der CO_2-Preis im EU-Emissionshandel bei etwa EUR 13 pro Tonne. Aber selbst wenn der Umweltaspekt fragwürdig sein mag, so gibt es noch einen weiteren gewichtigen Grund für Elektromobilität: Die weltweit knapper werdenden Erdölvorräte.

Der Batterieantrieb wird langfristig einer der großen Zukunftsoptionen der Automobilindustrie sein, aber gegenwärtig und in absehbarer Zukunft sind die notwendigen Lithium-Ionen Batterien noch zu schwach, zu schwer und zu teuer. Zurzeit liegen die erwarteten Batteriekosten zwischen 10.000 und 15.000 Euro bei einer Lebensdauer von bis zu 100.000 km und einer maximalen Reichweite von 200 km. Insgesamt sind die Kosten für ein Elektroauto derzeit in etwa zweieinhalb Mal so hoch wie bei einem herkömmlichen Auto, und sogar im Jahr 2025 wird das Elektrofahrzeug laut Prognosen[71] in der Anschaffung noch 60% mehr kosten. Den teuren Anschaffungskosten für ein Elektrofahrzeug stehen allerdings niedrige Betriebskosten gegenüber. Ein Benziner verbraucht auf 100.000 km Laufleistung durchschnittlich rund 10.000 Euro für Tankfüllungen, während sich die Stromkosten für ein Elektroauto nur auf rund 2.000 Euro belaufen.

---

[70] Deutsche Bank Research (2010a).
[71] Oliver Wyman (2009): *Elektromobilität 2025*.

Die Gesamtkosten für ein elektrisch betriebenes Auto bleiben aber trotz der niedrigeren Betriebskosten in absehbarer Zukunft noch deutlich höher als bei einem Verbrennungsfahrzeug. Zumal auch davon auszugehen ist, dass der Staat nicht ersatzlos auf die Einnahmen aus der Mineralölsteuer verzichten kann und daher sehr schnell eine Stromsteuer für Elektroautos einführen wird. Der Preisvorteil an der Steckdose gegenüber der Tankstelle könnte daher auch schnell schrumpfen.

Trotzdem ist festzuhalten, dass die Entwicklung auf dem Bereich des Elektro-Antriebs unaufhaltsam voranschreitet und die Ingenieure bestrebt sind, diese Technologie serienreif werden zu lassen. Die Entwicklung von Elektrofahrzeugen ist und bleibt zunächst noch sehr teuer. Es besteht ein enormer Investitionsbedarf, dem kurzfristig ein nur geringes Ertragspotenzial gegenüber steht. Entsprechend groß sind die Ertrags- und Unternehmensrisiken.

In der Entwicklung des elektrischen Fahrens sind viele vertikale und horizontale Kooperationen zwischen den Herstellern untereinander und mit den Zulieferern, sowie eine zunehmende Beteiligung der Stromkonzerne zu beobachten, für die sich durch die Verbreitung von Elektroautos vollkommen neue Geschäftsmodelle ergeben. Dabei spielt nicht nur der Zuwachs des Stromabsatzes eine entscheidende Rolle, sondern auch die Errichtung und der Betrieb von Ladeinfrastrukturen. Um ein flächendeckendes Tankstellennetz für Elektrofahrzeuge zu entwickeln, ist es wichtig, dass sich die Stromanbieter frühzeitig um Kooperationen mit den Ölkonzernen, die dominierenden Kräfte der bestehenden Tankstellenstruktur, bemühen. Ein weiteres Potenzial liefern Elektrofahrzeuge, indem sie als riesiger Speicher zum Ausgleich von Schwankungen in der Stromerzeugung, z.B. durch Windkraft, und der Stromnachfrage dienen. Auch die Möglichkeit des Batterieleasings ermöglicht Stromkonzernen neue Geschäftsfelder.

In Europa sieht man reine Elektrofahrzeuge in diversen Testgebieten und EV-Pilotprojekten; beispielsweise testet BMW seit Anfang 2009 gemeinsam mit den Stromerzeugern Vattenfall und E.on Elektrofahrzeuge der Marke Mini, um mehr über Lebensdauer der Akkus, Ladezeiten, Stromverbrauch, Reaktion auf Hitze, Kälte und vieles mehr zu erfahren. Auch Daimler startete bereits in London für Verwaltung und Geschäftsleute eine Elektro-Smart Fortwo Offensive, welche in Zusammenarbeit mit RWE und Siemens in Berlin unter dem „E-Mobility Berlin" Konzept seit September 2008 weiter fortgesetzt und von der Bundesregierung unterstützt wird. Die Erkenntnisse sollen dem Aufbau einer größeren Infrastruktur für Elektrofahrzeuge dienen. Seit Mitte 2009 ist Daimler mit 6% an dem kalifornischen Autohersteller Tesla beteiligt (s. unten). Tesla produziert bereits seit Anfang 2008 den vollelektrischen Tesla Roadster und hatte bis Herbst 2009 insgesamt 700 Stück an Kunden ausgeliefert. Aus Norwegen stammt mit dem Think ein weiteres Elektroauto, das in ausgewählten europäischen Ländern bereits auf dem Markt erhältlich ist.

Eine weitere Allianz zwischen Energieunternehmen und Konzern der Automobilindustrie besteht bei EWE und der insolventen Automobil- und Karosseriebaufirma Karmann. Sie entwickeln zusammen eine elektrische Sportlimousine, den E3. Anders als bei sonstigen derartigen Kooperationen, ist nicht der Automobilkonzern, sondern EWE der eigentliche Hersteller des E-Autos. EWE sieht in Elektrofahrzeugen großes Potenzial für die mobile Speicherung von Strom und Einbindung ins Telekommunikationsnetz, um Energieprobleme der Zukunft zu lösen. Auch General Motors wird zukünftig kooperieren, und zwar mit der Electric Car Company Reva, die sich seit 14 Jahren mit dieser Antriebsart beschäftigt. Ziel ist die Entwicklung elektrischer Fahrzeuge für den indischen Markt. Sie werden dabei von der indischen Regierung unterstützt, die den Aufbau der nötigen Infrastruktur vorantreibt.

Die japanisch-französische Allianz Renault-Nissan kündigt eine ganze Flotte von Elektrofahrzeugen an, von Kleinwagen über Mittelklasselimousinen bis zu Mini-Vans. Mit dem Nissan Leaf bringt der Hersteller noch im Jahr 2010 weltweit das erste Elektroauto in erwähnenswerter Stückzahl auf den Markt. Zunächst allerdings nur in den Ländern, in denen Elektrofahrzeuge mit staatlichen Subventionen besonders unterstützt werden, so dass der Kaufpreis für den Kunden überraschend niedrig ausfällt. In den USA soll der Nissan Leaf 32.780 US$ kosten und nach dem Abzug von 7500 US$ Steuerrabatt aus Washington für 25.280 US$ zu haben sein. Wer in Kalifornien wohnt, bekommt noch zusätzlich 5.000 US$ vom Bundesstaat und zahlt damit für einen Leaf weniger als für Hybridautos, wie den Toyota Prius oder den Honda Insight. Auch der Preisunterschied zu konventionell motorisierten Autos ist dann nicht mehr groß. In Europa sollen die ersten Exemplare des Elektrofahrzeugs Nissan Leaf in Großbritannien, Irland, den Niederlanden und Portugal ab Ende 2010 in den Handel kommen, wo sie ebenfalls von lokalen Förderungen profitieren können. In Deutschland und dem restlichen Westeuropa müssen sich die Kunden dagegen noch bis Ende 2011 gedulden, bis dieses voll elektrische Auto bei Ihnen erhältlich ist. Aufgrund der Reichweite von maximal 160 km und einer Ladedauer von acht Stunden besteht auch kaum die Gefahr, dass sie sich schon vorher ein subventioniertes Auto im Ausland kaufen.

Renault-Nissan kooperiert zusätzlich auch mit der kalifornischen Firma Better Place, die 2007 gegründet wurde und eine flächendeckende Infrastruktur für Elektroautos mit Wechselbatterien und Austauschstationen aufbauen möchte, um lange Ladezeiten zu umgehen und die Aktionsradien zu erhöhen. Better Place konnte bereits einige Regionen zu einer Zusammenarbeit gewinnen, so sollen beispielsweise in Israel bis 2011 rund 150.000 Ladestationen aufgebaut und vier verschiedene Modelle von Elektroautos (u. a. von Renault) getestet werden. Die Antriebskomponenten für das Elektrofahrzeug werden voraussichtlich von Continental entwickelt. Der Zulieferer kündigte die Großserienproduktion eines EV für 2011 an. Better Place konnte neben Israel auch Dänemark und verschiedene Regionen in den USA und Australien zur Zusammenarbeit gewinnen. Im April 2010 startete das Unternehmen in Tokio einen Modellversuch für Elektro-Taxis mit Wechselakku und einer Tauschstation. Zunächst besteht das Projekt aus drei Elektrofahrzeugen und wird vom japanischen Wirtschaftsministerium gefördert.

Weltweit unterstützten also viele Staaten die Autoindustrie, Batteriehersteller, Energieversorger und wissenschaftliche Institute in der Forschung und Entwicklung von Hybrid- und Elektrofahrzeugen. In einem Konjunktur-Paket der EU von 2008 sind 5 Mrd. Euro für die „Green Cars Initiative" vorgesehen. Ziel der Initiative ist die Förderung von F&E im Bereich der sicheren, effizienten und umweltfreundlichen Mobilität, insbesondere der Elektromobilität und der dazu benötigten Technologien und Infrastrukturen. Zudem gibt es in einzelnen Ländern Förderprogramme für die Elektromobilität. So stehen in Deutschland bis 2011 insgesamt 500 Mio. Euro aus dem Konjunkturpaket II im „Nationaler Entwicklungsplan für Elektromobilität"[72] zur Verfügung. Auch andere Staaten, wie Frankreich und Großbritannien haben öffentliche Mittel für die Forschung in diesem Bereich bereitgestellt (siehe Tabelle 5).

Zu den staatlichen Förderprogrammen, die vorwiegend der F&E von Elektroautos und deren Bestandteilen zu Gute kommen, damit also besonders den Herstellern und Zulieferern helfen, gibt es in einigen Ländern auch direkte Prämien für den Kauf von Hybrid- und Elektrofahrzeugen. In den USA und in Großbritannien bezuschusst der Staat bereits jedes verkaufte Elektroauto mit bis zu 5.000 Euro, die Regierung in Peking fördert den Kauf jedes strombetriebenen Wagens sogar mit umgerechnet 6.000

---

[72] Unter Federführung des Wirtschaftsministeriums wurde im August 2009 der Nationale Entwicklungsplan für Elektromobilität von der Bundesregierung verabschiedet, mit dem mehr als 190 Einzelprojekte und insgesamt acht Modellregionen zur Elektromobilität gefördert werden soll.

Euro. Der Zuschuss deckt einen guten Teil der Mehrkosten ab, die der Elektroantrieb verursacht. Für westliche Hersteller ist damit der chinesische Markt zunächst als Testregion und später auch als Absatzmarkt für Elektroautos sehr reizvoll. VW und Daimler kooperieren bereits mit dem chinesischen Unternehmen BYD (Build Your Dreams), die im Bereich der Batterietechnik als führend gelten.

Tabelle 5. Staatl. Förderprogramme für Elektroautos in ausgewählten Ländern

Land	Name	Ziel	Betrag (€)	Dauer
Vereinigte Staaten	Teil des amerikanischen Konjunkturprogramms 2009	F&E für Batterie, Hybrid- & Elektroautos	1,6 Mrd.	Seit August 2009
Japan	Entwicklung verbesserter Batterien	Zellkosten bis 2010 halbieren	140 Mio.	Seit 2006
China		Antriebstechnologien 10 Pilotregionen, 10.000 Pkw	1 Mrd. 2 Mrd.	2009 - 2011
Europäische Union	Green Cars Initiative	Ausschreibung	5 Mrd.	Seit Juli 2009
Deutschland	Teil des 2. Konjunkturprogramms „Nationaler Entwicklungsplan für Elektromobilität"	1 Mio. Elektrofahrzeuge bis 2020	500 Mio.	August 2009 - 2011
Frankreich		F&E für Hybrid- & Elektroautos	400 Mio.	4 Jahre
Großbritannien	„Low Carbon Vehicle Programme" von Regierung & Industrie	E&F von Komponenten für Hybrid- & Elektroautos	220 Mio.	2009 - 2014

In Deutschland wurde auf dem „E-Gipfel" Anfang Mai 2010 an dem Ziel festgehalten, bis zum Jahr 2020 eine Mio. Elektroautos auf die Straße bringen zu wollen und die zugesagten Forschungsmittel zur Verfügung zu stellen. Eine direkte Kaufprämie wurde allerdings (nicht zuletzt aufgrund der klammen Staatsfinanzen) abgelehnt. Entscheidend für die Zukunft der deutschen Automobilindustrie ist die Beherrschung des nötigen Knowhows auf dem Gebiet des Elektroantriebs, weshalb die Förderung in die Forschung und nicht in den Absatz gesteckt werden soll. Bundeskanzlerin Merkel sagte dazu auf dem E-Gipfel „Wir haben bei der E-Mobilität sicher

Nachholbedarf in einigen Bereichen, aber in Sack und Asche gehen müssen wir nicht" und der Vorsitzende des Lenkungskreises Nationale Plattform Elektromobilität, Henning Kagermann,[73] ergänzte: „Bei der Elektromobilität müssen wir in Deutschland die globalen Leitanbieter sein, nicht der Leitmarkt."[74] Noch wichtiger wäre es, dass die deutsche Automobilindustrie bei all dem falschen Elektrohype nicht zur Leidindustrie wird! Bis dato jedenfalls hat sie sich nichts vorzuwerfen, irgendetwas versäumt zu haben (außer anfangs die Hybridentwicklung).

5.3.3 Einsatz neuer Materialien / Werkstoffe im Fahrzeug

Elektromobilität bedeutet für die Zukunft der Branche viel, aber nicht alles! Neben neuen Antriebsformen und effizienteren Motoren kommen in der Automobilindustrie verstärkt Ökoinnovationen in vielen weiteren Bereichen zum Einsatz, die ebenfalls helfen können, den Kraftstoffverbrauch zu senken und die Umweltfreundlichkeit der Fahrzeuge zu erhöhen. Von sparsameren Klimaanlagen und Leichtlaufreifen mit automatischer Überwachung des optimalen Reifendrucks, über Schaltzeitpunktanlagen und LED-Lampen bis zu Solarzellen auf dam Autodach bestehen viele technische Möglichkeiten zur Einsparungen beim Kraftstoffverbrauch. Eine weitere Möglichkeit bieten Thermogeneratoren, die Abwärmeenergie in nutzbare Energie wandeln und so Antriebskraft zurückgewinnen.

Zusätzlich zu den Ökoinnovationen werden zunehmend Leichtbauwerkstoffe in der Automobilindustrie verwendet und bewirken eine Reduzierung des Energie- und Materialbedarfs sowie eine Verbesserung der Wirtschaftlichkeit der Systeme. Vor allem wegen zunehmend strengeren Umweltvorschriften und niedrigeren Verbrauchswünschen der Kunden setzt die Automobilindustrie verstärkt auf schlanke Bauteilkonstruktion. Ob Aluminium, Magnesium, hochfester und höchstfester Stahl, neuartige Faserverbundwerkstoffe – Werkstoffe sind ein wesentlicher Innovationstreiber im Fahrzeugbau. Als Zielsetzung gilt es, neue Werkstoffe mit spezifischer Funktionalität bei gleichzeitig geringerem Gewicht zu entwickeln. Es sollen dabei optimale Gewichtsverteilungen erreicht werden, mit den primären Zielen von wirtschaftlichen Verbrauchs- und Emissionswerten, Fahrdynamik, hoher Stabilität, Zuverlässigkeit und Sicherheit.

---

[73] Kagermann war zuvor Chef des Softwareunternehmens SAP, wo bis zum Jahr 2007 auch Shai Agassi, der Gründer von Better Place, im Vorstand saß.
[74] VDI Nachrichten: *Keine Subventionen für Elektrofahrzeuge*, 07.05.2010.

Stahl könnte seine Bedeutung innerhalb der Automobilindustrie mittelfristig merklich verlieren. Der Rohstoff Stahl ist in den letzten Jahren deutlich teurer geworden und die hohen Energiepreise, für die auf längere Sicht keine Entspannung zu erwarten ist, haben die sehr energieintensive Verarbeitung von Stahl zusätzlich verteuert. Gleichzeitig werden für die Automobilindustrie spezielle Stähle entwickelt, die eine hohe Verformbarkeit und Festigkeit aufweisen, insbesondere für den Einsatz in crashrelevanten Zonen im Fahrzeug. Besondere Aufmerksamkeit kommt den hochfesten Stählen zu, welche die Eigenschaften hoher Festigkeit bei gleichzeitiger Dehnbarkeit besitzen und damit leichtere Bauteile als herkömmliche Stähle sind, aber trotzdem die vorgegebenen erforderliche Festigkeit und Dehnbarkeit besitzen.

Aluminium steht im Karosseriebau hinsichtlich des Leichtbaupotentials und der Effizienz in direkter Konkurrenz zu hochfesten Stählen. Motor-, Getriebegehäuse und Karosserieteile, wie Einspritzpumpengehäuse und Zylinderköpfe, können aus Aluminium aufgrund seines geringen Schmelzpunktes und guter Wärmeleitfähigkeit im Druckgussverfahren hergestellt werden. Dabei wird die Aluminiumschmelze unter hohem Druck in ein Formteil gepresst. Im Bereich des Motorenbaus steht Aluminium in Konkurrenz zum Grauguss. Steigende Zünddrücke, geringes Gewicht und vorgegebene Baugröße kennzeichnen das komplexe Anforderungsprofil eines Motorblocks. Auch das Verbundkurbelgehäuse aus Magnesium und Aluminium von BMW in Form eines 6-Zylinders mit einer Gewichtsersparnis von 24% zeigt Entwicklungspotential in diesem Bereich.

Kunststoffe nehmen im Anwendungsbereich des Automobilbaus kontinuierlich zu. Heute befinden sich 50% der Kunststoffanwendungen im Interieur, 21% im Exterieur und 15% in Elektrik und Antrieb und ungefähr 10% im Fahrwerk. Das Konstruktionspotential dieses Werkstoffs kann sich durch die vielfältigen Anforderungen hinsichtlich Optik, Haptik und vor allem Funktionalität und Zuverlässigkeit entfalten. Es wird erwartet, dass der Kunststoffanteil im Pkw-Fahrzeugbau von derzeit 12% auf 20% ansteigen wird. Kohlefaserverstärkte (CFK) und glasfaserverstärkte Kunststoffe (GFK) sind Verbundwerkstoffe, die aus Einzelwerkstoffen bestehen. Sie zeichnen sich aus durch hohes Gewichteinsparpotential, gute Korrosionseigenschaften und geringe Materialermüdungserscheinungen. Der Rohstoff CFK ist jedoch teuer und Einsatzbereiche sind vorwiegend im High-Tech-Bereich zu erzielen.

5.4 Grüne Automobiltechnologie made in Germany auf dem Vormarsch

Wie dargelegt, sind die Zukunftstrends der Mobilität vielfältig, eine bedeutende, wenn nicht sogar entscheidende, Rolle spielt dabei die CO_2-neutrale oder zumindest schadstoffreduzierte Mobilität. Dazu werden Fahrzeuge mit Verbrennungsmotor optimiert, und gleichzeitig gewinnen Hybrid- und Elektromobilität an Bedeutung, so dass emissionsfreies Fahren langfristig möglich sein wird.

Der deutschen Automobilindustrie wurde lange vorgeworfen, die notwendigen Anpassungen an die erhöhten Umweltanforderungen verschlafen zu haben. In weiten Teilen traf dies auch zu, allerdings nicht aufgrund mangelnden Know-hows der hiesigen Ingenieure, sondern wegen falschen strategischen Unternehmensausrichtungen bei vielen Herstellern. An dieser Stelle sei nur kurz daran erinnert, dass beispielsweise der Hybrid-Antrieb in Deutschland entwickelt und von Audi Anfang der neunziger Jahre erstmals in Serienfahrzeugen auf den Markt gebracht wurde. Es fehlte allerdings der lange Atem, um die Technologie auf dem Markt zu etablieren, so dass Toyota mit seinem Prius ab 1997 zum Vorreiter des Hybrid-Antriebs aufstieg. Und die deutschen Hersteller brauchten lange – in den Augen vieler Beobachter zu lange – bis sie (wieder) nachzogen. Mittlerweile arbeiten alle deutschen Hersteller mit hohem Forschungs- und Entwicklungsaufwand an alternativen Antriebstechnologien – vom Mild-Hybrid über den Plug-in-Hybrid bis hin zum reinen Elektrofahrzeug. Die deutschen Zulieferer sind zum Großteil wesentlich weiter und weltweit mit innovativen Produkten auf dem Markt vertreten.

Die Hersteller hierzulande definierten sich bisher vor allem über den technologischen Vorsprung beim konventionellen Verbrennungsmotor, speziell im Bereich der Dieseltechnologie, gegenüber ihrer internationalen Konkurrenz. Dies ist auch richtig und weiterhin ein nicht zu vernachlässigendes Kriterium. Denn auch im Jahr 2020 werden voraussichtlich noch 97% aller Autos mit Verbrennungsmotor fahren, der dann allerdings effizienter arbeiten wird als heute. Sowohl beim Diesel- als auch beim Benzinmotor besteht noch immenses Einsparpotenzial, vor allem durch Downsizing und eine verbesserte Verbrennung. Die Auswirkungen auf die Umwelt und den Schadstoffausstoß sind dabei um ein vielfaches größer als durch Elektroautos, da diese in absehbarer Zukunft nur in sehr geringer Anzahl auf den Straßen unterwegs sein werden. Zumal der Betrieb von Elektroautos noch lange nicht CO_2-neutral ist, solange der Strom nicht zu

100% aus regenerativen Energiequellen stammt. Der Anteil von Ökostrom am Stromverbrauch liegt in Deutschland derzeit bei nur 16% und könnte sich nach Berechnungen des Umweltministeriums bis 2020 allenfalls verdoppeln. E-Autos würden also auch im Jahr 2020 nur etwa 30% ihres Stroms aus regenerativen Energien gewinnen. Bei derzeitigem Energiemix mit hohem Kohlekraftwerksanteil produziert ein Elektroauto mit einem Verbrauch von 20 kWh/100 km in etwa 120 g/km CO_2. Sparsame Benzinmotoren kommen heute bereits auf einen weit niedrigeren CO_2-Wert.

In den Bereichen, in denen tatsächliche Umwelteffekte durch niedrigeren Kraftstoffverbrauch erzielt werden können, ist die deutsche Automobilindustrie, entgegen aller Unkenrufe, weltweit führend. Durch das hierzulande vorhandene Ingenieurs-Know-how ist die Branche technologisch sehr gut aufgestellt und kann mit den Automobilherstellern und Zulieferern weltweit mithalten, ist teilweise sogar besser aufgestellt. Auch wenn deutsche Autos – vor allem dank der technologischen Innovationen bei den Zulieferern – eine deutlich effizientere Leistungsausbeute aufweisen können als in der Vergangenheit und als die internationale Konkurrenz, so wurden diese Effizienzsteigerungen meist nur in mehr Leistung bei gleich bleibendem Energiebedarf umgesetzt, anstatt sie für tatsächliche Energieeinsparungen und CO_2-Reduzierung einzusetzen. Die Autos wurden im Laufe der Zeit immer schwerer, mit einer Vielzahl zusätzlicher Sicherheits- und Komfortausstattungen versehen, und ihre Motorenleistung wurde stetig gesteigert, der Kraftstoffverbrauch konnte dagegen weitestgehend konstant gehalten werden. Inzwischen hat ein entsprechendes Umdenken eingesetzt und gerade in den deutschen Unternehmen der Branche wird nun umso intensiver auch in dem Bereich der absoluten Energieeinsparung geforscht. Der Benzin- und Diesel-Verbrauch muss insgesamt reduziert werden, nicht nur wegen des Schadstoffausstoßes, sondern auch aufgrund der endlichen Verfügbarkeit fossiler Brennstoffe. Peak-Oil ist nach Expertenmeinung bereits überschritten oder sehr nahe!

Die Vormachtstellung der deutschen Automobilindustrie bei den Verbrennungsmotoren gilt es nun als Basis für den Aufbau eines zweiten elektrischen Standbeins zu nutzen. Denn nur über die Beherrschung des elektrifizierten Antriebs als Ergänzung zum optimierten Verbrennungsmotor und langfristig als reiner Elektro-Antrieb werden die Unternehmen der Branche zukunftsfähig sein können. Die deutschen Hersteller haben die Bedeutung der neuen Antriebstechnologien verstanden: Im Krisenjahr 2009 haben sie die Forschungs- und Entwicklungsausgaben (F&E) um 4,4% auf 20,9 Mrd. Euro gesteigert und mehr als die Hälfte dieser Ausgaben in alternative Antriebstechnologien investiert, so viel wie noch nie zuvor. Weiterhin fließt zwar ein großer Teil der Investitionen in die Optimierung und Hybridisierung der klassischen Verbrennungsmotoren, die in absehbarer Zukunft den Automobilmarkt dominieren werden. Aber nur diejenigen Hersteller und Zulieferer, die hier gut aufgestellt sind, können auch die hohen Aufwendungen zur Entwicklung alternativer Antriebstechnologien sicherstellen. Elektro-, Wasserstoff- oder Brennstoffzellenantrieb werden noch Milliarden Euro an F&E-Kosten in den Unternehmen verursachen und auf absehbare Zeit keinen wirtschaftlichen Ertrag bringen können. Das Geld wird nach wie vor mit herkömmlichen Autos verdient. Aussagen, dass chinesische Automobilhersteller einen Vorteil hätten, weil sie beim klassischen Antrieb sowieso unterlegen sind und sich daher voll auf den Elektroantrieb konzentrieren können, sind daher Unfug. Im Gegenteil, deutsche Unternehmen, die heute gut aufgestellt sind, haben die besten Voraussetzungen vom technologischen Wandel in der Branche profitieren zu können und am Ende als Gewinner dazustehen.

Ein wichtiger Punkt bei der Einführung neuer Technologien ist auch die notwendige Standardisierung der Technik. Und hier haben die etablierten Unternehmen der Branche eine erhebliche Macht gegenüber neuen Marktteilnehmern Die deutschen Hersteller und Zulieferer haben bereits zahlreiche Kooperationen zur Standardisierung von Fahrzeug-Steckern und Schnittstellen geschlossen, um eine flächendeckende internationale Infrastruktur für die Elektromobilität sicherzustellen. Beispielsweise sind in der 2007 gegründeten „Innovationsallianz Automobilelektronik", die sich im Januar 2010 in der Interessenvertretung „eNOVA Strategiekreis Elektromobilität" neu formiert hat, die Branchenschwergewichte Audi, BMW, Daimler, Porsche, Bosch, Continental, Hella, ZF Friedrichshafen, Infineon und ELMOS mit den Zielen versammelt, den Aufbau der Elektromobilität zu unterstützen sowie die nötige Infrastruktur in Deutschland voranzutreiben. Die neue Vereinigung erklärte, dass sie einen „signifikanten Beitrag" dazu leisten will, in Deutschland einen Leitmarkt für Elektromobilität zu entwickeln. In anderen Kooperationen sind die deutschen Hersteller BMW, VW und Daimler maßgeblich beteiligt. Ebenfalls arbeiten Hersteller bei der Entwicklung von Steckern und Ladestationen zusammen, damit die Elektroautos auch an die Zapfsäulen der Konkurrenten passen. Dazu initiierten RWE und Daimler gemeinsam mit 20 Herstellern, Zulieferern und Energieversorgern die Entwicklung eines gemeinsamen fünfpoligen Steckers (dreiphasig, 400 Volt) der deutschen Firma Mennekes, der europaweit als Standard etabliert werden soll.

Auch durch die Vorteile als automobiles Clusterland (siehe Kap. 5.5) hat Deutschland gute Voraussetzungen als Industrie- und Wissenschaftsstandort die Führung bei der Elektromobilität zu übernehmen und damit die langfristige Zukunftsfähigkeit der Branche im eigenen Land zu sichern.

In 17 deutschen Modellregionen und Flottenversuchen wird inzwischen die Elektromobilität getestet. Elektroautos dominieren in öffentlichen Debatten und Marketingkonzepten der Hersteller, doch auf den Straßen sind sie bislang nur vereinzelt als Testfahrzeuge zu sehen.

Wie weit die deutschen Autobauer in der Entwicklung ihrer Hybrid- und Elektroautos sind, wird im Folgenden dargestellt:

- **BMW** hat eigens zur Entwicklung von Elektro-Fahrzeugen das „Project i" gegründet, aus dem bereits im Jahr 2008 das erste rein elektrisch betriebene Fahrzeug von BMW, der E-Mini hervorgegangen ist, von dem inzwischen 600 Fahrzeuge in Zusammenarbeit mit lokalen Stromversorgern im Testlauf unterwegs sind. Mit einem 204 PS starken Elektromotor ausgestattet, kommt der E-Mini auf eine Höchstgeschwindigkeit von 150 km/h, und die Li-Ionen Batterie sorgt für eine Reichweite von 250 km. Außerhalb der deutschen Testgebiete in Berlin und München sieht man den E-Mini in London und den USA. Als zweites elektrisches Fahrzeug aus dem „Project i" stellte BMW Ende 2009 das „Concept Active E" vor, das auf Basis des Einser Coupés beruht. Mit 170 PS soll eine theoretische Reichweite von bis zu 240 km erreichbar sein, die sich im Alltagsgebrauch mit Klimaanlage oder Heizung auf etwa 160 Kilometer Reichweite reduziert. Die Akkus stammen aus einem Joint Venture mit SB LiMotive, ein Gemeinschaftsunternehmen von Bosch und Samsung. Ab 2013 soll das so genannte Megacity-Vehicle in Kleinserie gebaut werden, ein speziell für urbane Ballungszentren konzipierter Kleinwagen mit Elektroantrieb, von dem BMW eine ganze Serie auf den Markt bringen will.

Bei der Hybridtechnik hat BMW bisher eine Mild-Hybrid-Variante der 7er Baureihe auf dem Markt, den BMW Active Hybrid 7 mit einem 20 PS starken Lithium-Ionen-Akku als Antriebsunterstützung, mit dem aber nicht rein elektrisch gefahren werden kann. Mit insgesamt 465 PS kommt er allerdings immer noch auf einen Verbrauch von 9,4 l/100 km und 219 g/km CO_2-Emission. BMW hat mit dem Active Hybrid X6 auch ein Auto im Angebot, das bis zu 2,5 km bei einer Höchstgeschwindigkeit von 60 km/h rein elektrisch fahren kann. Wegen der veralteten schweren Nickel-Metall-Hybrid-Batterien und einer Stärke von 485 PS beträgt der Verbrauch dieses weltweit stärksten Teilzeitstromers aber noch 9,9 l/100 km, das ist ein CO_2-Ausstoß von 231 g/km. Auf dem Genfer Automobilsalon im März 2010 stellte BMW parallel zur neuen 5er-Limousine auch eine entsprechende Full-Hybrid-Studie für die obere Mittelklasse vor, den BMW Concept 5 Series Active Hybrid. Diese Hybrid-Variante der 5er Limousine spart im Vergleich etwa 10% an Verbrauch und Emissionen ein, kann kurze

Strecken rein elektrisch zurücklegen und stellt die Weiterentwicklung der X6 und 7er Hybride dar.

Insgesamt ist BMW mit seinem Efficient Dynamics Programm einer der Vorreiter beim energiesparenden Fahren und hat mehr Aufwand in die Effizienzverbesserungen der klassischen Antriebe gesteckt als in den Hybrid- oder Elektroantrieb. Dementsprechend spät bringt BMW seine Hybridmodelle im Vergleich zur internationalen Konkurrenz auf den Markt und setzt beim Hybrid X6 noch auf eine veraltete Nickel-Metall-Hybrid-Batterie. Bei den Elektro-Fahrzeugen ist BMW ebenso wie die anderen deutschen Hersteller auch noch nicht über die Testphase hinausgekommen.

- **Daimler** startete bereits im Jahr 2007 in London ein Pilotprojekt mit 100 Smart Fortwo Electric Drive. Seit November 2009 wird die zweite Generation des Elektro-Smarts (mit Lithium-Ionen-Akkus von Tesla) in einer Kleinserie von zunächst 1.000 Stück produziert und in den USA und europäischen Testregionen erprobt. Der Elektromotor liefert 26 PS (kurzzeitig auch 40 PS), erreicht 100 km/h Höchstgeschwindigkeit und hat eine maximale Reichweite von bis zu 135 km. Mit rund 50.000 Euro für ein zweisitziges Stadtauto ist der Preis das größte Hindernis zur Verkaufsreife. Seit Dezember 2009 wird ein Teil der E-Smarts zusammen mit RWE und Siemens als Leasing-Variante „E-Mobility" mit Unterstützung der Bundesregierung angeboten, für 800 Euro monatlich. Weitere E-Mobility Projekte sind 2010 in Rom, Mailand, Pisa und Zürich geplant. Ab 2012 soll der Smart Fortwo Electric Drive regulär auf den Markt kommen. Die Batterien sollen dann von der Deutschen Accumotive GmbH, einem Gemeinschaftsunternehmen von Daimler und Evonik, in einem neu gegründeten Werk in Sachsen produziert werden. Bis Ende 2010 will Daimler auch zwei rein elektrisch angetriebene Fahrzeuge der Marke Mercedes-Benz als Testmodelle einführen: Die B-Klasse F-CELL mit Brennstoffzellentechnik und die A-Klasse E-CELL mit Batterie-elektrischem Antrieb.

In China hat Daimler mit dem chinesischen Auto- und Batteriehersteller BYD die Gründung eines gemeinsamen F&E-Zentrums zur Entwicklung von Elektrofahrzeugen vereinbart. Damit will Daimler auf dem Markt mit dem weltweit größten Potenzial für E-Autos speziell angepasste Fahrzeugmodelle anbieten können.

Seit Oktober 2009 hat Daimler mit dem Mercedes S 400 Hybrid den ersten Serienhybrid aus deutscher Produktion im Angebot, ein Mild-Hybrid mit Lithium-Ionen-Batterie. Damit ist es sogar weltweit das erste Hybridauto mit dieser besonders leistungsstarken Akkutechnik. Für Frühjahr 2011 plant Mercedes die Markteinführung des ersten

Diesel-Hybrids, dem E 300 Bluetec Hybrid, mit einem 204 PS starken Vierzylinder-Dieselmotor und 20 PS Elektromotor, die einen Verbrauch von 4,1 l/100 km oder 109 g/km CO_2-Ausstoß ermöglichen sollen. Zudem plant Mercedes mit der Studie F 800 Style einen 300 PS starken Plug-in-Hybriden der nächsten S-Klasse-Generation. Damit soll rein elektrisches Fahren bis zu 30 km möglich sein, und ein Durchschnittsverbrauch von 2,9 l/100 km und 68 g/km CO_2-Ausstoß erreicht werden, Spitzenwerte für ein Oberklassemodell. Frühestens 2013 soll das Modell tatsächlich auf den Markt kommen. Ingesamt hat Daimler aktuell noch recht wenig Hybridautos im Angebot und die Elektroautos sind nur zu Testzwecken im Einsatz. Mittlerweile investiert Daimler aber fast die Hälfte ihrer Forschungs- und Entwicklungsausgaben in die Entwicklung alternativer Antriebe, um mit einer breiteren Angebotspalette aufzuholen.

- Europas größter Automobilbauer **Volkswagen** liegt in der Entwicklung von Elektroantrieben und Hybridautos deutlich hinter der Konkurrenz zurück. Dagegen werden mit spezieller „Blue Motion" Technologie, die bereits für alle VW Modelle erhältlich ist, Spritverbrauch und Schadstoffausstoß durch technische Verbesserungen der herkömmlichen Antriebe gesenkt. VW hat sich intern auch das Ziel gesetzt, bis 2018 nicht nur weltgrößter Hersteller zu sein, sondern auch den Anteil seiner Verkäufe von elektrisch angetriebenen Fahrzeugen auf 3% auszubauen. Das sind bei bis dahin geplanten 10 Mio. Fahrzeugen 300.000 Stück. Das Jahr 2013 wird von VW-Chef Winterkorn als das „Schlüsseljahr bei den reinen Elektroautos" gesehen. Das erste Elektroauto E-Up soll dann in Serie gehen, und planmäßig der E-Golf und E-Jetta folgen. VW will für seine Elektromodelle die Eigenfertigung von Antriebs- und Speichermodulen intensivieren, „um unabhängig zu bleiben, einen Wettbewerbsvorteil aufzubauen und langfristig Kompetenz, Standorte und Beschäftigung zu sichern", heißt es bei VW. Dabei baut der Konzern auf F&E-Kooperationen mit den japanischen Firmen Toshiba und Sanyo sowie dem chinesischen Batterie- und Automobilhersteller BYD. Zudem fertigt VW eine Elektroversion des Modells Lavida speziell für China an und plant bis 2013 das Fahrzeug auch dort zu bauen.

Mit einem Hybridantrieb hat VW bisher nur den Touareg ausgestattet, im „Flottenversuch Elektromobilität" werden seit Juni 2008 in Berlin 25 Plug-In-Hybride des Modells Golf TwinDrive getestet. Bei der für 2012 angepeilten siebten Golf-Generation soll dann erstmals auch ein serienmäßiger Hybrid im Angebot sein.

Die VW-Tochter **Audi** hinkt in Puncto alternative Antriebstechniken seinen Konkurrenten ebenfalls hinterher. Serienmodelle mit Hybridtechnik gibt es schlichtweg noch nicht. Bisher existieren bloß Studien, wie die des Audi A8 Hybrids, aus der ein umweltfreundlicher Oberklassewagen werden soll. Im März 2010 präsentierte Audi sein erstes Elektrofahrzeug der Studie A1 e-tron. Der 102 PS starke Motor benötigt 10,2 Sekunden auf 100 km/h und erreicht eine Höchstgeschwindigkeit von 130 km/h. Der Lithium-Ionen-Akku reicht im Stadtverkehr für rund 50 km, danach springt ein Range Extender für weitere 200 km ein. Der Verbrauch liegt bei 1,9 l/100 km und der CO_2-Ausstoß ist weniger als 45 g/km. E-tron soll dabei zu einem Markennamen und Gattungsbegriff ausgebaut werden, ähnlich wie quattro für seine Allradfahrzeuge steht. Im Jahr 2012 sollen zunächst 100 e-tron produziert werden, anschließend soll die Kleinserie auf 1.000 Stück ausgebaut werden.

Porsche, bislang bekannt als erzkonservative Leistungsfanatiker, überraschte im März 2010 mit der Studie des umweltfreundlichen Sportwagens Spyder 918. Der Rennwagen verbraucht dank Hybridantrieb bei 500 PS und 320 km/h nur 3 l/100 km und stößt damit gerade einmal 70 g/km CO_2 aus. Damit beweist Porsche technische Raffinesse kombiniert mit Umweltbewusstsein, was dem Markenimage und der Identität des Sportwagenherstellers zu Gute kommen soll. Auch bei anderen Modellen, wie dem neuen Cayenne, setzt Porsche verbrauchsmindernde Hybridtechnologien ein, die kurzfristig rein elektrisches Fahren ermöglichen. Für 2011 ist der Hybridantrieb auch für den Panamera geplant. Ein völlig neues Hybrid-Konzept entwickelt Porsche für seine Rennwagen. So enthält der 911 GT3 R Hybrid einen elektrischen Schwungradspeicher, der bei Bremsvorgängen aufgeladen wird und Energie für die Elektromotoren liefert. Für sechs bis acht Sekunden kann der „Elektro-Turbo" eingeschaltet werden, der den Wagen zusätzlich beschleunigt.

Während **Seat** mit dem Leon TwinDrive Ecomotive zumindest schon eine Hybrid-Studie vorgestellt hat, die auf der gleichen Technik wie der Golf der Konzernmutter beruht, hat die Tochtermarke **Skoda** bisher keine Pläne für ein Hybridmodell bekannt gegeben.

- Der Vollständigkeit halber sei hier auch die deutsche GM-Tochter **Opel** aufgeführt, die jenseits aller wirtschaftlichen Schwierigkeiten entscheidend an der elektrischen Zukunft des GM-Konzerns mitgearbeitet hat, einem *on-dit* zufolge unentgeltlich. Der Chevrolet Volt, dessen Technologie zum Großteil bei Opel in Rüsselsheim entwickelt wurde, soll bis Ende 2010 in den Vereinigten Staaten erhältlich sein und rein elektrisches Fahren bis zu 60 km ermöglichen und mittels eines 70 PS Benzinmotors als Range Extender auf bis zu 500 km Reichweite kommen. Ab 2011 soll das vergleichbare Opel Modell unter dem Namen Ampera in Europa auf den Markt kommen. Im März 2010 präsentierte Opel mit der Studie Flextreme GT/E ein weiteres Elektroauto mit dem gleichen Antriebskonzept wie das des Amperas, das eine sportlichere Variante des Mittelklassewagens bilden soll. Zudem will Opel einen elektrischen Kleinwagen unterhalb des Corsas für den Stadtverkehr in weniger als drei Jahren auf den Markt bringen.

Insgesamt liegt das vorrangige Entwicklungsziel der Motorentechnologie bei allen deutschen Herstellern in einer weiteren Erhöhung der Effizienz der klassischen Verbrennungsaggregate mit attraktiver Dynamik und Agilität, bei gleichzeitig sparsamem Kraftstoffverbrauch und reduzierten Emissionen. Verbrennungsmotoren werden in den nächsten Jahren die Hauptantriebstechnologie in der Automobilindustrie bleiben und besitzen weiterhin große Entwicklungsmöglichkeiten in den Bereichen Downspeeding und Downsizing, mit einem Effizienzpotenzial von rund 30%. Auch wenn in absehbarer Zukunft der Optimierung des klassischen Verbrennungsmotors eine wesentlich höhere Bedeutung zukommt, und die deutsche Automobilindustrie in diesem Bereich weltweit an der Spitze steht (allen voran die Zulieferer mit den von ihnen entwickelten Turbo-Aufladern, Direkt-Einspritzsystemen, Start-Stopp-Automatik, 8-Gang-Getriebe, etc.), dürfen sich die heimischen Hersteller nicht auf ihrer Führungsposition bei den Verbrennungsmotoren ausruhen. Diese muss stattdessen genutzt werden, um eine ähnliche Bedeutung von *made in Germany* in der Elektromobilität zu erreichen. Denn langfristig entscheidet sich hier die Zukunftsfähigkeit der Hersteller. Mittlerweile entwickeln die deutschen Hersteller zwar fleißig im Bereich alternativer Antriebe und präsentieren Studien, aber wirklich zu kaufen gibt es zum Zeitpunkt der Fertigstellung dieses Buches bei ihnen immer noch kein einziges emissionsfrei fahrendes Auto, sei es Full-Hybrid oder reines Elektroauto. – Es hat aber auch noch niemand dieses Auto vermisst! Selbst die Chinesen nicht, die lieber zuhauf konventionelle 7er BMW oder Daimler S-Klasse kaufen als Elektroautos, bei denen die Batterieleistung gerade dazu ausreicht, die Klimaanlage, die Fensterheber und das Radio zu betreiben, aber nicht das ganze Auto.

Die staatlichen Kaufsubventionen für E-Fahrzeuge in anderen Ländern dürfen dabei nicht als Nachteil für die heimischen Hersteller aufgeführt werden und können auch kein Argument für deren Einführung in Deutschland sein. So sind doch alle Unternehmen frei, in eben diesen Ländern ihre elektrischen Fahrzeuge zu verkaufen und von den Subventionen zu profitieren. Und weitergedacht: Was spricht dagegen, die Batterien für hier entwickelte E-Autos aus Asien zu importieren? Solch eine internationale Arbeitsteilung führt eher zu einem effizienten Ergebnis als ein Subventionswettlauf.[75] Das Wettrennen um die Vormachtstellung bei den Autos der Zukunft entscheidet sich nicht anhand von Subventionen *made in Germany*, sondern an dem technischen Know-how *made in Germany*!

5.5 Deutschland einig Cluster-Land: Automobile Know-how Hochburg zwischen Saar und Oder, Aller und Inn

Nicht nur, dass die deutsche Automobilindustrie beim Kernstück der Automobiltechnologie, dem Antrieb, weltweit führend und beim Elektroantrieb auf der Höhe der Zeit ist, sie verfügt auch über die Infrastruktur, dass dies auch in Zukunft so bleibt. Wer auch immer in der Weltautomobilindustrie als Ingenieur eine Rolle spielt oder spielte, ob Eberhard von Kuenheim, Ferdinand Piech, Akio Toyoda oder sonst wer, er hat entweder in Aachen, Braunschweig, Berlin, Clausthal, Freiberg, Darmstadt, Karlsruhe, München, etc. oder in Wien oder Zürich seine Ausbildung erhalten. Deutschland, bzw. der deutschsprachige Raum verfügen nicht nur über die längste Tradition als Automobilstandort, sondern weisen darüber hinaus auch ein weltweit einzigartiges Reichtum an automobilen Know-how-Clustern in vielen verschiedenen Regionen auf. Das Zusammenspiel zwischen Herstellern und Zulieferern mit ihren jeweiligen Produktionsstandorten und Forschungsabteilungen vor Ort sowie die öffentlichen Technischen Universitäten und andere Forschungseinrichtungen sind seit jeher ein großer Vorteil der Branche am Standort Deutschland. Seit den neunziger Jahren werden diese regionalen Know-how Ansammlungen in Deutschland vermehrt als automobile Cluster organisiert und teilweise auch politisch gezielt unterstützt.

Generell beschreiben Cluster aus wirtschaftlicher Sicht Zusammenschlüsse oder Netzwerke von Herstellern, Zulieferern, Forschungseinrichtungen (z.B. Hochschulen), Dienstleistern (z.B. Entwicklungs- oder Design-Büros) und verbundenen Institutionen (z.B. Handelskammern) mit einer gewissen regionalen Nähe zueinander, die über gemeinsame Aus-

---

[75] FTD: *Tanz um das E-Auto,* 02.05.2010.

tauschbeziehungen entlang einer Wertschöpfungskette gebildet werden. Die beteiligten Unternehmen oder Einrichtungen können dabei über geschäftliche Beziehungen untereinander verfügen, im Wettbewerb zueinander stehen oder nur gemeinsames Interesse an der Branche haben.

Das European Cluster Observatory[76] weist in seinem regelmäßig veröffentlichten Report mit den Daten europäischer Clusterorganisationen im März 2010 unter den insgesamt 69 Clustern der Rubriken Automotive Components und General Automotive 23 deutsche Cluster auf, das ist ein Anteil von einem Drittel. In einer Studie des Wissenschaftszentrums Berlin für Sozialforschung (WZB)[77] werden die hohe Konzentration der automobilen Wertschöpfungskette und der Anteil der Beschäftigten in der Automobilindustrie in speziellen Regionen untersucht, um die örtliche Abhängigkeit von der Branche festzustellen. 16 der 48 untersuchten Cluster erhalten die höchste Qualitätswertung, von denen 7 in Deutschland platziert sind. Auch in der Wertung zum Abhängigkeitsgrad werden die ersten drei Plätze von deutschen Regionen belegt. Braunschweig führt die Liste mit 15,16% und drei VW Fabriken an, gefolgt von Niederbayern und BMW in Landshut mit 7,4% und Stuttgart, wo Daimler, Porsche und Bosch vertreten sind, mit 6,6%. Für die Etablierung solcher Cluster sind also vor Ort ansässige OEMs von entscheidender Bedeutung. Rund um die Hersteller haben sich entsprechende Zulieferer angesiedelt und die vorhandenen oder neu gegründeten externen Forschungseinrichtungen konnten dabei ergänzend tätig werden. Sollten die Produktionsstandorte der OEMs allerdings geschlossen oder verlagert werden, so droht den regionalen Clustern der Verlust der inneren Substanz.

Deutschland ist aufgrund der Vielzahl an OEMs und Zulieferunternehmen der Ort mit der höchsten technischen Know-how-Akkumulation, in der Entwicklung und der Produktion von Automobilen, sowohl in der Breite als auch in der Tiefe, konzentriert auf geographisch engem Raum. Der Wissens- und Innovationstransfer zwischen dem breiten Netzwerk an hochwertigen und vielfältigen Zulieferern und der Wissenschaft ist ein großer Vorteil des Standorts Deutschlands. Die Cluster der Industrie sind so dicht wie sonst nirgends. Experten sind sich einig, dass es sehr stark von der Umgebung abhängt, wie sich Wissen und Wohlstand ausbreiten. „Wohlstand und Wissen sammeln sich dort, wo es eine kritische Masse von Experten und Institutionen gibt", erklärt Prof. Dr. Geoffrey Jones von

---

[76] Online Plattform zum Thema „Europäische Cluster" vom Center for Strategy and Competiveness (CSC) an der Stockholm School of Economics, finanziert von der Europäischen Kommission.

[77] WZB (2009): *Anticipation of Change in the Automotive Industry*.

der Harvard Business School diesen regionalen Konzentrationsprozess. Diese Anhäufung von Unternehmen beeinflusst das politische, wirtschaftliche, soziale und kulturelle Umfeld einer Region umso stärker, desto größer sie wird, Die Standortwahl hängt also auch mit der Glaubwürdigkeit von Unternehmen zusammen. Deutschland ist für Automobilfirmen das, was Silicon Valley für Unternehmen aus der Elektronik- und Computerindustrie ist oder London und New York für Banken und andere Dienstleister der Finanzbranche bedeuten.

Inzwischen haben sich in nahezu allen deutschen Bundesländern Unternehmen aus der Automobilindustrie oder nahe stehenden Branchen zu entsprechenden Cluster-Projekten zusammengeschlossen. Zum Teil gliedern sich diese noch einmal in Mikrocluster auf, zum Teil bestehen weitere Netzwerke über Landesgrenzen hinweg. Eine Übersicht der in Deutschland vorhandenen regionalen Automobilcluster befindet sich am Ende dieses Buchs in Anhang 3.

Dazu kommen Dachverbände wie der VDA und VDMA, die ebenfalls die Mitgliedsunternehmen zusammenführen, ihre Interessen vertreten und Koordinierungshilfen anbieten. Die Ziele sind bei allen Clustern im Wesentlichen die Gleichen: Interessenvertretung und Kompetenzbündelung, um letztendlich den Standort zu stärken und technisch innovative Schwerpunkte gemeinsam herauszuarbeiten und als Wettbewerbsvorteil zu nutzen, d.h. die Innovationskraft zu verbessern und den Erhalt dieser Schlüsselindustrie vor Ort zu sichern. Damit können die Innovationsaktivitäten und die technologischen Kompetenzen besonders bei mittelständischen Unternehmen besser mit den Entwicklungs- und Einkaufsbereichen der großen Fahrzeughersteller oder der nachgelagerten Zulieferer kommuniziert und koordiniert werden.

Ziel aus Sicht der Hersteller ist stets auch die Entwicklung technologischer Kompetenzen. Gerade aus dem Premiumanspruch der deutschen Marken ergibt sich also ein Interesse an innovationsstarken Netzwerken. Für Systemlieferanten spielt diese Konstellation zudem beim Outsourcing von Produktions- oder Entwicklungsleistungen eine zunehmende Rolle.

Auch im Kampf um die Pole-Position bei der Elektromobilität nutzten die Unternehmen der deutschen Automobilindustrie mittlerweile die Möglichkeit zur Clusterbildung, um gegenüber der internationalen Konkurrenz aufzuholen. So zum Beispiel der Hersteller BMW, der Lithium-Ionen-Batterien von SB LiMotiv, einem Gemeinschaftsunternehmen von Samsung SDI und Bosch, erhält und für Kohlefaser-Materialien ein Joint Venture mit der SGL Group gegründet hat. Ein anderes Beispiel ist Li-Tec Battery, ein Gemeinschaftsunternehmen von Evonik und Daimler zur Entwicklung und Produktion von Lithium-Ionen-Batteriezellen für automobile Anwendungen.

Es lassen sich einige Rahmenbedingungen nennen, die den Boom von Automobilinitiativen ausgelöst haben: Dazu zählen die komplexen Branchen- und Produktstrukturen, der zunehmende Kostendruck, die gestiegenen Kundenanforderungen und die Globalisierung. Zur Wertschöpfungskette des Automobils gehören mittlerweile Unternehmen aus ganz unterschiedlichen Branchen, so gewinnen etwa Elektronikunternehmen in Kooperationen mit Herstellern oder Zulieferern an Bedeutung. Durch die jüngste Krise in der Automobilbranche haben sich die Bedingungen für alle Beteiligten deutlich verschärft, Überkapazitäten traten allerorts auf und der Kostendruck hat sich weiter verschärft.

Dabei kann die Bildung oder Intensivierung von Clustern helfen, die Lasten zu teilen und sich gegenseitig zu unterstützen. Dies kann über den eigentlichen Clustergedanken hinaus bis zu krisenbedingten Kooperationen zwischen den Unternehmen führen. Es lassen sich drei Formen unterscheiden, mit Hilfe derer die Unternehmen versuchen, im verschärften Wettbewerb um Marktanteile zu bestehen:

- Technologische Allianzen,
- Kooperationen zur Sicherung der Eigenständigkeit und
- Kooperationen zur vorübergehenden Stützung insolvenzgefährdeter Lieferanten.

Neben den strategischen Vorteilen der Zusammenarbeit bestehen auch Risiken, vor allem, wenn die Clusterbildung rein krisenbedingt erfolgt. Bei Allianzen unter Konkurrenten kann es beispielsweise dazu kommen, dass Wissen zurückgehalten wird, um in einer konjunkturell besseren Zukunft alleine von den eigenen Kompetenzen zu profitieren. Es ist deshalb für alle Partner wichtig, den langfristigen Mehrwert der Allianz zu beabsichtigen, und die Zusammenarbeit nicht ausschließlich auf die Krisenzeit zu beschränken. Zudem sollten nicht nur die so genannten *Hard Facts*, wie etwa der Mehrwert der Vorteile einer Allianz gegenüber den Transaktionskosten, für die Kooperation sprechen, sondern auch die *Soft Facts*, wie z.B. die Unternehmenskultur.[78]

Die Globalisierung begünstigt die Zunahme von Clusterbildung in der Automobilindustrie, so dass die aufkommende Konkurrenz aus Asien (al-

---

[78] CAMA (2009a) : *Kooperationen in der Automobilindustrie – Beschleunigung des Kooperationskarassulls in Zeiten der Krise.*

len voran China) die Dominanz des Westens gefährdet. Die Wahrnehmungen in Bezug auf die Leistungsfähigkeit bestimmter Länder werden sich mit der Zeit wandeln – so wie sich unser Bild Japans als Produktionsstandort seit dem Zweiten Weltkrieg bis heute stark verändert hat. „Wir werden den dramatischen Vorsprung des Westens als eine bedeutsame, aber vorübergehende historische Erscheinung betrachten.", so Jones. Aber diese Entwicklung dauert Jahrzehnte und bis dahin „spielt die Herkunft eines Produkts [...] eine große Rolle für die Wertschöpfung." Deutschland wird seine Rolle als Herkunftsland von qualitativ hochwertigen und technologisch komplexen Automobilen zwar nicht schnell verlieren, aber in Zukunft stärker verteidigen müssen.

Das heimische Cluster-Land hat als Standort durch die hohe Konzentration des automobilen Know-hows einen enormen Wettbewerbsvorteil. Daher wird der Automobilstandort Deutschland auch in Zukunft bestehen bleiben und eine massenweise Verlagerung von Produktions- oder Forschungsstandorten ins billigere Ausland wird nicht erfolgen.

Dass Lohnkosten nicht alles sind, beweist die Stellung der deutschen Automobilindustrie im Export, schließlich gingen gut 75% der im Jahr 2008 in Deutschland produzierten Fahrzeuge in den Export. *Sanfte Faktoren* wie Produktqualität und -zuverlässigkeit, Innovationsfähigkeit, Kundenservice, Liefertreue, Systemsicherheit, Umweltverträglichkeit und vor allem auch Image und *Heritage* etc. zeichnen speziell den Standort Deutschland, aber auch ganz Westeuropa aus und haben es bislang ermöglicht, die zweifellos hohen Kosten der Fertigung in dieser Region zu kompensieren – nicht zu rechtfertigen. Wie dem auch sei: *Kurz- und mittelfristig ist eine nachhaltige Gefährdung des Produktionsstandorts Deutschland für die Automobilindustrie auszuschließen.* Denn die Bindungskraft der hier vorhandenen Automobil-Cluster ist zu stark, um auch durch extreme Lohnkostenunterschiede ausgehebelt zu werden. Zudem hat die Kostenschere zwischen Ost und West bereits längst begonnen, sich zu schließen (Lohnzurückhaltung im Westen und teilweise deutliche Lohnsteigerungen in den osteuropäischen EU-Beitrittsländern), auch wenn es sicherlich noch mehr als ein Jahrzehnt dauern wird, bis sie tariflich geschlossen sein wird. Selbst in China streiken inzwischen Automobilarbeiter für höhere Löhne! Die Zeiten des hemmungslosen Lohndumpings scheinen also zu Ende zu gehen. Kompetenz und Know-how in seiner gebündelten Form als Cluster werden auch in Zukunft weiterhin ein Garant für den Erhalt der Branche in Deutschland sein! Daran fehlt es in China noch völlig!

5.6 Die "stillen Weltmeister": Der deutsche Mittelstand als Standortfaktor

Ihre Unternehmenssitze befinden sich nicht in New York, London oder Paris, sondern in Bad Soden – Salmünster, Bühl, Coburg, Ditzingen, Esslingen, Hornberg, Rettenberg/Allgäu, Künzelsau, Weinheim, Stockdorf, Harsewinkel, Viernheim etc. Kommunen also, die (fast) niemand kennt!

Sie erwirtschaften Umsätze im hohen dreistelligen Millionen-Bereich, betreiben aus der Provinz heraus Dutzende von Fabriken rund um den Globus, in denen tausende Mitarbeiter aller Sprachen und aller religiösen Hintergründen arbeiten. Und sind in ihren eigenen Märkten und Nischen in der Regel Weltmarktführer oder zumindest unter den ersten Drei nach Weltmarktanteil. Sie setzten schon früh auf Expansion auf dem Weltmarkt, sind keine Billiganbieter und trotzdem wettbewerbsfähig, brauchen keinen Finanzinvestor und bezahlen ihre Leute gut. Kurz: Sie sind die so genannten *Hidden Champions*[79] der deutschen Wirtschaft, flexibel und kreativ, engagiert und motiviert, belastbar – und leidensfähig in der Krise.

Sie haben alle eines gemeinsam: Sie kommen aus dem Mittelstand, sind in der Regel Familienunternehmen oder durch Eigentümer geführt – und niemand in der breiten Öffentlichkeit kennt sie, sie sind *No-Name-Mittelständler!* Zudem, um beim Thema dieses Buches zu bleiben, sind besonders viele unter ihnen Unternehmen aus dem Bereich der Automobilzulieferer. Wer außerhalb der automobilen Öffentlichkeit kennt denn schon Unternehmen wie Brose, ElringKlinger, WOCO, Webasto, Dräxelmaier, Hirschvogel, Kirchhoff, Mahle, Allgaier, Eberspächer, Freudenberg, Keiper, Knorr, Kostal etc., um hier nur einige Namen von vielen zu nennen.[80] Bosch, inzwischen auch Conti und die Schaeffler Gruppe, kennt fast jeder, aber selbst diese Unternehmen mit Milliardenumsätzen sind mittelständisch orientiert, bodenständig, in Freud und Leid eng mit ihren Beleg-

---

[79] Die Begriffe *Hidden Champions* und *Stille Weltmeister* wurden vor allem von Prof. Hermann Simon geprägt. Er trifft den Nagel auf den berühmten Kopf! In Deutschland zählen nach Hermann Simon mehr als 1.100 Unternehmen zu diesen *Stillen Weltmeistern*; Ihr Umsatz dürfte im Jahre 2010 „krisenbereinigt" im Durchschnitt bei etwa 0,5 Mrd. Euro liegen.

[80] Alle von den übrigen fast 1.000 im VDA formal registrierten Zulieferunternehmen mögen es mir nachsehen, hier nicht namentlich erwähnt worden zu sein; aber der Autor hat sie alle mit im Sinn gehabt!

schaften verwurzelt und haben meist eine hohe soziale Verantwortung für sie. Auf diese Zulieferer entfallen bereits drei Viertel der automobilen Wertschöpfung. Tendenz weiter steigend. Gerade für die Sicherung der internationalen Wettbewerbsfähigkeit der Branche und der Mobilität der Zukunft waren, sind und bleiben innovative, kreative, motivierte und starke Zulieferer für die deutschen Hersteller unerlässlich.

Und das Bemerkenswerteste an diesen *stillen Weltmeistern* ist: Sie waren durch ihre Innovationskraft und Kundenorientierung schon Globalisierungsgewinner, als von Globalisierung noch keine Rede war. Namen wie Trumpf, Würth, Bulthaupt oder Duravit kennen viele als erfolgreiche Mittelständler, ohne zu wissen, dass diese Unternehmen längst global ausgerichtet sind und den größten Teil ihres Umsatzes inzwischen im Ausland erwirtschaften. *Think global, act local* ist die Devise dieser erfolgreichen Mittelständler. Und dennoch gilt dabei stets „die Kirche im Dorf zu lassen", nicht „die Bodenhaftung zu verlieren", allenfalls eine kleine Wohnsitzverlagerung in die Schweiz wegen Streits mit dem Fiskus, aber keine Heimatflucht zu verziehen!

All dies ist Grund genug, um sich näher mit dieser, von der Politik sträflich vernachlässigten[81] und in der Öffentlichkeit weithin unbekannten Spezies zu beschäftigen. Getreu dem Motto: „Mittelstand ist Schweiß, Großindustrie ist Glamour."

Dazwischen liegen Welten. Der Mittelstand, das sind kleine bis mittlere Unternehmen (KMUs) mit bis zu 500 Beschäftigten und 50 Mio. Umsatz, steht in Deutschland für über 3 Mio. Unternehmen (99,7%), erwirtschaftet rund 40% aller Umsätze, trägt mit rund 47% zur Nettowertschöpfung aller Unternehmen (d.h. zum realen Bruttoinlandsprodukt) bei, beschäftigt 70% aller Arbeitnehmer und bildet sogar 80% aller Auszubildenden aus.

Mittelständische Zulieferunternehmen sind, wenn sie nicht gerade, wie z.B. die W.E.T. AG oder Edscha, in die Hände von Finanzinvestoren gefallen sind, nicht börsennotiert, erst recht nicht in den USA, und müssen daher auch keine Bußgelder in Millionenhöhe wegen Schmiergeldzahlungen fürchten, wie dies über Jahre hinweg der Siemens AG oder dem Daimler-Konzern im Frühjahr 2010 wieder einmal widerfahren ist. Ein siebenjähriges Ringen mit der US-Börsenaufsichtsbehörde konnte schließlich nur mit einem offenen Schuldeingeständnis des Konzerns und befreienden Strafzahlungen in Höhe von 185 Mio. US$ – die zweithöchste Strafe für

---

[81] Z.B. ist bislang nichts davon bekannt geworden, dass das Bundeskanzleramt oder Staatskanzleien auf Länderebenen für verdiente Mittelständler Geburtstagspartys ausgerichtet hätten.

ein deutsches Unternehmen in den USA überhaupt (Siemens brachte es immerhin auf 600 Mio. US$ Strafzahlungen und Gesamtkosten des Verfahrens in Höhe von 2,5 Mrd. US$) – beendet werden.[82] Laut Anklageschrift flossen bei Daimler 56 Mio. US$ Schmiergeldzahlungen. Die SEC beziffert den daraus erzielten Umsatz auf 1,9 Mrd. US$ und die illegalen Gewinne auf mindestens 91,4 Mio. US$. – gemessen an der Strafzahlung kein gutes Geschäft!

Ein mittelständisches Unternehmen hätte eine solche Geschäftspraxis erst gar nicht einreißen lassen. Geschweige denn finanziell überstanden!

Kurz gesagt: So wie der Mittelstand für die deutsche Wirtschaft insgesamt, sind die Zulieferer das Rückgrat für die deutsche Automobilindustrie. Darwin hätte an solchen Untersuchungsobjekten Musterbeispiele für seine Anpassungs- und Überlebenstheorie gefunden. Sie veranschaulichen aufs Eindruckvollste, dass es im *Struggle for Life* „nicht nur auf die Größe ankommt, sondern auf Schnelligkeit, Wendigkeit – und mit Sicherheit auf eine langfristige Strategie und Orientierung. Nachhaltige Rentabilität ist eben mehr als Shareholder Value",[83] so wie Sparsamkeit für die Not mehr ist als von der Hand in den Mund zu leben.

Im Gefüge unserer Volkswirtschaft sind „die weißen Raben" schlicht und ergreifend „die guten Unternehmer", die es immer noch gibt.[84] Und da Wiedeking es mit am besten wissen muss – ist es ihm doch gelungen, ein kleines Familienunternehmen in ein großes Familienunternehmen zu überführen und damit Deutschlands Automobilindustrie wettbewerbsfähiger (und die Eigentümer zu Milliardären) zu machen – soll er nachfolgend vom Autor als prominenter Kronzeuge herangezogen werden. Denn Wiedeking, dem es gelungen ist, Porsche 1992 finanziell zu retten und über fast 20 Jahre zur Weltmarke zu machen, kennt beide Welten sehr authentisch: Jene der smarten Shareholder Value Manager, und jene der altbackenen und vielfach belächelten deutschen Familienunternehmer, wie man sie nicht nur im Schwabenland, sondern genauso in Niederbayern, dem

---

[82] Nach Ansicht der SEC gehörte Korruption zum Alltag bei Daimler. „Die Praxis bei Daimler, sich Geschäfte durch das Zahlen von Bestechungsgeldern an ausländische Regierungsbeamte zu sichern, war in etlichen wichtigen Sparten und Tochtergesellschaften verbreitet und durch das Topmanagement gedeckt", so in der Anklageschrift. – Bislang ist nicht bekannt, dass die damals Verantwortlichen unter Jürgen Schrempp in irgendeiner Weise zur Rechenschaffung gezogen werden. Vorstandsvorsitzender Dieter Zetsche betonte, aus den Fehlern der Vergangenheit gelernt zu haben. - Dies schließt auch die Interpretation ein, sich in Zukunft nicht mehr erwischen zu lassen!
[83] Wiedeking W. (2006): *Anders ist besser,* S.61.
[84] Ebenda, S.57 ff.

Frankenland, im Spessart und in der Rhön, dem Sauerland, Westfalen, dem Hunsrück, dem Saarland usw. antrifft.[85]

- Auf der einen Seite also ein Managertyp, der sein Rüstzeug in wohlklingenden Managementschulen und Beratungsgesellschaften erworben hat, meist ohne Bindung zu dem von ihm geführten Konzern. Dem nach all den Skandalen um gefälschte Bilanzen und aufgeblasenen Firmenstorys der Ruf anhängt, durch Stock Options gelegentlich zum Hasardeur zu mutieren; der unentwegt über Fusionen nachdenkt, weil nur Größe als Erfolgsmaßstab zählt. Und der nichts anderes mehr im Kopf hat als getunte Quartalsberichte, mit denen der Aktienkurs und damit auch das eigene Einkommen in die Höhe getrieben werden.[86]

- Dort der antiquiert anmutende, biedere – häufig mit schwäbischer Zunge – Familienunternehmer, der seinen Betrieb von der Picke auf kennt, für den als Lohn für erfolgreiches Arbeiten nicht nur hohes Einkommen und Vermögen, sondern auch gesellschaftliche Anerkennung und patriarchalischer Stolz auf das Erreichte und das in Fortführung der Familientradition Gemehrte. Dem es um das Produkt geht, das er herstellt, und um die Menschen, die für ihn arbeiten! Ein Patriarch eben, und in der Regel auch eine Leitfigur in der Gesellschaft.

Nach Wiedeking setzt sich diese positive Bewertung zugunsten des Familienunternehmers immer klarer durch – gerät aber offensichtlich bei den Kundigen immer wieder mal in Vergessenheit. Worin liegen ihre Stärken?

Mit innovativen und äußerst zuverlässigen Produkten *made in Germany* und einer hohen Kundenorientierung haben diese *stillen Weltmeister* gerade die Zeiten der Globalisierung genutzt, um großen Erfolg auf allen Märkten der Welt zu erreichen. Dies sei an zwei Unternehmen aus Maschinenbau und Zulieferindustrie demonstriert.

Die Firma Trumpf ist ein urschwäbisches Familienunternehmen, ein Pionier und Weltmarktführer in Lasertechnik. Trumpf steht für Firmen, die nach dem Krieg von Praktikern gegründet und aufgebaut wurden und sich mit Intelligenz und wachem Geist den Anforderungen einer sich rasch wandelnden Weltwirtschaft immer wieder aufs Neue exzellent angepasst haben. Nach Berthold Leibinger, Gründer und Spiritus Rektor des Spezial-

---

[85] Sollte sich eine Region übergangen fühlen, möge man dem Autor nachsehen, es war keine böse Absicht, sondern einfach nur Rücksicht auf den Leser.
[86] Wiedeking W. (2006): *Anders ist besser*, S.57 ff.

Maschinenbauers Trumpf in Ditzingen, ist „ein Familienunternehmen [...] schlichtweg die beste Unternehmensform, die es auf der Welt gibt."[87] Geführt werden sie am besten nach seinen (ehernen) Grundsätzen, die da sind:

- Erstklassige Produkte mit höher Qualität und Zuverlässigkeit.
- Innovative Angebote mit geringem Druck vom Preiswettbewerb von Billiganbietern aus Schwellenländern.
- Strikte Kunden- und Serviceorientierung.
- Exzellentes Betriebsklima (Leibinger: „Kleinklima schaffen") als Basis für Motivation und Kreativität.
- Ein bereits seit 1997 (!) entstandenes *Bündnis für Arbeit*, das jährlich erneuert wird und so dafür sorgt, dass die Arbeit in Deutschland bleibt.[88]
- Und am wichtigsten: Ein Chef, der als Leitbild in seinem Unternehmen glaubwürdig ist, der die Werte Fleiß, Zielstrebigkeit und Verantwortungsbewusstsein vorlebt und sich in kritischen Situationen als Eigentümer mit langfristiger Perspektive verhält und nicht als angestellter Vorstandsvorsitzender, der vor kritischen Analysten kuscht.
- Ein völlig geräuschloser Führungswechsel innerhalb der Familie.

Der Automobilzulieferer WOCO soll exemplarisch als zweites Beispiel für viele Zulieferer herangezogen werden, um zu zeigen, „wie aus einer Gummibude", so Helmut Werner, ehemaliger CEO von Daimler Benz, ein global höchst erfolgreiches mittelständisches Unternehmen aus der Provinz werden kann. WOCO wurde 1956 von Franz Josef Wolf als inhabergeführtes Familienunternchmen mit Sitz in Bad Soden-Salmünster in den Ausläufern des Spessarts gegründet und steht heute für die Attraktivität eines international tätigen Konzerns, verbunden mit der Flexibilität und Organisation eines modernen Mittelstandsunternehmens. Getreu dem Unternehmensgrundsatz: „Da sein, wo uns der Kunde braucht!"[89] Als WOCO vor 50 Jahren gegründet wurde, drehten sich die Geschäfte ausschließlich um die Werkstoffe Gummi und Kunststoff. Auch heute bildet dieses Know-how einen wichtigen Eckpfeiler des Unternehmens, im Produktportfolio von

---

[87] Ebenda, S.71 ff.
[88] Also auch im Maschinenbau, nicht nur beim T-Shirt-Hersteller Trigema!
[89] Mit Produktions- und Vertriebsstätten in über 10 Ländern erzielte WOCO im Jahr 2009 mit 2.600 Mitarbeitern einen Umsatz von 285 Mio. Euro.

damals und heute liegen allerdings Welten. Getreu der Unternehmensphilosophie des Familienpatriarchen Franz Josef Wolf „Die Zeit verstehen, die Zukunft erahnen, mit Partnern gestalten." sollte es nicht lange bei Formteilen und beim Standort Bad Soden-Salmünster bleiben. Mit den wachsenden Anforderungen der Hersteller und Kunden vollzog sich der Wandel vom Teilehersteller zum Partner der Kunden, vom innovativen Erstentwickler zum Komponentenhersteller für intelligente Problemlösungen. Das Leistungsspektrum umfasst heute die gesamte Prozesskette: Von der Idee bis zur Serienreife. Sie umfasst Akustik, Aktuatorik und Polymertechnik für die Automobilindustrie, Bereiche, die zu den Kernproduktfeldern im Automobilbau zählen. Daneben hat WOCO sich zum Spezialisten für Schwingungsminderung und Abdichtung in der Industrie entwickelt und bietet qualitativ hochwertige Produkte und Funktionslösungen für vielfältige Anwendungen in industriellen Antivibrationssystemen, Mess- und Regelsystemen und Rohrleitungssystemen an.

Doch dieser internationale Erfolg fiel nicht vom Himmel, er hatte tief liegende Ursachen: Die Nachhaltigkeit der Geschäftskonzepte und insbesondere das Führungsverhalten der Gründerväter der mittelständischen Familienunternehmer mit ihrer hohen Unternehmensethik „ehrbarer Kaufleute", die totale Identifikation mit ihren Unternehmen, eine enorme Zielstrebigkeit bei der Umsetzung ihrer Unternehmensvision und vor allem ein fordernder, dabei stets aber auch fördernder und motivierender Führungsstil. Über Führungsleitsätze und kodifizierte Verhaltensregeln sprechen Familienunternehmen öffentlich nur ungern. Wenn es dennoch mal geschieht, so ist es ein Glücksfall für Autoren. Als pars pro toto sei aus der WOCO-Festschrift zum fünfzigjährigen Bestehen folgendes „Wolfscredo" wiedergegeben:[90]

- *Achte die Älteren*
- *Unterweise die Jungen*
- *Kooperiere mit dem Rudel*
- *Spiele, wenn du kannst*
- *Jage, wenn du musst*
- *Ruh dich dazwischen aus*
- *Teile deine Zuneigung*
- *Gibt deinen Gefühlen Ausdruck*
- *Hinterlasse deine Spuren*

---

[90] WOCO Gruppe, *Stärke durch Gemeinsamkeit*, S.11, 2006.

Vor dem Hintergrund dieser Einstellung ist es nicht verwunderlich, dass WOCO von sich behaupten kann: „WOCO ist ein Familienbetrieb und gleichzeitig eine Betriebsfamilie" (Franz Josef Wolf).

Diese Einstellung ist im deutschen Mittelstand gang und gäbe. Die erfolgreichsten Mittelständler gewähren ihren Mitarbeitern die größtmöglichen (Vertrauens-)Spielräume und führen mit weitaus weniger Bürokratie, Vorschriften und Regeln als vergleichbare Unternehmen, von Dax-gelisteten Unternehmen ganz zu schweigen. Als stabilisierendes Element kommt die große personelle Kontinuität in der Unternehmensführung hinzu, wie z.B. Familie Leibinger bei Trumpf. Nach Expertenschätzungen[91] beträgt die durchschnittliche Führungsdauer aller Spitzenführungskräfte bei den identifizierten *Hidden Champions* etwa zwanzig Jahre.

Der Mittelstand, das Familienunternehmen, ist die tragende Säule der deutschen Wirtschaft. Ökonomische, gesellschaftliche und letztlich auch politische Stabilität wäre ohne einen starken Mittelstand nicht möglich. Dies hat gerade die jüngste Weltwirtschaftskrise 2008/09 deutlich gemacht, die vom Mittelstand mit hohen finanziellen Opfern für die Belegschaften abgefedert worden ist. Natürlich haben die arbeitsmarktpolitischen Maßnahmen der Bundesregierung dafür das Fundament gelegt: Man kann das der Fairness wegen nicht oft genug wiederholen, bei all der Politikschelte, an die sich die Öffentlichkeit gewöhnt hat. Aber die treibenden Kräfte dahinter waren die mittelständischen Unternehmen, die auf Entlassungen verzichtet haben, obwohl es angesichts der großen Verunsicherung und der Schwere des Konjunktureinbruchs sehr schwer fiel. Und Betriebsräte und Belegschaften, die für die wirtschaftliche Situation ihrer Unternehmen ein unglaubliches Verständnis entgegen brachten und für das Überleben ihres Unternehmens und den Erhalt ihrer Arbeitsplätze kämpften.

Aber an diesem Mittelstand hängt mehr als nur das Überleben einzelner Unternehmen. Es geht um die Zukunft Deutschlands als Demokratie und Soziale Marktwirtschaft.

Deutschland braucht einen erfolgreichen, innovativen und prosperierenden Mittelstand, um zentrale Werte und Visionen in Wirtschaft und Gesellschaft deutschland- und europaweit zu bewahren, so Sozialpsychologe Dieter Frey. Der Bonner Familienforscher Peter May rät, sich alter Tugenden zu besinnen. Die wahrscheinlich wichtigste und nachhaltigste Lektion der großen Krise: Gier ist keine gesunde Geschäftsgrundlage. Der Traum

---

[91] Prof. Hermann Simon.

vom schnellen Geld endet allzu schnell auf dem harten Boden von Schulden und Bankrott. Wer indes Werte pflegt und Innovationen schafft, gewinnt, so wie die Firma Herrenknecht, deren Tunnelbohrmaschinen sich überall auf der Welt durch Böden und Felsen arbeiten, wie die Strumpfunternehmer Franz-Peter und Paul Falke, wie der Möbelzulieferer Hettich oder der Schmieröl-Spezialist Liqui Moly. Viele deutsche Firmen haben es mit ihren Innovationen zur Weltmarktführung geschafft, so wie bei Trumpf beschrieben.

Würde die mittelständische Wirtschaft so geführt wie beispielsweise ein großer und inzwischen insolventer Handelskonzern – dessen Führungspersonal in jüngster Vergangenheit mit persönlichen Beratungsverträgen mit der Gläubigerbank und Abfindungen für nur wenige Monate Arbeit Kosten im zweistelligen Millionenbereich verursacht hat – die deutsche Wirtschaft wäre längst zugrunde gegangen. Oder sie hätte das gleiche Schicksal wie Griechenland erlitten.

„Manager müssen Treuhänder sein", so Peter May.[92] Mittelständische Familienunternehmen füllen offenbar diese Rolle besser aus als viele ihrer Kollegen aus Großunternehmen, die von Wendelin Wiedeking als „Zocker und Zyniker"[93] benannt werden, weil ihnen nicht die langfristige Strategie der Substanzmehrung und -tesaurierung und der Kundennutzen (*Customer Value*), sondern ein falsch verstandenes *Shareholder Value* Denken wichtiger ist. Bei diesem geht es nicht mehr um die Steigerung der Wettbewerbsfähigkeit eines Unternehmens durch Erhöhung der Produktwertigkeit für den *Kunden*, sondern um kurzfristige Steigerung des Unternehmenswerts in Form höherer Aktienkurse und Gewinne sowie um die persönliche, boni- und prämiengetriebene Einkommensmaximierung. Wie sehr muss Wiedeking noch 2006 beklagen: „Vom ehrbaren Kaufmann ist heute nirgends mehr die Rede. Ganz im Gegenteil, die Elite der Wirtschaft steht öffentlich am Pranger."[94]

Und Wiedeking kann sehr gut verstehen, dass die einfachen Werktätigen in Deutschland zu dem Schluss kommen: „Geld, egal ob ehrlich verdient, ob aus ominösen Koffern oder von schwarzen Konten, ist der alleinige Maßstab jeglichen Handelns geworden."[95] Günter Ogger zitiert aus tiefer Kenntnis der Mechanismen des Überlebens in dieser Betrügerwirtschaft:

---

[92] Harvard Businessmanager: *Familienunternehmen - Manager müssen Treuhänder sein*, Autor Lothar Kuhn, 08.12.2008.
[93] Wiedeking W. (2006): *Anders ist besser*.
[94] Ebenda, S. 54.
[95] Ebenda, S.37.

„Der schnelle Deal, das krumme Geschäft, der große Reibach – auf allen Ebenen des Wirtschaftssystems wird gelogen und betrogen wie nie zuvor. Längst herrscht die Devise: Jeder nimmt, was er kriegen kann, und behält, was er geben sollte."[96] Dies lässt ihn zu dem Schluss kommen, dass der gierige und unter Druck stehende Managertypus der *New Economy,* der sich von Banken, mächtigen Finanzinvestoren und Hedgefonds in immer windigere Quartalsberichterstattung und Schönfärberei treiben lässt, die Entwicklung an der Börse immer häufiger mit jener der eigenen Börse verbindet.[97]

In der deutschen Wirtschaft werden in den Medien vor allem die Namen Jürgen Schrempp, Klaus Esser und Josef Ackermann als emsige Verfechter des Shareholder Value Systems genannt. Unerschrocken ob der subtilen und unterschwelligen Kollegenschelte, geht Wiedeking mit diesem Konzept gnadenlos ins Gericht. Es sei nichts anderes gewesen, als ein wunderbarer Anreiz für besonders schlaue und geldgierige Kapitalisten, sich ungeniert auf Kosten der Beschäftigten und der Gesellschaft zu bereichern. Wörtlich: „Wie anders war es denn zu verstehen, wenn die Beschuldigten im Düsseldorfer Mannesmann-Prozess[98] ihre Millionenprämie damit begründeten, dass derjenige, der seine Aktionäre reich macht, selbst auch reich werden solle. Shareholder Value, das war jene Abgreifmentalität, die hinter den juristischen Auseinandersetzungen zum Vorschein kam."[99] Die gleiche grenzwertige Gesinnung zeigt auch der Deutschlandchef von Goldmann Sachs, Investment Banker und Vertreter eines effizienten Kapitalismus Alexander Dibelius, wenn er, ohne dass die Finanzkrise schon ausgestanden wäre, die Behauptung wagt: „Banken müssen nicht das Gemeinwohl fördern." Es sei „unrealistisch und unberechtigt zu erwarten, dass Banken eine selbstlose Beziehung zu ihren Kunden haben, besonders auch bezogen auf die Kreditvergabe."[100] Ob er damit Griechenland gemeint hat?

Ein Schelm, wer Böses dabei denkt!

---

[96] Ogger, G. (2003): *Die Ego-AG – Überleben in der Betrüger Wirtschaft.*
[97] Wiedeking W. (2006): *Anders ist besser,* S.49.
[98] Anmerkung des Verfassers: Gemeint sind Esser und Ackermann.
[99] Wiedeking W. (2006): *Anders ist besser,* S.48. – Eigentlich schade, dass Wiedeking keine Gelegenheit mehr bekommen hat, als Vorstandsvorsitzender bei Porsche die Vorgänge in und um Arcandor und die Führungskräfte Thomas Middelhoff und Karl-Gerhard Eick sachkundig zu kommentieren. - Das Leben ist ungerecht!
[100] Focus: *Goldman-Banker Dibelius: Banken müssen nicht das Gemeinwohl fördern,* 15.01.2010.

Zum Schluss die tröstliche Botschaft für das langfristige Überleben der Zulieferindustrie: Gemeinsam kommt man erfolgreich aus der Krise. „Die Krise als Chance" betitelt Marc Beise sein Vorwort zu einem ganzen Sammelband über erfolgreiche Mittelständler. [101] Beise nutzte die Denkpause, um neue Strategien, neue Ideen und neue Märkte zu entwickeln. Dazu VDA-Präsident Matthias Wissmann: „Nach dem Krisenjahr 2009 investieren unsere Zulieferer vorrangig in neue Produkte und sichern die Liquidität. Für Akquisitionen gibt es momentan wenig Spielraum, doch das wird sich wieder ändern. Zulieferer sind das Rückgrat der deutschen Automobilindustrie. Auf sie entfallen drei Viertel der automobilen Wertschöpfung. Gerade für die Mobilität der Zukunft sind starke Zulieferer unerlässlich. [...] Es ist eindrucksvoll, dass die Zulieferer auch in schwierigsten Zeiten ihre FuE-Investitionen auf hohem Niveau gehalten haben."[102]

Um die Zukunft von diesem drei Viertel der gesamten Branche braucht einem als Ökonom also nicht bange sein!

5.7 Im Land der Tüftler und Denker: Zulieferer als Innovations- und Kreativitäts-Weltmeister

Auch wenn die Hersteller das nicht gerne hören wollen: Die Zulieferer sind in Wahrheit das eigentliche Rückgrat der Automobilindustrie, gerade in Deutschland. Die Zulieferer tragen hier etwa 80% zur automobilen Wertschöpfung bei und beschäftigen fast 42% der direkt in der Automobilindustrie angestellten Arbeitnehmer. Gemessen daran haben sie bis auf wenige Ausnahmen, wie Bosch oder Schaeffler (oder die Stahlproduzenten in Boomzeiten), vergleichsweise wenig Marktmacht gegenüber ihren Kunden. Sie sind zu viele! Wollen sie überleben, ist es deshalb umso wichtiger, dass sie dem sehr hohen Druck, dem sie von verschiedenen Seiten ausgesetzt sind, Stand halten und immer wieder Restrukturierungen und Anpassungen durchführen. Und sich stärker als in der Vergangenheit zu engeren Kooperationen zur besseren Organisation ihrer Geschäftsinteressen zu-

---

[101] Expertenforum Mittelstand (2010): *Erfolgreich aus der Krise*, Forum von HypoVereinsbank und Sueddeutsche Zeitung.
[102] Automobil Produktion: *„Wir melden pro Jahr 3 600 Patente an"*, Mattias Wissmann, Februar 2010, S.6.

sammenraufen. Angesichts der Vielzahl gestandener Unternehmerpersönlichkeiten ist dies zugegebener Weise leichter gesagt als getan.

Zu dem permanenten Kostendruck und der Preisdrückerei der Hersteller kommen durch die Krise verschärfte Finanzierungsprobleme hinzu. Fehlende Liquidität und hohe Überkapazitäten waren bereits vor 2008 zwei grundsätzliche Probleme. Durch die Krise wurden sie derart verschärft, dass sie zur Existenzbedrohung einzelner Unternehmen wurden. Es waren weniger die Privatbanken als vielmehr die lokalen Sparkassen, Raiffeisen- und Genossenschaftsbanken, die in dieser prekären Situation vieler Zulieferer aufgrund ihrer besseren Unternehmens- und Menschenkenntnis meistens das Schlimmste verhinderten.

Der Kosten- und Ertragsdruck bei den Automobilherstellern wird nach alter Tradition nahtlos an die Zulieferindustrie weitergereicht. Der Preis- und Rationalisierungsdruck bei den Zulieferfirmen nimmt dadurch im Trend zu. Neu war, dass dieser permanente Preisdruck und der damit einhergehende Kampf gegen den Margenverfall durch die Wirtschafts- und Finanzkrise dramatisch verschärft wurden. Die weltweite Automobilbranche und damit auch die Zulieferindustrie wurden 2008/09 vom Einbruch der Automobilkonjunktur so hart getroffen wie nie zuvor in der Nachkriegszeit. Durch Produktionskürzungen der Autobauer, Stornierungen von Lieferabrufen und erhebliche erzwungene Preisnachlässe brach der Umsatz der Zulieferer im Jahr 2009 global um etwa 25% ein, die durchschnittliche Rendite sank von 5,7% im Jahr 2007 auf -1,5%. In der deutschen Zulieferindustrie brach der Absatz der mehr als 700 Unternehmen im ersten Jahr der Krise 2008 bereits um 10% ein[103]. 2008 und 2009 meldeten 75 Lieferanten Insolvenz an, das sind knapp 8% aller Zulieferer und 4% ihrer Wertschöpfung. Die Insolvenzen haben zu 85% prozessfokussierte Zulieferer getroffen. Insgesamt wurden 2009 laut VDA mehr als 9% der Stellen abgebaut. Der Höhepunkt der Insolvenzwelle war das erste Halbjahr 2009. Bis Mitte 2010 ist zu erwarten, dass die Anzahl der Insolvenzen der Zulieferer auf bis zu 150 ansteigen wird.

Überkapazitäten wurden in den vergangenen Jahren vor allem in den prozessorientierten Segmenten, wie Leichtmetallguss, Blech-, Press-, Gummi-, und Kunststoffteile, aufgebaut. Durch die Krise entstand ein externer Schock auf den Absatzmärkten, der die Nachfrage einbrechen ließ, und zu einer weiteren Zunahme der potenziellen Überkapazitäten bei zunächst gleich bleibender Produktion führte. Der Abbau der enormen Überkapazitäten erfolgt durch gezielte Unternehmensaufkäufe und Strategiean-

---

[103] Zahlen für 2009 liegen dem IWK nicht vor!

passungen. Der Finanzierungsbedarf der Zulieferer war entsprechend groß und in solchen Krisenzeiten noch schwerer zu decken als bei Normalkonjunktur.

Die Anforderungen der Hersteller an die Zulieferindustrie sind seit Beginn der Globalisierung und der zunehmenden Sättigung der Märkte, von Jahr zu Jahr angestiegen. Die Zulieferer sollen heute für ihre „Hauskunden" neue Technologien kosteneffizient entwickeln und natürlich exklusiv anbieten und zusätzlich auch noch sämtliche anfallenden Entwicklungs- und Werkzeugkosten selbst vorfinanzieren. Darüber hinaus müssen sie ihre Herstellungsprozesse ständig optimieren, um regelmäßige Produktivitätsvorgaben zu erfüllen und Preissenkungen zu erwirtschaften. Die Zulieferindustrie dient somit als Kostenpuffer für die Hersteller, die ihre Marktmacht als Abnehmer teilweise derart hart einsetzen, dass Zulieferunternehmen für Aufträge bzw. Anschlussaufträge erst einmal Geld mitbringen müssen, um den Auftrag zu erhalten. Und häufig sogar ohne Kostendeckung annehmen müssen, um ihre Kunden nicht zu verlieren.

Der Autor hat in den letzten Jahren mit einer Vielzahl von Branchenvertretern gesprochen. Unisono war festzustellen, dass man sich in der deutschen Automobilindustrie vom Geschäftsgebaren „ehrbarer Kaufleute" seit Anfang der neunziger Jahre zunehmend verabschiedet hat, zuerst auf Herstellerebene, danach auch in den vorgelagerten Wertschöpfungsstufen. Schlechte Beispiele stecken an. Am schlimmsten gerieren sich dabei die so genannte „Nobelhersteller", deren Einkaufsverhalten alles andere als nobel ist.

Die Zulieferer befinden sich in einem Dilemma: Einerseits müssen sie, um konkurrenzfähig zu bleiben, ihre Kosten- und Technologieführerschaft behaupten. Andererseits stellt die Finanzierung der dafür notwendigen Investitionen aber angesichts der erheblich verschärften Bonitätsanforderungen der Banken als Folge veränderter Risikobewertungen der gesamten Branche bei der Kreditvergabe eine immer größere Herausforderung dar. Sinkende Ratings verschärfen die Konditionen, die Banken fordern höhere Sicherheiten und Zinsen von Unternehmen dieser Branche und erschweren den Zulieferern damit den Zugang zum benötigten Sanierungs- oder Übernahmekapital. Die fehlende Liquidität der Zulieferer bedroht besonders kleinere Betriebe mit geringem Eigenkapital, deren Kreditlinien schnell ausgeschöpft sind. Für viele Zulieferunternehmen stellen geringe Eigenkapitalquoten ein großes Problem dar. Kredite werden nicht nur für die Bewältigung der hohen Kapazitäten benötigt, sondern sind fundamental wichtig für Vorfinanzierung und Abwicklung der wieder einsetzenden Nachfrage. Investitionen in Neuentwicklungen müssen überdies entsprechend den erhöhten gesetzlichen Umweltanforderungen in der Automobilindustrie getätigt werden. Der Markt fordert energieeffiziente Technologien, wie Leichtbauteile, sparsame Getriebe und alternative Antriebe, die allesamt hohe F&E-Investitionen verursachen. Auch die Verschiebung der Produktpalette hin zu magerer ausgestatteten Fahrzeugen stellt eine weitere Herausforderung dar. Neue Materialen und Produktionsverfahren sind zu entwickeln. Hinzu kommt, dass die Hersteller ihre eigene Fertigungstiefe weiter reduzieren sowie immer mehr Entwicklungsrisiken auf die Zulieferer abwälzen. Dadurch steigen Quantität und Komplexität der Entwicklungsprojekte bei den Zulieferern und damit auch ihr Finanzierungsbedarf. Die angespannte Ertragslage der Hersteller und der damit einhergehende Preisdruck auf die Zulieferer verstärken so ihre grundsätzlich finanziellen Engpässe.

Unzureichende Erträge und fehlende Liquidität hinterlassen ihre Spuren. Weltweit haben in einem knallharten Ausleseprozess in den Jahren 2008 und 2009 etwa 340 Zulieferer Insolvenz angemeldet. Viele große Zulieferer in den Vereinigten Staaten leiden seit Anfang 2008 unter ihrer Abhängigkeit von den schwächelnden *Small Three* (GM, Ford und Chrysler). In Japan sind vorwiegend kleinere Betriebe betroffen, und in Europa spüren vor allem die vom Premiumsegment abhängigen Lieferanten die Insolvenzwelle seit Ende 2008, weil hier die Nachfragestimulierung über Abwrackprämien u.ä. nicht zum Tragen kam, sondern die nackte Rezession.

Durch Just-in-Time Lieferungen an die Hersteller entsteht eine extreme Abhängigkeit vor allem der Tier-1 Zulieferern in der Wertschöpfungskette. Die OEMs können ihre Stellung gegenüber den Zulieferern auch deshalb so gnadenlos ausnutzen, weil der Konzentrationsprozess auf der Hersteller-Ebene viel weiter fortgeschritten, die individuelle Marktmacht also deutlicher gewachsen ist als bei den Zulieferern. Aufgrund der geringen Anzahl verbliebener OEMs und des verstärkten Einsatzes von Gleichteilen für verschiedene Modelle sinkt die Anzahl der Auftragsvergaben an Zulieferer, bei gleichzeitig steigenden Auftrags-Volumina. Dies führt unweigerlich zu einem verschärften Wettbewerb der Zulieferer untereinander, der von oben nach unten durch die gesamte Zulieferbranche geht. Zusätzlich führen die höheren Auftragsvolumina zu höheren Auslastungsrisiken, wenn die OEMs, wie aktuell, mit Absatzproblemen zu kämpfen haben und ihre Abrufpläne nicht einhalten. Im Zuge der Krise haben die OEMs ihre Nachfrage bei den Lieferanten derart eingeschränkt, dass viele Zulieferunternehmen von der Bildfläche verschwinden oder ihre Produktion ins kostengünstige Ausland verlegen mussten. Tatsächlich hat bereits eine Vielzahl von Zulieferern, auch unabhängig von den OEMs, Teile der Produktion ins günstigere Ausland verlagert. Nur so konnten viele Zulieferer bei den OEMs „gelistet" bleiben und gleichzeitig Teile ihrer Margen retten.

Was in der ökonomischen Theorie altbekannt ist: Vermachtung auf einer Marktseite führt früher oder später ebenfalls zur Vermachtung auf der anderen Marktseite. D.h.: Die Macht der Hersteller fordert die Bildung einer Gegenmacht auf der Zuliefererseite heraus und führt damit dort unweigerlich zu einem Anpassungs- und Konzentrationsprozess.

Laut einer globalen branchenweiten Untersuchung[104] rechnen 54% der befragten Zulieferbetriebe mit einer Übernahmewelle ab 2011. Dabei werden die meisten Übernahmen horizontaler Natur sein, Zulieferer also von ihren Wettbewerbern übernommen. Großer Konsolidierungsbedarf besteht vor allem in renditeschwachen und prozesskostenorientierten Produkt-Segmenten. Das geringe Differenzierungspotenzial und der niedrige Innovationsgrad der Produkte erlauben nur minimale Renditen von lediglich 2% bis 4% (vor der Krise). Zusätzlich potenzieren konjunkturell hohe Überkapazitäten und dadurch bedingter intensiver Preiswettbewerb die Probleme der prozessfokussierten Betriebe, die sich vor allem durch Fertigungs- und Kosteneffizienz und eine allgemein schwache Verhandlungsmacht auszeichnen. Lediglich 15% des Weltmarktes besitzt der Marktführer, die Top 5 bleiben insgesamt unter 50% Marktanteil. Der Konsolidierungsbedarf ist in diesem Segment also sehr groß. Bestehende Überkapazitäten müssen durch Konzentration auf insgesamt weniger, aber leistungsstärkere Anbieter abgebaut werden. Im Zuge der Konsolidierung lässt der ruinöse Preiswettbewerb nach und stärkt die verbliebenen Zulieferer für künftige Krisensituationen über verbesserte Renditen. – So funktioniert Auslese!

Die niedrigen Margen, hohen Überkapazitäten und restriktive Kreditvergabe der Banken lassen vor allem die prozessorientierten Zulieferer nach alternativen Geldgebern suchen. Aber in solch unsicheren Zeiten sind auch alternative Investoren, wie Private Equity Gesellschaften und eigene Anteilseigner, dünn gesät. Manche Unternehmen setzen deshalb auf Staatsbürgschaften, z.B. aus dem Deutschlandfonds. Diese werden aber von vielen Zulieferern nur sehr zaghaft beantragt, da die Inanspruchnahme einen hohen bürokratischen Aufwand und eine Offenlegung vieler intimer Geschäftsdaten verlangt, und überdies allgemein als Makel angesehen wird. Aufgrund fehlender Investoren fördern manche Hersteller kontrollierte Abwicklungen oder die Übernahme von gefährdeten, für sie „sys-

---

[104] Deloitte und IHS Global Insight (2009): *Money vs. Technology - How Will the Financial Crisis Shape the Automotive Supplier Landscape of 2020?*

temrelevanten" Tier-1 Lieferanten, indem sie Aufträge von stabileren Zulieferern abziehen. Die meisten kleineren Tier-2 und Tier-3 Zulieferbetriebe ohne strategische Bedeutung erhalten keine Hilfe von den OEMs und spüren den Rückgang der Kapazitätsauslastung als Folge der rückgängigen Neuzulassungen umso stärker.[105]

Die Konsolidierung in der deutschen Zulieferbranche verläuft trotz aller konjunkturellen Schwierigkeiten nur sehr langsam und unzulänglich. 2009 ging die Anzahl der Käufe durch strategische Investoren sogar überproportional zurück. Dies deutet eigentlich darauf hin, dass das Portfolio der heimischen Zulieferer auf strategisch höherem Niveau angesiedelt ist. Hersteller von einfachen Zulieferteilen sind mit der Produktion ohnehin schon lange ins Ausland abgewandert. Die heute am Standort Deutschland verbliebenen Zulieferer sind vor allem innovations- und produktbasiert! Sind also Spezialisten mit einer hohen Wertschöpfung in der gesamten Lieferkette. Das spricht für die langfristige Stabilität und Überlebensfähigkeit der heimischen Zulieferindustrie.

In den produktorientierten Segmenten profilieren sich die deutschen Zulieferer vor allem über hoch innovative Produkte in den verschiedensten Bereichen, von Einspritz- bis Fahrerassistenzsystemen. Im Vergleich zu den prozessorientierten Segmenten sind die F&E-Ausgaben und damit die Einstiegsbarrieren für Außenseiter größer. Kurz: Die Märkte sind geschützter. Dadurch wird den Betrieben ein strukturell höheres Renditeniveau von 5% bis 7% ermöglicht. Der Konsolidierungsgrad in diesen produktfokussierten Segmenten ist entsprechend schon sehr hoch: Laut einer Studie von Roland Berger besitzt der Marktführer in fast allen Produktsegmenten einen Marktanteil von 30% bis 35%, weitere 15% bis 20% werden vom zweitgrößten Lieferanten abgedeckt, und die Top 5 besitzen 75% des Weltmarktes. In diesen Segmenten wünschen die Automobilhersteller keine weitere Konsolidierung der Zulieferindustrie. Dafür gibt es zwei Gründe. Zum einen wollen sie die Austauschbarkeit durch zu große Einheitlichkeit vermeiden und existierende Technologien und Produktionskapazitäten erhalten. Zum anderen würde der Wettbewerb in der Zulieferbranche reduziert und damit die Marktmacht der verbleibenden Lieferanten zunehmen. Einer fortschreitenden Konsolidierung stehen deshalb zunehmend offene Widerstände der Hersteller gegenüber. Weil die Hersteller als Hauptkunden implizit mit solchen Übernahmen einverstanden sein sollten, achten die OEM´s mehr und mehr darauf, dass insolvente

---

[105] CAMA (2008): *Flexibilität gefragt – Wie können (kleinere) Automobilzulieferer bei sinkender Kapazitätsauslastung überleben?*

Zulieferer nicht ohne weiteres von einem Konkurrenten übernommen werden. Nach Möglichkeit sollen die Übernahmekandidaten zerlegt und die verschiedenen Geschäftsfelder an unterschiedliche Wettbewerber aufgeteilt werden.

Zwei konkrete Beispiele aus der deutschen Automobilzulieferindustrie stehen stellvertretend für mögliche Entwicklungstendenzen in der gesamten Branche. Der Übernahme des „Riesen" Continental durch die Schaeffler-Gruppe zeigt, wie sich ein gesundes Unternehmen zunächst selbst ruiniert und am Ende doch wieder fängt. Auf der anderen Seite steht Bosch als Paradebeispiel für ein mit ruhiger Hand strategisch geführtes deutsches Zulieferkonglomerat mit familienähnlicher Struktur.

Beide Beispiele belegen die internationale Standfestigkeit und Zukunftsfähigkeit der deutschen Zulieferindustrie! Und sie sollen dem Leser ausführlich zeigen, was wichtige Repräsentanten der deutschen Zulieferindustrie auch in schlechten Zeiten alles in Bewegung setzen, um die Spitzenstellung des Standorts Deutschland auch morgen noch zu erhalten.

5.7.1 Genügsamkeit und Fleiß und Ethik: Die Benchmark Bosch

„Bei mir galt von jeher der Grundsatz,
nach jeder Richtung das Beste zu erzeugen,
das heißt zu liefern.
Ich hänge diesem Grundsatz auch heute an."

Robert Bosch, 1937

Mit 300 Tochter- und Regionalgesellschaften in über 60 Ländern ist die 1886 in Stuttgart gegründete Robert Bosch GmbH seit 2004 der weltgrößte Autozulieferer und das drittgrößte Familienunternehmen in Deutschland (gemäß Umsatz 2008). Inklusive seiner Vertriebspartner ist Bosch sogar in rund 150 Ländern vertreten. In den Geschäftsfeldern Kraftfahrzeugtechnik, dem umsatzstärksten Bereich, Industrietechnik sowie Gebrauchsgütern und Gebäudetechnik beschäftigt Bosch insgesamt an 260 Standorten rund 271.000 Mitarbeiter, 111.8000 davon in Deutschland an allein 80 Standorten. Ein wahrhaft globales Unternehmen!

Bosch ist ein Familienunternehmen mit ethisch fundierten Unternehmensgrundsätzen, die eben nicht ausschließlich auf Profitmaximierung ausgerichtet sind, sondern auch gesellschaftliche Belange im Blick haben. Robert Bosch gründete seine Firma nicht aus dem primären Grund, reich zu werden. Am Anfang stand vielmehr eine zündende Produktidee, eine Vision, die Besessenheit, die Welt zu verbessern. Reichtum folgte der konsequenten Umsetzung dieser Produktidee. Arbeitsplätze entstanden, weil die Produktidee gut war und am Markt Erfolg hatte, nicht weil die Firmengründer gesagt haben: „Wir wollen Arbeitsplätze schaffen."

Und die Arbeitsplätze bleiben am Standort Deutschland bestehen, weil sich die Produkte am Markt immer wieder erfolgreich behaupten können. Erhaltungssubventionen durch die Politik (wie beinahe im Falle Opel geschehen) sind dafür nicht notwendig. Nur gute Produkte, die sich im Wettbewerb – auch mit der Konkurrenz aus Asien oder anderen Regionen behaupten – sichern Arbeitsplätze, nicht beschriebene Dokumente, staatliche Konjunkturprogramme oder Beschäftigungsgarantien.

Für Erfolg und Sicherung von Arbeitsplätzen ist letztlich nur die Schaffung neuer Produkte ausschlaggebend, für die die Kunden bereit sind, mitunter auch mehr Geld als für Konkurrenzprodukte aus so genannten Niedriglohn-Ländern auszugeben; weil sie qualitativ besser und gesellschaftlich akzeptabler sind. Vor diesem Hintergrund ist auch die im März 2010 eröffnete neue Halbleiterfabrik in Reutlingen zu sehen, die mit 600 Mio. Euro die größte Einzelinvestition der Firmengeschichte darstellt – trotz der angespannten Ertragslage 2009. Franz Fehrenbach betonte, dass „Infrastruktur, qualifizierte Mitarbeiter, Kundennähe und nicht kurzfristige Subventionen die entscheidenden Kriterien" bei der Wahl des Standortes gewesen seien. Damit investiere Bosch nicht nur in die Elektromobilität, sondern sichere sich auch eine gewisse Alleinstellung. Für den Standort Reutlingen spreche neben den 1.200 beschäftigten hochqualifizierten Entwicklern auch die Weiterbeschäftigung von Mitarbeitern aus einem benachbarten Werk, das im Sommer 2009 geschlossen werden musste. Fehrenbach formulierte das Ziel von Bosch mit den Worten „immer wieder neue technologisch führende Produkte auf den Markt zu bringen. Das sichert die Standorte und somit auch die Arbeitsplätze."[106]

Neben der ethischen Grundhaltung trägt auch Kontinuität in der Personalpolitik zum Erfolg des weltgrößten Zulieferers bei. Mit dem Unternehmensmotto „Zukunft braucht Herkunft" steht die Unternehmenskultur bzw. Ethik bei Bosch im krassen Gegensatz zu den Verhältnissen in der angelsächsischen Industrie mit der für amerikanische Führungskräfte typisch kurzen Verweildauer und dem dann folgenden obligatorischen „gol-

---

[106] Automobilwoche: *„Deutliches Signal an unsere Kunden"*, 22.03.2010.

denen Handschlag" (analog zu den jüngsten Vorgängen um Gerhard Eick bei Karstadt). Stattdessen verfolgt Bosch eine längerfristig greifende Strategie für die Entwicklung der Führungskräfte, was wiederum Beständigkeit, Konsequenz und Geduld im Verhalten der Führungskräfte voraussetzt. Die Volksweisheit *Gut Ding braucht Weile* findet hier ihre unternehmerische Entsprechung. Franz Fehrenbach führt das Unternehmen seit sieben Jahren und ist erst der sechste (!) Chef in der 124-jährigen Geschichte des 1886 gegründeten Unternehmens. Nebenbei bemerkt: GM hat bei der Tochter Opel in ihren besten Zeiten innerhalb von sechs Jahren drei Geschäftsführer verschlissen! Die richtige Person aus den internen Nachwuchsriegen langfristig zu entwickeln und an die Spitze zu holen, das richtige Team zu bilden, die richtigen Mitarbeiter auf den richtigen Positionen einzusetzen, all dies sind das wichtigste Kapital eines Unternehmens. Bosch lebt das seit über 100 Jahren sehr erfolgreich vor!

Nicht nur die Gesellschaftsform der GmbH ist für ein Unternehmen mit fast 50 Mrd. Euro Umsatz untypisch, auch die Konstruktion zwischen Beteiligung und Stimmrecht folgt ungewöhnlichen Regeln: 92% der Firmenanteile hält die gemeinnützige Robert Bosch Stiftung ohne Stimmrechte, 7% sind in direktem Familienbesitz. Die übrigen Stimmrechte hält die beteiligungslose Robert Bosch Industrietreuhand KG. Die Unternehmensgewinne gehen entweder an die Stiftung oder bleiben in der GmbH. Das Vermögen der Familie Bosch wird auf 3 Mrd. Euro geschätzt.

In dem erfolgreichen Geschäftsjahr 2007 mit einem Umsatzplus von 6% gegenüber dem Vorjahr belief sich das Ergebnis vor Steuern auf 3,8 Mrd. Euro. Im selben Jahr hat Bosch für sein Werk in Ansbach, in dem elektronische Steuergeräte, wie sie in Airbags oder Antiblockiersystemen stecken, gebaut werden, eine Standort-Zusicherung abgegeben. Diese sichert die Zukunft von Werk und 2.500 Arbeitsplätzen bis 2015 und ist damit die längste jemals in Deutschland abgeschlossene Standortgarantie. Zur Diskussion stand zuvor eine Verlagerung des Werkes in das um 10% kostengünstigere Ungarn, wo mehr Menschen und weniger Maschinen arbeiten. Um den direkten Verlust von 1.000 Arbeitsplätzen in Ansbach zu verhindern, müssen die Maschinen nun auch an Wochenenden rund um die Uhr genutzt werden, in insgesamt 21 Arbeitsschichten. Durch die kontinuierliche Schichtarbeit wurde eine erhebliche Kostensenkung erreicht, ohne dass dafür die Löhne nennenswert gesenkt werden mussten. Neben der Zustimmung zur vollen Flexibilisierung der Wochenarbeitszeit, verzichteten die Mitarbeiter auf einige übertarifliche Einkommensbestandteile, wie Zuschläge. Zudem wurde vereinbart, dass der Betriebsrat bei zukünftigen Verlagerungen ein Vetorecht erhält. Außerdem investiert Bosch in den nächsten acht Jahren 160 Mio. Euro in den Aufbau neuer Fertigungslinien in Ansbach, so dass die Fabrik ihren Status als Leitwerk behält und die Fertigungsprozesse für die weltweiten Standorte definiert. „Das ist der wichtigste Punkt überhaupt, das hat unsere Position im Konkurrenzkampf enorm gestärkt", sagte Betriebsrat Walter Maier. Bis 2015 gilt diese Vereinbarung. Bosch hat, anders als Volkswagen, Opel oder Daimler, solche Standortgarantien bisher nie leichtfertig ausgesprochen, sondern stets auch gehalten. Der Konzern hat sich nie im Nachhinein, wenn die Garantie tatsächlich vonnöten war und hätte greifen können, mit hohen Abfindungen später heraus gekauft.

Die Auswirkungen der Wirtschafts- und Finanzkrise schlugen 2008 und 2009 auch bei Bosch heftig zu. In Deutschland hat das Unternehmen den überwiegenden Teil der Unterauslastung über Arbeitszeitverkürzungen aufgefangen. Dazu wurden 55.000 Mitarbeiter in Kurzarbeit geschickt, weltweit waren 80.000 Beschäftigte von ähnlichen Maßnahmen betroffen und die Mitarbeiterzahl sank 2009 weltweit um insgesamt 11.000 Beschäftigte. Der Umsatz fiel bereits 2008 um 2,6% auf 45 Mrd. Euro, im wichtigsten Geschäftsbereich Kraftfahrzeugtechnik sogar um 7%. Im Jahr 2009 verbuchte Bosch erstmals seit dem Zweiten Weltkrieg rote Zahlen. Mit einem weiteren Umsatzrückgang um 16% auf 38 Mrd. Euro und einem Minus von 18% auf 21,7 Mrd. Euro in der Kraftfahrzeugtechnik betrug der Konzernverlust insgesamt 1,2 Mrd. Euro.

Im Vergleich zu den Konkurrenzunternehmen hat der Bosch-Konzern als zukunftsorientierter Innovationsführer jedoch langfristig exzellente Aussichten. Trotz schlechter Ergebnisse investierte Bosch in den letzten beiden Jahren in wichtige Zukunftsprojekte. 2009 wurde für Forschung und Entwicklung 3,8 Mrd. Euro ausgegeben, kaum weniger als 2008 (3,9 Mrd. Euro). Das Forschungsgeld wurde in die Verbesserung der Energieeffizienz von Verbrennungsmotoren und in die Entwicklung elektrischer Antriebe gesteckt. Außerdem wurden die Photovoltaik-Aktivitäten ausgebaut. 2008 erzielte das Unternehmen mit 3.850 Patenten weltweit einen neuen Rekordwert. 40% der Patente zielt auf die Schonung von Umwelt und Ressourcen ab. Insgesamt sind 3.266 Mitarbeiter in der F&E beschäftigt. Im neuen Zentrum für Forschung und Vorausentwicklung sind 1.300 Mitarbeiter tätig. Bernd Bohr, Mitglied der Geschäftsführung der Robert Bosch GmbH, erklärt in seinem Vortrag, „Innovationen im Antriebsstrang für nachhaltige Mobilität" auf dem Technischen Kongress des VDA, dass Bosch das Potenzial, das langfristig in der Elektromobilität steckt, erkannt und trotz finanzieller Engpässe nicht an den richtigen Investitionen gespart habe.

Solche langfristigen Investitionen von Bosch in Zukunftstechnologien zahlen sich aus. Bereits im letzten Quartal 2009 legte der Kraftfahrzeugtechnik-Bereich um gut 10% zu und geht damit der erwarteten Erholung voran. Für 2010 hoffen die Bosch Manager auf eine Umsatzsteigerung in der Kraftfahrzeugsparte um 10% und ein positives Gesamtergebnis. Bis 2019 will Bosch den Umsatz seiner Kraftfahrzeugsparte mehr als verdoppeln und 45 Mrd. Euro erreichen. Das Niveau von 2007 soll bis 2012 erreicht sein. Dabei kommt der wichtigste Umsatzschub aber nicht aus den traditionellen Industriestaaten, dort erwartet Bosch das Erreichen des Umsatzniveaus von 2007 erst wieder 2015 oder 2016. Die wichtige umsatzsteigernde Entwicklung prognostiziert Bosch nahezu ausschließlich in den BRIC-Staaten Brasilien, Russland, Indien und China sowie in den 10 Mitgliedstaaten des Verbands Südostasiatischer Nationen (kurz: ASEAN). In Asien-Pazifik brach der Umsatz 2009 zwar auch um 7% ein, wuchs aber im vierten Quartal 2009 bereits wieder um 18%. Die Umsatzrückgänge in Europa mit -19 % sowie Nord- und Lateinamerika mit jeweils -14% waren weitaus stärker.

Mit einem erwarteten Wirtschaftswachstum der Schwellenländer von 6% erfordert die Verschiebung der Wachstumsschwerpunkte neue Strategien. Deshalb erhöhte Bosch seine Investitionen in der Region Asien-Pazifik mit besonderem Schwerpunkt auf China und Indien um 530 Mio. Euro. In China ist Bosch ohnehin schon seit 1990 vertreten. Bis 2005 hat der Zulieferer dort innerhalb von nur 15 Jahren aus einem ersten Joint Venture eine Holding mit 11 Tochtergesellschaften, 9 Joint Ventures, 21 Fertigungsstätten und 6 Vertriebsgesellschaften mit insgesamt 13.000 Beschäftigten aufgebaut. Um seine Präsenz auf den wichtigen Wachstumsmärkten auszubauen, nahm das Unternehmen im November 2008 ein Prüfzentrum für Sicherheitssysteme in China in der Mongolei in Betrieb. In China begann es außerdem mit der Fertigung von Bremskomponenten und Motorkühlgebläsen. Auch in Indien will Bosch in den nächsten zwei Jahren 300 Mio. Euro investieren. Aber ebenso wird in andere Schwellenländer kräftig investiert: In Singapur errichtet das Unternehmen zurzeit ein neues regionales Zentrum für Forschung und Vorausentwicklung, in Indonesien eine neue Niederlassung und eine Vertriebsgesellschaft in Vietnam.

In Asien legt das Unternehmen den Schwerpunkt der neuen Fertigungs- und Entwicklungsstätten auf Dieseltechnik und Komponenten für das Niedrigpreissegment. Neben den Entwicklungs- und Applikationszentren in diesen Ländern sorgt der Aufbau lokaler Zulieferer für die Stärkung der Unternehmensposition. Weitere Erfolge in den Schwellenländern erzielt Bosch mit speziell zugeschnittenen Produkten, zum Beispiel mit Diesel-

und Benzineinspritzsystemen in Indien und Flexfuel-Systemen in Brasilien, die verschiedene Mischverhältnisse von Benzin und Ethanol erlauben.

Im Jahr 2005 erhielt Bosch den Deutschen Zukunftspreis für Technik und Innovation aus den Händen des Bundespräsidenten für „Piezo-Injektoren: Neue Technik für saubere und sparsame Diesel- und Benzinmotoren", die sich für Diesel- und Benzin-Direkteinspritzung eignen. Die Piezo-Einspritztechnik senkt Abgasemissionen, Laufgeräusche und den Kraftstoffverbrauch des Dieselmotors. Drei Jahre später folgte 2008 ein weiterer Deutscher Zukunftspreis für den Einsatz von „Smarten Sensoren" in Konsumelektronik, Industrie und Medizin. Im März 2010 wurde Bosch von dem amerikanischen Wirtschaftsmagazin „Fortune" mit dem Unternehmensbereich Kraftfahrzeugtechnik als weltweit angesehenster Automobilzulieferer ausgezeichnet. Grundlage ist die Befragung von 4.100 Führungskräften aus 670 Unternehmen in 33 Ländern zu den Themen Innovation, Unternehmensstärke, Managementqualitäten, langfristige Innovationsstrategie sowie Qualität von Produkten und Dienstleistungen.

Der Satz Fehrenbachs „Diese Auszeichnung [...] unterstreicht die außerordentliche Stärke des Unternehmens" gilt und ist auch in Zukunft richtig, wenn sich das ethisch fundierte Familienunternehmen weiterhin so flexibel und clever dem ständigen Wandel der Rahmenbedingungen des Weltmarktes anpasst. – Charles Darwin hätte an einem solchen Probanden aus der Industrie seine helle Freude gehabt!

5.7.2 Auferstanden als Ruine: Die Großmannsucht von Branchenleitbildern – Conti und Schaeffler als Negativbeispiel

Nicht alle deutschen Zulieferbetriebe verhalten sich so vorbildlich wie der Branchenprimus Bosch. Wie falsches Consulting durch renommierte amerikanische Beratungsunternehmen sowie Großmanns- und Geltungssucht fast zum Untergang zweier bis dato gut aufgestellter Unternehmen führen können, zeigt die Geschichte der beiden Zulieferunternehmen Schaeffler und Continental, beide in ihren Marktsegmenten Weltmarktführer. Diese erinnert stark an die Übernahmeschlacht zwischen Porsche und Volkswagen (siehe Kap. 4.8): Auch hier versuchte David mit unzureichenden Mitteln und hohem Risiko Goliath zu besiegen. Nur der Ausgang des Krieges zwischen Schaeffler und Conti hätte im Vergleich zum Kampf zwischen Porsche und VW unterschiedlicher nicht sein können: Während beim „Fall" vom kleinen Porsche der Autoriese VW nach langwierigen

Gefechten letztlich am längeren Hebel saß, der allerdings am Ende des Krieges in den Händen neuer Kriegsherren lag, hielt sich Schaeffler stärker an das Vorbild des biblischen Geschehens und erlegte den Gummiriesen! Aber unter welchen finanziellen Opfern und emotionalen Gefühls-Eruptionen.

In der Tat: Ein glatter Sieg sieht anders aus. Auch wenn Schaeffler am Ende die Schlacht mit hohen Verlusten an Mensch und Material gewonnen hat, so halten Partisanenscharmützel den Sieger bis zum Frühjahr 2010 auf Trab. Ganz anders verhält sich der Friedensschluss zwischen Porsche und Volkswagen: Trotz totaler Kapitulation von David konnten beide Kriegsparteien am Ende mit großen Reichtümern bedacht nach Hause ziehen. David entging (zunächst jedenfalls) der Strafe, sondern wurde im Gegenteil von den Siegern sogar fürstlich entlohnt. Das hätte den Militärstrategen Clausewitz[107] vermutlich sehr nachdenklich gestimmt!

Wie kam es zu dem Scharmützel zwischen Schaeffler und Conti? Nachdem im Juli 2008 bekannt wird, dass Schaeffler, vertreten von Maria-Elisabeth Schaeffler und Geschäftsführer Jürgen Geißinger, unter dem sich der Umsatz des Lieferanten mehr als verdreifacht hat, den dreimal größeren Zulieferer Continental übernehmen will, entsteht ein Streit über den Preis zwischen den Unternehmen. Zuvor hatte Conti mit hohen Schulden den Autozulieferkonzern VDO von Siemens übernommen, war also zu diesem Zeitpunkt finanziell stark geschwächt. Die Interessen von Conti werden vom ehemaligen Bundeskanzler Schröder sowie von Niedersachsens Ministerpräsident Christian Wulff vertreten. Anders als im Fall von VW ist das Land Niedersachsen aber nicht unmittelbar an Conti beteiligt und Wulffs Macht begrenzt. Großes Mitspracherecht hat zudem die Commerzbank, die sowohl bei Conti als auch bei Schaeffler engagiert ist.

Schon vor der Investorenvereinbarung im August 2008, die eine Minderheitsbeteiligung von Schaeffler an Continental von bis zu 49,99% vorsieht, sichert sich Schaeffler über Swap-Geschäfte den Zugriff auf größere Aktienpakete. Durch die Übernahme will das Unternehmen Schaeffler, das zusammen mit Conti 200.000 Menschen beschäftigt, der nach Bosch und Denso drittgrößte Autozulieferer der Welt werden. Der Plan geht schief, als durch den Zusammenbruch der US-Investmentbank Lehmann Brothers ein internationaler Kursverfall die Conti-Aktien auf 20 Euro abstürzen lässt. Die Schaeffler-Gruppe hatte sich zuvor verpflichtet, 90% der Conti-

---

[107] Carl Philipp Gottlieb von Clausewitz, Militärtheoretiker aus dem 18. Jh., hatte großen Einfluss auf die Entwicklung des Kriegswesens in allen westlichen Ländern. Heute finden seine Theorien Anwendung im Bereich der Unternehmensführung sowie im Marketing.

Aktien zum Übernahmepreis von 75 Euro aufzukaufen. Entsprechend groß sind der Gewinn der Conti-Aktionäre und die ungeplant hohen Schulden der Schaeffler-Gruppe. Im März 2009 ist eine Conti-Aktie nur noch etwa 12 Euro wert – das entspricht einem Kursverlust von mehr als 80%.

Nach dem Übernahmedebakel gibt es tiefgreifende personelle Veränderungen auf allen Unternehmensebenen. Auch der Conti Vorstandsvorsitzenden Manfred Wennemer muss im August 2008 zurück treten. Sein Amt wird von Karl-Thomas Neumann besetzt, allerdings auch nur für kurze Zeit, bis er zu Volkswagen wechselt.

Ein erneuter Streit entsteht zwischen Conti und Schaeffler über die Frage, wie die Schuldenlast abgebaut und die Verschmelzung gerettet werden können. Ende Januar 2009 versuchen Conti und Schaeffler mit einer Gesamtverschuldung von deutlich mehr als 20 Mrd. Euro staatliche Hilfen zu erhalten. Schaeffler argumentiert, dass seine Relevanz für die Automobilindustrie ähnlich sei wie die Systemrelevanz der Banken. In der Presse wird die Staatshilfe ausführlich debattiert, wobei sich das mondäne Auftreten der Schaeffler-Chefin in diesem Zusammenhang als äußerst kontraproduktiv erweist. Die Eigentümer-Familie Schaeffler ist zu weit reichenden Zugeständnissen für den Ausbau der Mitbestimmungsrechte der IG-Metall gezwungen, die im Gegenzug die Forderung nach Staatshilfe unterstützt. Zudem will die Familie die Verschuldung mit eigenem Vermögen zurückführen, wenn der Staat in der Zwischenzeit finanziell aushilft. Der Antrag wird von der Regierung abgelehnt.

Zwischenzeitlich ist im Mai 2008 sogar von einer umgekehrten Übernahme die Rede, einem so genannten *Reverse Take-Over*, bei dem Conti Schaeffler übernehmen und mit dem Kauf die Schulden von Schaeffler begleichen würde. So endete letztendlich auch die Geschichte von Porsche und VW. In diesem Fall jedoch fehlen Conti die finanziellen Mittel und es besteht zunächst der Kompromiss, dass beide Lieferanten eigenständig bleiben, aber zusammen arbeiten und in Zukunft fusionieren. Der Machtkampf der Unternehmen endet damit aber noch nicht. Erst nach wesentlichen Veränderungen an der Personalspitze bei Conti im Laufe des Jahres 2009 beruhigt sich der Streit. Im August wird Elmar Degenhart zum neuen Vorstandsvorsitzenden bei Conti bestimmt, bevor im Oktober die Benennung von Ex BMW-Vorstand, Prof. Dr. Wolfgang Reitzle, einem ausgewiesener Automobilfachmann also, zum Vorsitzenden des Aufsichtsrats erfolgt. Bei Schaeffler wird Mitte März Klaus Rosenfeld, ehemaliger Finanzchef der Dresdner Bank, zum neuen Finanzvorstand.

Im August 2010 muss Conti über 3,5 Mrd. Euro zurückzahlen. Ein weiterer Schuldenabbau ist für 2010 nicht geplant, vorhandene Liquidität wird für Investitionen benötigt. Die Unternehmen arbeiten bisher nur im Einkauf zusammen. Eine Verschmelzung von Conti und Schaeffler ist nicht vor 2011 geplant. Voraussetzung dafür ist die Umwandlung von Schaeffler in eine kapitalmarktfähige Struktur. Dazu firmiert die Schaeffler KG seit Februar 2010 unter dem Namen Schaeffler Technologies GmbH & Co. KG. Langsam aber sicher wird so der Einfluss der Familie Schaeffler verringert, ohne ihr dabei völlig das Heft aus der Hand zu nehmen. – Immerhin ein warnendes Beispiel für andere Familienunternehmen der Branche.

Die Zukunftsaussichten sind für beide Zulieferer trotz der strapazierenden Auseinandersetzung immerhin recht gut. Die langsame konjunkturelle Erholung verringert die Kurzarbeit und auch den Anforderungen der automobilen Märkte scheint sich zumindest Conti gut anzupassen. Der Zulieferer entwickelt die Antriebskomponenten für ein Elektrofahrzeug, das in Testregionen von der Firma Better Place zum Aufbau einer flächendeckenden Infrastruktur benutzt wird. Außerdem kündigt Conti die Großserienproduktion eines EV für 2011 an. Zudem hat Conti das Potenzial Chinas als Schlüsselmarkt erkannt. Die Continental Tochter Contitech steigert 2009 ihren Umsatz dort um 34%. Das offizielle Conti-Ziel ist es, bis 2014 den Umsatz in China auf 300 Mio. Euro zu verdoppeln. Dazu braucht Contitech die örtlichen Kunden. Bislang ist GM der einzige Kunde im chinesischen Autogeschäft. In China wächst GM aber weit langsamer als viele heimische Hersteller oder deren asiatische Konkurrenz wie etwa Hyundai. Deshalb ist die Gründung eines Sales-Teams in Schanghai geplant, das sich um die chinesischen Autohersteller kümmern soll.

Abschließend bleibt festzuhalten, dass Conti und Schaeffler vor dem Übernahmeversuch weitaus besser aufgestellt waren. Sie hätten die Krise viel leichter meistern können, wenn Schaeffler sich mehr auf seine Stärken als selbständiges deutsches Zulieferunternehmen mit hohem Spezial-Know-how besonnen hätte. Stattdessen ist die Familie das hohe Risiko eingegangen, den dreimal so großen Konkurrenten nach amerikanischem Gusto und auf Anraten amerikanischer Investmentbanker auf Kredit zu übernehmen. – Und das ging gründlich schief! Allerdings nicht für die beteiligten Investmentbanken! Nur ganz knapp sind beide Unternehmen an der Insolvenz vorbei geschlittert – und schlittern immer noch. Allerdings besteht die berechtigte Hoffung, dass mit dem neuen AR-Vorsitzenden Prof. Wolfgang Reitzle und seinem weit reichenden Netzwerk in die deutsche und internationale Automobilindustrie am Ende des Tages „alles gut wird"! Der aktuelle Nachfrageboom dürfte die Stabilisierung des Geschäftes bei beiden Unternehmen erheblich erleichtern. Die Struktur, die am Ende dieser spektakulären feindlichen Übernahme steht, dürfte die deutsche Zulieferindustrie global stärker machen, nicht schwächer.

5.7.3 Geldgier als Geschäftszweck: Die Opfer der Heuschrecken

Was haben die Firmen *Edscha, TMD Friction, Peguform* und *Honsel* gemeinsam? Alle diese Unternehmen sind renommierte und vormals ertragsstarke Automobilzulieferer, die von Finanzinvestoren übernommen, ihres Eigenkapitals beraubt und mit Fremdkapital verschuldet wurden, bis sie schließlich Insolvenz anmelden mussten. Sie sind nicht Opfer der globalen Branchenkrise in der Automobilindustrie geworden, sie sind vielmehr Opfer von so genannten „Heuschrecken"!

Den Begriff Heuschrecken führte Franz Müntefering im Jahr 2005 für Private Equity Gesellschaften ein, über deren Rolle seitdem öffentlich debattiert wird. Sie beteiligen sich oftmals an Unternehmen, die in Ermangelung geeigneter Nachfolger verkauft werden, über hohe stille Reserven verfügen und/oder in finanzielle Schieflagen geraten sind und bei denen erhebliche kurzfristige Wertsteigerungspotenziale durch harte Restrukturierungsmaßnahmen bestehen, so dass ein anschließender Weiterverkauf mit hohen Gewinnen möglich ist. Diese Finanz-Heuschrecken gehen dabei klassischerweise immer nach demselben Schema vor. Sie kaufen das Unternehmen, haben aber kein Geld oder wollen nicht investieren. Stattdessen nehmen sie Kredite auf die zu kaufende Firma auf. Um die Kredite zurückzahlen, wird das vorhandene Eigenkapital der Unternehmen rücksichtslos abgezogen und die Opfer der Heuschrecken bluten über eine maßlose Renditeanforderung gnadenlos aus. Dazu erfolgt vielfach die Schließung von Werken, Entlassung von Mitarbeitern und Verlagerung von Teilen der Produktion ins Ausland. Kurzum, die Firma wird zerlegt und die Beschäftigten verlieren in den meisten Fällen ihre Existenzgrundlage: Kapitalismus pur!

Es gibt zwar sicherlich auch Fälle, in denen Unternehmen in das langfristige strategische Portfolio von Private Equity Gesellschaften aufgenommen wurden (so genannte Portfoliounternehmen) und sich gut entwickelt haben. Vorherrschend ist jedoch die Beobachtung, dass Kapitalinvestoren angeschlagene Firmen finanziell auspressen, um kurzfristige Gewinne zu erzielen und nicht an ihrem langfristigen Überleben interessiert sind. Wenn eine solche Finanz-Heuschrecke ein Unternehmen ohne jegliches Eigenkapital aufkauft und den Kauf komplett über diese neue Firma finanziert, indem sie ihr die gesamten Schulden für die Übernahme aufbürdet, besteht von vornerein ein entscheidender Zielkonflikt zwischen den beiden beteiligten Unternehmen, der nur schwer zu überwinden ist. Bei den übernommenen Unternehmen ist dann praktisch kein Eigenkapital mehr vorhanden, so dass ihnen selbst bei kleineren Krisen sofort die Insolvenz droht.

Im Jahr 2006 haben sich Private Equity Gesellschaften bei ca. 100 deutschen Zulieferunternehmen eingekauft, das waren damals etwa 5% aller Zulieferer in Deutschland. In etwa 40% der rund 20 deutschen Automobilzulieferer, die zwischen November 2008 und Februar 2009 einen Antrag auf Eröffnung des Insolvenzverfahrens gestellt haben, waren Private Equity Gesellschaften engagiert.[108] Vielfach waren bei diesen Deals sogar große deutsche Banken als Hauptgläubiger, Vorstände von Automobilherstellern oder pensionierte Hauptgeschäftsführer von Industrieverbänden maßgeblich beteiligt. Und zwar auf Provisionsbasis, weil die Altersversorgung ihrer Mutterhäuser doch zu kärglich war. O tempora, o mores (Cicero)!

Zulieferer, die sich im Eigentum von Finanzinvestoren befinden, gelten also in Bankkreisen als besonders gefährdet, da ihnen ihre Besitzer die Kreditlast für die meist hochgradig kreditfinanzierten Übernahmen aufbürden und sie oft nicht in der Lage sind, frisches Geld nachzuschießen. Wegen der hohen Aufwendungen für Schuldzinsen und Tilgung wird das Geld selbst bei ansonsten gesunden Betrieben knapp und reicht oft nicht einmal mehr zur Finanzierung der Betriebsmittel. Viele namhafte deutsche Zulieferer, die sich im Eigentum von Private Equity Fonds befinden, mussten in Folge der schwersten Krise der Automobilbranche Insolvenz anmelden, darunter die oben erwähnten bekannten Größen, wie der Remscheider Cabrioverdeck- und Scharnierhersteller Edscha (Carlyle), TMD Friction (Orlando), Tedrive (Orlando) oder Peguform (Cerberus).

So auch bei *Honsel*: Der Finanzinvestor Ripplewood kaufte im Jahr 2004 für 400 Mio. Euro den Spezialisten für Zylinderköpfe, Motorblöcke, Getriebegehäuse und Karosserie- und Fahrwerksteile aus Leichtmetall. Durch die kreditfinanzierte Übernahme war Honsel nun stark verschuldet und geriet Ende 2008 mit Beginn der Finanzkrise endgültig in existenzbedrohende Zahlungsschwierigkeiten. Nur durch den Einstieg eines Gläubiger-Konsortiums in das Unternehmen konnten die Verbindlichkeiten reduziert und der Automobilzulieferer zunächst vor der Insolvenz gerettet werden.

Bei *TMD Friction*, dem weltweit zweitgrößten Hersteller von Bremsbelägen, hatten der Finanzinvestor Orlando als Eigentümer und andere Kreditgeber den Geldhahn zugedreht, obwohl das Unternehmen operativ Ge-

---

[108] CAMA (2009b): *Private Equity-Engagement in der Automobilindustrie - Fluch oder Segen in Zeiten der Finanzkrise?*

winn erzielte. Der Leverkusener Autozulieferer musste daraufhin Ende 2008 als erster großer, deutscher Zulieferer in Folge der aktuellen Krise Insolvenz anmelden. „Obwohl das operative Geschäft von TMD Friction gesund ist, haben der extreme Einbruch in der Automobilindustrie und der Rückzug der Kreditversicherer aus der gesamten Branche unsere Liquidität und unser Umlaufvermögen zu stark belastet", beschrieb Firmenchef Derek Whitworth die Probleme des Unternehmens. Er sei enttäuscht, dass es nicht gelungen sei, mit Kreditgebern und Eigentümern eine Einigung zu finden und den Gang zum Insolvenzgericht zu vermeiden.[109] Im April 2009 wurde das insolvente Unternehmen erneut von einem Finanzinvestor gekauft. Der neue Eigentümer heißt Pamplona Capital Management und wurde 2005 vom früheren Chef der russischen Alfa-Bank, Alex Knaster, in London gegründet.

Der Zulieferer *Edscha* aus Remscheid, Weltmarktführer bei Autoscharnieren, wurde 2002 vom US-amerikanischen Private Equity Fonds Carlyle übernommen. Dieser ließ den von Krediten gespeisten Kaufpreis durch das Unternehmen refinanzieren und verlangte dafür 13% Zinsen. Mit Ausbruch der branchenweiten Krise reichte der Cashflow des Unternehmens nicht mehr für die Weiterführung der Geschäfte aus, Edscha musste Insolvenz anmelden und wurde schließlich aufgespaltet. Der spanische Zulieferer Gestamp Automoción übernahm die Karosseriesparte des insolventen Zulieferers, die kleinere Geschäftseinheit Cabrio-Dachsysteme wurde an den bayerischen Zulieferer Webasto verkauft.

Es ließen sich noch eine Vielzahl weiterer Beispiele aufzählen, in denen Automobilzulieferer nach dem Einstieg einer Private Equity Gesellschaft in den Ruin getrieben wurden. Vor diesem Hintergrund erklärt sich die Angst Liquidität benötigender Unternehmen vor angelsächsischen Finanz-Investoren. Es wäre jedoch sicherlich verfehlt, wollte man diese Form der Unternehmensfinanzierung und -beteiligung generell als schädlich abtun. Mitunter trägt der dadurch beschleunigte Ausleseprozesses zur Markteffizienz bei. Diese Beteiligungsgesellschaften interessieren sich grundsätzlich nur für Unternehmen mit Wertsteigerungspotential, bei denen also durch Restrukturierungsmaßnahmen Effizienzsteigerungen zu erzielen sind. Vielfach sind die Schieflagen der Unternehmen eben dadurch begründet, dass konsistente Strategien oder qualifiziertes Management fehlen. Außerdem sind es oftmals nur noch Hedgefonds, die den Unternehmen Liquidität in Situationen beisteuern, in denen traditionelle Geldgeber aus Risikogründen keine Kredite mehr vergeben, bzw. Banken froh sind, sich ihrer Kre-

---

[109] Handelsblatt: *TMD: Erster großer Autozulieferer ist pleite*, 08.12.2008.

ditrisiken durch Weiterveräußerung des Unternehmens zu entledigen. So darf nicht verschwiegen werden, dass auch mehrere deutsche Unternehmen nur mit dem Kapitaleinsatz von Hedgefonds gerettet werden konnten und erfolgreich überlebten.

Sorgfalt und Weitsicht der Banken als Gläubiger oder Kreditgeber ist vor allem bei den Zulieferern geboten, die nur durch die gegenwärtige Absatzkrise in finanzielle Nöte geraten sind und vorher gut aufgestellt waren. Hier braucht es aktive Eigentümer mit Verantwortung. Größere Zulieferbetriebe werden in vielen Fällen inzwischen von den belieferten Herstellern unterstützt, indem diese auf längerfristige Investoren mit sozialverträglichen Lösungen setzen. Begehrte Investoren können auch mittelständische Familienunternehmen sein, die über ausreichend finanzielle Mittel aus der Vorkrisenzeit verfügen und nun die günstige Gelegenheit nutzen, um Wettbewerber zu übernehmen oder Geschäftsfelder strategisch auszuweiten.

5.7.4 Viva la Familia!

Das Rückgrat der deutschen Industrie, vor allem der Automobilindustrie sind die Familienunternehmen. Ihnen ist es zu verdanken, dass der Standort Deutschland im Malstrom der Globalisierung eine „feste Burg" geblieben ist. Und daran werden auch die vaterlandslosen Gesellen der Heuschrecken oder internationalen Investmentbanken nichts ändern, mögen ihre Vertreter auch noch so smart sein! Weil sie für die Überlebensfähigkeit der Branche so wichtig sind, soll die Bedeutung der Familienunternehmen nachfolgend näher erläutert werden.

Familienunternehmen sind das genaue Gegenteil der gefürchteten Heuschrecken. Ihre strategische Perspektive ist langfristig und sie handeln werteorientierter als Private Equity Firmen, die ihre Errungenschaften oft aggressiv auf kurzfristige Cash-Erfolge trimmen. Ein Familienunternehmen denkt nicht in Quartalen, stattdessen stehen Kontinuität, Erhalt der Unternehmenssubstanz und langfristige Wertsteigerung der Unternehmung im Vordergrund. Nicht umsonst hat sich auch Wendelin Wiedeking, ehemaliger Chef des ehemaligen Familienunternehmens Porsche, vehement gegen eine Quartalsberichterstattung gewehrt und es dafür sogar in Kauf genommen, nicht mehr im Dax gelistet zu werden.

Typischerweise sind bei Familienunternehmen oftmals die Eigentümer an der Geschäftsführung beteiligt, haben also aktiv die Steuerung des Unternehmens in der Hand. Dies ist aber nicht zwingend erforderlich, als Familienunternehmen sind auch solche Unternehmen einzustufen, die sich im (mehrheitlichen) Eigentum von wenigen Einzelpersonen befinden, bzw. von ihnen kontrolliert werden, wie z.B. die Quandt Familie bei BMW. Auch große börsennotierte Unternehmen, wie Metro, Porsche, Bertelsmann oder Henkel können Familienunternehmen sein, je nach Anteil der Familie am Eigenkapital des Unternehmens, an der Unternehmensführung (Vorstand) und am Kontrollorgan (Beirat oder Aufsichtsrat). Dabei werden nicht nur direkte Stimmrechte der Familienangehörigen berücksichtigt, sondern auch solche, die indirekt über eine juristische Person unter Kontrolle der Gründerfamilie gehalten werden.

Wenn sich die Unternehmensleitung aus der Eigentümerfamilie zusammensetzt oder sich ein angestellter Unternehmenschef nur gegenüber einem Familiengremium verantworten muss, ist *langfristiges Denken und Planen* leichter möglich. Charakteristisch für Familienunternehmen ist das Ziel, das Unternehmen in Familienbesitz zu halten und innerhalb der Familie an die nachfolgende Generation zu übergeben. Daher unterscheiden sie sich in ihren Strategien und ihrem Finanzierungsverhalten oft grundlegend von Nicht-Familienunternehmen, insbesondere von den großen Kapitalgesellschaften in Streubesitz. Weil sie einen dauerhaften Einfluss der Familie auf das Unternehmen sichern wollen, haben Familienunternehmen in der Regel einen ausgeprägten Wunsch nach Unabhängigkeit von externen Kapitalgebern, vor allem externen Eigenkapitalgebern. Sie sind eher bestrebt, das Eigenkapital möglichst in der Familie zu halten und tendieren dazu, Gewinne nicht auszuschütten, sondern wieder im Unternehmen zu investieren. Entsprechend sind gerade auch in der Zulieferindustrie Eigenkapitalquoten von 60% und mehr keine Seltenheit.

Im Gegensatz zu Hedgefond-kontrollierten Unternehmen steht bei Familienunternehmen das schnelle Erzielen einer möglichst hohen Rendite auf das eingesetzte Kapital nicht im Vordergrund. Der Erhalt des Unternehmens und die Fortführung der Familientradition haben stattdessen meist die höchste Priorität. Dies erlaubt Familienunternehmern, auch auf die Wahrnehmung kurzfristiger Gewinnchancen zu verzichten, um eine eher langfristig orientierte Unternehmensstrategie zu verfolgen. Aus diesem Grund sind Familienunternehmen in der Regel unempfindlicher gegenüber wirtschaftlichen Krisen und temporären Marktschwankungen.

Ein Familienunternehmen stellt im Idealfall das verantwortliche Unternehmertum dar. Denn klassischerweise führt der Eigentümer seine Firma eigenständig, er haftet persönlich mit seinem Kapital, ist meistens stark regional verwurzelt und steht für einen verantwortungsvollen, nachhaltigen und menschlichen Umgang mit seinen Mitarbeitern. Das Prinzip Vorbild durch Führung gilt hier stärker als für andere Unternehmen. Es geht dabei um die gelebte Unternehmenskultur und ihre Werte, nicht um schöne Formulierungen von Führungsgrundsätzen auf Hochglanzpapier oder bei Führungskräftetreffen.

Dies ist nicht nur beim Zulieferriesen Bosch so der Fall (siehe Kap. 5.7.1), sondern typischerweise bei der Mehrheit der kleinen und mittelständischen Unternehmen, wie es sie in der deutschen Automobilindustrie zu tausenden gibt. Familienunternehmen sind ein entscheidender Bestandteil der deutschen Volkswirtschaft. Sie haben einen Anteil von 49% am Gesamtumsatz aller deutschen Unternehmen, sind für 54% der Beschäftigung verantwortlich und stellen rund 80% aller Ausbildungsplätze. Darunter sind neben den vielen klassischen kleinen Familienbetrieben des Handwerks oder Einzelhandels auch große bekannte Unternehmen aus der Automobilindustrie. Allein unter den 50 größten deutschen Familienunternehmen (nach Umsatz 2008) gehörten neun Unternehmen zur Automobilindustrie[110] Namentlich waren dies die Robert Bosch GmbH, INA-Schaeffler, Porsche, Benteler, Freudenberg, Hella, Knorr-Bremse GmbH, Behr und Brose.

Bosch ist nicht überall! Gerade bei solch großen Unternehmen kommen die klassischen Vorteile von Familienbetrieben nicht immer zum Tragen. Management- oder Eigentümer-Eskapaden, ebenso wie schlechtes Management und/oder unzureichende Kontrolle durch die Eigentümer führen auch bei Familienunternehmen zu Fehlentwicklungen, wie die Beispiele Schaeffler oder der mittlerweile insolvente Arcandor-Konzern der Familie Schickedanz zeigen.

Der Großteil der vielen mittelständischen Betriebe der deutschen Automobilindustrie hat allerdings kein Missmanagement à la Karstadt, sondern besticht durch die klassischen Vorteile von Familienunternehmen auf Grundlage folgender externer und interner Erfolgsprinzipien:

- Klare Hierarchie und weniger Bürokratie
- Kürzere Entscheidungswege und mehr Flexibilität
- Führung durch Vorbild, hohe soziale Mitarbeiterverantwortung
- Größere Kundennähe der Führung

---

[110] Stiftung Familienunternehmen (2009): *Die volkswirtschaftliche Bedeutung der Familienunternehmen.*

- Beständigkeit der Führung gibt Sicherheit und Motivation für die Mitarbeiter, wirkt auch nach Außen zu den Kunden
- Tradition und damit verbundene Werte (Ehrlichkeit, Glaubwürdigkeit, Zuverlässigkeit) werden automatisch Teil der Unternehmenskultur
- Strikte Orientierung an der langfristigen Wertsteigerung des Unternehmens

Einige dieser Vorteile hängen vielfach natürlich direkt mit der meist geringere Unternehmensgröße zusammen. Aufgrund der Vorbildfunktion in den Familien-Prinzipien ergibt sich meist eine größere Sogwirkung eines menschlichen und motivierenden Verhaltens der Führungspersönlichkeiten auf die Mitarbeiter.

Hieraus ergeben sich wichtige Vorteile von mittelständisch geprägten Familienunternehmen. Zum einen werden Marktchancen schneller erkannt und entsprechende Maßnahmen können schneller umgesetzt werden. Das bedeutet eine größere *Flexibilität*. Hinzu kommt klassischerweise eine *größere Kundennähe* durch die geringere Betriebsgröße und meist auch durch den Chef selbst. Daraus ergibt sich direkt als weiterer positiver Faktor die erhöhte *Kontinuität* im Unternehmen – ein Vorteil auch für die Kunden. In Großfirmen unterliegt das Personal mit Kundenkontakt (sprich: Vertrieb) meist einer großen Fluktuation, während ein Familienunternehmen insgesamt eher durch geringere Personalwechsel gekennzeichnet ist. Die Kontinuität der Gesprächspartner ist für den Kunden ein großer Vorteil und gewährleistet auch die guten Marktkenntnisse der Führungsebene. Nicht zuletzt darin spiegelt sich die verstärkte Langfristigkeit des unternehmerischen Denkens und Handelns bei Familienunternehmen wieder.

Das größte Plus der deutschen Eigentümer- oder Familien-Zulieferunternehmen ist das besondere Vertrauensverhältnis zu den Belegschaften. Diese gehen in der Regel „für den Chef durchs Feuer", wenn Not am Mann ist. Sonderschichten ebenso wie Perioden von Kurzarbeit werden klaglos durchgeführt, wenn die Mitarbeiter von der Sinnhaftigkeit solcher Maßnahmen zur Sicherung der Unternehmensexistenz und ihrer eigenen Arbeitsplätze überzeugt sind. Wesentlich ist, dass die Mitarbeiter offen informiert und fair behandelt werden, sie also nicht das Gefühl haben, über den Tisch gezogen zu werden. Führen durch Vorbild ist eine ganz wichtige Maxime in mittelständischen Familienunternehmen. Wasser predigen und selbst Champagner trinken war für den Betriebsfrieden noch nie eine gute Grundlage in Deutschland.

Genau dieses gegenseitige Vertrauen *der da unten* in *die da oben* ist das höchste Wettbewerbsgut, das die deutsche Automobilindustrie hat. Der Autor hat es bei seiner eigenen langjährigen Tätigkeit in der Automobilindustrie bei BMW nie anders erlebt, als das bei strategischen Unternehmensentscheidungen die Interessen der Belegschaften stets gleichwertig und auf gleicher Augenhöhe mit den Interessen der Eigentümer berücksichtigt worden sind.

Mit dieser Grundeinstellung wird die deutsche Automobilindustrie auch in Zukunft unverwundbar bleiben. Dazu ist aber auch notwendig, dass der Trend zum Ersatz von Stammbelegschaften durch Leiharbeitskräfte ein Ende findet. Unternehmensbindung und Motivation sind die wahren Schätze einer Unternehmung, nicht hohe Börsenkurse.

5.8 Die Eroberung des Weltmarktes: Der Konzernbaumeister vom Wörthersee

„Männer sind es, die Geschichte machen"

Heinrich von Treitschke (1834-1896)

Als der berühmte Historiker und Nationalökonom Heinrich von Treitschke Ende des 19. Jahrhunderts diese Erkenntnis seiner geschichtswissenschaftlichen Forschung der Welt zum Besten gab, entsprach dies damals der allgemeinen Denkart. *Golda Meir, Indira Gandhi, Margret Thatcher* oder *Angela Merkel* waren auf der Bühne der Weltgeschichte noch nicht aufgetreten. Und trotzdem hat Treitschke bis heute ohne Einschränkung Recht, wenn man seine Aussage auf die Automobilindustrie bezieht. Frauen spielten hier seit Anbeginn keine große Rolle – sieht man einmal von Bertha Benz und ihrer legendären Benzinkutschfahrt ab.[111]

---

[111] 1886 erfand der Karlsruher Dr. Carl Benz das Automobil, aber niemand wollte es kaufen. Erst als seine Ehefrau Bertha 1888 mit ihren beiden Söhnen in einer legendären Fernfahrt von Mannheim nach Pforzheim und zurück die Alltagstauglichkeit der pferdelosen Kutsche bewies, wurde daraus ein ungeheurer Erfolg – mit heute fast 1 Mrd. Automobilen weltweit!

Das Automobil und die Branche, die es herstellt, sind bis heute im wesentlichen Männersache geblieben.[112] Männer waren es, die das Automobil erfunden, zum unverzichtbaren Produkt für alle entwickelt und im Rennsport zum Faszinosum der Massen gemacht haben. Männer haben alle wesentlichen Erfindungen und Innovationen rund um das Automobil zustande gebracht, haben Automobilunternehmen aus dem Nichts zum Weltruhm (Beispiel: BMW), oder auch spektakulär in den Niedergang geführt (Beispiel: Daimler-Benz, General Motors, Chrysler, Porsche, Rover usw.).

Namen wie *Carl Benz, Gottfried Daimler, Robert Bosch, Rudolf Diesel, Nikolaus Otto, August Horch, Wilhelm Maybach, Ferdinand Porsche, Adam Opel* und seine fünf Söhne haben die Geschichte der deutschen Automobilindustrie geprägt.[113] Ihre Namen finden sich daher auch in der berühmten Automotive Hall of Fame (AHOF) in Dearborn (Michigan), der Ehrenhalle für herausragende Persönlichkeiten auf dem Gebiet der Forschung und Entwicklung in der Automobiltechnik.

Wer es als „Nicht-Forscher und -Entwickler" trotzdem zu der Ehre gebracht hat, in der Hall of Fame verewigt zu werden, muss schon Bemerkenswertes geleistet haben. Aus der deutschen Automobilindustrie gibt es dort bislang nur zwei Namen: Heinrich Nordhoff (VW) und Eberhard von Kuenheim (BMW). Der Leser möge diesen kleinen gedanklichen Ausflug in die deutsche Automobilgeschichte nachsehen, aber beide Persönlichkeiten sind es wert, sich näher mit ihnen zu beschäftigen. Auch wenn ihr Einfluss auf die Branche rückblickend höchst unterschiedlich war.

Heinrich Nordhoff (1899 - 1968) studierte in Berlin Maschinenbau, begann seine berufliche Karriere bei BMW in München im Flugmotorenbau, ging dann zu GM und stieg dort Ende der dreißiger Jahre zum Vorstandsmitglied bei der Adam Opel AG auf. Belastet durch seine Tätigkeit als Wehrwirtschaftsführer musste er das amerikanische Unternehmen Adam Opel AG nach dem Krieg verlassen und übernahm im Januar 1948 als Generalbevollmächtigter die Führung von Volkswagen in Wolfsburg. Un-

---

[112] Ausnahmen bestätigen auch hier die Regel: Rita Forst wurde im Januar 2010 Entwicklungschefin bei Opel, von der FTD liebevoll *Opels Car Girl* genannt. Und Birgit Behrendt, zuvor Einkaufschefin von Ford Deutschland, avancierte im Januar 2010 zur US-Einkaufschefin des Mutterkonzerns. – Nicht nur deutsche Automobile, auch deutsche Frauen sind also auf dem Vormarsch!

[113] Wobei Adam Opel die Sache mit dem Automobil - vorher wurde seine Firma durch den Bau von Nähmaschinen und vor allem Fahrrädern in Deutschland Marktführer - von Anfang an nicht ganz geheuer war. Kurz vor seinem Tod soll er beim Anblick eines Automobils ausgerufen haben: „*Aus diesem Stinkkasten wird nie mehr werden als ein Spielzeug für Millionäre, die nicht wissen, wie sie ihr Geld wegwerfen sollen!*"

ter seiner Leitung entwickelte sich das VW-Stammwerk in den folgenden zwei Jahrzehnten zur umsatzstärksten Automobilfabrik Europas und der Konzern expandierte weltweit, ließ sogar Werke in Brasilien und Südafrika errichten. Der Name Nordhoff steht untrennbar für den Siegeszug des VW-Käfers, den Wiederaufstieg der deutschen Automobilindustrie und schlechthin für das deutsche Wirtschaftswunder nach dem zweiten Weltkrieg.

Seine Leistung bestand darin, den Markt über jährliche *Preissenkungen* (!) zu entwickeln und das Wachstum der Automobilnachfrage über rechtzeitige Kapazitätserweiterungen zu ermöglichen. Eine technische Weiterentwicklung des Ursprungskäfers von Ferdinand Porsche mit luftgekühltem Boxermotor und Heckantrieb fand unter Nordhoff allerdings nicht statt. Erst buchstäblich in letzter Minute, als modernere Antriebskonzepte und Automobiltechnik bei immer stärkeren Wettbewerb, z.B. mit Opel, zur ernsthaften Bedrohung von VW wurden, gelang es seinem Nachfolger Kurt Lotz auf Basis von Audi-Technik mit Neuschöpfungen wie Golf und Passat das Unternehmen erneut auf Erfolgskurs zu bringen. – Nur knapp entging VW damals einer Absatz- und Beschäftigungskatastrophe!

Mit der Ära Nordhoff Ende der Sechziger ging auch die Phase des stürmischen deutschen Wiederaufbaus und damit des Wirtschaftswunders zu Ende. Die Märkte wuchsen nicht mehr von selbst, aus Verkäufermärkten wurden langsam aber sicher Käufermärkte. Konnten Hersteller wie beispielsweise Daimler-Benz bis dahin ihren Kunden nach vier Jahren Lieferzeit ein Automobil gnädig und huldvoll zuteilen, mussten sie es jetzt plötzlich verkaufen: Der Wettbewerb begann! Damit war ein neuer Typ von Manager gefragt.

War es Heinrich Nordhoff, der die Automobilgeschichte Deutschlands in den ersten beiden Dekaden der Nachkriegszeit im Wesentlichen geprägt hat, so war es ab Anfang der Siebziger über dreißig Jahre hin *Eberhard von Kuenheim*. Er sorgte mit preußischer Disziplin, seiner Führung durch Vorbild und vor allem mit seinen Visionen für den Aufstieg der Bayerischen Motorenwerke AG von einer Dorfschmiede im Norden Münchens mit blau-rauchenden Avantgarde-Automobilen zu einem Weltkonzern der sportlichen Nobelmarke BMW.

Dass sein Name als Zweiter in der Hall of Fame verewigt wurde, ist eine Homage an Prinzipien der Unternehmensführung nach einem festen ethischen Wertesystem. Von Kuenheim, geboren 1928 in Ostpreußen, studierte nach Flucht und Vertreibung Maschinenbau und begann seine Berufslaufbahn bei Bosch. Im Jahr 1965 trat Kuenheim die Stelle als „Stabsmann für technische Fragen" bei der Quandt-Gruppe an und kam in dieser Funktion 1969 zu BMW. Im Januar 1970 übertrug ihm der BMW-Großaktionär Herbert Quandt den Vorstandsvorsitz der BMW AG mit damals etwa 20.000 Mitarbeitern und 1 Mrd. DM Umsatz. Kuenheim wurde damit Deutschlands jüngster Vorstandsvorsitzender eines Großunternehmens. 1972 führte er die 5er-Reihe samt einer neuen Typensystematik ein, die noch heute verwendet wird und von anderen Marken übernommen wurde. In den Folgejahren war BMW unter Kuenheims Führung stets mit neuen Technologien und Modellreihen sehr erfolgreich. Am Ende seiner aktiven Amtszeit im Jahr 1993 beschäftigte die BMW AG 70.000 Mitarbeiter und machte 30 Mrd. DM Umsatz. Neue Produktionsstandorte waren in Deutschland (Regensburg, Spandau), Österreich, Südafrika und in den USA (Spartanburg) und zahlreiche Montagewerke in Asien und Russland entstanden. Dabei hatte Kuenheim in Kurt Golda, dem langjährigen Betriebsratsvorsitzenden, einen kongenialen Partner auf der Arbeitnehmerseite, für den das Wohl des Unternehmens, und damit untrennbar verbunden auch das Wohl „seiner" Mitarbeiter im Unternehmen, stets oberste Priorität hatte.[114]

Die Erfolgsgeschichte von BMW ist die Geschichte eines visionären Unternehmensführers, der das Unternehmen als *Majordomus* im Dienste und mit absolutem Vertrauen der Eigentümerfamilie Herbert Quandt mit preußischer Disziplin, Mut, einer ruhigen Hand, Augenmaß und mit großer Selbstbescheidung in die Champions League der Automobilindustrie führte. Im harten Wettbewerb mit dem „großen" Rivalen aus Stuttgart-Untertürkheim! Die Quandt-Familie gab von Kuenheim über dreißig Jahre hin die Zeit, seine Visionen umzusetzen, und hielt ihm auch in schwierigen wirtschaftlichen Zeiten „den Rücken frei". Von Kuenheim hat dieses Vertrauen und die ihm gewährten unternehmerischen Freiräume bestens genutzt und den Unternehmenswert von BMW um ein Vielfaches gesteigert!

Die überragenden, strategischen Leistungen von Kuenheims mit weit reichenden Auswirkungen auf und für die deutsche Automobilindustrie waren:

- Sein „Angriff" auf den einsamen Branchenprimus und Image-Monopolisten Daimler Benz.

---

[114] Eine unternehmerische Glanztat Goldas war die Ernennung des 32-jährigen Wirtschaftsingenieurs Manfred Schoch zu seinem Nachfolger, der seit 19988, ohne zuvor je am Band gestanden zu haben, die Interessen „seiner" Belegschaft im gleichen Geist vertritt wie sein Ziehvater Golda. Der Autor kann sich nicht erinnern, dass seit seinem Eintritt 1974 bei BMW der Betriebsfriede je gestört gewesen wäre. Selbst schmerzhafte, aber notwendige Personalmaßnahmen in Folge der Weltwirtschaftskrise 2008/2009 wurden (weitgehend) einvernehmlich durchgeführt. – Ein Musterbeispiel für gelungene Sozialpartnerschaft!

- Die systematische, schrittweise Erschließung des Weltmarkts für die Marke BMW durch die Gründung eigener nationaler Vertriebsgesellschaften; BMW wurde damit Vorreiter der Globalisierung, die bis dahin in der deutschen Automobilindustrie völlig unüblich war.
- Seine absolute Offenheit für Wettbewerb und die Durchsetzung am Markt, nicht mit Protektionismus und Abschottung, sondern mit der besseren Lösung; dieser *Spirit of the Champions* haben die Unternehmensphilosophie zunächst von BMW, danach der gesamten Branche geprägt.

In allen Fällen kam von Kuenheim eine **Pionierfunktion** für die deutsche Automobilindustrie zu. Wenn Joseph Schumpeter den Wettbewerb als Prozess der *schöpferischen Zerstörung* und damit als Wachstumsmotor par excellence hoch lobte, so hat von Kuenheim genau diese Rolle eingenommen. Mit dem Angriff auf die zuvor unangefochtene Monopolstellung von Daimler-Benz als einzige deutsche Nobelmarke hat von Kuenheim den *Markt für deutsche Premiumfahrzeuge* im wahrsten Sinne des Wortes erst begründet und entwickelt. Ohne von Kuenheim und BMW und ohne die einprägsamen Modellreihen-Nomenklatur wäre es (vermutlich) auch nicht zum späteren Zutritt der Marke Audi unter Ferdinand Piech als dritter Anbieter in diesen Premium-Markt gekommen. Erst mit der Marke Audi bekam der Premium-Markt ein Volumen, das sich in der Weltautomobilindustrie selbständig etablieren konnte. Damit kam dann der endgültige Durchbruch des Premium-Marktsegments. Im Dreier-Pack ist es gelungen, aus einem regionalen Oberklasse-Duopol in der Wahrnehmung des Weltmarkts ein Attribut für die gesamte deutsche Automobilindustrie zu machen: *Die deutsche Automobilindustrie steht heute weltweit unangefochten für Premium!* – Am Anfang stand ohne Zweifel die Marke Daimler-Benz, aber Auslöser dieser Marktbildung war von Kuenheim!

Und noch eine zweite Pioniertat verdankt die deutsche Automobilindustrie von Kuenheim: Die Erschließung des Weltmarktes. Zunächst durch den schrittweisen Aufbau eines Netzes eigener landesspezifischer Vertriebsgesellschaften, dann durch Gründung eigener Produktionsgesellschaften vor Ort. Beides lange vor der Zeit, als mit dem Fall der Mauer und des Bambusvorhangs die eigentliche Globalisierung begann. BMW wurde damit Vorreiter und Schrittmacher nicht nur für Daimler und Volkswagen, sondern auch für die Zulieferindustrie. – In diesem Zusammenhang sei nur daran erinnert, dass VW sein einziges US-Produktionswerk in Westmoreland 1988 schloss und erst 2010 unter Winterkorn in Chatanooga wieder neu aufmacht. Dies bedeutet zwei Jahrzehnte Vorsprung für die asiatischen Wettbewerber auf dem US-Markt!

Der letzte – und vielleicht sogar größte – Verdienst von Kuenheims hat er sich für die deutsche Volkswirtschaft als Ganzes erworben. Kuenheim war immer leistungs- und von Grund auf wettbewerbsorientiert! Unter von Kuenheim ist BMW dem Wettbewerb vor allem aus Asien nie aus dem Weg gegangen, er hat ihn vielmehr gesucht und wo und wann immer nötig entsprechend gekontert. So hat BMW als erstes europäisches Automobilunternehmen bereits 1981 in Tokio – als Automobile *made in Japan* den Weltmarkt zu überrollen drohten, eine eigene Vertriebsgesellschaft für den japanischen Markt gegründet. Und von Kuenheim ließ sich auch durch den Rückzug von VW aus den USA nicht entmutigen. Er war der einzige deutsche Hersteller, der die japanische Modelloffensive im Premiumsegment mit Lexus (Toyota) und Infiniti (Nissan) 1993 mit einem eigenen Werk in Spartanburg für BMW-Fahrzeuge konterte. – Daimler folgte wenige Jahre später (1996) mit einer eigenen Fabrik in Tuscaloosa (Alabahma).

Diese strikte marktwirtschaftliche und wettbewerbsorientierte Einstellung von Kuenheims setze sich mit der Zeit nicht nur in der deutschen Automobilindustrie, sondern auch bei den europäischen Kollegen als Erfolgsrezept im Wettbewerb durch.

Die Verdienste von Kuenheims nicht nur für die Quandt-Familie, sondern für die deutsche Automobilindustrie insgesamt sind also überragend. Die Einrichtung einer eigenen Eberhard-von-Kuenheim-Stiftung durch die Quandt-Familie nach Beendigung seiner aktiven Laufbahn bei BMW beweist das überdeutlich.

Neben von Kuenheim gibt es aktuell eine zweite große Unternehmer-Persönlichkeit, die sich in der deutschen Automobilindustrie – für die Öffentlichkeit vielfach unbemerkt – unermeßliche Verdienste erworben hat: *Ferdinand Karl Piëch*, Aufsichtsratsvorsitzender der Volkswagen AG. Obwohl beide von der Profession gelernte Ingenieure sind, und obwohl beide für die Branche wegweisend waren und sind, könnten sie dennoch – nach allem Bekannten – in ihrer Persönlichkeitsstruktur gegensätzlicher nicht sein.

Über die Motive für ihr Handeln kann nur spekuliert werden: Waren es bei Eberhard von Kuenheim langfristige, strategische Visionen auf Grundlage von strikter Leistungsorientierung, preußischer Disziplin und absoluter Loyalität gegenüber der Eigentümer-Familie? Sind es bei Ferdinand Karl Piëch ureigenste persönliche Motive und familiäre Egozentrik, die ihn

Zeit seines Lebens angetrieben und zum genialsten Konzernbaumeister der deutschen Automobilindustrie gemacht haben? –Genaues weiß man nicht! Möge der Leser sich sein Urteil selbst bilden!

Bei Ferdinand Karl Piëch kommt zweierlei zusammen: Zum einen ist er, ausgestattet mit den technischen Genen seines genialen Großvaters Ferdinand Porsche, ein begnadeter und in Qualitätsfragen geradezu besessener Automobilingenieur („Fugen-Ferdl"). Zum anderen ist er Egomane und technischer Exzentriker, ein moderner Daniel-Düsentrieb. Mit der Mentalität eines Schachspielers plant er viele Züge seines Spiels langfristig und strategisch voraus. Nach Schilderungen von Wegbegleitern wirkt er nach außen hin zurückhaltend, stets völlig emotionslos und diszipliniert, verfolgt dabei aber seine persönlichen und beruflichen Ziele gnadenlos, offenbar nie verzeihend und mit stechendem Blick aus eisklaren blauen Augen. Und diese Ziele sind, so die Meinung von Weggefährten, einerseits stark mit persönlichen Empfindlichkeiten, wie gefühlten Niederlagen oder erlittener Schmach, andererseits eng mit dem Werdegang und der Wahrung von Ehre und Interessen der Familie Piëch verbunden.

Damit dürfte eigentlich klar sein, dass ein Mann mit dieser Persönlichkeitsstruktur sich weder beruflich noch privat in seinem Leben viele Freunde macht – und darauf möglicherweise auch gar keinen Wert legt. Genau weiß man das nicht. Sicher ist nur, dass er weder im Montessori-Kindergarten war noch eine Waldorf Schule besucht hat.

Um solche utopischen Ziele zu erreichen, wie Ferdinand Karl Piëch sie seit Jahrzehnten zäh und beharrlich verfolgt, verbunden mit vielen Niederlagen und Rückschlägen, muss man schon aus „Hart-" und nicht „Weichholz" geschnitzt sein. Solche Aspekte spielen für seine überragenden strategischen Leistungen für die deutsche Automobilindustrie eine zentrale Rolle. Um dies besser nachzuvollziehen, zunächst ein kurzer Abriss über das bewegte Leben des Ferdinand Karl Piëchs und seinen beruflichen Werdegang.[115]

- Ferdinand Piëch wurde am 17. April 1937 in Wien geboren, als Sohn von Anton Piëch und Louise Porsche, der Tochter Ferdinand Porsches, dem Gründer der Sportwagenschmiede Porsche.

---

[115] Der Autor stützt sich dazu und im Folgenden auf Angaben aus:
Fürweger, W. (2007): *Die PS-Dynastie: Ferdinand Porsche und seine Erben.*
Grässlin, J. (2000): *Ferdinand Piëch: Techniker der Macht.*
Stiens, R. (2001): *Ferdinand Piëch – der Auto-Macher.*

5.8 Der Konzernbaumeister vom Wörthersee

- Das Elternhaus war wohlhabend. Sein Vater, ein gelernter Jurist, war an der „Dr. Ing. h.c. F. Porsche GmbH" seines Schwiegervaters, die am 25. April 1931 in Stuttgart gegründet wurde, mit 15% beteiligt (an der daraus hervorgegangenen Kommanditgesellschaft von 1937 besaß er noch 10 %) und vertrat die Gesellschaft unter anderem in Vertrags- und Rechtsfragen. Von 1941 bis 1945 leitete Anton Piëch als Hauptgeschäftsführer der Volkswagen GmbH das Werk in Wolfsburg. – Trotz Kindesalter dürfte dies Ferdinand Karl nicht unbekannt geblieben sein.

- Ferdinand Piëchs älterer Bruder Ernst heiratete 1959 die jüngste Tochter von Heinrich Nordhoff, dem Vorsitzenden des Volkswagen-Konzerns. – Die familiären Verbindungen zwischen den Familien Piëch, Porsche und dem Unternehmen Volkswagen bestehen also schon seit sieben Jahrzehnten. Das Familienunternehmen Toyota ist nicht älter!

- Piëch studierte nach seinem Schulabschluss Ingenieurwissenschaften an der Eidgenössischen Technischen Hochschule Zürich, eine Kaderschmiede bis zum heutigen Tage für exzellenten automobilen Ingenieur-Nachwuchs. Nach dem Abschluss 1962 ging er zunächst als Ingenieur zur Autoschmiede seines Großvaters nach Stuttgart-Zuffenhausen. Dort begann er als Sachbearbeiter in der Versuchsabteilung. 1966 wurde Piëch Leiter der Versuchsabteilung, zwei Jahre später stand er der Entwicklungsabteilung vor. 1971 wurde Piëch Technischer Geschäftsführer bei Porsche.

- Im Jahr 1972 wechselte er zwangsweise zu Audi NSU Auto Union nach Ingoldstadt, weil Zwistigkeiten zwischen den Familiestämmen Porsche und Piëch zu der Entscheidung führten, dass künftig kein Familienmitglied in der Geschäftsführung der Firma Porsche tätig sein dürfe. Dass ein genialer Techniker wie Ferdinand Piëch aus dem sicher scheinenden Karrieremodell des Porsche-Familientempels unsanft verabschiedet worden war, erwies sich nachfolgend als Glücksfall für Audi sowie für den Mutterkonzern Volkswagen. „*Denn ein Genialer ist ein Geschenk, ein frustrierter Genialer aber ein Gottesgeschenk.*" (Anonymus). Piëch erwies sich als Gottesgeschenk! Er zeigte sich in der Folgezeit als weitsichtiger Stratege, trotz des mitunter rüden Umgangs mit den - meist loyalen - *Berufsabschnittspartnern*. Sein erstes Meisterstück war der Audi quattro, dessen Design 1980 für Aufsehen sorgte und die gesamte Branche prägte, wie Nachahmungen kurz darauf beim ersten Opel Corsa und später beim BMW M3 zeigten. Spätestens mit der dritten Generation des Audi

100 gelang es, das optische Erscheinungsbild endgültig von dem biederen Einheitsbrei à la Ford & Opel herauszulösen. Mit dem neuen Slogan *Vorsprung durch Technik* begann sich das öffentliche Image des mit „Gürtel und Hosenträger" ausgestatteten Audi-Fahrers aufzulösen. Die Jagd auf BMW und Daimler war eröffnet. Sie hält bis heute an! So wie von Kuenheim das Premiumsegment für die deutsche Automobilindustrie erst definiert und abgesteckt hat, so hat Piëch es mit der Marke Audi fundamental abgesichert und weltweit zum festen Begriff gemacht! Die *deutsche Automobilindustrie* ist damit *in der globalen Wahrnehmung* zum *Inbegriff von Premium* geworden.

- Seit 1975 Vorstand bei Audi NSU Auto Union, seit 1983 stellvertretender Vorstandsvorsitzender, ab 1988 Vorsitzender der Audi AG, schaffte es Ferdinand Piëch, das Image von Audi nachhaltig zum Positiven zu ändern. Der neue „c_W-Weltmeister" ließ aufhorchen, ein Design-Merkmal, wie die außenbündigen geklebten Seitenscheiben, wurde über Nacht zum neuen ästhetischen Aufbruchssignal für die Marke Audi. Darauf folgte eine Reihe von Technikern aus Ingolstadt den Verlockungen der BMW-Personalplaner und heuerten bei der Konkurrenz in München an. Lediglich Piëch, der meistumworbene, blieb hart gegenüber den Kuenheimschen Avancen: Sein kolportierter Ausspruch „Ich entwickle lieber Autos gegen als für BMW" gehört zu den Klassikern dieses Genres. Spätestens seit Audi mit seiner beeindruckenden Modell- und Innovationsoffensive die Marktführerschaft von Daimler und BMW im Premiumsegment zu Beginn des 21. Jahrhunderts ernsthaft zu gefährden droht, wissen die Münchner, was Piëch dreißig Jahre zuvor gemeint hat. Obwohl darüber nichts kolportiert ist, dürfte seine Einstellung gegenüber dem Daimler-Konzern kaum anders sein, nachdem sein Vater Anton Piëch den Onkel Ferry Porsche in den zwanziger Jahren gerichtlich gegen Daimler-Benz in einer arbeitsrechtlichen Sache vertreten musste. Auch darf unterstellt werden, dass Piëch mit Menschen wie Reuter und Schrempp kaum große Gemeinsamkeiten gehabt hat.

- Bevor er 1988 zum Vorsitzenden des Vorstandes der Audi AG berufen wurde, war er in unterschiedlichen leitenden Funktionen tätig. Bereits bei Audi bewies Piëch seinen erfolgreichen Innovationsgeist hinsichtlich Technik und Verkaufsstrategie. So führte er den permanenten Allradantrieb ein und ließ den effektiven Hightech-Motor TDI entwickeln. Mit diesen und weiteren Maßnahmen verhalf er der Marke Audi zu höherer Akzeptanz und mehr Attraktivität. Aus den

Audi-Fahrzeugen schmiedete er Autos der Mittel- bis Oberklasse mit modernster Technologie.

- 1992 trat Ferdinand Piëch in den Vorstand der Volkswagen AG ein. Im Jahr darauf berief ihn der Aufsichtsrat als Nachfolger von Carl Hahn zum Vorstandsvorsitzenden der Volkswagen AG. Piëch wurde damit Chef eines Unternehmens, das damals große Schwierigkeiten hatte, seine Autos am Markt abzusetzen. Er übernahm ein konfuses Erbe. Der gesamte VW-Konzern, inklusive der 1986 übernommen spanischen Tochtermarke Seat, steckte tief in den roten Zahlen. Um ihn wieder aus der Talsohle herauszuführen, entwarf Piëch eine geniale, neue Produktentwicklungsstrategie und reformierte die Modellpolitik. Er macht aus der Vertriebsnot eine Tugend und initiierte eine Mehrmarkenstrategie. Am Revolutionärsten war jedoch die Konzentration auf nur noch vier Plattformen für die gesamte Pkw-Flotte des Konzerns.

- In technischer Hinsicht wurde unter Piëchs Verantwortung das 3-Liter-Auto zur Serienreife gebracht. Während seiner Chefzeiten wurde bei VW der höhere Einsatz von Leichtmaterialien wie Aluminium oder Magnesium im Autobau eingeführt. In diese Zeit fällt auch die Innovation der W12- und W18-Zylinder-Motoren. Bereits 1997, mit der vierten Modellgeneration von Golf, lag der Autokonzern wieder im Wachstumstrend. Piëchs Reformen griffen und die Volkswagen AG schrieb wieder schwarze Zahlen.

- Im selben Jahr erlitt er seine einzige taktische Niederlage, als VW den englischen Nobelhersteller Rolls-Royce kaufte und dabei übersah, dass die Namensrechte bei BMW lagen. Piëch musste nach zähen Verhandlungen Rolls-Royce an den bayerischen Erzfeind BMW (unter Konzernchef Pischetsrieder) verkaufen und Volkswagen blieb aus dem Geschäft „nur" die Edelmarke Bentley. Dieser Schmach zum Trotz machte Piëch aus der Volkswagen AG einen der profitabelsten Autohersteller der Welt und vereinte das Unternehmen mit den weiteren Marken Audi, Seat, Skoda, Bugatti, Lamborghini und Scania zum Weltkonzern.

- Piëch weitete die Macht seiner Familie in dem Konzern, den sein Großvater vor 72 Jahren gründete, systematisch aus. Seit dem Einstieg von Porsche als Großaktionär ist Piëch als Porsche-Miteigentümer indirekt auch erheblich an VW beteiligt und mit der Übernahme von Porsche durch Volkswagen ist der VW-Konzern mehrheitlich im Besitz der Familien Piëch und Porsche.

Ferdinand Karl Piëchs Verdienste auf Unternehmensebene lagen vor allem in den technischen Innovationen und dem Übergang zur Plattformstrategie für den Vielmarken-Konzern, weniger im kaufmännischen Management. Ein erfolgreicher und nachhaltiger Sanierer des Volkswagen-Konzerns war er nie, wohl aber hat er zugelassen, dass andere, so zeitweise Wolfgang Bernhard und ab Amtsantritt 2006 Martin Winterkorn, diese Arbeit erledigten – der eine durch Belegschaftsgrausamkeiten, der andere durch Wachstumswohltaten. 2002 schied Piëch als Vorstandsvorsitzender der Volkswagen AG aus, um in den Vorsitz des Aufsichtsrats zu wechseln. Auch wurde er Aufsichtsratsmitglied bei der Porsche AG. Im Amt des Vorstandes folgte ihm Bernd Pischetsrieder. Im Dezember 2006 wurde dieser von Martin Winterkorn abgelöst.

Sein Meisterstück als Taktiker lieferte Piëch, als er nach monatelangem Ringen die dreiste Übernahme von Volkswagen durch die Porsche AG, vertreten durch Wiedeking und Härter, nicht nur abwehrte, sondern den Spieß auch noch umdrehte, und die de-facto-Übernahme von Porsche durch Volkswagen durchsetzte. Im Jahr 2011 wird Porsche als neue Marke in den VW-Konzern eingegliedert. Einen der größten Gegenspieler hat er mit Porsche-Chef Wendelin Wiedeking aus dem Weg geräumt und den Karate kämpfenden Porsche Betriebsratsvorsitzenden Uwe Hück domestiziert.

Mit der Porsche-Übernahme hat der Enkel von Ferdinand Porsche ein Imperium geschaffen, das die deutsche Automobilindustrie endgültig an die Spitze der Weltautomobilindustrie, vor Japan und den USA, geführt und ihn zum ungekrönten König der Weltautomobilindustrie gemacht hat. Angetrieben wird der Patriarch von der Vision eines Megakonzerns, der vom Kleinwagen bis zum Schwerlaster alles anbietet, was Räder hat und auf den Straßen rollt – durch die jüngste Beteiligung an Suzuki gehört nun sogar teilweise eine Motorradmarke mit dazu. Zusammengefasst stellt sich die offensive Erweiterung des Markenportfolios im Volkswagen-Konzern unter Ferdinand Piëch wie folgt dar:

- Bentley: 1998 - Übernahme im Zuge des Rolls-Royce-Kaufs
- Bugatti: 1998 - Kauf der Markenrechte durch VW
- Lamborghini: 1998 - Aufkauf
- Scania: 2000 - Erwerb von 34,0 % der Stimmrechte
  2008 - Ausweitung auf 38%
  2009 – Aufstockung auf 71,81% mit Übernahme von Porsche (Kapitalanteil: 49,29%)
- MAN: 2006 - Anteilsaufstockung auf knapp unter 30%

- Porsche: 2009 - Machtübernahme nach vorheriger Mehrheit von Porsche an VW
- Suzuki: Dezember 2009 – Vereinbarung über Beteiligung an Suzuki von 19,9%
- Italdesign Giugiaro: Mai 2010 - Mehrheitsübernahme über die VW-Tochter Lamborghini; Giugiaro entwarf schon die Karosserien der ersten Generation von Golf, Scirocco, Passat und Audio 80.

Der 72-jährige österreichische Milliardär vom Wörthersee hat mit der Verwirklichung seines Lebenstraums nun die Macht in einem Konzern inne, zu dem neben VW, Audi, Skoda, Seat und Porsche auch der familieneigene Autohandelskonzern in Salzburg dazugehört. Hinzu kommt in absehbarer Zeit ein Lastwagen-Riese, den Piëch aus dem VW-Lkw-Geschäft MAN und der schwedischen Marke Scania schmieden will. Auch dazu sind die personellen Weichen mit der Ablösung des unbequemen MAN Chefs Hakaan Samuelsson gestellt, technische Kooperationsgespräche zwischen beiden Unternehmen finden unter dem Nachfolger Georg Pachta-Reyhofen bereits statt. Wie diese enden, ist leicht zu prognostizieren. Piëch versprach auf der jüngsten MAN Hauptversammlung, sich wieder mehr dem Lkw-Projekt zu widmen, nachdem der Streit zwischen Volkswagen und Porsche beendet sei. „Ich habe jetzt wieder mehr Zeit für die Kooperation, nachdem David-gegen-Goliath vorbei ist."

Mit der 20%-Beteiligung an Suzuki ist ihm bereits der nächste Coup zur Ausweitung seines Imperiums gelungen. Nachdem VW schon in China zur Nummer Eins aufgestiegen ist, und damit den Siegeszug von GM und Toyota erschwert hat, setzt er diese erfolgreiche Strategie der „Landnahme" nunmehr auf dem indischen Subkontinent fort. Denn Suzuki ist nicht nur führend in der Kleinstwagentechnologie, sondern auch einer der weltweit größten Motorradhersteller. Für Piëch ergibt sich daraus die Möglichkeit, dem Erzrivalen BMW auf einem Nebenkriegsschauplatz zusätzlich Konkurrenz zu machen.

Mit Bildung dieser Mega-Gruppe hat Piëch sogar seinen Großvater, den „Käfer"-Erfinder Ferdinand Porsche, in den Schatten gestellt – und gleichzeitig das Gesicht der deutschen sowie internationalen Automobilindustrie nachhaltig verändert. *Der Volkswagen-Konzern ist heute nach Meinung des Autors der mächtigste Automobilkonzern der Welt: Er hat alles, kann alles, wird alles nutzen!* VW ist damit zum Leuchtturm-Unternehmen nicht nur für die deutsche Automobilindustrie geworden, sondern strahlt positiv auf die gesamte deutsche Volkswirtschaft aus. Kurz: **Das Auto!**

Fest steht: Piëch ist ein ausgeprägter Machtmensch. Dies hat für sein privates und berufliches Umfeld Konsequenzen, die nicht unter den Tisch fallen sollen. Voyeur-Berichterstattung ist nicht Absicht dieses Buches. Zunächst folgt daher nur eine kurze Anmerkung zum privaten Bereich. Unumgänglich zur Vervollständigung des Persönlichkeitsbildes sei darauf verwiesen, dass Ferdinand Piëch „nach eigenen Angaben zwölf Kinder aus vier Beziehungen hat".[116] Unter anderem lebte er zwölf Jahre mit Marlene Porsche zusammen, die später geschiedene Frau seines Cousins Gerd Porsche.

Die Einstellung, mit der Ferdinand Karl Piëch seine persönlichen Ziele beruflich durchsetzte, möge an einem Beispiel verdeutlicht werden:

Interview mit der Auto Zeitung anlässlich des Pariser Automobilsalons im Dezember 1999:[117]

AZ: Herr Dr. Piëch, seit kurzem geistert das Ein-Liter-Auto durch die Schlagzeilen. Erzählen Sie uns Näheres dazu?

Dr. Piëch: Durch die Schlagzeilen geistert's jetzt, ja. Vom Ein-Liter Auto habe ich nur gesagt, *dass ich es in meiner Amtszeit noch fahren werde. Ob andere auch damit fahren, weiß ich nicht.*

Dieser Einstellung blieb er später auch bei der Entwicklung des Bugatti-Veyron, des Phaeton, des Baus der „Gläsernen" Fabrik in Dresden und einer Vielzahl anderer „Hobbies" treu.

Als Vorstandsvorsitzender des Volkswagen-Konzerns war Ferdinand Karl Piëch für die Entlassung zahlreicher Angestellter des oberen Managements sowie einer Vielzahl von Vorständen, sowohl bei Volkswagen als insbesondere auch bei Audi, verantwortlich.[118]

Diese Art der vorab angekündigten Entlassung via Interview sollte ein Markenzeichen von Piëch werden. Auch die Diskussion um die weitere Zukunft des VW-Vorstandschefs Bernd Pischetsrieder Anfang 2006, welcher einst von Piëch als dessen Nachfolger aufgebaut wurde, entstand erst aufgrund einer Interview-Aussage Piëchs. Dieser stellte im Februar 2006

---

[116] Manager Magazin: *Ferdinand Piëch - Umstrittene Krawatten und unbekannte Kinder*, 8.02.2006.
[117] Auto Zeitung, 1999, Heft 22, S.19 f.
[118] Zu erwähnen ist der Audi-Chef Franz-Josef Kortüm, der 1993 schon nach 13 Monaten verabschiedet wurde, weil Piëch mit den Absatzzahlen nicht zufrieden war. Auch der Nachfolger Herbert Demel musste den Posten nach wiederholten Auseinandersetzungen mit Piëch bald wieder räumen. Darauf folgte Franz-Josef Paefgen, den Piëch im Jahre 2001 über ein Interview in der Frankfurter Allgemeinen Zeitung, in welchem er den „Stillstand" bei Audi kritisierte, indirekt entließ.

öffentlich die Unterstützung Pischetsrieders seitens der Arbeitnehmervertretung im Aufsichtsrat VWs in Frage. Dennoch wurde der Vertrag Pischetsrieders im Mai 2006 verlängert. Das hinderte den Aufsichtsrat allerdings nicht daran, Pischetsrieder zum 31. Dezember 2006 seines Vorstandspostens zu entheben. Er wurde ersetzt durch Martin Winterkorn, den Vorstandschef der erfolgreichen VW-Tochter Audi, ein Mann, der Piëchs Technik-Begeisterung seit Jahr und Tag uneingeschränkt teilt. Die Manager der Ingolstädter Tochter, so auch der frühere Leiter seines Büros, Rupert Stadler, bilden bis heute einen Großteil von Piëchs Machtbasis.[119]

Der Einzige, der Piëch länger die Stirn bieten konnte, war Wendelin Wiedeking, vermutlich weil die beabsichtigte Übernahme von Volkswagen durch Porsche zunächst dem langfristigen, strategischen Ziel Piëchs, das Erbe des Großvaters Ferdinand Porsche wieder in Familienbesitz zu bringen, durchaus genehm war. Der Porsche-Chef konnte auf Rückendeckung von Piëchs Cousin, Porsche-Aufsichtsratschef Wolfgang Porsche, zählen. Doch mit den zunehmenden Eigenmächtigkeiten im Management bei dem Stuttgarter Sportwagenhersteller wurde Wiedeking Piëch zu mächtig. Deswegen gab er den Widersacher im Frühjahr öffentlich zum Abschuss frei, indem er ihm in Sardinien vor Journalisten sein Vertrauen nur noch auf Zeit aussprach. – Kurz darauf wurde Wiedeking entlassen und der Familie Porsche ging die Mehrheit am Porsche Besitz verloren. Piëch war am Ziel!

Was folgt daraus? Insider sagen: Piëch verzeiht nicht, vergibt nicht und vergisst nicht.[120] Dennoch muss der Autor der Wahrheit die Ehre geben und eingestehen, dass er in seiner Meinung über Piëch gleichwohl vom Saulus zum Paulus geworden ist. Viele Entscheidungen in der Vergangenheit Piëchs, die in der Öffentlichkeit und auch beim Autor selbst Kritik und Unverständnis hervorgerufen haben, erwiesen sich im Nachhinein als Teil einer durchaus wohldurchdachten, langfristigen Konzernstrategie, die

---

[119] Ähnlich wie Pischetsrieder erging es Bugatti-Chef Thomas Bscher, der sich in der CO_2-Diskussion im Hinblick auf den absoluten Emissons-Weltmeister Bugatti-Veyron der durchaus tiefsinnigen Bemerkung veranlasst sah, Beiträge zur Linderung der Klimaproblematik könne man vom Veyron „in der Tat nur durch sparsamen Gebrauch des Autos" erwarten. Ein Scherz, der im Aufsichtsrat von Volkswagen nicht sonderlich goutiert wurde. Im Frühjahr 2007 wurde Bscher durch Bentley-Chef Paeffgen abgelöst.

[120] Zur besseren Veranschaulichung wurden dem Autor von seinen „Insider-Gesprächspartnern" einige Filmtitel aus dem Western-Genre der sechziger und siebziger mit auf den Weg gegeben, die das andeuten: *Gott vergibt, Django nie; Leichen pflastern seinen Weg; Erbarmungslos; Der Wolf hetzt die Meute; Der Mann, der niemals aufgibt; Der Unerbittliche.*

Piëch wie ein Schachspieler Zug um Zug umsetzte. Und dabei ganz im Sinne Carl von Clausewitz' durchaus temporäre Schlachtverluste in Kauf nimmt, ohne dabei das große Endziel, den Krieg zu gewinnen, aus dem Blick zu verlieren.

Fasst man all dies zusammen, so ist es nur eine Frage der Zeit (und vermutlich seines Einverständnisses) bis in der Hall of Fame neben Heirich Nordhoff und Eberhard von Kuenheim ein weiterer Name aus der deutschen Automobilindustrie der Gegenwart auftauchen wird: Ferdinand Karl Piëch. Er ist nach Meinung von Experten nicht nur ein begnadeter Automobilingenieur und pedantischer Spaltmaßspezialist, sondern nach Meinung des Autors der größte Konzernstratege, den die deutsche Automobilindustrie bislang hervorgebracht hat: Wenn die deutsche Automobilindustrie im globalen Auslesewettbewerb gegenüber den Konkurrenten aus Japan und Südkorea wieder die Oberhand zurück gewonnen hat, so hat sie das Ferdinand Karl Piëch zu verdanken – und niemand anderem. Chapeau!

Und zum Abschluss noch eine Anmerkung: Gelegentlich wird die Verschlechterung der strategischen Wettbewerbsposition anderer Vertreter der deutschen Automobilindustrie, wie BMW, Daimler und Opel, in der Öffentlichkeit als unmittelbare Folge des Aufstiegs des Volkswagen-Konzerns und seiner unterschiedlichen Marken gesehen. Dem kann der Autor sich nicht anschließen! Wesentlich ist, dass diese Unternehmen sich selbst von innen heraus ins Abseits manövriert haben, völlig ohne fremdes Zutun. Der Aufstieg des VW-Konzerns ist autonom und nicht auf Kosten seiner Konkurrenten erfolgt. Aus Sicht des Autors steht außer Zweifel, dass es ausschließlich Ferdinand Karl Piëch zu verdanken ist, dass als Gegengewicht für die anderen schwächelnden deutschen Hersteller der Volkswagen-Konzern mit seinem alle Segmente umfassenden Markenportfolio inzwischen an der Weltspitze angekommen ist – noch vor Toyota. Selbst seine Gegner zollen ihm Respekt – und das soll schon etwas heißen.[121]

Um es auf den Punkt zu bringen: Wenn die deutsche Automobilindustrie in der weltweiten Wahrnehmung und in ihrem Erscheinungsbild heute

---

[121] Daniel Goeudevert, ehem. VW-Vertriebschef und eines der ersten Piëch Opfer nach dessen Berufung zum Vorstandsvorsitzenden, in einem Interview mit der *Sueddeutschen Zeitung* (24.03.2010) auf die Frage: Haben Sie ihrem ehemaligen Rivalen Ferdinand Piech zum klugen Schachzug (gemeint ist der Suzuki-Pakt) gratuliert? Goeudevert: Man gratuliert sich nicht, das braucht Piech nicht. Er hat vieles gut gemacht, das muss ich neidlos anerkennen. Vor allem, was seine Gesamtstrategie angeht. VW ist jetzt ein Unternehmen, das in den nächsten vier, fünf Jahren wahrscheinlich zum größten und profitabelsten Automobilhersteller der Welt aufsteigen wird. Davon bin ich überzeugt. – Der Autor auch!

derart imposant da steht, so hat sie dies zwei charismatischen Unternehmerpersönlichkeiten zu verdanken: Eberhard von Kuenheim und Ferdinand Karl Piëch. Beide waren im Sinne von Joseph Schumpeter nie *Kapitalisten,* sondern *Enterpreneure.*

5.9 Frisches Denken in neuen Köpfen: Der Einzug von Lean-Thinking in den Führungsetagen

Herrschte noch vor wenigen Jahren der Eindruck, die deutsche Automobilindustrie sei gegenüber der asiatischen Konkurrenz, insbesondere gegenüber Toyota, bei den Produktionskosten hoffungslos in Rückstand geraten, so hat sich das innerhalb weniger Jahre nachhaltig geändert: Lean Production, Lean Management oder Lean Thinking, wie von James P. Womack und Daniel T. Jones (*The Machine That Changed The World*) erstmals Mitte der achtziger eingeführt, haben in weiten Teilen der deutschen Wirtschaft Einzug gehalten. Dazu gibt es zwei Zauberwörter:

- Vermeidung von Verschwendung (=Mulda)
- Verschlankung

Anders als in der Vergangenheit, wo zwar Gemeinkostenwertanalysen, Materialkostensenkungsaktionen und punktuelle Entlassungen bei geringwertig Beschäftigten gang und gäbe waren, geht es jetzt in der Automobilindustrie an die Substanz: An die *Hirne und die Geldbeutel.* Man hat erkannt, dass es nicht mehr reicht, einzelne Kostenstellen zu verschlanken oder zu streichen, sondern dass sämtliche Produktionsprozesse auf Verschwendung und Verschlankungspotenziale untersucht werden müssen. So hat z.B. BMW angekündigt, das Unternehmen werde nach und nach prüfen, welche Führungsfunktionen wirklich notwendig seien. Auch die Gehälter im Management sollten mittelfristig sinken, heißt es in Konzernkreisen. Viele Funktionen sollten dazu neu eingestuft werden. In den Jahren hoher Gewinne sei einiges aus dem Ruder gelaufen.[122]

---

[122] BMW-Chef Norbert Reithofer hält – anders als sein Vorgänger Panke – das Unternehmen bereits seit drei Jahren strikt auf Sparkurs. Er will zwischen 2007 und 2012 deutlich mehr als 6 Mrd. Euro einsparen und die Umsatzrendite auf 8% bis 10% steigern. Eine Herkulesaufgabe!

Einschlägige Beratungsunternehmen, wie z.B. Lean Alliance, erleben einen reglerechten Auftragsboom. Kostensenkungspotenziale von 30% bis 40% sind nach Aussage von Lean Alliance keine Seltenheit. Und sie werden realisiert![123]

Wegen dieser hohen Erfolgsquote sollen nachfolgend die Grundzüge von Lean Thinking in der deutschen Automobilindustrie näher erörtert werden. Als Instrument der Zukunftssicherung im *Struggle for Life* ist es zu wichtig, um nur von Toyota und Co. erfolgreich eingesetzt zu werden.

5.9.1 Der Kern von Lean Thinking

Die Essenz von Lean Thinking als Unternehmensphilosophie beinhaltet die uralte Erkenntnis der Menschheit, dass in der realen Welt alle Ressourcen – Arbeit, Kapital und Zeit – endlich und knapp, d.h. wertvoll sind. Einsatz und Verbrauch dieser Ressourcen schlagen sich in der betrieblichen Kalkulation[124] als Kosten nieder, die bei der angestrebten Rentabilitätszielsetzung soweit wie möglich vermieden werden müssen. Lean Thinking umfasst also einerseits die Optimierung des Produktionsprozesses und des Ressourceneinsatzes, andererseits die Kostenoptimierung des Unternehmens in seiner Gesamtheit (siehe Abb. 38). Lean Thinking ist so gesehen nichts anderes als die strikte Befolgung des ökonomischen *Rationalitätsprinzips, vulgo: Mini-Max-Regel:* „Maximiere den Output bei gegebenem Input!" Oder: „Minimiere den Input bei gegebenem Output"!

Der Schwerpunkt liegt in diesem Fall auf der Inputseite, also der Vermeidung von jedweder Verschwendung (japanisch: Muda). Verschwendung lauert überall!

Bei Toyota wird dieses Prinzip schon seit den fünfziger Jahren angewendet. Lean als Begriff wird in der westlichen Industrie zum ersten Mal in Verbindung mit dem Toyota-Produktionssystem (TPS) eingeführt – ein für die automobile Massenproduktion konzipiertes, aber universal anwendbares Produktionsmanagementsystem.

---

[123] Welche Effizienz- und Kostensenkungspotenziale in den industriellen Fertigungsprozessen, insbesondere in der arbeitsteiligen Automobilindustrie, auch heute noch schlummern, davon konnte sich der Autor bei mehren sog. Muda Walks der Firma Lean Alliance (Seefeld) in der Fertigung verschiedener Zulieferunternehmen selbst überzeugen. - Verschwendung lauert überall, selbst in gut geführten Betrieben! Man glaubt es kaum, was Experten zutage fördern!

[124] Um die Sache nicht noch komplizierter zu machen, sollen volkswirtschaftliche Effekte – Social Costs and Social Benefits – hier einmal ausgeklammert werden.

5.9 Der Einzug von Lean-Thinking in den Führungsetagen 211

Abb. 38. Eliminierung jeglicher Verschwendung

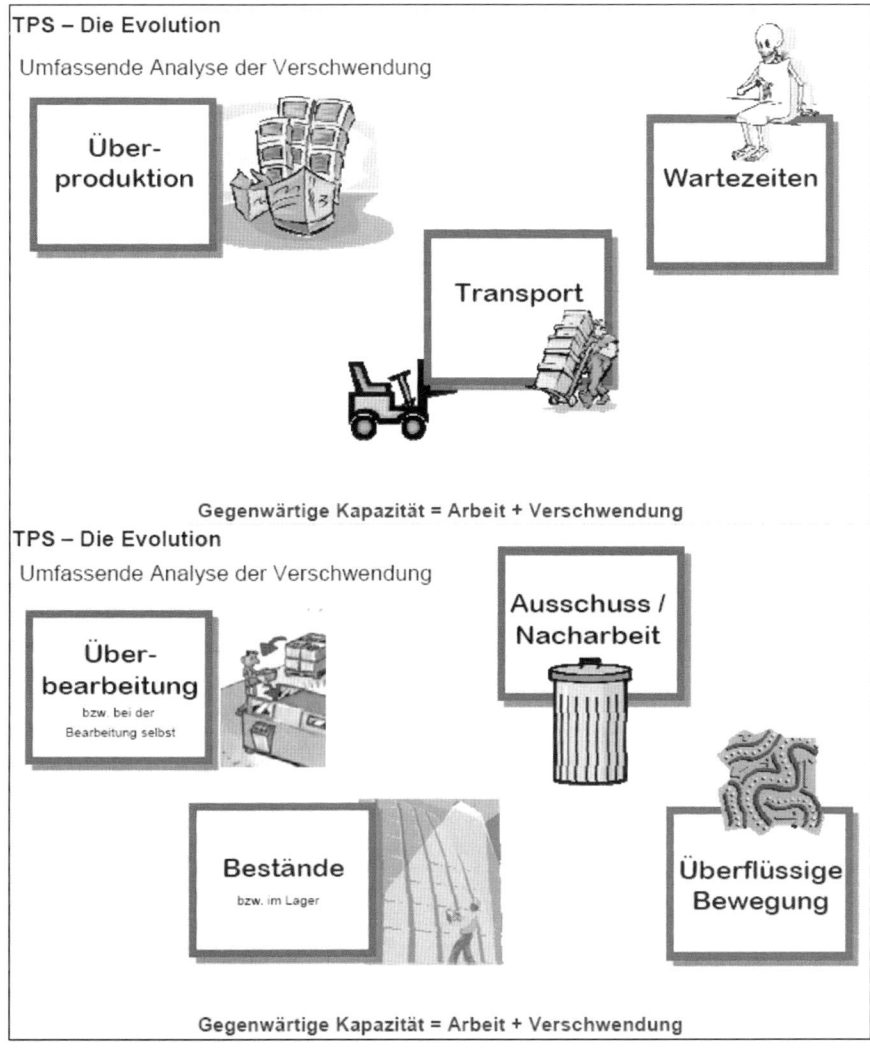

Quelle: Unternehmensinterne Unterlagen Lean Alliance

Das TPS (siehe Abb. 39) ist das Lebenswerk von Taichi Ohno und beinhaltet sowohl die Idee von Frederick Winslow Taylor (1856-1915) über die optimale Nutzung der Zeit und der Arbeitskraft des Arbeiters und somit erzielbare Effizienzsteigerung, als auch das Prinzip der Fließbandproduktion, das von Henry Ford 1913 erstmals in der Automobilproduktion eingeführt wurde. Anders als bei Ford, wo die Autos immer gleich, nämlich schwarz, aussehen müssen (Tin Lizzy), löst sich das TPS von der Produktstandardisierung und von der Einzweck-Bearbeitungsmaschine und beendete die Zergliederung des Produktionsprozesses in immer kleinere und einfachere Teilarbeitsgänge.[125]

Abb. 39. Instrumentenkasten des TPS

Der Instrumentenkasten des TPS:	
Just In Time	(JIT)
Kanban	(Sign, Index Card)
Muda	(Waste)
Heijunka	(Production Smoothing)
Andon	(Signboard)
Poka-yoke	(Fail-Saving - Avoidance of Inadvertent Errors (Poka))
Jidoka	(Autonomation - Automation with Human Intelligence)
Und über allem schwebt...	
Kaizen	(Continuous Improvement)

Quelle: IWK

Typisch für das Produktionssystem von Toyota ist die Vermeidung von Verschwendung (Muda) im gesamten Fertigungsprozess durch den Einsatz von immer weniger Personal und die Minimierung der Bestände des in der Bearbeitung befindlichen Materials. Im TPS werden genau acht Arten von Verschwendung definiert – Überproduktion, Wartezeiten, überflüssiger Transport, überhöhte Lagerhaltung, ineffiziente Bewegungsabläufe, Verschwendung durch die Herstellung fehlerhafter Teile, ungünstiger Herstellungsprozess, Ausschuss und Nacharbeit.

Voraussetzung für die Vermeidung jeglicher Verschwendung ist eine konsequent durchgeführte Fließproduktion im Just-in-Time-Verfahren,

---

[125] Kaiser, W. (1994): *Von Taylor und Ford zur "lean production"- Innertechnische und poltische Aspekte des Wandels der Produktion.*

und zwar von den (oftmals ortsansässigen!) Zulieferern bis hinein in sämtliche Stufen des internen Produktionsprozesses. Die Fertigungsmenge auf jeder Produktionsstufe wird demnach gerade so bemessen, dass sie in der nächsten Produktionsstufe sofort und vollständig verarbeitet und an die nächste Bearbeitungsstufe weitergeleitet werden kann. Es geht also im Prinzip um die Substitution von *Bestand* durch *Verstand*!

Denn die tägliche Umsetzung dieses Null-Puffer-Prinzips setzt eine Produktionstätigkeit voraus, die jegliche Fehler schon im Arbeitsprozess eliminiert – das Null-Fehler-Prinzip. Jeder Fehler führt im TPS zu einer Unterbrechung des Fertigungsprozesses zum Zweck der Fehlerbehebung, so dass bei personellen Engpässen andere Arbeiter der Gruppe einspringen müssen. Sollte das vorgegebene tägliche Produktionssoll nicht erreicht werden, müssen die Beschäftigten durch Mehrarbeit über die reguläre Arbeitszeit hinaus die Lücken füllen. Es entsteht dadurch eine starke Selbst-Motivation für die Arbeitnehmer, die Arbeitsprozesse so zu gestalten und kontinuierlich zu verbessern, dass die Arbeit unter Wahrung der vorgegebenen Null-Fehler Qualitätsnorm mit dem vorgegebenen Personaleinsatz zu leisten ist.[126] Entsprechend ist bei der Fehlervermeidung und -beseitigung zu verfahren (siehe Tabelle 6).

Ganz wesentlich für das TPS ist die Teamorientierung bei allen Prozessen, die Bereitschaft zur Unterordnung unter die Gruppennorm und Disziplin. Anders kann die fachliche, betriebliche und soziale Einbindung der individuellen Arbeitnehmer in die Gruppe nicht erfolgen. Gerade das Zurücktreten individueller Ansprüche hinter die Bedürfnisse der Gruppe ist sehr wichtig in der japanischen Gesellschaft.[127] Diese Einbindung der Individuen in Gruppen hat ihre Wurzeln in älteren kulturellen und religiösen Prägungen. Es geht hier vor allem um eine tiefere Schicht der Kultur – das religiöse Denken. Eine der Quellen der kulturellen Entwicklung Japans war seit dem 14. und 15. Jahrhundert der Zen Buddhismus. Seine Ausrichtung auf ein gesamtheitliches Denken, des intuitiven Verstehens der Welt, sein Streben nach geistiger Erleuchtung, nach Beherrschung, Zurückhaltung und Einfachheit hat von der Tee-Zeremonie über die Architektur bis hin zum Theater und zur Malerei die japanische Kultur geprägt.[128]

---

[126] Kaiser, W. (1994): *Von Taylor und Ford zur "lean production"- Innertechnische und politische Aspekte des Wandels der Produktion.*
[127] Ähnliches scheint Löw seinen Spielern der deutschen Nationalmannschaft für die Weltmeisterschaft in Südafrika eingeimpft zu haben.
[128] Ebenda.

Tabelle 6. Gelebter KVP

KVP - kontinuierliche Lösung der Problemursachen: Das 5-fache Warum Prinzip	
Problemebene	**Entsprechende Lösungsebene**
Auf dem Boden schwimmt eine Öllache	Öl aufwischen
Warum? - Weil die Maschine undicht ist	Maschine reparieren
Warum? - Weil die Dichtung Verschleißerscheinungen zeigt	Dichtung ersetzen
Warum? - Weil Dichtungsringe minderer Qualität gekauft wurden	Spezifikationen für Dichtungsringe ändern
Warum? - Weil diese Dichtungsringe billig waren	Einkaufspolitik ändern
Warum? - Weil die Einkaufsmanager nach kurzfristigen Kosteneinsparungen beurteilt werden	Bewertungsschema für Einkaufsmanager ändern

Quelle: Licker J., Der Toyota Weg, eigene Darstellung

Die dominierende Rolle der Gruppe, für die der Einzelne selbst seine individuellen Interessen und Ideen aufgibt, die bis zur Selbstaufopferung reichende Arbeitsethik, die lebenslange Bindung an die Firma und das Senioritätsprinzip bei Beförderungen und bei der Bemessung von Gehältern haben ihre Wurzeln in der Ethik der konfuzianischen Philosophie. Das zentrale Moment der Philosophie des Konfuzius ist das menschliche Verhalten im praktischen Leben. Die konfuzianische Philosophie betrachtet den Menschen nie nur als Individuum, sondern immer in den sozialen Bezügen von Familie, Gesellschaft und Staat.

Aus all dem wird deutlich, dass eine Übertragung des Toyota-Produktionssystems in unsere westlichen Automobilgesellschaften nicht einfach ist. Dass es aber gleichwohl gelingen kann, zeigt Toyota mit seinen zahlreichen Fabriken in über 25 Ländern und Kulturkreisen.

Wie macht man das?

5.9.2 Wie erfolgt die Implementierung von *Lean Thinking*

Die sich ständig verändernden Marktbedingungen in der Automobilbranche verlangen nach Flexibilität, Anpassungsfähigkeit und Lernfähigkeit als Grundvoraussetzung zum Überleben im Ausleseprozess. Die Höhe der Meßlatte, neudeutsch Bechmark, wird von den stärksten Konkurrenten mit den fortgeschrittensten Technologien und Produktionsmethoden bestimmt. Die Vorsprünge der japanischen Hersteller in Produktivität, Effizienz sowie glänzenden Geschäftsergebnissen haben den schwächeren Wettbewerbern in den USA und Europa Ende der Achtziger einen Denkzettel verpasst. Zu dieser Zeit sind das TPS, die Lean Philosophie und das Lean Unternehmen ins Rampenlicht geraten.

Entsprechend dem Konzept von Lean Alliance stellen die deutschen Automobilunternehmen mit fünf Bausteinen heute sicher, dass das Ziel der nachhaltigen, realen Veränderung hin zum schlanken Unternehmen am Ende des Weges auch erricht wird (siehe Abb. 40).

Abb. 40. Der Implementierungsprozess von *Lean Thinking*

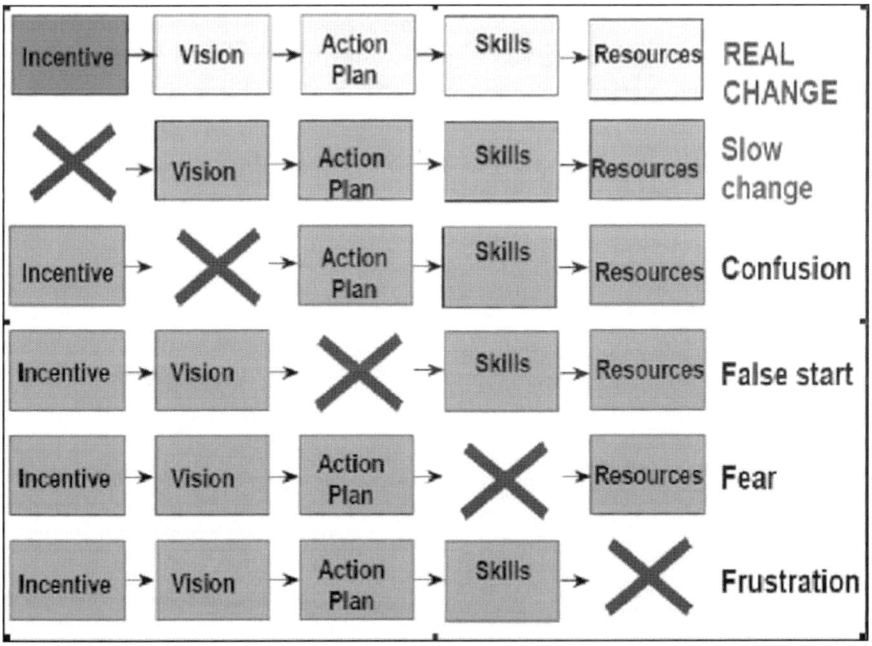

Incentive	→ Vision	→ Action Plan	→ Skills	→ Resources	REAL CHANGE
✗	→ Vision	→ Action Plan	→ Skills	→ Resources	Slow change
Incentive	→ ✗	→ Action Plan	→ Skills	→ Resources	Confusion
Incentive	→ Vision	→ ✗	→ Skills	→ Resources	False start
Incentive	→ Vision	→ Action Plan	→ ✗	→ Resources	Fear
Incentive	→ Vision	→ Action Plan	→ Skills	→ ✗	Frustration

Quelle: Lean Alliance

Dabei ist die wichtigste Voraussetzung auf dem Weg zu einem „schlanken Unternehmen" die Erkenntnis der Unternehmensführung, dass es so wie bisher nicht weiter gehen kann, dass ohne Lean Management der langfristige und dauerhafte Erfolg des Unternehmens in der globalisierten, modernen Welt von heute nicht sicher zu stellen ist (siehe BMW).

- Der Initiator des Veränderungsprozesses ist der Kopf oder sind die Köpfe an der Spitze eines Unternehmens, das Top-Management. Die Initiative, das Unternehmen auf Lean zu trimmen, muss immer von hier ausgehen (siehe Reithofer).

- Das Top-Management muss die Vision entwickeln, das gesamte Unternehmen in ein Total Lean Enterprise umzuwandeln. Nach Aussage von Lean Alliance[129] hat sich dabei eine Umsetzung dieser Veränderung nach dem so genannten *Hoshin Prozess* am besten bewährt. Dieser basiert auf einer kooperativen Firmenkultur, die die Mitarbeiter in den Mittelpunkt der Firma stellt. Das Management nimmt dabei eine unterstützende Führungsrolle wahr. Absolut notwenig ist dabei, dass die Vision von den Führungskräften jeden Tag immer wieder aufs Neue in jeder Hinsicht und Situation vorgelebt wird. Wasser predigen und selbst Wein trinken ist keine motivierende Führungsmethode. Sparsamkeit und Bescheidenheit in allen Bereichen und mit aller Konsequenz und die Vermeidung jeglicher Verschwendung machen Lean Thinking im Management aus. Das hat natürlich zur Konsequenz, dass auf Führungsebene manch lieb gewonnenen Privilegien auf den Prüfstand müssen – und dann abgeschafft werden!

- Für die Realisierung der Vision muss ein Aktionsplan erstellt werden. Das erfolgreiche Einbeziehen der gesamten Belegschaft in den Aktionsplan setzt seitens des Top-Managements die Bereitschaft zur Führung durch Vorbild voraus. Notwendig ist ein optimaler Mix aus Theorie und Praxis, der das erforderliche Wissen bietet, um schlanke Prozesse zu implementieren.

Wichtig ist dabei, bei den Beteiligten ein Verständnis der Lean Philosophie und Methodik zu erzeugen, und ihnen vor Ort zu zeigen, wie der Prozess der kontinuierlichen Verbesserung in einem Unternehmen verankert wird. Ohne ein praxisnahes Coaching am Ort des Geschehens zur Bewältigung kritischer Führungs- und Managementsituationen ist dies nicht möglich. Die Mitarbeiter müssen

---

[129] Unternehmensberatung im Bereich Lean, sesshaft in Seefeld, Januar 2005 gegründet.

5.9 Der Einzug von Lean-Thinking in den Führungsetagen 217

lernen, in ihrem eigenen Unternehmen die Theorie in die Praxis umzusetzen, wobei es wichtig ist, auf die Anwendung weiterer bewährter Methoden in ausgewählten Vorzeigeunternehmen zurückzugreifen. Die Erfahrungen von z.B. Lean Alliance, zeigen ganz deutlich, dass Lean Thinking sich nur von innen heraus erfolgreich entwickeln kann, es lässt sich nicht auf Knopfdruck überstülpen.

- Weis man, was man will, geht es an die Umsetzung. Im nächsten Schritt sollen alle Mitarbeiter die nötigen Skills lernen. Je nach Arbeitsebene erfolgt diese Ausbildung in unterschiedlicher Intensität – die ausgebildeten Mitarbeiter werden je nach Grad der Ausbildung und je nach Zuständigkeitsbereich als Hancho, Lean Professional oder Lean Executive bezeichnet (siehe Abb. 41).

- Diese Skills werden dann konsequent auf allen Unternehmensebenen und -bereichen eingesetzt. Jetzt geht es um die Bewilligung und Neuordnung des Einsatzes der Ressourcen, denn jede Strukturveränderung einer Organisation bringt zunächst Aufwendungen und Investitionen mit sich – womit auch der letzte Meilenstein gelegt wäre – in der Umsetzung des Aktionsplans müssen schließlich alle nötigen Ressourcen eingesetzt werden – sachliche sowie personelle.

Abb. 41. Lean Trainingsprogramme

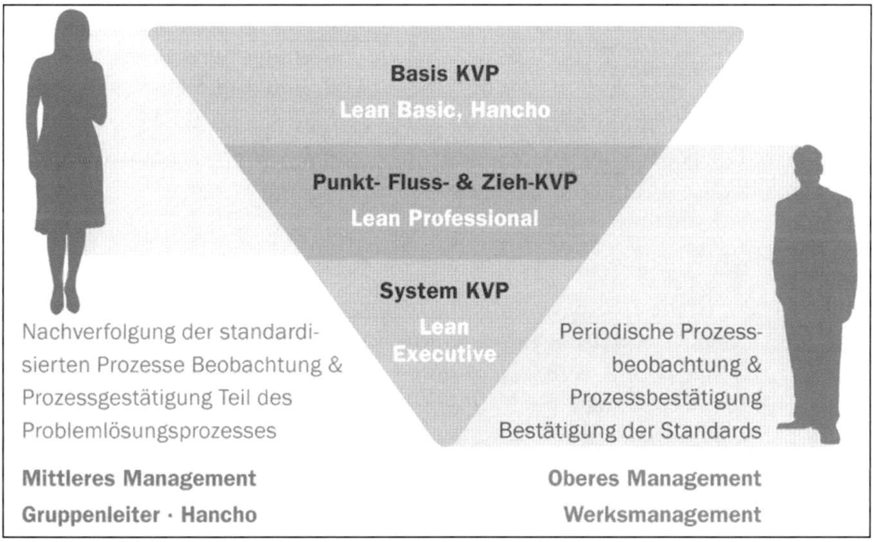

Quelle: Lean Alliance

Bleibt einer dieser Meilensteine unbeachtet oder wird ausgelassen, kommt das angestrebte Ergebnis nur teilweise, gar nicht oder im schlimmsten Fall sogar nur mit Verschlechterung der Situation zustande. Lean-Werdung im Do-it-your-self-Verfahren hat sich nicht bewährt. Ohne Expertenanleitung ist in der Regel ist Chaos die Folge!

5.9.3 Die Rückbesinnung der Chefetagen in Deutschland auf die ethischen Grundwerte

Selbsterkenntnis ist der erste Weg zur Besserung! Das Herzstück von Lean Management ist das kontinuierliche Streben nach Effizienz, nach Steigerung der Produktivität, ist die Vermeidung von Verschwendung jeglicher Art in allen Unternehmensprozessen und -bereichen. Allerdings nicht um jeden Preis. Wesentlich ist, dass jeder einzelne Mitarbeiter auf jeder Hierarchie-Ebene davon überzeugt sein muss, dass diese Arbeitsweise optimal für ihn als Einzelnen und für alle als Gruppe und damit auch für das Unternehmen als Ganzes ist.

Genau das macht die Einführung von Lean Thinking im Unternehmen zu einem langwierigen und komplizierten Vorgang. Seit Adam Smiths Zeiten baut das Denkmodell der marktwirtschaftlichen Grundordnung auf der einseitigen Annahme des egoistischen Individuum auf, das stets nur seinen eigenen Nutzen optimiert, und dabei, gewissermaßen als Beiprodukt, einen Beitrag zur gesellschaftlichen Wohlfahrt leistet. Dieses egoistische, kapitalistische Wirtschaftsprinzip des Westens wird häufig als Gegenmodell zur japanischen Wirtschaft angeführt, die auf konfuzianischen ethischen Grundwerten beruhe. Teilweise stimmt das auch. Aber eben nur teilweise. Denn die konfuzianische Ethik unterscheidet sich kaum von der Protestantischer Ethik und oder Preußischen Grundprinzipien. Nicht von ungefähr wird Taichi Ohno, der Großmeister von Lean Production, der Satz zugeschrieben, die „Japaner seien die Preußen Asiens".

In diesem Sinne ist Lean Thinking nichts Neues, nur dass sich die westlichen Industriegesellschaften unter amerikanischem Einfluss zu Verschwendungs- und Wegwerfgesellschaften entwickelt haben. In denen Individualismus bis hin zum Egoismus die Oberhand haben, nicht Unterwerfung und Dienen. Kurz: Das Geheimnis von Lean Thinking ist die

Rückbesinnung auf die alten ethischen Grundwerte, wie sie schon aus der deutschen Kulturgeschichte bekannt sind:[130]

a) Aufrichtigkeit bzw. Ehrlichkeit

b) Treue und Redlichkeit, Unbestechlichkeit

c) Bescheidenheit und Zurückhaltung („Mehr sein als scheinen!")

d) Mut, Durchhaltevermögen und Zähigkeit

e) Fleiß und Sparsamkeit

f) Gerechtigkeitssinn („Suum cuique", Jedem das Seine)

g) Geradlinigkeit und Zuverlässigkeit

h) Ordnungssinn und Pflichtbewusstsein

i) Pünktlichkeit

j) Mehr Demut, weniger Egoismus

k) Toleranz

l) Höherer Stellenwert für Bildung und Wissen!

Das sind Tugenden, wie sie von Immanuel Kant und Friederich II. im 18. Jahrhundert in Preußen entwickelt wurden. Demut, Disziplin und Leben in dem Bewusstsein, dass das eigene Wohlergehen von dem Wohlergehen der Gemeinschaft abhängt, weil der Mensch sozial ist und nur in der Gesellschaft vollkommen leben und sein kann. Bei dem einen oder anderen deutschen Hersteller dämmert so etwas, wenn er plötzlich engere geschäftliche Beziehungen und Partnerschaften mit seinen Zulieferern anstrebt, aber leider nicht bei allen.

Lean Management heißt, die altbekannten ethischen Grundwerte im eigenen Unternehmen konkret umzusetzen in

1. Strikte Orientierung an den Bedürfnissen der Kunden (h, j)

2. Respekt vor allen Beteiligten am Wertschöpfungsprozess: Kunden, Mitarbeitern, Lieferanten, Gesellschaft, Fiskus (h)

3. Unablässiges Streben nach fortwährender Verbesserung im Produkt sowie im Prozess (d, e, m)

4. Führung durch Vorbild und Disziplin (g, h, i)

---

[130] Unternehmensinterne Unterlagen IWK München.

5. Bescheidenheit und Sparsamkeit (c, e)
6. Gelebte Partnerschaft durch gegenseitiges Vertrauen (g)
7. Fairness (a, b, f)

Konkret gefordert wird die Verankerung und Pflege einer gemeinsamen Unternehmensphilosophie, die nach Lean Prinzipien definiert wird. Dadurch werden jeden Tag die Weichen neu gestellt für ein längerfristig bestehendes und erfolgreiches Unternehmen – weil alle Beteiligten aus Eigeninteresse an dem gemeinsamen Erfolg interessiert sind.

Lean Thinking als Management-Philosophie ist das absolute Gegenteil von der am kurzfristigen Erfolg, dem „schnellen Dollar" oder der am bloßen „Shareholder Value" orientierten angelsächsischen Unternehmensführung, die letztlich für den Ausbruch der Weltfinanzkrise maßgebend war.[131] Lean Thinking über alle Hierarchiestufen hinweg in einem Guss im Unternehmen zu implantieren, ist die große Herausforderung für die Unternehmensführung.

Nur noch einmal zur Erinnerung: Spätestens seit Anfang der neunziger Jahre sind die international agierenden Automobilhersteller als Folge der aufkommenden Marktsättigung einem intensiven Konkurrenzkampf ausgesetzt. In Folge dessen hat sich die Automobilbranche in den letzten Jahren zu einem engen Oligopolmarkt entwickelt. Ausschlaggebend für diese weltweite Konzentration auf eine schrumpfende Anzahl von Anbietern ist neben der Sättigung der Umstand, dass sich die Anbietern immer weniger durch Innovationen differenzieren und zumindest zeitweilige Wettbewerbsvorsprünge und Wachstum generieren können. Die in diesem Wirtschaftszweig aufgebauten Überkapazitäten, die fortschreitende Globalisierung der Märkte mit ihren ubiquitären Wettbewerbsformen, der dadurch entstehende Preisdruck und die immer größere Angebotsvielfalt der Produkte, die zu immer höheren Entwicklungskosten bei immer kleineren Stückzahlen führen: All dies macht das rentable Wirtschaften der global agierenden Unternehmen der Automobilbranche zu einer immer anspruchsvolleren Aufgabe. Die Produktzyklen werden immer kürzer, während gleichzeitig das Angebot über Nischenprodukte und Derivate zunehmend differenziert und der Markt dadurch nahezu atomisiert wird. Die Produktionskosten je Stück steigen, weil der Absatz nicht mehr gesteigert werden kann.

---

[131] Prof. Klaus Töpfer, ehem. Umweltminister in Rheinland-Pfalz: *„Die Weltfinanzkrise ist der Zusammenbruch (Offenbarungseid) der Kurzfristigkeit."*

5.9 Der Einzug von Lean-Thinking in den Führungsetagen

Lean Thinking – als Grundlage eines ganzheitlichen Unternehmensführungs- und Unternehmensorganisationsansatzes – ist in dieser Situation strukturell überlebensnotwendig. Das längerfristige erfolgreiche Wirtschaften eines Unternehmens setzt die sorgfältige Überprüfung und Ausrichtung der bestehenden Strategien und dementsprechend die Neuoptimierung der ganzheitlichen Unternehmensstruktur mit dem Ziel voraus, sich an die neuen Rahmenbedingungen des Marktes anzupassen und dabei Verschwendung in jeder möglichen Form zu eliminieren. Die neue Markttransparenz in der Automobilindustrie via Internet etc. sowie die Internationalisierung der Märkte machen den Überlebenskampf für alle Marktteilnehmer erkennbar härter. Die deutschen Hersteller haben den eigenen Kosten- und Verschlankungsrückstand in essenziellen Unternehmensbereichen eingesehen und sich neuorientiert. Dabei ist ihnen die Implementierung von neuen Techniken und Organisations- und Produktionsmethoden exzellent gelungen. Kurz: Sie haben aufgeholt! Hauptkunden der einschlägigen Beratungs- und Coaching Unternehmen, wie z.B. Lean Alliance oder CTPM, kommen nicht von ungefähr aus der Automobilindustrie.

Seit Bekanntwerden des TPS mit der Veröffentlichung von *The Machine that changed the World* von Womack und Jones befassen sich Universitätslehrstühle, Wirtschaftsanalysten und Berater intensiv mit dem Phänomen des Lean Thinkings und Lean Managements. Und helfen ihren Kunden dabei *lean* zu werden.

Die Techniken der Lean Produktion wurden von europäischen Experten intensiv erforscht und spätestens seit Anfang der 90er Jahre bei allen großen Automobilherstellern sowie Zulieferern in Europa und auch speziell in Deutschland weitgehend aufgenommen. Der Einsatz der Toyota Lean Ansätze führt allerdings nur bedingt zu einer realen Verbesserung der eigenen Wettbewerbssituation. Denn die direkte Übernahme des Lean Konzepts in der in Japan entwickelten Form ist unmöglich, da das Funktionieren der *Lean Techniken* stark von den bestehenden Unternehmensstrukturen und -kulturen abhängig ist. Entscheidend ist, die Idee von Lean zu „kapieren" nicht zu „kopieren". So wird die Implementierung von Lean Management-Techniken in dem eigenen Unternehmen zum einen Anpassungen im ursprünglichen Lean Konzept, aber auch Anpassungen in den bestehenden Unternehmensstrukturen mit sich bringen.

Eine der wichtigsten Lean Techniken ist neben Vermeidung von Verschwendung der kontinuierliche Verbesserungsprozess (KVP), der ununterbrochen auf jeder Unternehmensebene bei jedem Vorgang stattfindet. Möglich ist das, wie oben erläutert, wenn jeder Mitarbeiter diesen KVP bewusst und willentlich mitgestaltet. Spezielle Institutionen, wie Lean Alliance GmbH, Porsche Consulting, Volkswagen Consulting, Centre of Excellence for TPM, haben hierzulande ihre Kompetenz auf die Ausbildung der Mitarbeiter und Begleitung der Implementierung der Lean Prinzipien fokussiert. Ziel solcher externer Beratung und Coaching Organisationen ist die Befähigung des Unternehmens, ein von Mitarbeitern und Mitarbeiterinnen getragenes Managementsystem effektiv zu implementieren, indem die Mitarbeiter in den wichtigsten Lean Prinzipien unterrichtet und zum *Lean Professional* ausgebildet werden. Haben sie diesen Stautus als Lean Professional erreicht, bilden sie ihre Arbeitskollegen aus.

Je nach Zuständigkeitsbereich werden die Mitarbeiter in verschiedenen Schwerpunkten gezielt anhand ausgewählter Projekte ausgebildet. Jedes Problem wird von den Mitarbeitern so lange hinterfragt, bis das Problem von Grund auf gelöst ist. Das ist nur möglich, wenn sich jeder Mitarbeiter verantwortlich für die Gestaltung des Unternehmenserfolgs fühlt und somit ein Ziel verfolgt – tagtägliche Verbesserung und stetiges Streben nach wirtschaftlicher Prosperität.

Als äußerst hilfreich, um diesen Prozess des Erlernens und des Implementierens von Lean Thinking zu beschleunigen und zu unterstützen, hat sich dabei erwiesen, dass solche Beratungsunternehmen ihren Kunden ein größeres, am besten internationales Netzwerk unterschiedlicher Unternehmen aus einem weiten Industriespektrum anbieten können. Auf Grundlage dieses Netzwerks von Mitgliedern aus unterschiedlichen Branchen und mit unterschiedlichen Organisations- und Fertigungsstrukturen, und aufgrund regelmäßigen Erfahrungsaustauschs und gegenseitiger Werkbesichtigungen (bei Lean Alliance nennt sich das *Muda Walk*) gelingt es, während des kompletten Veränderungsprozesses voneinander zu lernen und die Erfahrungen aus anderen Unternehmen zu übernehmen. Außerdem wird so ein optimaler Mix aus Theorie und Praxis gewährleistet, der das erforderliche Wissen bietet, um schlanke Prozesse passgenau zu implementieren und von den „Besten" zu lernen.

Die Veränderung einer bestehenden Unternehmenskultur hin zu einer Unternehmenskultur des praktizierten Lean Thinking ist leichter beschrieben und postuliert als getan. In jedem Fall braucht man Zeit und Geduld, bis sich die ersten Erfolge auch in Heller und Pfennig einstellen. Am wichtigsten dabei ist die ideologische Indoktrination, d,h. die Verankerung von Lean Thinking im Denken und Handeln auf allen Ebenen. Entscheidend ist dabei, die Hintergründe der Lean Philosophie und Methodik zu verstehen und die Mitarbeiter von der Notwendigkeit zu überzeugen. Eine offene Kommunikation über Sinn und Zweck von zum Teil einschneidenden Veränderungen in den Arbeitsabläufen, um auf diese Weise Abwehrbarrieren zu vermeiden, ist für den erfolg unabdingbar. TPS und die Einführung von Lean Management dürfen nicht mit Arbeitsplatzabbau gleichgesetzt werden. Gelingt das nicht, ist das ganze System zum Scheitern verurteilt und die Situation nach der Einführung von Verschlankungsmaßnahmen schlimmer als vorher!

Lean Thinking muss „antrainiert" werden, dazu gehören Geduld und Zähigkeit der Geschäftsführung. Und dazu gehören Mitarbeiter, denen die Verschlankung des Unternehmens ein echtes Anliegen ist, die sich darum „kümmern"! Dazu müssen die Mitarbeiter die Kompetenz und den Freiraum erhalten, d.h. für diese Aufgabe abgestellt werden. Sind sie schließlich zum Lean Experten ausgebildet, sollte dies auch durch entsprechende Aufwertung ihrer Funktion und Person deutlich gemacht werden.

Ein exzellentes Beispiel für gelungene Einführung von Lean Techniken bietet VW – der größte Europäische Automobilhersteller.

Unter der Leitung von Ferdinand Piëch begann die strategische Neuausrichtung des Unternehmens. Die wesentlichen Lean Techniken sowie weitere direkt verbundene Ansätze, wie die Bildung von Logistik-Netzwerke mit den Zulieferern, der Aufbau von Zulieferer-Gewerbezentren, die Plattform-Strategie, die Modul-Strategie, die Team Organisation, wurden im Laufe der 90er in dem Unternehmen eingeführt. Der Prozess der Implementierung wurde langsam und mit Vorsicht vollzogen. Zunächst wurde 1992 ein neues Werk in Zwickau errichtet, das vollkommen nach den oben beschriebenen Prinzipien konzipiert wurde. Später wurden diese Elemente in alle weiteren Werken übertragen. Diese Vorgehensweise spricht für Voraussicht und das Fingerspitzengefühl der Führungsetagen von VW – die Veränderungsinitiatoren haben ein eigenes Pilot - Lean Unternehmen errichtet und dort die Prinzipien erlebt und begriffen. Diese Erfahrung hat ihnen ermöglicht, den Umstrukturierungsprozess nach und nach auf den gesamten Konzerns optimal zu übertragen.

Zum Erfolg hat beigetragen, dass die Bedeutung der Ausbildung aller Mitarbeiter in den Lean Prinzipien für den Erfolg der Unternehmensumstrukturierung rechtzeitig erkannt wurde. Aus diesem Grund wurde eine unternehmenseigene Ausbildungs- und Coaching-Organisation gegründet (Volkswagen Coaching GmbH, gegründet 1995 in Wolfsburg), die den Lean Implementierungsprozess im Gesamtkonzern wesentlich mit gestaltet hat.

Vom Improvisationsgeschick und dem unternehmerischen Geist der deutschen Autobauer zeugt auch die Vorgehensweise des einstigen Porsche Chef Wendelin Wiedeking bei der Implementierung von Lean im eigenen Haus. Anfang der 90er Jahre war das Unternehmen mit ernsthaften Existenzproblemen konfrontiert – fallende Umsätze, schlechte Ergebnisse, unflexible Produktionsstrukturen, hohe und steigende Kosten. Schnelle Entscheidungen und unverzügliches Handeln waren die einzige Überlebenschance für den kleinen Hersteller aus Zuffenhausen. Und die Lösung hieß Lean. Wendelin Wiedeking musste die Aufgabe schultern, das Unternehmen möglicht schnell und effektiv neu zu strukturieren, die Kostenstrukturen und die Qualität nachhaltig zu verbessern, um so die Konkurrenzfähigkeit wieder herzustellen und den Konzern vor dem endgültigen Abgrund zu retten. Wiedeking hat die Situation nüchtern eingeschätzt und die Notwendigkeit einer raschen Anpassung der internen Produktions- und Organisationsstrukturen erkannt: Porsche bestand aus einem großen Lager mit angeschlossener Produktion von Automobilen. Er handelte rasch, nachdem er die entscheidenden Stärken der japanischen Automobilindustrie, vor allem die Vorzüge des TPS von Toyota in Bezug auf hohen Effizienz und Produktivität in der Produktion näher kennen gelernt. Zahlreiche Reisen nach Japan haben ihm ein umfassendes Bild von dem TPS zugrunde liegenden Prinzipien verschafft. Er bat die japanischen Lean Experten persönlich um Hilfestellung. Diese wurde ihm gewährt, weil Porsche in den Augen der Japaner kein ernst zu nehmender Wettbewerber

Der ganze Umstrukturierungsprozess fing unverzüglich in der Werkstatt mit dem Abbau von Lagerregalen an. Alle, inklusive Wiedeking selbst, haben zusammen die Arbeit angepackt und sich von den japanischen Beratern den Weg hin zu Lean Schritt für Schritt mit Geduld und Akzeptanz zeigen lassen. Natürlich stieß die ungewöhnliche Vorgehensweise, zumal auch noch von Japanern moderiert, anfangs auf heftigen Widerstand der altgedienten schwäbischen Mitarbeiter. Bald hat sich allerdings die Stimmung mit den ersten sichtbaren Erfolgen komplett gewendet. Innerhalb kurzer Zeit hat Porsche die Lean Prinzipien verinnerlicht und sogar weiterentwickelt, so dass heute vom Porsche Produktionssystem die Rede ist. Begleitet wurde der Implementierungsprozess, ähnlich wie bei Volkswagen, durch die Unterstützung der eigens gegründeten internen Porsche Consulting Training Einrichtung.

Gerade die Rückbesinnung auf die alten ethischen Werte, die in der DNA der Deutschen stecken – eine Rückkehr zu den eigenen Wurzeln, die letztendlich aus der Not vorangetrieben wurde – gerade das war die einfache Lösung in der schweren Krise. Not macht erfinderisch, das ist wahr, aber besser ist, man handelt prophylaktisch und lässt es gar nicht zur Not kommen.

Was lehrt uns das? Lean ist eine notwendige, aber keine hinreichende Bedingung für unternehmerischen Erfolg! Lean Thinking ist der Anfang eines langen Weges – der Weg zu einer nachhaltigen, realen Veränderung in einem Unternehmen. Fortune gehört ebenso dazu!

5.10 Gefahr erkannt, Gefahr gebannt: Lektion gelernt!

"Go big or you'll go away"

Carlos Ghosn (CEO Renault/Nissan)

5.10.1 Zurück auf die Überholspur

Im Frühsommer 2010 kann man rückblickend feststellen: Die schärfste Rezession der Nachkriegszeit hat nicht das Ende des Automobilstandortes Deutschland bedeutet. Automobilexperten, die dies nach der Lehmann-Pleite im September 2008 sehr öffentlichkeitswirksam unter dem Eindruck von Nachfrage- und Produktionseinbrüchen von 50% bis 70% als denkbares Szenario beschworen hatten, haben sich geirrt. Und zwar gründlich! Bereits jetzt steht fest: **Die deutsche Automobilindustrie ist gestärkt und noch wettbewerbsfähiger aus der Krise hervorgegangen.**

Angeführt vom Export weist die Branche gegenwärtig alle Anzeichen einer fulminanten Erholung auf. Würde das Wort nicht zynisch klingen, könnte man auch *Boom* dazu sagen! Zuwachsraten im Automobilexport von bis zu 50% gegenüber dem – allerdings sehr schwachen – ersten Halbjahr des Vorjahres sprechen eine deutliche Sprache. Selbst die Abwrackprämie hat allen akademischen Unkenrufen zum Trotz keine bleibenden Nachfrageschäden angerichtet! Die Inlandszulassungen, die aufgrund der vorjährigen Sondereffekte der Abwrackprämie um 30% niedriger waren als im vergleichbaren Zeitraum 2009, lagen im ersten Halbjahr um 4% über dem langjährigen Niveau. Die deutschen Hersteller konnten ihren inländischen Marktanteil sogar weiter auf 71% ausbauen. Im ersten Halbjahr 2010 gehörten allein sieben von zehn neu zugelassenen Pkw zu einer deutschen Konzernmarke.

Kurzum: Eine Existenzkrise sieht anders aus! Ein „grausames Automobiljahr 2010" ebenso! Selbst Opel will unter neuer Führung und nach erfolgreicher Umstrukturierung bereits 2011 wieder schwarze Zahlen schreiben: Ein Wunder! Der sogar von Experten prognostizierte „große Crash"[132] ist erwartungsgemäß ausgeblieben. Kein Wunder, haben doch alle deutschen Hersteller und viele Zulieferer auf öffentliche Kritik[133] hin schon lange vor der Krise in Strategie und Geschäftspolitik erhebliche Neujustierungen vorgenommen, was sich allerdings bei laienhafter, oberflächlicher Betrachtung nicht jedermann erschließt.[134]

Vorab sei an dieser Stelle schon so viel verraten: Deutschland muss weder seine „Industrie neu erfinden"[135], noch wird „die deutsche Automobilindustrie sterben"[136], zum Beispiel weil sie über vierzig Jahre lang die nachhaltige Absenkung von CO_2-Emissionswerten nicht nur ignoriert, sondern auch aktiv verhindert hätte: „Die deutschen Ingenieure wollen einfach nicht einsehen, dass das Auto in seiner heutigen Form seine Daseinsberechtigung verliert. Wir hätten längst abgasfreie Autos, wenn es nicht maßgebliche Leute gäbe, die aktiv den umweltgerechten Wandel verhindern. Deutsche Ingenieure machen sich eher Gedanken um automatische Notbremsung, Abstandsradar und führerlose Fahrzeuge als über abgasarme Antriebe".[137] Diese harten Vorwürfe – immerhin von einem deutschen Unternehmensberater – sind allerdings schlichtweg falsch!

Weltweit hat in der Branche ein Umdenken stattgefunden – auch bei den deutschen Herstellern. Innovationen zielen nicht mehr einseitig, wie in den letzten Jahrzehnten, auf *mehr Leistung* (schneller, größer, stärker) und *mehr Komfort* (schwerer, größer) ab. Vielmehr stehen inzwischen die Ziele *Wirtschaftlichkeit* und *Umwelt* im Vordergrund, wie eine im Frühjahr 2010 veröffentlichen Studie über Zukunftstrends und Innovationsprofile der 19 globalen Automobilkonzerne zeigt.[138] Funktionell bedeutet dies eine Abkehr von den Innovationsanstrengungen im Bereich *Fahrzeugkonzepte/Karosserie,* sprich die Erfindungen immer neuer Modellderivate und Cross-Over-Varianten, hin zu einem neuen Schwerpunkt bei antriebstech-

---

[132] Manager Magazin: *Autoindustrie- Der große Crash*, von Michael Freitag und Dietmar Student, 16.04.2009.
[133] Becker, H. (2005): *Auf Crashkurs - Automobilindustrie im globalen Verdrängungswettbewerb* und (2007): *Ausgebremst – Wie die Autoindustrie Deutschland in die Krise fährt.*
[134] Büschemann K.-H. (2010): *Crashtest – Deutsche Autobauer ohne Plan und Strategie.*
[135] Spiegel Online: *Warum Deutschland seine Industrie neu erfinden muss*, 09.07.2009.
[136] Welt Online: *Warum die deutsche Autoindustrie sterben wird*, 11.12.2009.
[137] Ebenda.
[138] CAUMA (2010b).

nischen Innovationen. Die Innovationsaktivitäten der Automobilhersteller im Bereich alternativer Antriebe haben sich mehr als verdreifacht, im Jahr 2009 generierten sie fast 90 Innovationen im Bereich Hybrid-, Brennstoffzellen- und Elektroantrieb. Hier erfolgte die größte „Denkrevolution": Hatte das Elektroauto noch im Jahr 2007 fast keine Bedeutung (3 Neuerungen) stiegen die Innovationsanstrengungen explosionsartig auf fast 30 Neuerungen im Jahr 2009. Dazu haben deutsche Hersteller einen erheblich Beitrag geleistet. Allein der Volkswagen-Konzern hat 2009 trotz Krise 5.4 Mrd. Euro ausgegeben, kaum weniger als Toyota (5,8 Mrd. Euro). Wechselkursschwankungen wie im Frühjahr 2010 lassen solche Rechnungen allerdings nicht beweiskräftig erscheinen.

Aber es sind nicht die kurzfristigen und/oder konjunkturellen Aspekte, die das Urteil über die deutsche Automobilindustrie – vor allem über ihre Hersteller als globale Repräsentanten – heute nach der Krise so viel optimistischer ausfallen lassen als noch vor wenigen Jahren. Es sind strategische Gründe: Zum einen hat die Krise den globalen Verdrängungswettbewerb in der Branche potenziert und zur notwendigen Markträumung geführt. Zum zweiten haben sich die führenden deutschen OEMs in allen Belangen, nicht nur strategisch, erheblich bewegt!

Durch die Krise wurden die Karten in der Branche neu gemischt und dies hatte durchaus auch positive (!) Auswirkungen auf die deutschen Teilnehmer. Denn die weltweite Finanz- und Wirtschaftskrise hat, ganz im Sinne Darwins, nicht nur unter Banken, sondern auch in der Automobilindustrie, zu einer *natürlichen Selektion* geführt. Oder wie Warren Buffet es so treffend ausgedrückt hat: „Erst wenn Ebbe kommt, sieht man wer ohne Badehose ins Wasser ging."

Nun, Nacktbaden scheint vor allem bei amerikanischen Herstellern zu gängiger Praxis gehört zu haben, solange jedenfalls die Kreditflut die Ebbe in den Haushaltskassen verdeckte. Weltweit hat die Krise zum großen Markensterben geführt. In den USA wurden aus den *Big Three* zunächst die *Small Three*, danach gingen Weltmarktführer General Motors und Chrysler in Konkurs. Sie überlebten die Krise nur, weil General Motors verstaatlicht und Chrysler von Fiat übernommen wurde. GM verkaufte überdies die Marke Saab an die niederländische Sportwagenmanufaktur Spyker – die Marke Hummer erwies sich als unverkäuflich, sogar chinesische Interessenten zuckten schließlich zurück - und ließ die Marken Saturn und Pontiac sterben. Ford blieb als einziges Mitglied der vormals *Big Three* halbwegs unbeschadet, hatte sich aber vorsorglich schon vor der Krise von den Nobelmarken Aston Martin, Jaguar und Land Rover getrennt, um sich auf die Kernmarke Ford zu konzentrieren. Volvo wurde an den chinesischen Autobauer Geely verkauft, die Ford Traditionsmarke Mercury soll ebenfalls eingestellt werden. Bei Fiat wird ernsthaft über die Zukunft der Liebhabermarke Lancia nachgedacht. Sie soll Chrysler in den USA stärken und dort unter dessen Logo laufen, gemäß dem Ausspruch von Fiat-Chef Sergio Marchionne „Markenrationalisierung wird weiter ein Kernelement sein". Andere, wie der Ford-Deutschland-Chef Berhard Mattes, sind da skeptischer: „Es bringt nichts, einfach das Label einer Marke auf die Produkte einer anderen zu kleben. Das hat noch nie funktioniert." In Europa hat Matter, ehemaliger BMW Vertriebsmann, mit Sicherheit Recht; im Land der unbegrenzten Möglichkeiten, wo Markentreue eher selten ist, könnte dies aber vielleicht doch funktionieren.

Die deutschen Automobilhersteller haben die schlimmste Automobilkrise seit 80 Jahren in toto gut überlebt, ebenso wie die große Zahl von Zulieferern jeglicher Größenklasse – jedenfalls soweit sie nicht im Besitz von „Heuschrecken" waren und im Zuge der Finanzkrise an den hohen Fremdfinanzierungskosten zugrunde gegangen sind. Im schlimmsten Krisenjahr 2009 hat allerdings auch der Rückenwind durch die Abwrackprämie stark unterstützend gewirkt oder, wie bei Porsche, der ungeplante Unterschlupf unter die weiten Rockschöße eines fast omnipotenten Mutterkonzerns.

Ganz gleich wie man es jedoch auch dreht und wendet: Aus globaler Sicht steht fest, dass die deutsche Automobilindustrie gestärkt aus der weltweiten Finanz- und Absatzkrise hervor gegangen ist. – Das hat Darwin auch so vorgesehen: Des Einen Uhl ist des Anderen Nachtigall, oder, die Schwäche der Einen wird automatisch zur Stärke der Anderen. So einfach sind die Gesetze des Marktes im Verdrängungswettbewerb auf engen oligopolistischen Märkten! Oder einfacher ausgedrückt: Die Einen verschwinden und für die Restlichen bleibt mehr übrig!

Auch in der Zulieferindustrie hat infolge der Krise ein erheblicher Ausleseprozess stattgefunden. Die Finanzprobleme der *Big Three* in den USA haben unmittelbar auch bei deren Zulieferer reihenweise Anschluss-Konkurse zur Folge gehabt. Auch bei den Zulieferern hat sich „Spreu vom Weizen" getrennt, das verbliebene „Getreide" ist widerstandsfähiger und wettbewerbsfähiger geworden. Großfusionen haben in Deutschland diesen Prozess teilweise spektakulär begleitet, waren aber nicht in jedem Fall notwendig, um größere und überlebensfähigere Strukturen zu schaffen, wie das Beispiel Schaeffler und Conti beweisen. Deswegen sollte man aber die Marktwirtschaft nicht abschaffen. Marktwirtschaftliche Bereinigungsprozesse, angestoßen durch krasse unternehmerische Fehlentscheidungen, sollte man aber auch nachträglich wirtschaftspolitisch nicht unterbinden, das unternehmerische Risiko und die Sanktion des Marktaustritts sollten schon bestehen bleiben!

Exkurs: Opel

Der Fall Opel ist ein Sonderfall und hat mit den unmittelbaren Auswirkungen der Weltfinanzkrise nichts zu tun. Jahrelanges Missmanagement der amerikanischen Mutter GM war vielmehr die Ursache. Ihr war das Schicksal der europäischen Tochter offensichtlich ziemlich egal, Hauptsache sie lieferte Cash nach Detroit – offen oder versteckt über nicht bezahlte Entwicklungsleistungen und/oder interne Verrechnungspreise. Nur zur Erinnerung: Im Jahre 1924 begann in Deutschland die Fließbandproduktion von Pkw – elf Jahre nach der Einführung durch Henry Ford in den USA – und zwar durch die Firma Opel mit dem Opel *Laubfrosch*. Opel ist also durchaus eine deutsche Pionier- und Traditionsmarke. Lag der Marktanteil von Opel in den fünfziger Jahren des letzten Jahrhunderts in Deutschland noch über 25%, so sank er kontinuierlich auf zuletzt 7% - ein Trauerspiel. Das vorgebliche Management hatte den Cash-Hunger der nimmersatten Mutter mit immer neuen Kostensenkungsaktionen zu befriedigen und begegnete, immer in engstem Schulterschluss mit dem Betriebsrat, dem Ganzen nur mit Willfährigkeit und erfolgreichen Erpressungsversuchen der Belegschaften, denen mit der steten Drohung von massiven Stellenstreichungen immer neue Arbeitszeit- und Lohnzugeständnisse abgerungen wurden. – Geholfen hat das alles nicht!

Den Höhepunkt fand die Tragödie im Herbst 2008, als der amerikanischen Mutter das finanzielle Aus drohte und in Rüsselsheim kein Geld mehr zu holen war. Angesichts des von der Bundesregierung in Milliardenhöhe gespannten Rettungsschirms für die reale Wirtschaft wähnte das deutsche Spitzenmanagement Opel flugs vor dem kurz bevor stehenden Ende. Die Herren eilten zur Bundesregierung nach Berlin, wiederum gemeinsam mit dem Betriebsrat, der mittlerweile die Sprecherfunktion bei der sog „Rettung von Opel" übernommen hatte, um 4 Mrd. Euro öffentliche Mittel einzufordern. Ohne diese Subventionen könne eine Schließung der vier Opel-Standorte in Deutschland und der Verlust von tausenden von Arbeitsplätzen nicht mehr abgewendet werden. Das Geld müsse daher fließen, und zwar schnell! – Um es kurz zu machen: Im Frühjahr 2010 existiert Opel noch immer, die Mutter GM hat beschlossen, Opel zu behalten, und hat öffentliche Überbrückungsdarlehen, die an die Bedingung der Verselbständigung von Opel geknüpft waren, vollständig zurückgezahlt. Das deutsche Spitzen-Management wurde gegen den Briten Nick Reilly ausgetauscht, einen altgedienten GM-Mitarbeiter mit Vertriebserfahrungen in Asien. An die Stelle des Rufes nach direkten Milliardensubventionen trat der Ruf nach staatlichen Bürgschaften von 1,1 Mrd. Euro zur Erhaltung aller deutschen Opel-Standorte. Als Bundeswirtschaftsminister Brüderle dieses Begehren ablehnte und Kanzlerin Merkel dies nicht verhindern konnte, reduzierte das Opel-Management (immer in direkter Absprache mit dem Gesamtbetriebsrat) die benötigte Summe flugs auf 400 Mio. Euro. Genau diesen Betrag hatten zufälligerweise die Landesregierungen mit Opel-Standorten im Alleingang vage in Aussicht gestellt. Nachdem sich herauskristallisierte, dass diese Landesmittel auch nur unter schwierig und unter strengen Auflagen zu bekommen wären, verzichtete Opel großmütig auf jegliche öffentliche Unterstützung und gab bekannt, dass die Konzernmutter in Detroit die Sanierung nun im Alleingang regeln würde. – Noch nie in der jungen Geschichte der Bundesrepublik Deutschland ist die Politik so plump und dreist von einem Unternehmen vorgeführt worden, wie die Bundesregierung und ihre Gremien durch GM und ihre deutschen Vertreter.

Ein Bubenstück! Rechnet man die Kosten für die unzähligen Tages- und Nachtsitzungen zusammen, in denen die Spitzenbeamten und die politischen Spitzengremien der Bundesrepublik Deutschland unter Einschluss der Kanzlerin mit der Causa Opel beschäftigt waren, so müsste die Bundesrepublik in Vertretung der deutschen Steuerzahler GM und die Opel-Geschäftsführung einschließlich Betriebsrat auf millionenfachen Schadensersatz verklagen!

5.10.2 Zurück zu alten Tugenden

Der zweite und noch wichtigere Grund für die Rückgewinnung alter Stärke ist ein rein *interner*. Die deutschen Hersteller sind aus der Krise nicht nur deshalb gestärkt hervorgegangen, weil wesentliche Wettbewerber schwach geworden sind, also *passiv*. Sondern auch durch *aktives,* eigenes Handeln, und zwar schon vor Ausbruch der Krise. Bei allen deutschen Automobilherstellern (außer Opel) hat sich, teilweise auch durch die öffentliche Kritik provoziert, seit 2005 sukzessive ein erheblicher Wandel „an Haupt und Gliedern", sprich: In Strategie und Kapital- und Personalstruktur, vollzogen. Zumeist ging beides Hand in Hand! Das Führungspersonal wurde seit 2005 komplett (Ausnahme Ford) ausgetauscht.

Der Genfer Automobilsalon 2010 brachte es dann an den Tag: Die Karten in der Automobilwelt sind neu gemischt worden.[139] Die Autowelt befindet sich mitten in einem existenziellen Umbruch: Stärker, schwerer, durstiger und luxuriöser – typische Merkmale der deutschen Premiumfahrzeuge in der glorreichen Vergangenheit mit Abstrahleffekten auf die gesamte Palette – läuft nicht mehr. Oder erkennbar nicht mehr so gut. Klein, aber dennoch komfortabel, sparsam im Verbrauch und umweltfreundlich, aber dennoch mit ansprechender Leistung, das ist clever. Kurz: Die neue Bescheidenheit ist ausgebrochen![140] - Aber immer noch auf komfortablem Niveau.

Die deutschen Hersteller haben diesen Trend nicht nur erkannt, sondern beginnen (endlich), ihn aktiv mit zu gestalten. Downsizing und Downweighting ist das Gebot der Stunde, ebenso Efficiency-Upsizing. Ob Audi mit dem A 1 den „ersten Premium-Kleinwagen" vorstellt, BMW den Ausbau seiner Mini-Baureihe sowie ein Mega City Fahrzeug ankündigt, VW die Up-Baureihe konkretisiert und überdies von seiner neuen 20%-Beteiligung, dem Kleinwagen-Spezialisten Suzuki, in Indien bauen lassen wird: An allen Ecken und Kanten bewegen sich die deutschen Hersteller in für sie bis dato unbekannte Denk-Gefilde, in die unteren Marktsegmente. Nicht mehr Protz und Pferdestärken sind das, was man will, sondern soziale und grüne Akzeptanz. Ein Porsche Cayenne mit Hybrid-Antrieb war noch bis vor kurzem undenkbar. Ebenso eine „grüne" Galionsfigur als technologischer Berater des sportlichen Nobelkonzerns BMW. In dieses Bild passt auch die jüngste Verlautbarung von Daimler-Chef Zetsche, der verkündete: „Wir sind Marktführer mit unseren S-, E- und C-Klasse-Limousinen. Es ist daher offenkundig, welche Marktposition wir im Segment der Premium-Kleinwagen erwarten".[141] Daimler will sich auf Dauer als ertragsstärkster Premium-Autohersteller etablieren und auch im immer wichtiger werdenden Bereich der Premium-Kleinwagen BMW und Audi übertrumpfen. Denn alle haben erkannt: Premium-Kleinwagen müssen nicht billig und ertragsschwach sein, im Gegenteil Es darf nur keiner aus der Reihe tanzen und das Preisniveau kaputt machen!

Die Notwendigkeit, kleinere, leichtere und verbrauchs- und emissionsärmere Automobile zu bauen, ist unisono also bei *allen deutschen* Herstellern angekommen. Alle arbeiten an allem, alles soll möglich sein. Die deutschen Autohersteller mussten sich in der Vergangenheit viel Kritik

---

[139] Sueddeutsche Zeitung: *Die Karten werden neu gemischt*, von Karcher G., 04.01.2010.
[140] Sueddeutsche Zeitung: *Die neue Bescheidenheit*, von Becker J., 08/09.03.2008.
[141] n-tv online: *Premium neu definiert – Daimler setzt auf Kleinwagen*, 14.06.2010.

und Spott gefallen lassen, weil sie den Hybrid-Trend, bereits 1998 von Toyota eröffnet, verschlafen hatten („Hybris statt Hybrid"!). Diesen Fehler wollten sie offenkundig nicht wiederholen. Inzwischen wird mit Hochdruck an allen möglichen alternativen Antriebstechniken geforscht, potenzielle Know-how-Unternehmen werden übernommen oder es wird mit ihnen kooperiert. Kurz: Da keiner genau weiß, wohin der Weg in die verbrauchsarme Zukunft technologisch führt, soll alles möglich sein. Was zwangsläufig zu vielen Parallelentwicklungen führt, die komplex und teuer sind. Wer am Ball bleiben will, muss große Motoren für China, Russland und die Ölstaaten des Nahen Osten pflegen, wo Umwelt und Energieeffizienz keine Verkaufsargumente sind. Gegebenenfalls, wenn die Kapitaleigner Scheichs sind, muss die Leistungsfähigkeit sogar auch noch in Formel 1 Rennen unter Beweis gestellt werden. Und gleichzeitig gilt es, für die alte Welt extreme Energieeffizienz und Downsizing zu betreiben, mit Hybridantrieben in den unterschiedlichsten Spielarten, d.h. mit und ohne Boost-Funktion, mit rein elektrischem Fahren von 0 bis 100 km Reichweite, mit einer E-Modul-Leistung von 20 bis 100 PS. etc. Und was noch wichtig ist. die kleineren und leichteren Motoren haben kaum Abstriche bei Leistung und Drehmoment. Die mit den neuen Motoren bestückten Autos werden zwar leichter, bleiben aber so groß wie sie sind, denn auf ein lieb gewonnenes Raumgefühl wollen die Kunden in der Regel nicht mehr verzichten. Außerdem werden die Menschen in der alten Welt bekanntlich immer dicker, älter und komfortbedürftiger. Mit kleinen Autos ist das nicht zu machen!

So heterogen und diffus wie die Hybrid-Strategie präsentiert sich auch die Elektromobilität. Sie funktioniert Top-down wie beim Audi e-tron Sportcoupé, Bottom-up wie beim E-Mini oder als stromführende Klammer wie bei Mercedes, wo zwischen dem SLS eDrive und dem Elektro-Smart genug Platz ist für viele weitere Spielarten (siehe Kap. 5.3).

Alle verfolgen also Elektromotor- und Hybridkonzepte, allerdings werden gerade die deutschen Hersteller in den nächsten Jahren dabei erheblich unter Kosten- und Ertragsdruck stehen. Auf der einen Seite müssen sie verstärkt Forschungsmillionen in die Entwicklung dieser neuer Antriebe stecken, vor allem des Elektroantriebs, dem nach landläufiger Meinung die Zukunft gehört. Wobei allerdings unter Experten offen ist, *wann* diese Zukunft denn beginnt. – Nebenbei bemerkt: Der erste dokumentierte Geschwindigkeitsrekord eines Automobils wurde bereits 1898 von dem Franzosen Gaston de Chasseloup-Laubat mit einem Elektroauto aufgestellt, nachdem der Schotte Robert Anderson 1839 das erste Elektrofahrzeug in

Aberdeen gebaut hat. – So ganz neu scheint die Technologie also nicht zu sein![142]

Worauf sich die deutsche Volkswirtschaft aber jenseits aller diffuser Zukunftschancen bei der künftigen Elektromobilität bei „ihrer" Automobilindustrie verlassen kann, ist die Tatsache, dass die deutschen Autohersteller nach wie vor und mit weitem Abstand weltweit führend sind, wenn es darum geht, konventionelle Antriebe – gleich ob Otto- oder Dieselmotor – weiter zu entwickeln. Die Verbrauchssenkungs- und Effizienzsteigerungs-Potenziale dieser Aggregate sind – Bosch sei Dank - noch lange nicht ausgereizt. Um es einmal klar auszusprechen: Diese konventionelle Antriebstechnologie wird noch über Jahrzehnte eine zentrale Rolle spielen. Gerade in Puncto Sparsamkeit sind hier bei weitem nicht alle Möglichkeiten ausgeschöpft, die die Technik bietet. Und genau dabei schlagen sich die deutschen Ingenieure und Entwickler prächtig. Innovationen in effizientere Verbrennungsmotoren machen laut der CAUMA-Studie[143] nach wie vor den Löwenanteil der Neuentwicklungen aus. – Und das wird auch zu Lebzeiten des Autors so bleiben, mögen auch noch so viele Millionen Chinese zwischenzeitlich qua staatlicher Anordnung auf das Elektrofahrrad umsteigen müssen!

Nicht ohne Hintergrund vertritt daher Ferdinand Piëch die Auffassung, jedes konventionelle 3-Liter-Auto sei in Sachen Energieeffizienz und CO_2-Gesamtbilanz jedem Elektroauto überlegen; und VW werde solche Autos anbieten. Gerade auch auf dem Feld der konventionellen Antriebstechnik müssen die Hersteller weiter am Ball bleiben und in Innovationen investieren, um wettbewerbsfähig zu bleiben. Ob ihnen dabei die chinesischen Hersteller, z.B. BYD (Build Your Dreams), wirklich den Rang ablaufen können, sei dahin gestellt. Bei einem weltweiten Kfz-Bestand von schätzungsweise einer Milliarde dürfte es jedenfalls noch eine zeitlang dauern, bis in Urwald und Savanne, in Tundra und den endlosen Weiten des amerikanischen Westens das Netz an Elektrotankstellen so dicht geknüpft ist, dass sich die Vorzüge der Elektromobilität auszuzahlen beginnen!

Insgesamt kommt man als Ökonom zu dem Urteil, dass mangelnde Innovationsfreude jedenfalls nicht für ein mögliches Ende der deutschen

---

[142] Noch im Jahre 1900 wurden in den USA von 75 Herstellern insgesamt 4.192 Automobile gefertigt, davon allein 1.575 Elektrofahrzeuge, 1.688 Dampfautomobile und nur 929 Fahrzeuge mit Benzinmotor.

[143] CAUMA (2010b): *AutomotiveINNOVATIONS 2010, Die Innovationen der globalen Automobilkonzerne - Eine Analyse der Zukunftstrends und Innovationsprofile der 19 bedeutendsten Hersteller.*

Automobilindustrie verantwortlich gemacht werden kann. Dies bestätigt auch die bereits zitierte Studie des CAUMA. Geht es um die Summe technischer Neuentwicklungen, ist die hiesige Autowelt in Ordnung: Hersteller aus der Bundesrepublik belegen im Ranking der Innovationsfreude von Entwicklungsabteilungen drei Plätze unter den ersten fünf. Als Sieger aus dem Vergleich geht Volkswagen inzwischen zum vierten Mal in Folge hervor, gefolgt von Toyota. Daimler folgt auf dem vierten und BMW auf dem fünften Rang. Auch an der Entwicklungsarbeit des US-Herstellers Ford, der Platz 3 belegt, hat die deutsche Niederlassung des Konzerns großen Anteil (siehe Abb. 42). – Wenn GM künftig die Entwicklungsleistungen seiner Tochter Opel wieder ordentlich bezahlt, dürfte sich dies im künftigen Ranking mit Sicherheit ebenfalls positiv bemerkbar machen.

Eine besondere Bedeutung kommt laut der CAUMA-Studie der Innovationskraft der einzelnen Hersteller-Marken zu. Mercedes-Benz landet hier auf Rang 1 von 62 untersuchten Marken; das von Abu Dhabi investierte Eigenkapital war also gut angelegt, auch wenn es nicht immer als nutzbare Anwendung beim Kunden ankam. Besonders positiv bewertet die CAUMA-Studie, dass es den Siegerkonzernen, vor allem Volkswagen, gelingt, die Innovationen tatsächlich „auf die Straße" zu bringen, so sind bei VW 70% der Neuerungen für die Kundschaft bestellbar gewesen, bei Toyota immerhin 64%.

Abb. 42. Innovationsstärke der Automobilkonzerne 2009/2010

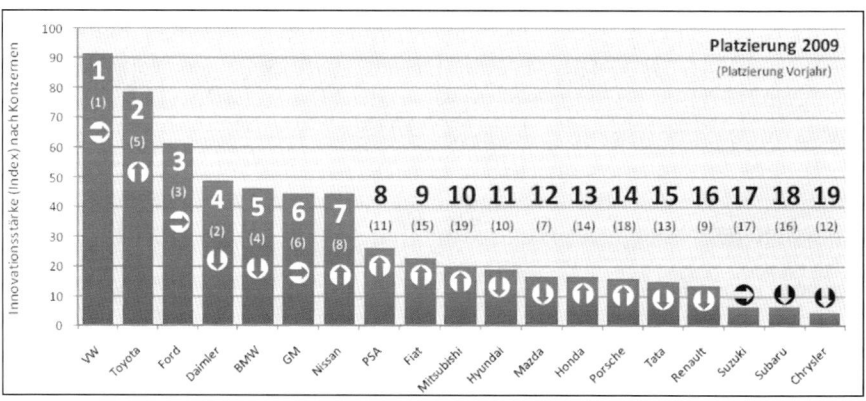

Quelle: CAUMA – Center of Automotive Management

5.10.3 Lektion gelernt: Erneuerung an Haupt und Gliedern

Die geschilderte Justierung der Innovationsanstrengungen und zeitgemäße Ausrichtung der Modellpalette erfolgte bei den wichtigsten deutschen Hersteller- und Zulieferunternehmen innerhalb weniger Jahre aufgrund einschneidender Strukturveränderungen, erst beim Führungspersonal, dann in der Strategie. Plakativ ausgedrückt: Die Branche hat sich strategisch und personell geschüttelt! Dabei sind nicht nur vormals „eherne" Unternehmensgrundsätze, sondern auch zahlreiche Spitzenmanager „über Bord" geworfen worden. – Was für den Autor insofern eine große Befriedigung darstellte, weil alle im Jahr 2007 quasi als Lastenheft von ihm aufgelisteten und veröffentlichten Managementfehler und strategischen Versäumnisse und Unterlassungen von den Unternehmen nachhaltig abgearbeitet worden sind.[144]

Und abermals hatte sich die alte Volksweisheit bestätigt: Der Fisch stinkt immer vom Kopf her! Nachhaltige Unternehmensreformen sind nur bei nachhaltigen Personalwechseln möglich. Ferdinand Piëch hat Recht!

Gehen wir der Reihe nach vor:

- **Volkswagen AG**

    Im Januar 2007 löste *Car Guy*[145] Martin Winterkorn den glanzlosen Bernd Pischetsrieder, vormals BMW, ab. Auch Sanierer Wolfgang Bernhard musste den Konzern verlassen, nachdem er zuvor jedoch wahre Produktivitätswunder durch Personalabbau bewirkt hatte. Martin Winterkorn hat davon profitiert. Aber nicht nur, denn mit ihm, vom Manager Magazin als Vater Courage geehrt,[146] kam für den VW-Konzern das Frühlingserwachen. Dem Konzern und seinen vielen Führungskräften, die über viele Jahre bei stagnierenden Absatzzahlen und bescheidenen Renditen vor sich hin geträumt hatten, wurde über Nacht Wachstum und Produktivitätsanstieg verordnet. Der Weltmarktführer Toyota wurde als Feindbild auserkoren, er sollte in der Qualität übertroffen und bis 2018 im Absatz an der Weltspitze abgelöst werden.

---

[144] Becker, H. (2007): *Ausgebremst - Wie die Autoindustrie Deutschland in die Krise fährt*.
[145] Der Fehlerteufel in *Ausgebremst* hat Martin Winterkorn versehentlich als *Car Gay* bezeichnet. Dafür sich der Autor hiermit entschuldigt. Das fand die Chefredaktion der *Automobilwoche* immerhin einer Notiz würdig – wenn auch sonst nichts! Nun ja, jedem das Seine!
[146] Manager Magazin: *Vater Courage – Wie Martin Winterkorn VW auf Wachstumskurs bringen will*, Heft 12/2007, S. 56f.

Bei Winterkorns Dienstantritt ein durchaus ambitioniertes Ziel: Lag der VW-Absatz im Jahr 2001 mit 5.1 Mio. Fahrzeugen nur knapp hinter Toyota mit damals 5,9 Mio., so war der Abstand zwischenzeitlich auf 3 Mio. Fahrzeuge angewachsen. Alles, was seither bei Volkswagen an strategisch relevanten Dingen passierte war eine präzise Umsetzung dieser Strategie:

- Produktionsaufnahme in den USA (Chattanooga) 2010
- Verbreiterung der Modellpalette in den Off-Road- und Pick-up Bereich sowie nach unten
- Übernahme und Integration der Porsche AG als achte Marke
- Einstieg in das Elektro- und Hybrid-Segment
- Kooperation mit Suzuki auf dem Kleinwagensektor in Indien, auch aus Produktionszwecken
- Übernahme des italienischen Edel-Designers Guigaro
- Agressive Technologie- und Modell-Expansion bei Audi zu Lasten seiner Münchner und Stuttgarter Konkurrenten
- Etc.

Kurz: Bei Volkswagen brach eine Kulturrevolution aus, die bis heute anhält. Und Volkswagen zum Leuchtturm, zum Leitwolf der deutschen Automobilindustrie macht. Und Martin Winterkorn sein Ziel, Toyota einzuholen, lange vor 2018 erreichen wird! Wobei allerdings Toyota 2009/10 kräftige Hilfestellung geleistet hat.

- **Daimler AG**

Jürgen Schrempp ging, und mit ihm Eckhard Cordes. Dafür kam Daimler-Urgestein Dieter Zetsche (01. Januar 2006), und mit ihm später auch wieder Wolfgang Bernhard (Spitzname: Beinhart), Sanierer und Cost-Cutter. Zetsche übernahm einen Sanierungsfall, eine Feststellung, die Bernhard wenige Jahre zuvor unter Schrempp den Job gekostet hatte. Vor diesem Hintergrund wundert es nicht, dass Zetsches Wirken bisher weniger von wolkigen Visionen bestimmt war, von denen sein Vorgänger Reuter und Schrempp so reichlich gesegnet waren, sondern von knallhartem Cash-Management und Fund-Raising, z.B. beim Großaktionär Abu Dhabi. Es ging zunächst höchst profan – und für den das Flagschiff der deutschen Automobilindustrie völlig ungewohnt – ums reine Überleben! Ein wahrer Knochenjob!

Und Zetsche hat es jedenfalls bisher geschafft, durch:
- Verkauf von „Bullshit-Castle" (O-Ton J. Schrempp), die Konzernzentrale in Möhringen,
- Verkauf von allerlei Tafelsilber, dass Schrempp noch übrig gelassen hatte,
- Schmerzhafte Trennung unter hoher finanzieller Abfindung vom „Traumhochzeits-Ehepartner" Chrysler (Code-Name: „Stop bleeding")
- Spektakulärer Einstieg in eine nachhaltige Kooperation mit Renault/Nissan zur Markterweiterung und Plattformstrategie in der Smart und A- und B-Klasse, sowie zur Senkung der Motorentwicklungskosten. Statt einer „Hochzeit im Himmel" nunmehr eine „Liaison auf Erden", unstandesgemäß zwar, aber sehr zweckmäßig und abgesichert mit einer gegenseitigen Kapitalbeteiligung.

- **Bayerische Motorenwerke AG**

Als die schleichende Talfahrt des BMW-Konzerns sich durch auch noch so schöne und bunte Firmenpräsentationen nicht mehr beschönigen ließ, und der Niedergang der BMW-Rendite starke Anzeichen einer negativen Korrelation mit dem kometenhaften Aufstieg von Audi aufwies, zogen die Eigentümerfamilien Quandt/Klatten die Notbremse. Helmut Panke wurde vorzeitig am 01.09.2006 durch den Vollblut-Ingenieur und Produktionsfachmann Norbert Reithofer abgelöst. Ob noch rechtzeitig genug, wird die Zukunft zeigen, denn 15 Jahre der Beschäftigung mit sich selbst und der finanziellen Aufarbeitung des Rover-Missgriffs statt mit dem Wettbewerb und dem Umfeld waren strategisch vertan worden. Das Unternehmen wieder auf gewohnten Erfolgskurs zu trimmen ist für Reithofer eine gigantische Aufgabe!

Der Plattform- und Modell-Offensive des Wettbewerbers aus Ingolstadt hatte Reithofer zunächst wenig entgegen zu setzen. Der Erfolg der Marke Mini konnte die Marktanteilsverluste bei BMW-Fahrzeugen nicht wettmachen, zumal hohe Fixkostenbelastungen aus Prestigeprojekten seiner Vorgänger die unternehmerische Gestaltungsflexibilität stark einengte. Gut Ding braucht Weile! Aber Reithofer hat die Wende geschafft:

Der gesamte Konzern wurde auf „Grün" und Nachhaltigkeit getrimmt, ohne dafür das bisherige Image der Leistung und Sportlichkeit nachhaltig zu beschädigen – ein gelungener Spagat. Vor allem die Pionierleistungen von BMW auf dem Feld der „Dynamic Efficieny" mit schrittweiser Hybridisierung und Verbrauchsminimierung der Modellpalette wurden in der Öffentlichkeit hervorragend aufgenommen. Auch die Einstellung von Joschka Fischer als Umweltberater in der Antriebstechnik brachte Imagegewinn und führte nach Expertenmeinung nur zu kaum messbaren Kollateralschäden.

Der Austritt aus der Formel 1 war richtungweisend. Toyota und Honda folgten nach. Nur in Stuttgart bewegten unternehmenspolitische Zwänge Zetsche dazu, auf Kurs zu bleiben. Geplante Modell der „alten Denke" wurden gestoppt, mit dem geplanten Einstiegsmodell noch unterhalb der Einer-Baureihe und dem Mega-City Auto bewegt man sich dahin, wo die betuchte Kundschaft der kreglen Alten von morgen sitzt: Im Premiumsegment kleiner und verbrauchsarmer Automobile. Ostentativer Luxus ist out, rentnerfreundliche Smart-buys sind in.

BMW hat darauf als Erster und Bester reagiert!

- **Porsche AG**

Übermut tut selten gut! Kurz gefasst: Porsche hat sich von selbst und durch sich selbst erledigt! Macht wird als VW-Vorstand mächtiger denn je, Müller sorgt für kostenkonforme sportliche Exklusivität. Eine noch prächtigere Zukunft ist nicht trotz, sondern wegen des Eigentümerwechsels vorprogrammiert.

- **Ford GmbH**

Stille Wasser sind tief! Diese Volksweisheit trifft auch auf Ford zu. Einen Personalwechsel an der Spitze der Kölner Dependance des US-Konzerns aus Dearborn hat es schon seit 2002 nicht mehr gegeben, als Bernhard Mattes vom Vertriebsvorstand zum Vorstandsvorsitzenden der damaligen Ford AG befördert wurde. – Für Ford eine weise Wahl!

Mehr war auch nicht erforderlich. Völlig unprätentiös und unspektakulär hat Mattes das Unternehmen seither langsam aber sicher aus der amerikanischen Design- und sonstigen Umklammerung gelöst und es in Europa nach vorne gebracht. Der Erfolg hat ihm dabei offenbar sehr geholfen, für *Ford Europe* Stück für Stück an Selbständigkeit gegenüber der US-Mutter zurück zu gewinnen. Davon hätte das Opel-Management sich ein gutes Stück als Beispiel abschneiden können! Sogar in der scharfen Wirtschaftskrise hat Ford seinen Kurs unbeirrt fortgesetzt und – wenn überhaupt – kaum Verluste gemacht. In dem Maße, in dem Opel seine Contenance verloren hat, hat Ford sie unter Mattes dazu gewonnen. Einem on-dit zufolge gibt es bei Ford auch einen durchaus tüchtigen Betriebsratsvorsitzenden, der aber in der Öffentlichkeit nicht in Erscheinung zu treten brauchte.

Und das Mutterhaus in Dearborn weiß, was es an seiner deutschen Tochter hat: Designideen, Produktimpulse und Visionen. Und demnächst verstärkt deutsche Ford-Autos auf dem US-Markt – Was will man mehr?

- **Opel GmbH**

Feel the difference, heißt es bei Ford. Hätte der ehemalige BMW-Vorstand Carl-Peter Forster bei Opel seinen Kurs gegenüber der Mutter in Detroit durchsetzen können, wäre mit der deutschen Traditionsmarke sicherlich vieles anders gelaufen. Und vermutlich auch besser! Denn Forster hat modellmäßig und prozesstechnisch vieles auf den Weg gebracht, jedenfalls mehr als all seine Vorgänger.

Es hat nicht sollen sein. Auch der Versuch Forsters, in letzter Minute den Eigentümer auszutauschen, und die Mutter GM erst durch Fiat, dann mit immer heißerem Begehren durch den Automobilzulieferer Magna zu ersetzen, misslang. Er bekam dafür seine Quittung. „Der Ex-Europa-Chef von GM hatte Opel schon so gut wie verkauft an den österreichisch-kanadischen Autozulieferer Magna und seine russischen Freunde. Das kam gar nicht gut an in Detroit und Washington. Carl-Peter Forster, dessen Managerkarriere einst bei BMW begann [ähnlich wie bei Bernhard Mattes, Deutschland-Chef von Ford] hat jetzt einen zwar interessanten Job beim indischen Plastikauto-Produzenten Tata, muss nun aber statt in Zürich im feuchtheißen Delhi ins Büro. Eine gerechte Strafe. Schließlich sind die Probleme nach wie vor ungelöst, die er bei Opel hinterließ."[147] Ja, das Leben ist ungerecht! Und auch in Indien kann man „Autos leben"!

---

[147] SueddeutscheZeitung: *Kauft 100 000 Opel*, von Kuntz M, Nr. 133, S.19.

Zusammengefasst und als deutscher Ökonom völlig entspannt kann man also sagen: Eine neue Riege von Managern bestimmt inzwischen Denke und Richtung, und damit auch die Zukunft der deutschen Automobilindustrie. Und die verstehen sogar etwas von ihrem Handwerk. Im Gegensatz zu ihren vielen fachfremden, neu installierten amerikanischen Kollegen aus der Flugzeug- und Telekommunikationsindustrie und von Baumarktketten, die in ihrem bisherigen Berufsleben vor allem eines können mussten: Kürzen, reduzieren und zusperren. Und vom Automobil wissen die amerikanischen Berufsgenossen, so jedenfalls Ed Whitacre als neuer GM-Chef, nur so viel, dass es vier Räder und ein Steuerrad hat.

Die Ausrichtung der Branche am Standort Deutschland stimmt inzwischen wieder, Existenz gefährdende Fusionsbrände sind gelöscht, die deutsche Automobilindustrie ist voll in Sachen Verbrauchsreduzierung, Effizienzsteigerung und grüner Akzeptanz unterwegs. Die Fahrzeugflotten der Zukunft aus deutscher Provenienz bleiben Premium, werthaltig und hochpreisig, werden aber kleiner! Allerdings hat jedes Unternehmen noch viel zu tun. Und so wird es auch bleiben, eine neverending Story! Denn, so Darwin: „Nichts in der Geschichte des Lebens ist beständiger als der Wandel. Oder wie Carlos Ghosn es in seinem unnachahmlichen Englisch ausdrückte: „Nothing is ever unchanging in our industry."[148]

5.10.4 Die Deutsche Automobil Union?

Bleibt nur noch die abschließende, wenngleich nicht ganz unwichtige Frage zu klären: Sind die deutschen Hersteller denn groß genug, um im Konzert der Branchenriesen aus Japan, Korea und Frankreich künftig hinsichtlich der Kostenentwicklung mitzuhalten?

Diese Frage erhält Brisanz vor dem Hintergrund, dass nach einer Studie von McKinsey während der Krise die Erträge im Premiumsegment teilweise sogar existenzgefährdend eingebrochen sind.[149] Allein bei den drei führenden Premiummarken Audi, BMW und Daimler seien die Gewinne von 6,85 Mrd. Euro im Jahr 2007 auf 550 Mio. Euro 2009 (-92%) abgeschmolzen. Lag der weltweite Gewinn der Autoindustrie 2006 noch bei 50 Mrd. US$ (siehe Abb. 43), wozu die Premiummarken 100 Mrd. US$ beigesteuert haben sollen, so schloss die Branche laut McKinsey 2009 insgesamt

---

[148] Autoweek: *Carlos Ghosn's automaker mantra: Go big or you'll go away*, 26.05.2010.
[149] McKinsey (2010): *Automobilindustrie muss Premium neu erfinden*.

mit einem Gesamtverlust von 10 Mrd. US$ ab. Sogar der langjährige Branchen-Primus, der Daimler-Konzern, wies erstmals in der Nachkriegsgeschichte für das Jahr 2009 einen Gesamtverlust von 4 Mrd. Euro aus. O tempora, o mores (Cicero)!

Abb. 43. Gewinne der Automobilhersteller, weltweit

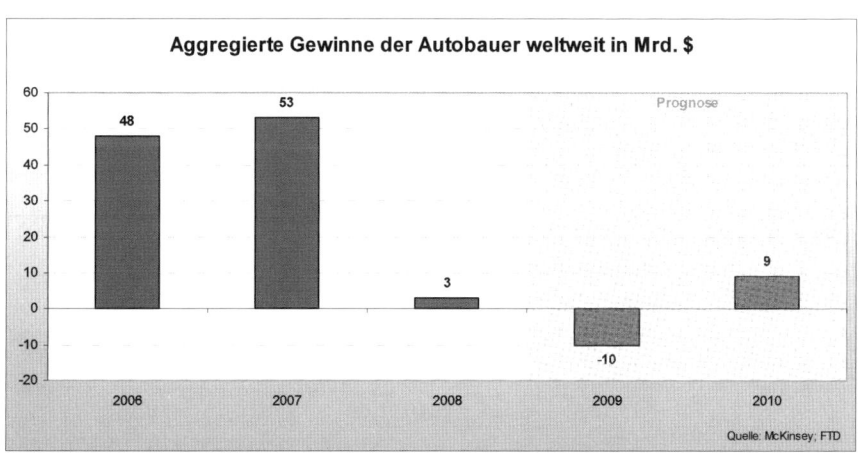

Quelle: FTD, eigene Darstellung

Die Frage ist, ob die deutsche Premium-Branche solche Verluste, falls sie häufiger auftreten, auf Dauer überstehen kann.

Niemals zuvor stellte sich für viele Hersteller die Existenzfrage aufgrund von Absatzmisere, Liquiditätsklemme und Technologielücke so realistisch und zeitnah wie 2009. Fakt ist: Die Automobilbranche befindet sich 2009/10 weltweit vor einer Neuordnung. Es wäre absolut leichtfertig, die kurzfristigen aktuellen Erholungstendenzen im Frühsommer 2010, und seien sie noch so erfreulich, mit langfristigen nachhaltigen Zukunftsperspektiven zu verwechseln. Wer überlebt den nächsten großen Autocrash?

Die Frage ist berechtigt! Trotz der im vorigen Kapitel geschilderten guten Voraussetzungen und Fähigkeiten der deutschen Automobilindustrie im Vergleich zum „Rest der Welt" wird der Darwinsche Ausleseprozess nicht ungeschoren an ihr vorüber gehen. Auch die deutschen Hersteller und Zulieferer stehen am Beginn einer Zeitenwende[150] bzw. vor einer großen Neuordnung.[151] Kurz: *Am Ausleseprozess kommt keiner vorbei, keine*

---

[150] Deutsche Bank Research: *Automobilindustrie am Beginn einer Zeitenwende.*
[151] FAZ: Automobilindustrie: *Die große Neuordnung*, 10.12.2009.

Branche und kein Unternehmen, alle müssen Federn lassen, müssen sich dramatisch verändern.[152]

Die Notwendigkeit dazu besteht nicht erst seit heute, sondern ist langfristig angelegt und hat mit der globalen Wirtschaft- und Finanzkrise des Jahres 2009 eigentlich nichts zu tun. Die Krise hat die Dinge nur auf den Punkt gebracht. Die weltweite Absatz- und Überkapazitätskrise hat die Notwendigkeit zur Neuordnung in der Automobilindustrie lediglich jedermann ungeschminkt vor Augen geführt. Aus dem gewöhnlichen, normalen Wettbewerb ist eben ein Darwinscher Auslesewettbewerb geworden, bei dem das Ausscheiden der Schwächsten vorgezeichnet ist. Es sogar notwendig, wenn es dem Rest besser gehen soll!

Mehrere Mega-Trends, wie demographischer Wandel, Ressourcenknappheit und Umweltverschmutzung bestimmen die Rahmenbedingungen (siehe Kapitel 2.3), unter denen die einzelnen nationalen Hersteller um die Gunst der Kunden werben müssen. Genau diese vorgegebenen Rahmenbedingungen sind es, welche *alle* Hersteller unisono dazu zwingen, ihr Produktportfolios in Richtung kleiner, leichter und langsamer (Downsizing, Downspeeding und Downweighting) anzupassen. Dem können sich auch die Chinesen nicht entziehen, nur scheinen sie es noch nicht zu wissen! Dem Wettbewerb ein Schnippchen zu schlagen und gleich auf Elektrotechnologie zu setzen scheint zwar pfiffig, ist aber am Markt vorbei gedacht. Wie und wann das Elektrozeitalter im Automobilbau beginnt, ist völlig offen.[153]

Letztlich erwachsen aus den gekennzeichneten Mega-Trends für die deutschen Automobilhersteller drei substantielle Herausforderungen, die nur für sie gelten:

1. Der **Weltmarkt für Premiumfahrzeuge** wächst nur noch in den BRIC-Staaten, in der „Alten Welt" dagegen kaum noch. Der Wettbewerb verschärft sich hier überproportional, weil immer mehr neue Anbieter in dieses lukrative Segment drängen, die den Alt-Anbietern genau jene Marktanteile „weggrasen", die bislang das Leben komfortabel machten. Die deutsche Automobilindustrie ist mit ihrem Produktportfolio vor allem im Premiummarkt,

---

[152] n-tv: *Autoindustrie verändert sich dramatisch*, Interview mit Amit Yudan von Better Place, 09.02.2009.
[153] Sueddeutsche Zeitung: *Elektroantrieb - Aufschub für die Zeitenwende*, von Becker J.,18.01.2010.

mit hohen Deckungsbeiträgen, tätig. 80% aller jährlich abgesetzten Premiumfahrzeuge im Weltmarkt stammen aus deutscher Produktion.

So wie Daimler einstmals die Benchmark für BMW war, und BMW im zurückliegenden Jahrzehnt die Benchmark für Audi, so ist die deutsche Automobilindustrie in ihrer Gesamtheit die Benchmark für den automobilen Rest der Welt. Sogar Fiat hätte sich die Finger danach geleckt, dort via Opel Mitglied zu werden. Und GM-Chef Ed Whitacre, seit Frühjahr GM-Vorsitzender war selbst als automobiler Laie klug genug zu erkennen, dass eine Mitgliedschaft in diesem Club so schlecht nicht sein könnte; und hat Opel behalten.

Mit der Folge, dass alle Automobilhersteller der Welt ebenfalls auf diesen „fetten Premium-Weiden grasen" wollen, d.h. dass alle in dieses Marktsegment der Premium-Automobile drängen. Dies macht die weiteren Wachstumsmöglichkeiten für die deutschen Marken *in Summe* nahezu unmöglich und heizt den Verdrängungswettbewerb zusätzlich an! Die Gewinnmargen werden gleichzeitig strukturell gedrückt!

2. Die **Klimapolitik** und die Erwartung mittelfristig weiter steigender **Energie- und Rohstoffpreise** führen zu einer technologischen Zeitenwende in der Automobilwirtschaft. Abgesehen von den amerikanischen SUV- und Pickup-Fahrzeugen, die aber bekanntlich aussterben, liegt die deutsche Automobilflotte im internationalen Wettbewerb am oberen Ende der CO_2-Skala. Sie weist zwar die höchste Energie- und Umwelteffizienz je Leistungseinheit auf, aufgrund der hohen und weiter gestiegenen Fahrzeuggewichte sowie dem einseitigen Leistungs- und Geschwindigkeitsfetischismus der Vergangenheit sind die Verbräuche und CO_2-Emissionen absolut gesehen dennoch mit am höchsten. Um es für Laien einfach auszudrücken: Deutsche Autos verbrauchen für das, was sie können, am wenigsten von allen, absolut gesehen aber mit am meisten. Deshalb geraten sie leicht an den CO_2-Pranger der Politik. Die Pkw-Portfolios der weltweiten Wettbewerber sind dagegen für das künftige Überleben besser aufgestellt. Nicht weil die Antriebstechnologie ihrer Fahrzeuge besser wäre als die der deutschen Hersteller, sondern ihre Fahrzeugflotten kleiner, leichter und ein gutes Stück primitiver und billiger ausgelegt sind als die Premium-Pkw aus deutschen Entwicklungsabteilungen. Möglicherweise ist das der Grund weswegen Carl-Peter Forster, neuer CEO des indischen Hersteller Tata, den konzerneigenen Jaguar

dem Nano als Dienstwagen bisher vorgezogen hat.

Zusammengefasst bedeutet dies: Die deutschen Hersteller haben heute eine Fahrzeugflotte, die zwar den Wünschen der Premiumkunden der alten sowie der neuen Welt bezüglich Qualität, Leistung und Komfort weiterhin exzellent entspricht, nicht aber den Anforderungen an Umweltverträglichkeit und den Ansprüchen eines Massenpublikums mit niedrigen Ansprüchen der *jungen Welt* in den Schwellenländer, da, wo in Zukunft das Wachstum stattfindet. Neue Antriebstechnologien, neue Fahrzeugkonzepte und last but not least neue Geschäftsmodelle sind für diese Märkte erforderlich. Lange Zeit haben die deutschen Hersteller diese Erkenntnis negiert; inzwischen haben sie alle zumindest in der Technologiephilosophie die Weichen umgestellt. Der Volkswagen-Konzern ist sogar aggressiv in den betreffenden Märkten China, Indien, Brasilien und Russland selbst engagiert.

3. Die größte Herausforderung für die deutschen Automobilhersteller liegt aber nicht im technischen Bereich neuer Antriebstechnologien und Fahrzeugkonzepte, sondern in der **strukturell schrumpfenden Rentabilität.** Alle Hersteller stehen vor dem Dilemma, dass die Entwicklung neuer Antriebskonzepte (Elektro-, Brennstoffzellen-, Wasserstoff-, etc.) oder von Nischen- und Imageprodukten zu einer wahren Kostenexplosion führt. Technischer Fortschritt war immer schon teuer, diesmal aber noch teurer, weil er den Kern der automobilen Technologie betrifft und in viele verschiedene Richtungen geht. Es fehlt der technologische Kompass. Gleichzeitig fehlt das Wachstum, um diese steigenden Strukturkosten wieder zu erwirtschaften.

Die größte Herausforderung für neue Antriebstechnologien liegt in den hohen Kosten. Oder genauer gesagt: Mit Ausnahme des Volkswagen-Konzerns und seinem jährlichen Gesamtabsatz von inzwischen fast 7 Mio. Fahrzeugen sind alle übrigen deutschen Hersteller zu klein, um die Explosion der Entwicklungskosten auf Dauer allein tragen zu können (siehe Abb. 44). Denn der Ausweg früherer Jahre, steigende Entwicklungs- und Vermarktungskosten über regelmäßige Preiserhöhungen oder anhaltendes Volumenwachstum nicht nur zu verdienen, sondern dabei auch noch profitabel leben zu können, ist inzwischen verbaut. Gesättigte Märkte im Westen und neue Wettbewerber im fernen Osten lassen grüßen!

5.10 Gefahr erkannt, Gefahr gebannt: Lektion gelernt! 245

Abb. 44. Ranking der Hersteller nach Absatzvolumen

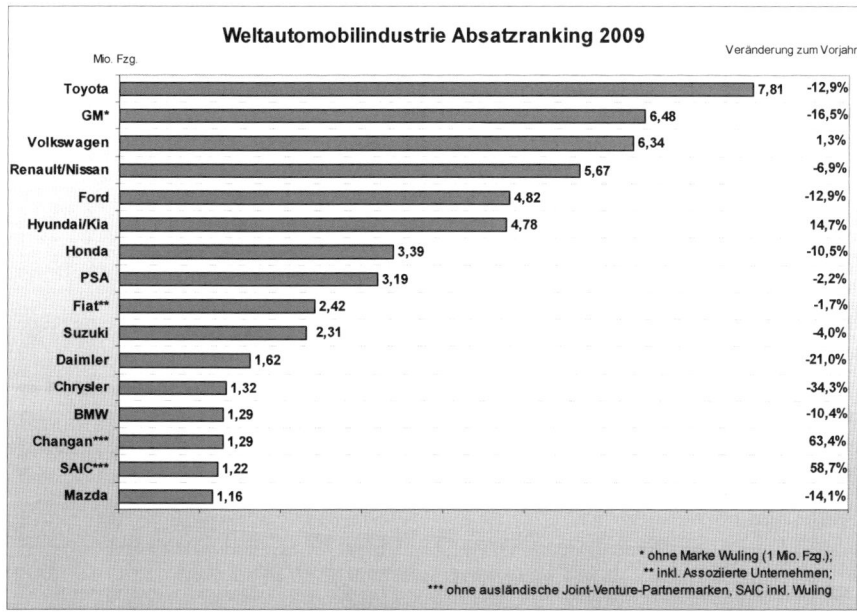

Quelle: Herstellerangaben, VGC, IHS Global Insigt, Polk Germany

Diese Herausforderungen sind nicht isoliert zu sehen, sondern stehen untereinander in engem Kontakt, neudeutsch: Sie sind *verlinkt*! Was soviel heißt, dass sie nicht selektiv oder sequenziell angegangen werden können, sondern kumulativ, d.h. alle auf einmal. Und das ist nicht einfach!

Fakt ist: Die Reaktionen der Autokonzerne auf diese existenzielle Bedrohung der Ertragslage infolge des darwinschen Verdrängungswettbewerbs sind bereits überall spürbar, die Branche befindet sich weltweit in der großen Neuordnung. Bereits im Jahr 2005 hat der Autor den globalen Konzentrationszwang in der Branche ausführlich beschrieben und begründet.[154]

Nun kann man einwenden, dass der Auslese- und Konzentrationsprozess in der Automobilindustrie so alt ist wie die Branche selbst. Seit 1970 allein hat sich die Anzahl selbständiger Hersteller von rund 30 auf 12 im Jahre 2010 verringert. Der Zulieferindustrie erging es nicht besser (siehe Kap. 2.1).

---

[154] Becker, H. (2005): *Auf Crashkurs - Automobilindustrie im globalen Verdrängungswettbewerb.*

Dennoch ist die Situation heute in einem engen Oligopol eine andere. Angeheizt wird diese Übernahme- bzw. Kooperationsdiskussion durch pointierte Aussagen von Branchenrepräsentanten, die unisono behaupten, Hersteller unter einem Produktionsvolumen von 5 bis 6 Mio. Fahrzeugen hätten auf Dauer keine Überlebenschance: „Size matters in auto company survival." So das Mantra von Carlos Ghosn.[155]

So begründet Ghosn auch die Kooperation mit der Daimler AG. Im Folgenden dazu – der Bedeutung wegen wörtlich – weiter:

- „You also must be in every market--and it's not just Japan, Europe and the United States anymore but also Brazil, Russia, China and India. And you better be in Indonesia, too."

- „To cope with the escalating costs and scope of a global industry, successful automakers must complete a trifecta: be able to compete in every technology, every market and every segment. No three-million-unit carmaker can make it."

- „Competency in one or two of the three skills is not enough, and only very large companies can afford all three. Technology is getting more expensive, Automakers must simultaneously develop gasoline, diesel, hybrid and electric vehicle technology because they can't predict which technologies will prevail."

- **„Technologies are expensive and you need a partner because nobody can afford to do it all alone."**

- „Right now, there is not one global Chinese automaker. Not one has the scope of a company like Renault-Nissan or Volkswagen. But soon, a Chinese automaker--or perhaps an Indian company-- will buy something nobody else wants and become a worldwide force."

- „It could happen much faster than everybody expects. Much like the Koreans did in recent years, emerging-market automaker powerhouses can develop by constantly benchmarking and copying best practices."

- **„Nothing is ever unchanging in our industry."**

---

[155] Autoweek: *Carlos Ghosn's automaker mantra: Go big or you'll go away*, 26.05.2010.

Dem ist eigentlich nichts hinzuzufügen. Außer, dass auch Sergio Marchionne die Übernahme von Chrysler durch Fiat damit begründet, dass große Automobilkonzerne auf Dauer nur mit Stückzahlen von 5 Mio. und mehr eine Überlebenschance haben. Der Konzernchef erwartet einen enormen Konzentrationsprozess in der Branche. Nur noch sechs Autokonzerne würden die kommenden Jahre überleben, kündigte Marchionne im Dezember 2009 an. Die Konzerne müssten Kosten sparen und sich zusammenschließen. Marchionne nennt den weltgrößten Einzelhändler Wal Mart als Beispiel. „Masse ist wichtig", sagte er im Wall Street Journal. Fiat produziert derzeit rund 2,2 Mio. Autos im Jahr - Marchionne zufolge müssten es 5,5 Mio. sein. In der Partnerschaft mit Chrysler wären es immerhin schon 4,7 Mio. Autos pro Jahr.[156] Entsprechend ehrgeizig sind die Zielvorgaben, die Marchionne inzwischen seinen Vertriebsleuten in den USA und Italien gemacht hat. – Was den Bedarf an Vertriebsvorständen im neuen Fiat-Konzern in den nächsten Jahren deutlich erhöhen dürfte.

Nimmt man all diese Aussagen als strategische Messlatte für die Bewertung der Überlebensfähigkeit der deutschen Hersteller, so ergibt sich folgendes Bild:

- Der **Volkswagen**-Konzern ist über alle Zweifel erhaben. VW, mit seinen inzwischen acht Pkw-Marken (incl. Suzuki neun) und drei Lkw-Marken hat alles, kann (fast) alles - und ist als Familienunternehmen in engem Schulterschluss mit seinen Belegschaften, Betriebsräten und der Politik unschlagbar.- Für die deutsche Zulieferindustrie eine Bank, für die Branche ein Leuchtturm!

- **Ford und Opel** sind 100%ige Töchter der Großen Zwei aus den USA und im Großverbund eigentlich selbständig überlebensfähig, wenn die Mütter sich jeweils fair an den Entwicklungskosten ihrer deutschen Ingenieure beteiligen bzw. diese übernehmen. Beides sollte machbar sein, davon hängt auf Dauer ihre Überlebensfähigkeit ab.

- Der **Daimler**-Konzern ist mit seinen zahlreichen leichten und schweren Lkw-Marken und seinen Pkw-Kernmarken Mercedes-Benz und Smart im Prinzip gut aufgestellt. Ansonsten ist er angesichts seiner hohen Gemeinkosten im Pkw-Bereich zu klein. Weniger angreifbar im Pkw-Bereich wird er erst dann, wenn er in Ko-

---

[156] Welt Online: *Wie Fiat-Chef Marchionne Chrysler sanieren will*, von Tauber A., 04.02.2009.

operation mit Renault/Nissan die notwendige Kostendegression über hohe Stückzahlen realisieren kann. Der Weg dazu ist vorgezeichnet, die Umsetzung dürfte allerdings so einfach nicht sein. Aber immerhin, die Weichen sind zumindest richtig gestellt!

- Die **BMW** AG hat zwar als Familienunternehmen die besten Voraussetzung für eine langfristig gesicherte Zukunft – allein es fehlen ähnlich wie beim Wettbewerber Daimler die notwendigen Produktionsvolumen, um die progressiven Entwicklungs- und Gemeinkostenkosten angesichts der Vielzahl an Plattformen auf Dauer zu verdienen. Denn der Markt wächst nicht mehr so wie früher, da ist Audi vor! Bleibt also nur eine ausgefeilte Modulstrategie – die hat man –, eine exzellente Beherrschung von schlanken Fertigungsprozessen – das kann man – und die Anlehnung an einen oder mehrere Kooperationspartner, um Cost-Sharing bei den Plattformen, im Einkauf und in der Entwicklung u.a. von verbrauchgünstigen Motoren zu betreiben. Projektbezogene Ansätze der engeren, direkten Zusammenarbeit mit Peugeot und der indirekten mit Mitsubishi gibt es zwar, aber Genaueres weiß man nicht. Kooperationsgespräche mit Daimler sind gescheitert. – Da gibt es Bedarf!

Sinnvoll wäre eine übergeordnete Zusammenarbeit von BMW, Daimler und Opel gewesen, da hier Programmüberschneidungen und Wettbewerbsprobleme zwischen dem Volumenhersteller Opel und den Premiumanbietern BMW und Daimler durchaus hätten in Grenzen gehalten werden können. Kartellrechtliche Bedenken angesichts des relevanten Weltmarktes hätte man sicherlich ausräumen können.

Der Autor bekennt freimütig, ein großer Anhänger einer übergreifenden **Deutschen Automobil Union**. mit drei selbständigen Partnern; BMW. Daimler, Opel, zu sein. Eine solche Lösung hätte viel Charme:

- Sie wäre auf die erforderlich Stückzahl von über 5 Mio. Automobilen gekommen.
- Sie hätte erhebliche Synergieeffekte bieten können.
- Sie wäre vermutlich mit erträglichen Reibungsverlusten und -kosten ausgekommen, da alle im deutschen Sprach- und Kulturraum angesiedelt und jeweils innerhalb weniger Stunden von den Partnern erreichbar gewesen wären.

o   Sie hätte für die Zulieferindustrie und den Marktwettbewerb ein durchaus sinnvolles Gegengewicht zu der wachsenden Omnipotenz des Volkswagen-Konzerns darstellen können – aus marktwirtschaftlichem Blickwinkel ein durchaus wichtiger Aspekt!

Indes, wie bekannt ist es anders gekommen: Opel bleibt bei GM, Daimler kooperiert mit Renault/Nissan, BMW steht weitgehend allein auf weiter Flur! Aber noch ist nicht aller Tage Abend! Die Trennung zwischen Daimler und Chrysler, zwischen BMW und Rover, ebenso die Übernahme von Porsche durch Volkswagen: Alles dieses war im Vorhinein für undenkbar gehalten worden. Und trotzdem ist es so eingetreten. Merke: **Alles was gegen den Markt ist, hat auf Dauer keinen Bestand! Uns alles, was der Markt für sinnvoll hält, wird sich durchsetzen!** – Wir werden sehen!

6 Epilog – oder: Die deutsche Automobilindustrie hat Chancen!

*„Und ob ich schon wanderte im finsteren Tal,
fürchte ich kein Unglück; denn Du bist bei mir,
dein Stecken und Stab trösten mich"*

Psalm 23 (Hirtenpsalm)

Damit sind wir am Ende unserer Darwin-Anthologie angekommen. Kritiker mögen – um eine Bonmot von Friedrich Torberg zu verwenden – ein gequältes „Gott-sei-Dank" im Sinne haben. Was den Autor indessen nicht entmutigt, in einem Schlusschoral nochmals alle Akkorde, die für das Überleben der deutschen Automobilindustrie sprechen, gewissermaßen als Zusammenfassung anklingen zu lassen. Gedacht den einen als Hilfe, um ihnen Furcht und Verzagtheit zu nehmen und sie vielleicht doch noch zu überzeugen und den – hoffentlich vielen – anderen, welche die Argumente zugunsten der Branche überzeugend und erfrischend fanden, als wohltuende Bestätigung ihrer Vorurteile.

Ausgangspunkt dieses Buches waren die Fragen: Fällt die deutsche Automobilindustrie im Wettbewerb der Darwinschen *Selektionstheorie* zum Opfer? Verliert sie den *Kampf ums Dasein,* weil sie zwar viele Pferdestärken, aber zu wenig *Power* hat, beispielsweise um gegen die Chinesen mit ihrem vermuteten Know-how Vorsprung in der Elektrotechnologie bestehen zu können? Wird sie Opfer der eigenen Hybris und der alten Denkschablonen, ausgerichtet noch auf das Mantra des deutschen Automobilingenieurs *Mehr von allem*, anstatt auf die neue Zukunftsformel der Branche *Von allem weniger,* dabei aber trotzdem „satt werden ohne zu hungern"?

Die Antworten, die der Autor auf all diese Fragen zu geben versucht hat, sind eindeutig optimistisch: Die deutsche Automobilindustrie weist eine Vielzahl *individueller* aber auch und gerade *systemischer* Vorteile und Vorzüge auf, kurz: Sie hat alle Chancen zum Überleben!

Das mag ja alles so sein, wird nun der Skeptiker einwenden, aber….Hat der Autor nicht bewusst die zweifellos vorhanden Risiken und Gefahren für diese deutsche Schlüsselbranchen wenn auch nicht verschwiegen so doch mit leichter Feder klein geschrieben? Ist es in Wirklichkeit nicht doch so, dass

- sich die deutsche Automobilindustrie nach wie vor nicht rechtzeitig oder nicht ausreichend schnell an die Evolution der Weltmarktbedingungen in Sachen Kundenwünsche und Einkommen, Umwelt und Technik, Größe und Marktmacht, Motivation und Innovationsfähigkeit anpasst? Liegt sie nicht schon zurück hinter diesen cleveren Elektro-Chinesen oder Nano-Indern?

- sie im *Struggle for Life* den Kürzeren zieht und wird von stärkeren, überlebenstüchtigeren Vertretern der Spezies Automobilität verdrängt wird? Waren 2009 die Überlebenskämpfe von *08/15-Opel*, und 2010 *Nobel-Hobel Daimler* nicht schon Vorzeichen für Rückzugsgefechte vor besser angepassten Wettbewerbern aus anderen Ländern?

- die deutsche Automobilindustrie mit ihren Innovationen generell zu langsam reagiert? Sind andere Länder, wie z.B. China, die mehr finanzielle Mittel in Forschung und Entwicklung neuer automobiler Technologien pumpen, schneller und setzen dadurch zum *großen Sprung* an, während die heimischen Hersteller nur *hüpfen*, und zwar jeder für sich?

- sie schon dabei ist, sich langsam aber sicher „aus dem Markt zu hungern", indem sie unter dem Druck schrumpfender Gewinnmargen und steigender Fixkosten ihren Output zwar immer stärker verteuert, den Input dagegen substantiell zunehmend ausmergelt, d.h. die traditionell hohe Wertigkeit ihrer Produkte auf amerikanische Plastikstandards reduziert? Mit fatalen Imageschäden für das *made in Germany*?

Kurz gefragt: Wird die deutsche Automobilindustrie auf Dauer verdrängt durch bessere oder intelligentere Formen der Fortbewegung als sie durch Autos *made in Germany* geboten werden?

Die Frage des *Verdrängens* soll hier nicht unter dem Hamlet-Gesichtspunkt des *Sein oder Nicht Sein* des Automobils an sich gestellt werden. Denn das Auto war, ist und bleibt Garant für individuelle Mobilität, Status und Freiheit, für Arbeitsteilung; es ist damit unverzichtbares Vehikel von Wachstum und Massenwohlstand. Und solange das Beamen noch keine realistische Alternative für die Bewegung von A nach B darstellt, wird das Auto auch in Zukunft unverzichtbarer Bestandteil entwickelter Gesellschaften bleiben.

In diesem Buch ging es also nicht um das **Ob**, d.h. die generelle Überlebensperspektive des Automobils schlechthin, vielmehr geht es um die **mittel- bis längerfristige Überlebenschance**, speziell der deutschen Automobilindustrie im Vergleich zum Rest der Welt. Es wurden die Veränderungen der wirtschaftlichen Rahmenbedingungen untersucht, die Evolution im globalen Umfeld, und ob die Branche in Deutschland den globalen Verdrängungswettbewerb überleben kann. Ist sie *Fit for Survival* oder wachsen irgendwo auf diesem Globus stärkere Wettbewerber heran, denen sie im *Struggle for Life* auf absehbare Zeit nicht gewachsen ist? Verdrängen cleverere, tüchtigere und anpassungsfähigere Konkurrenten die etablierten, heimischen Hersteller und Zulieferer vom Markt?

Diesen neuen Marktteilnehmern würden, wie von Darwin beschrieben, natürlich als erstes die Schwächsten zum Opfer fallen, ökonomisch gesprochen die so genannten *Grenzanbieter*. So war es auch der Fall bei Rover, Jaguar, Saab und Volvo. In diesen Fällen haben sich die Newcomer aus den BRIC-Staaten, die indischen Tatas, die chinesischen Geelies und SAICs, oder wie sie sonst heißen mögen, bereits als Sieger bewiesen: Sie sind die neuen Eigentümer. Andere, wie der chinesische Hersteller BYD, lassen die westlichen Traditionalisten mit elektrischen Traumbau-Autos aufschrecken. Oder sie locken unbedarfte Investoren mit Automobil-Exoten an, so wie es das Unternehmen Tesla macht. Es verhält sich ähnlich wie im Hype der New Economy, wo nur das Erzählte (die Story) reichte, um Schmeißfliegen auf den Misthaufen zu locken, und nicht das wirklich Erreichte zählte!

Was wiederum die Frage aufwirft, ob es diese neuen Anbieter aus den Schwellenländern sind, vor denen sich die deutschen Hersteller fürchten müssen? Oder kommen auch Gefahren aus Europa selbst? Bedroht Fiat plötzlich die Wettbewerbsfähigkeit von Volkswagen oder Ford, nur weil die Italiener nun Chrysler und nicht Opel übernommen haben? Möglicherweise ist Fiat aber auch zu bedauern und gleichzeitig die Konkurrenz zu beglückwünschen, weil Chrysler mit Fiat das Gleiche machen könnte wie zuvor mit Daimler: Ausbluten lassen. Nur mit dem Unterschied, dass Fiat kein eigenes Geld, sondern lediglich jenes der amerikanischen Steuerzahler oder von US-Gläubigern einsetzt. Oder übernimmt Renault/Nissan mit Carlos Ghosn, dem latino-levantinischen Multi-Kulti-Talent an der Spitze des französischen Staatskonzerns, mit seiner Kooperation schleichend die einstige Krone der deutschen Automobilindustrie, den Daimler-Konzern?

Droht der deutschen Automobilindustrie unmerklich das Aus im evolutorischen Verdrängungswettbewerb durch Lebenstüchtigere?

Die Antwort auf all diese Fragen kann nach Sachstand des Buches am Ende nur lauten: *Nein!*

- Die deutsche Automobilindustrie in Summe ist nicht gefährdet! Automobilindustrie wird es auch in 100 Jahren in Deutschland noch als Wirtschaftsfaktor von Gewicht geben, jedenfalls solange die Menschheit Auto fahren will, und zwar möglichst sparsam, sicher und komfortabel! Die Rahmenbedingungen sind besser denn je in den letzten Jahren.
- **Aber:** Diese Bestandsgarantie gilt nur in Summe, nicht für jeden einzelnen Hersteller oder Zulieferer. Es gibt keine individuelle Existenzgarantie! Sieht man einmal ab von einigen Leuchtturmunternehmen der Branche, wie z.B. von Volkswagen, Bosch und all jenen Zulieferer mit einer Weltmarktposition unter den ersten drei, kann sich grundsätzlich kein Hersteller oder Zulieferer seines Überlebens sicher sein![157] Gemeint ist dabei die Darwinsche Bedrohung *von außen* durch besser Angepasste und Tüchtigere, nicht die Bedrohung *von innen* durch Missmanagement, riskante Unternehmensentscheidungen und/oder Finanzierungsabenteuer von Eigentümern und/oder Geschäftsführern, wie bei Porsche, Conti und Schaeffler geschehen. Solche Vorgänge sind nicht systemimmanent, sondern zufallsbedingt und entziehen sich daher jeglicher rationalen wissenschaftlichen Analyse und Prognose.

Nein. hier ging und geht es um die Branche als Ganzes: Die deutsche Automobilindustrie! Und da steht der Autor zu der Aussage: Falls nicht über Nacht eine Wolke der kollektiven Ignoranz über die deutsche Automobilindustrie hinweg ziehen und man über Nacht verlernen sollte, wie man qualitativ hochwertige, zuverlässige und kundengerechte Automobile baut – und davon ist überhaupt nicht auszugehen (siehe Kap. 5) – so dürfen Managementfehler einzelner schwarzer Schafe nicht als Bedrohung für die Branche hochgerechnet werden. Die Branche ist 2010 trotz der Belastungen aus der Wirtschafts- und Finanzkrise nicht nur gut strukturiert und zukunftsfest aufgestellt, sondern sogar international gesehen stärker aus

---

[157] Viele eigentümer- oder familiengeführte Zulieferer wollen aber auch gar nicht selbstständig überleben, sondern mangels geeignetem Nachfolger oder zum Zweck des Wohllebens Kasse machen und verkaufen ihre Unternehmen an Finanzinvestoren (z.B. Honsel, Edscha, W.E.T. etc.).

der Krise herausgekommen als sie hinein gegangen ist! Rein gar nichts spricht dafür, dass sich das in absehbarer Zukunft ändern wird! „Langfristig sind wir alle tot", wie schon Lord Keynes festzustellen beliebte.

Natürlich gehört es zum Selbstverständnis von Automobilexperten jeglicher Provenienz und Couleur (professionelles Beratungsgewerbe, Hochschulbereich, Medien) immer wieder auf Versäumnisse der Automobilinternehmen und Fehler der Politik (Abwrackprämie) und daraus erwachsenden Gefahren für Standort und Arbeitsplätze in Deutschland hinzuweisen. Der Autor ist seit rund vierzig Jahren professionell als Makroökonom in Gesamtwirtschaft und Automobilindustrie tätig, aber noch nie wurden aus den genannten Szenen so viele „Teufel an die Wand gemalt" wie in den letzen zwei Jahren:

- Kurzfristig konjunkturelle Absatzeinbrüche und massenhafte Beschäftigungsverluste im Jahre 2010 nach Auslaufen der Abwrackprämie:
  o „Das (Automobil)Jahr 2010 wird grausam", so Ferdinand Dudenhöffer von der Universität Duisburg-Essen. Viele Autokäufe seien im Jahr 2009 vorgezogen worden, 2010 würden höhere Rabattforderungen an die Stelle der Abwrackprämie treten. – Das Gegenteil ist richtig! Die Branche befindet sich 2010 mitten im Aufschwung mit teilweise boomartigen Zügen; bei den Premium-Hersteller und in der Zulieferindustrie ist man über Nacht zu Sonderschichten und Samstagsarbeit zurückgekehrt, wurden Werksferien gekürzt!

  o „Es wird noch einen richtigen Schlag geben" und „Wir werden erst 2013/14 das Niveau von 2007, dem Jahr vor der Absatzkrise, wieder erreichen", so der Autoexperte Bernd Kalmbach von Roland Berger. – Dieser Schlag, wenn er denn kam, ging weit daneben. Der Markt in Deutschland reicht absehbar schon 2011 wieder an das Vorkrisen-Niveau von 2008 heran, im Export bereits schon früher.

- Langfristig drohende Strukturkrisen für das Produkt und für die Branche mit gravierenden Bedeutungsverlusten für den Standort Deutschland. Laut Autoexperte Wolfgang Bernhardt von Roland Berger soll der Auslöser dafür China sein, mit seiner Planungsattacke gemäß dem 11. Fünfjahresplan der Volksrepublik, in dem *New Energy Vehicles* Schwerpunktthema sind. – Es spricht allerdings wenig dafür. Bereits Mao hatte China in den fünfziger Jahren den „Großen Sprung" verordnet. Heraus kamen Chaos und Hungersnot! Noch nie in den vergangenen sechzig Jahren vermochten kommunistische Fünfjahrespläne die Gesetze der Ökonomie, Darwins, und der Physik außer Kraft zu setzen. Und das wird auch so bleiben! *Die Natur rät, so Darwin, zur Wachsamkeit, nicht zur Furcht.* Säugetiere konnten die Dinosaurier erst über Millionen Jahre verdrängen, und ebenso dürften chinesische Elektroautomobile – wenn es sie denn in absehbarer Zeit „prêt à marcher et acheter" gäbe – kaum den Weltmarkt über Nacht aufrollen, der in naher Zukunft jährlich 80 Mio. Automobile aufnimmt, Da muss man sich nur des gesunden Menschenverstands bedienen: Wo in China sind denn die Kapazitäten und die Fabriken, die solche Mengen an Automobilen bauen können? Der Autor kennt keine, und in Planung sind auch keine!

Das vorliegende Buch sollte die Hohlheit mancher einschlägiger Argumente zur Genüge bewiesen haben! Es besteht jedenfalls in Deutschland kein Grund zur Panik, eher zu höchster Warnstufe vor einem deutschen „Subventionsirrsinn".[158] Realistisch betrachtet sind es wohl weniger die chinesischen *Planungsattacken* als vielmehr die deutschen *Panikattacken,* die solches zum Besten geben. Es mag ein wenig unfair sein, den ehemaligen Bundeskanzler Kurt-Georg Kiesinger (1967) zu zitieren: *„Ich sage nur: China, China, China!"* Das Gerede von der gelben Gefahr ist also nicht gerade neu, und war schon zu Kiesingers Zeiten am Ende der sechziger Jahre des letzen Jahrhunderts nicht richtig.[159]

- Schmerzhafte „Fabrikschließungen in Europa", so Willi Diez vom Institut für Automobilwirtschaft an der FH Nürtingen-Geislingen. Wegen der Krise? Wegen den Chinesen, die doch so schnell und toll, und voll elektrogetrieben sind? Und/oder wegen den Anbietern aus Indien, deren 1.500 US$ Billigautos hin und wieder zwar

---

[158] FTD: *Tanz um das E-Auto*, von Warlimont G., 03.05.2010.

[159] Dazu Alain Posener in Internationale Politik: „Aber China ist ein Papiertiger. Die Ruppigkeit der Führung verrät hochgradige Nervosität. Der Separatismus bedroht die Grundfesten eines Staates, der auf dem Groß-Han-Nationalismus und der Parole „Stabilität und Einheit" aufgebaut ist. Der Aufstand der Tibeter 2008 war nur die Spitze des Eisbergs. Im selben Jahr forderte ein Erdbeben in Setschuan 70.000 Menschenleben. So etwas sollte in einem entwickelten Land nicht passieren können. Die Umwelt ist verseucht. Die horrenden Einkommensunterschiede zwischen Arm und Reich, Stadt und Land sprechen der offiziellen Ideologie Hohn. Das soziale Netz ist faktisch nicht existent. Und die demografischen Folgen der Ein-Kind-Politik bedeuten, dass China alt wird, bevor es reich wird. Die Kommunistische Partei fördert den Nationalismus, um von diesen Problemen abzulenken, muss aber zugleich die Geister fürchten, die sie rief. China ist gefährlich, ja unberechenbar. Aber gerade deshalb kein ernsthafter Rivale Amerikas.", Februar/März 2010, S.69.

abbrennen, die aber morgen unter Führung ihres neuen deutschen Chefs, Claus-Peter Forster, die europäischen Märkte erobern und die heimischen Hersteller vertreiben wollen? Schon möglich! Aber kaum wahrscheinlich, wenn es beispielsweise Opel, wie im Frühsommer 2010 geschehen, gelingt, den Corsa für rund 9.000 Euro auf den Markt zu bringen, um damit Renault/Dacia Konkurrenz zu machen. Darwin lebt und mit ihm der permanente Strukturwandel. Sicher ist nur, dass in Deutschland keine neuen Werke mehr gebaut werden, aber nicht, weil der Standort nicht mehr wettbewerbsfähig wäre, sondern weil die Märkte gesättigt sind und die Nachfrage fehlt. Im Übrigen sind außer bei Opel in Antwerpen, bei GAZ und AVTOVAZ in Russland weit und breit keine Fabrikschließungen in Sicht. Eher Neubauten in Rumänien, Polen, Russland oder sonst wo in einem ehemaligen Ostblockland. Europa ist groß geworden und der innereuropäische Strukturwandel hat automatisch zugenommen!

Manchmal drängt sich der Eindruck auf, dass in Deutschland an vielen Universitäten und Fachhochschulen zu wenige Grundkenntnisse in Wirtschaftsgeschichte, Volkswirtschaftlehre und Globalökonomie existieren. Mehr als einen Automobilzyklus rückwärts und die Gegenwart scheint man auch nicht zu lernen. Anders ist dieser kollektive akademische Pessimismus nicht zu erklären!

Natürlich: Klappern gehört zum Geschäft! Verunsicherung gepaart mit Entscheidungsschwäche der Unternehmensverantwortlichen schaffen Beratungsbedarfe und -mandate! Wen wundert es, dass in vorgeblich wissenschaftlichen Studien und PR-Veröffentlichungen immer wieder Untergangsszenarien an die Wand gemalt und die heimische Automobilindustrie in den drohenden Untergang geschrieben werden. Der Autor kann sich diesbezüglich voll der Meinung der FTD anschließen: „Der Beraterirrsinn ist zurück – Managementidiotien greifen wieder um sich".[160] Wie wahr, die rasche Erholung der Automobilmärkte weltweit spricht den kurzfristigen Prognosen der Automobilexperten Hohn. Aber nicht nur denen, sondern auch den pessimistischen langfristigen Strukturprognosen!

Zusammengefasst: Man beschäftigt sich vielfach in der Szene intensiv damit, zu begründen, warum die deutsche Automobilindustrie *sterben*

---

[160] FTD: *Der Beraterirrsinn ist zurück*, von Kellaway L., 20.11.2009.

wird.[161] Und zu wenig damit, warum sie *überleben* wird! Nun ja, vielleicht hilft dieses Buch ja weiter!

Fakt ist: In den letzten 15 Jahren hat die deutsche Automobilindustrie ihre Auslandsproduktion verdreifacht, ihren Export verdoppelt und die Inlandsproduktion um 50% erhöht. Fast jedes zweite Auto, das deutsche Automobilunternehmen weltweit herstellen, wird 2010 bereits an ausländischen Standorten gefertigt. Die Exportquote liegt bei rund 70% und erregt im Ausland bereits Neid und Missgunst. Mehr Export geht also kaum, so dass die Fertigung vor Ort immer wichtiger wird, vor allem dort, wo die Märkte noch wachsen.

Ob US-Markt, China oder Indien – wer in der automobilen *Champions League* mitspielen will, muss in den Wachstumsmärkten direkt vor Ort präsent sein. Und die deutsche Automobilindustrie ist es! Laut Exportstatistik des VDA in über 165 Ländern, und in vielen davon auch mit eigener Produktion.

Fakt ist auch, dass sich die Branche innerhalb weniger Jahre kraftvoll reformiert hat. Blicken wir zurück: Wie war die Lage 2007 und wie ist sie heute? Ist „Deutschland immer noch ohne Hoffnung", wenn es seine Schlüsselbranche Automobilindustrie betrachtet?[162]

Richtig ist, dass man damals, im Jahre 2007, als Patriot und bekennender Liebhaber deutscher Automobile über die Zukunft dieser Branche ernsthaft in Sorge sein musste, angesichts

- erheblicher strategischer Versäumnisse in der globalen Marktpenetration mit eigenen Produktionsstätten,
- der einseitigen Konzentration auf das hochpreisige Premiumsegment und strukturelle Versäumnisse bei Ausweitung der Modellpalette auf untere Marktsegmente und auf neue Märkte in den Schwellenländern,
- erheblicher technologischer Rückstände bei der Hybrid-Technologie, der gesamten Elektrifizierung des Antriebs sowie bei der Entwicklung verbrauchsarmer Fahrzeugen,

---

[161] Welt Online: *Warum die deutsche Autoindustrie sterben wird*, von Schust, G.H., 11.12.2009.
[162] So der provokante Titel des Schlusskapitels in Becker, H. (2007): *Ausgebremst – Wie die Autoindustrie Deutschland in die Krise fährt.*

- deutlichen Produktivitäts- und Kostenrückständen im Fertigungsprozess im Vergleich zum internationalen Wettbewerb, insbesondere beim Massenhersteller Volkswagen,
- erheblicher Imageverluste infolge unethischen und unprofessionellen Verhaltens vom Führungspersonal der Branche,
- der vielfach beschworenen Gefahren eines heraufziehenden Niedrigkosten-Wettbewerbs mit der chinesischen und indischen Automobilindustrie, von Rumänien ganz zu schweigen.

Diese Kritik war berechtigt und blieb nach außen unwidersprochen. Rückblickend könnte man – in aller Bescheidenheit – fast meinen, nach innen hätte sie demgegenüber einiges bewirkt! Die deutsche Automobilindustrie hat sich aufs Ganze gesehen innerhalb weniger Jahre nachhaltig gewandelt und den *Kampf ums Dasein* in der ganzen Breite aufgenommen

Sie hat

- sich personell in den Spitzen-Führungsfunktionen komplett erneuert (einzige Ausnahme mangels Notwendigkeit: Ford),
- die Herausforderungen alternativer Antriebsenergien bis hin zur Hybridisierung und Elektrifizierung des Automobilantriebs über die gesamte Palette der technologischen Möglichkeiten angenommen, nicht nur mit weißer Wagenfarbe auf internationalen Automobilmessen,
- die Erschließung wesentlicher Absatzregionen und –segmente durch eigene Fertigungsstätten und über enge Kooperationen und Beteiligungen mit potenten Partnern energisch in Angriff genommen,
- sich in allen Belangen auf ihr eigentliches Kerngeschäft, der bestmöglichen Versorgung der Gesellschaft mit Mobilität, zurück besonnen,
- sich als positive Folge der Wirtschaftskrise auf die alten segenreichen Tugenden einer fairen Partnerschaft mit Belegschaften sowie mit Zulieferern rückbesonnen, nach dem Motto: Gemeinsam sind wir stark! Möge dies auch im anrollenden Aufschwung so bleiben, wenn es den Unternehmen wieder besser geht! Faire Sozialpartnerschaft ist ein hohes Gut!

Dieser Wandel zum Besseren kam auf leisen Sohlen. So zeichnete sich bereits 2007 ein Silberstreif am Horizont ab, waren damals schon hin und wieder – nicht in jedem Einzelfall – Anzeichen für Selbsterkenntnis und Umkehr erkennbar, und damit auch für eine gewisse Stabilisierung der Branche. Auch wenn laut Economist[163] die deutsche Pkw-Branche schwer am „Große-Auto-Problem" kranke, weil sie viel zu lange vor allem auf das Premiumsegment und hochklassige, aber teure Ingenieurleistungen gesetzt habe. Das Totenglöckchen für die Branche hat damit gleichwohl noch nicht geläutet. Martin Winterkorn kam 2007 als neuer Vorstandsvorsitzender bei Volkswagen ins Amt und verkündete ehrgeizige Ziele. VW solle „in der Qualität besser werden als Toyota", zur „stärksten Marke der Welt" aufsteigen und der ganze VW-Konzern solle „auf eine höhere Umlaufbahn gebracht" werden. Und er wolle künftig auch kleine und billige Autos bauen lassen. Mit diesen Maßnahmen solle Toyota im Absatz bis 2018 an der Weltspitze abgelöst werden!

Überfällige Personalwechsel gab es seither auch bei BMW, Daimler, Porsche und Opel. Lediglich Ford erwies sich, trotz aller personalpolitischen Turbulenzen in der Branche, als Fels in der Brandung und hielt – völlig ungewohnt für Fords Personalpolitik in Europa – mit Bernhard Mattes an Bewährtem fest.

Vor allem beim anderen Sorgenkind der Branche, der Daimler AG, keimt Hoffnung auf, seit Dieter Zetsche sich mannhaft des Verlustbringers Chrysler durch eine kostspielige *Operation am offenen Herzen* entledigt hat. Das todbringende US-Abenteuer seines Vorgängers Jürgen Schrempp und dessen Aufsichtsrats-Duzfreundes Hilmar Kopper von der Deutschen Bank war damit beendet. Auch die Kinderbetreuungsstätte auf der Daimler-Vorstandsetage wurde geschlossen, die Schrempp-Gattin „Hexle" aus dem Kreis der Daimler Bereichsleiter verabschiedet und das ganze „Bullshit-Castle" (Firmenzentrale in Möhringen; O-Ton J. Schrempp) verkauft. Vermeidung von Verschwendung wurde zum Unternehmensziel erkoren! Und ist bis zum heutigen Tag Insidern zufolge auch dringend nötig geblieben. Zetsche konnte sich bei seinen verzweifelten Sanierungs- und Finanzierungsanstrengungen auf die Erfahrungen von Joachim Milberg stützen, der bei BMW mit der Beendigung des RollsRoyce Triebwerks und des Rover-Debakels Anfang 2000 mutig, besonnen, gleichwohl energisch und mit ruhiger Hand vorangegangen war.

Wie auch immer: Die Aufwärtstendenzen in der deutschen Automobilindustrie (wie in der Wirtschaft insgesamt) sind Anfang 2010 unverkenn-

---

[163] Spiegel Online: *"Economist" knöpft sich deutsche Autokonzerne vor*, 23.02.2007.

bar und ein rasches Ende dieser Schlüsselbranche im Überlebenskampf mit der Konkurrenz aus dem Ausland ist nicht in Sicht. Auch wenn die Weltfinanzkrise und der Ausbruch von staatlichen Verschuldungskrisen in der Euro-Zone die mittelfristigen Wachstumsperspektiven auf den Automobilmärkten eingetrübt haben, hat sich nichts daran geändert, dass es weiterhin irgendwo auf der Welt immer wieder Kunden geben wird, die bereit sind, mehr zu zahlen für Zuverlässigkeit, Service, Exklusivität, Leistung. Nicht für reine Ökoautos, wohl aber für „grüne Lifestyle- Autos"[164], also für deutsche Automobile! Die Nachfrage nach genau diesen Automobilen hat im Frühsommer 2010 bei den deutschen Premiumherstellern mit voller Wucht eingesetzt.

So hat bereits 2007 der *Economist* am Schluss seiner heftigen Kritik an der Modellpolitik der deutschen Automobilindustrie klugerweise eingeräumt, dass es „dumm wäre, gegen die deutschen Automobilhersteller Wetten abzuschließen." – Indeed ! Vielmehr sei zu vermuten, dass gerade die lange Tradition im Automobilbau sowie ein herausragendes Knowhow bei Designern und Ingenieuren den Schluss nahe legten, dass sich BMW, Mercedes und VW neu erfinden und auf die Zukunft einstellen könnten. – In der Tat, das haben sie dann auch getan, und zwar sehr schnell und sehr erfolgreich!

Vor Selbstzufriedenheit sei indessen gewarnt. Mahnte doch bereits der große deutsche Dichter: „Mit des Geschickes Mächten ist kein ewger Bund zu flechten, und das Unglück schreitet schnell!" (Friedrich Schiller, Die Glocke).[165]

Also ist Vorsicht angesagt, kein Übermut! Beispiel: Elektromobilität! Bei der Hinwendung zur Elektromobilität war die deutsche Automobilindustrie lange Zeit sehr obstinat! Fakt ist, dass Toyota und Honda bereits seit fast einem Jahrzehnt über den Hybridantrieb verfügen, und dafür viel Lehrgeld und Verluste in Kauf genommen haben. Die deutschen Hersteller haben dieses Verhalten lange Zeit lediglich mit Hybris und Amüsement zur Kenntnis, aber nicht Ernst genommen. Und wurden in den letzten fünf Jahren unbarmherzig von Medien und Politik für dieses Nichtstun getadelt. Mit der wohltuenden Folge, dass sie danach alle mit Hochdruck Hybrid-

---

[164] So Chefdesigner Adrian von Hooydonk bei der Vorstellung des geplanten Elektrofahrzeuges Megacity-Vehicle, das auf Carbon-Basis ab 2013 in Serie gebaut werden soll. Suedduetsche Zeitung, *Leicht und teuer*, 02.07.2010, S. 22

[165] Möglicherweise liegt hierin die tiefere Quelle für das deutsche Bedenkenträgertum und die Urängste vor der Zukunft. Schiller hat´s erfunden und Generationen von Schülern mussten es auswendig gelernt und wurden so für immer indoktriniert und von des Gedankens Blässe infiziert.

Lösungen entwickeln, wie BMW mit Efficient Dynamics Concept, Daimler mit ConceptBlueZERO, Volkswagen mit Blue Motion, um marketingwirksam in der Öffentlichkeit aufzutreten. Alle Hersteller haben inzwischen *blue* als Lieblingsfarbe im Marketing entdeckt![166]

Und damit kommen wir zu einer Grundüberzeugung, die der Autor schon seit langem vertreten hat: Die Voraussetzungen, dass es der deutschen Automobilindustrie gelingen kann, sich *auch* bei der Elektromobilität an die Spitze des internationalen Fortschritts zu setzen, sind trotz aller Unken- und Subventionsrufe zweifellos gegeben. Der Automobilbau hat in Deutschland lange Tradition. Deutschland ist das Land, in dem nicht nur das Automobil selbst erfunden, sondern auch der Markt in seiner ganzen Breite – von *Dixi* und *Volkswagen* am unteren Ende der Mobilität bis zum high-end Fahrzeug *Maybach und Horch* für die Oberschicht der Gesellschaft – entwickelt wurde. Am Können sollte man nicht zweifeln, am Wollen hat es gefehlt!

Und noch etwas wird vielfach übersehen: Die Stärke der deutschen Automobilindustrie beruht gerade auf dem riesigen Netzwerk von kompetenten Zulieferern, wie z.B. Bosch, Brose, Continental, Dräxelmaier, VDO, WOCO, ZF, kombiniert mit den Forschungseinrichtungen der technischen Hochschulen, mit denen sie eng auf dem Gebiet neuer Technologien zusammenarbeiten (siehe dazu Kap. 5.5). Deutschland ist als Region - im Verbund mit Partnern in Österreich und der Schweiz (z.B. ETH Zürich) - ein großes automobiles *Center of Excellence*. Doch wenn die Hauptakteure ihre Finanzreserven in Fusions- und Übernahmeabenteuern oder in gewerkschaftsgenehmen Personalüberhängen aufzehren und dafür dieses Center of Excellence ausbluten lassen, kann man von dort auf Dauer natürlich auch keine Unterstützung erwarten!

Jedenfalls hat sich innerhalb der letzen drei Jahre bis zur Drucklegung dieses Buches hinsichtlich emissionsärmerer Automobile in Deutschland erhebliches getan. Und zwar in der ganzen Breite, d.h. nicht nur bei kleinen und verbrauchsarmen Fahrzeugen, sondern auch im Oberklassen- und sogar im SUV-Segment bei Porsche, Audi, Daimler und BMW. Bei allen Herstellern, zuletzt sogar auch bei Audi, ist inzwischen das Denken in Verbrauchs- und CO_2-Kategorien erkennbar in die Produktplanung eingezogen.[167]

---

[166] Bei BMW in Kombination mit der Farbe weiß bereits seit 1918 in Anwendung.
[167] Natürlich sind damit automobile Absurditäten nicht ganz ausgeschlossen, wie die Heerschar sog. Crossover-Fahrzeuge, bei der alle möglichen klassischen Fahrzeugkategorien gekreuzt werden und neuartige automobile *Homunculi* entstehen, wie einst der Maulesel.

Fazit: *Die deutschen Hersteller sind sehr spät gestartet, doch sie sind inzwischen gut unterwegs!* Die Aufgaben für die deutschen Hersteller und ihre Ingenieure sind dabei klar vorgegeben: 130 CO_2 g/km bis 2012 im Flottendurchschnitt. – Sie werden es schaffen! Nach all dem, was Insider dazu verlauten lassen, bestehen keine Zweifel.

Damit bleibt als ökologische Zwischenlösung für viele Modelle nur der Hybridantrieb. Anders als noch wenige Jahre zuvor verfügen inzwischen nicht mehr nur Toyota und Honda darüber, sondern auch alle deutschen Hersteller. Auf diesem Feld hat die deutsche Automobilindustrie mit großen Schritten aufgeholt, alle Hersteller haben bereits oder sind kurz davor, Hybridautos in allen möglichen Treibstoff-Schattierungen anzubieten.

Auch der Trend zu kleineren und umweltverträglicheren Automobilen stellte noch vor wenigen Jahren ein erhebliches Gefährdungspotenzial für die deutschen Hersteller dar. Sie hatten solche Automobile einfach nicht im Angebot: Zu mühsam, zu wenig Image, zu primitiv und vor allem zu geringe Margen. Der oberklassige, steuerlich privilegierte Heimatmarkt, auf dem bis heute mehr als die Hälfte aller neu zugelassenen Fahrzeuge Dienst- oder Firmenwagen sind, war bisher die Grundlage dieses Geschäftsmodells. Bei BMW oder Mercedes beträgt der Firmenwagenanteil bei manchen Modellen sogar bis zu 80%. Was aber geschieht, wenn diese steuerliche Privilegierung wegfällt oder an Emissions-Obergrenzen geknüpft wird? Und schlimmer noch: „Was tun, wenn sich der deutsche Automarkt eines Tages dieser Sinnlichkeit verschließen und dem globalen Ökotrend folgen sollte?"[168] Wenn der Markt auch in der Oberklasse schrumpft und nach unten tendiert? Was er ja auch seit geraumer Zeit macht!

Nun, die Botschaft des Marktes ist angekommen: Der Kunde in der „alten Welt" will langsam aber sicher andere Fahrzeuge, nämlich solche, die gleich welcher Größe weniger verbrauchen und „grüner" sind.[169] Leistung und Komfort dürfen dabei schon weiterhin sein, hohe Preise auch. Alle Hersteller sind inzwischen dabei, ihre Modellpalette auf breiter Front nach unten anzupassen. Wenn schon nicht in der Leistung und den Fahrzeugausmaßen, so doch im Gewicht und vor allem beim Verbrauch. Wo ein

---

Noch schlimmer: SUVs, die nur sportlich aussehen, aber 2,5 t wiegen. Oder Cabrios mit versenkbaren Hardtops aus Stahl, die aber mit Vinyl überzogen sind, damit sie wie Stoffdächer aussehen.

[168] Manager Magazin: *Mit Vollgas ins Abseits*, von Kaiser A., 09.03.2007.
[169] BMW spendiert sich dazu auch gleich noch den passenden Fahrer, nämlich einen früheren grünen Spitzenpolitiker.

Wille, da ist auch ein Weg. Und besser noch: Wenn die deutsche Automobilindustrie ernsthaft mit einer Herausforderung konfrontiert wird, nimmt sie die auch an, und zwar mit aller Kraft. Geht nicht, gibt's nicht! Denn dem deutschen Ingeniör ist bekanntlich nichts zu schwör (siehe unten)!

Doch damit nicht genug, neben CO_2 gibt es noch ein zweites Gefährdungspotenzial für die Branche: Der Boom bei Billigautos, z.B. Dacia Logan oder Duster, Lada, Kia, etc. Hierauf haben die deutschen Hersteller bislang noch keine überzeugende Antwort. Es wird allerdings bei allen heftig daran gearbeitet, vor allem bei VW, der als Marktführer besonders gefordert ist. So gab z.B. Martin Winterkorn schon kurz nach Amtsantritt die Entwicklung eines Billigautos unter 8.000 Euro in Auftrag. Mochte man damals noch an der rechten inneren Einstellung im VW-Vorstand zweifeln, so sollte inzwischen der viersitzige VW up überzeugt haben! Eine Baureihe ist in der Mache, die mit Konzeptautos, Zeitplänen und definitiven Ankündigungen durchaus eine hohe Ernsthaftigkeit erkennen lässt. BMW hat den Mini und arbeitet am Mega-City Vehicel, Audi hat den A1, Daimler geht zur Festigung der kleinen Smart-Baureihen sowie für die Mercedes A- und B-Klasse eine Kooperation mit Renault/Nissan ein. Opel und Ford bauen ohnehin schon kleine und sparsame Autos und wollen noch kleinere und jetzt auch billigere auf den Markt bringen. Das wird also schon!

Fasst man alle Pros und Cons zusammen, so ergibt sich am Schluss folgende Aktenlage: Nicht zu leugnen ist, dass die deutsche Automobilindustrie und damit auch die deutsche Wirtschaft als Ganzes mit dem Abdriften in die gehobenen, hochpreisigen Premiumsegmente des Weltautomobilmarktes viele Jahrzehnte gut gefahren ist. Ähnlich erging es den Dinosauriern oder der amerikanischen Automobilindustrie, mit den schweren, aber profitablen Off-Road Fahrzeugen auch, solange „Futter im Überfluss", sprich billiges Mineralöl, vorhanden war. Die deutsche Automobilindustrie hat dieses Premiumsegment unter von Kuenheim aufgebaut und weltweit beherrscht. *Sie hatte und hat bis heute quasi eine Monopolstellung in automobiler Hochtechnologie!*

Wie gesagt: Bis heute! Nun beginnen sich aber die ökonomischen und ökologischen Rahmenbedingungen nachhaltig zu ändern, zu ihren Ungunsten. Der Druck der Darwinschen Evolution wird spürbar:

- Das Zeitalter der Massenmotorisierung, hundert Jahre nur auf die hoch entwickelten westlichen Industrieländer beschränkt, erfasst auch den Rest der Welt, vor allem China und Indien.

- Die Nachfrage nach Mineralöl als Folge von Motorisierung und Industrialisierung der gesamten Welt nimmt spürbar zu, die Vorräte werden knapper und teurer. Kurz: Ein Ende des Ölzeitalters kündigt sich zumindest an. Wollen die „Dinosaurier" überleben, müssen sie sich anpassen, ihren Appetit zügeln, sich an neue Nahrung gewöhnen und kleiner werden!

- Klimawandel und globale Erwärmung erhöhen den Druck auf die mobilen CO_2-Emittenten, an die immobilen traut sich die Politik nicht heran! Prügelknabe ist der Verkehrssektor, und hier vor allem das Automobil mit immerhin 20% Anteil an allen CO_2-Emissionen. Und natürlich die Branche, die es inzwischen millionenfach jährlich herstellt.

Der Eintritt von China und Indien in die Massenmotorisierung, die absehbare dauerhafte Energieverteuerung, vor allem aber die heftige öffentliche Diskussion über eine drohende Klimakatastrophe und der Rolle der CO_2-Emissionen aus dem Autoverkehr haben die Gefechtslage für die deutsche Automobilindustrie über Nacht nachhaltig verändert. Die einst so stolze Branche sah sich unverhofft zum ökologischen Offenbarungseid gezwungen. Sie hatte zwar viele schöne Produkte mit fantasiereichen elektronischen Spielereien im Angebot, aber kaum welche, die den Umweltanforderungen tatsächlich entsprachen. Kalt erwischt! Als Spezies war also für die Branche dringender Anpassungsbedarf gegeben, wollte man überleben!

Die Vorgänge in der deutschen Automobilindustrie um die Jahreswende 2006/07 sind ein Paradebeispiel dafür, was passiert, wenn eine Branche so mit sich selbst und der Shareholder Value Philosophie beschäftigt ist, dass sie vergisst, was ihre eigentliche Aufgabe als Automobilindustrie ist: so viel Geld zu verdienen, dass sie die berechtigten Ansprüche der Kapitaleigner erfüllt und gleichzeitig auch in der Gesellschaft eine nachhaltige Mobilität sicherstellen kann. Schon im Jahre 2007 kam der Autor zu dem Schluss: „Jetzt rächt sich, dass man lange Zeit in den Führungsetagen nicht wahrhaben wollte, dass sich die Wettbewerbslage für die deutschen Hersteller auf dem Weltmarkt in der Substanz verschlechtert hat." [170]

---

[170] Becker, H. (2007): *Ausgebremst - Wie die Autoindustrie Deutschland in die Krise fährt* Eine Erkenntnis, die der Autor auch bereits Mitte 2005 in seiner Beschreibung des globalen Verdrängungswettbewerbs analytisch aufgearbeitet hat. Becker, H. (2005): *Auf Crashkurs - Automobilindustrie im globalen Verdrängungswettbewerb.*

All dies sieht zu Beginn 2010 deutlich besser aus! Zum Glück! Die deutsche Automobilindustrie hat die Herausforderung der „Evolution" angenommen, sie hat sich in den zurückliegenden fünf Jahren unglaublich bewegt, und sie hat die Köpfe in den Führungsetagen bewegt!

So gesehen stellt die „hitzige" CO_2-Debatte für die deutsche Automobilindustrie eine riesige Chance dar, der Welt zu zeigen, was deutsche Ingenieurskunst alles hervorzaubern kann, wenn sie wirklich gefordert ist. Denn alle großen Erfindungen rund ums Auto sind (fast) in Deutschland zur Welt gekommen, wenn auch nicht immer erfolgreich vermarktet worden, wie Allrad- oder Elektro-Antrieb. Aber die Wiege dazu stand in Deutschland! Wobei man der Fairness eingestehen muss, dass auch in USA, England, Frankreich, Italien, Österreich(!) usw. begnadete Ingenieure dem Automobil viel Bahnbrechendes und Gutes haben angedeihen lassen.

Was aber vor lauter – vor allem akademischen – Trübsalblasen manchmal in der Krise in Vergessenheit zu geraten droht: Für Hersteller und Zulieferer, die die Veränderungen der globalen Marktbedingungen verstehen und daraus die richtigen Konsequenzen ziehen, bergen die neuen Rahmenbedingungen große Chancen. Auch wenn die Handlungsspielräume in der deutschen Automobilindustrie aufgrund des globalen Wettbewerbs und der hohen Marktsättigung deutlich geringer geworden sind, können die richtigen Maßnahmen, vor allem der richtige Umgang miteinander die Branche vor nachhaltigen Risiken bewahren.

Denn auch bei den Wettbewerbern aus Asien wird nur mit Wasser gekocht. Der Hybridantrieb ist schließlich in Deutschland erfunden worden, nicht in Japan! Netzwerkpflege heißt das Zauberwort, nicht Netzwerkausdünnung. Die deutsche Industrie ist technologiegetrieben, die Automobilindustrie ist ein Paradebeispiel dafür. Durch ihre Innovationskraft haben die deutschen Automobilhersteller und die heimischen Zulieferer die wesentlichen Meilensteine in der weltweiten Automobilentwicklung gelegt. Warum sollte sich dies jetzt plötzlich angesichts neuer umweltpolitischer Herausforderungen geändert haben? Die deutschen Daniel Düsentriebs bei BMW, Daimler, Volkswagen, Bosch oder an der TU München, am ika der RWTH Aachen, bei Max-Plank und der Fraunhofer Gesellschaft oder sonst wo in Wissenschaft und Forschung sind doch über Nacht nicht dümmer oder fauler geworden. „Mittel"-Europa verfügt über ein ebenso breites sowie tiefes – und damit weltweit einmaliges - Fundament an technischem und automobilspezifischem Know-how, auch wenn die chinesischen Hochschulen jährlich die zehnfache Menge an Absolventen ausbrüten. Um 1,3 Mrd. Menschen technologisch auf das durchschnittliche Niveau der „Alten Welt" zu bringen, braucht man unendlich viele Ingenieure und Fachleute. Im globalen Wettbewerbskampf zählt allerdings nicht die Quantität, die Qualität macht's!

Dieses Wissensfundament gilt es heute gezielt zu nutzen und vor allem weiter auszubauen, wenn es darum geht, für die Zukunft einen wettbewerbsfähigen Vorsprung zu erhalten. Und die Voraussetzungen sind gut, der deutsche Erfindergeist ist ungebrochen. So gingen beim Deutschen Patent- und Markenamt (DPMA) allein 2006 rund 48.000 Patent-Anmeldungen aus dem Inland ein, die meisten aus Bayern (14.010), gefolgt von Baden-Württemberg (13.347) und Nordrhein-Westfalen (8.195). Drei Viertel aller Patentanmeldungen stammen aus diesen drei Bundesländern, was insofern aber nicht verwunderlich ist, als hier große Industriekonzerne mit starker Forschungstätigkeit ihren Sitz haben. Die Automobilindustrie stand dabei mit an vorderster Front der Forschungstätigkeit. So wies die Robert Bosch GmbH, nach Siemens auf Platz 2 der Statistik, 2.202 Patentanmeldungen auf, DaimlerChrysler 1.626 und Volkswagen 731.[171] Somit kann VDA-Präsident Wissmann Anfang 2010 stolz darauf hinweisen: „Wir sind ja gerade deshalb führend bei Premiumprodukten, weil wir die Innovationsgeschwindigkeit steigern und jährlich mehr als 3.600 Patente anmelden."[172]

Soviel zur Behauptung, die Chinesen seien schneller. Von bahnbrechenden chinesischen Patentanmeldungen war bisher noch keine Rede – wobei Spötter mit etwas plattem Humor in Frage stellen, dass es in China überhaupt schon ein Patentamt gibt, und nicht nur eine Kopieranstalt.

China ist in vielfacher Hinsicht, insbesondere was den Schutz geistigen Eigentums anbelangt, sicherlich ein Problemfall. Vor diesem Hintergrund erscheint es sehr sinnvoll, wenn die Fraunhofer Gesellschaft sich künftig stärker mit Indien beschäftigen will, eine Region mit ebenfalls hohem ungenutzten Markt- wie Ingenieurpotenzial. Vor allem ist das keine Einbahnstrasse wie in China: In Indien können deutsche Ingenieure auch selbst etwas lernen, nämlich wie man Hightech billiger macht. Das Billigauto Nano von Tata steckt beispielsweise voll von lokaler Bosch-Elektronik.

Damit sind die Hausaufgaben für den *Struggle for Life* für die deutsche Automobilindustrie klar formuliert: Anpassung und Innovation!

---

[171] Nicht gerechnet sind dabei jene Patentanmeldungen, die wegen eines weiterreichenden Schutzes beim Europäischen Patentamt (EPA) in München gemeldet werden; die Statistik für 2006 war bei Drucklegung dieses Buches noch nicht verfügbar.
[172] Automobil Produktion: „Wir melden pro Jahr 3 600 Patente an", Wissmann M., Februar 2010, S.6.

Vor allem *Innovationen* erwartet man von der potentesten Automobilbranche der Welt. Das war im vergangenen Jahrzehnt nur selten der Fall, das von fehlgeschlagenen Fusionen, Stopfen von Verlustquellen, Personalquerelen, Aufräumarbeiten und Sanieren geprägt war. Merke: Wer nur saniert, kann nicht neu bauen! Ein Unternehmen und ein Management, die sich wegen dringender Sanierungsaufgaben, woher auch immer sie rühren, nur noch mit sich selbst beschäftigen, haben in Zeiten eines globalen Verdrängungswettbewerbs kaum den Kopf dafür frei, Neuland zu betreten. Sie fallen zurück und laufen Gefahr, dauerhaft den Anschluss zu verlieren. Die deutsche Automobilindustrie, ob BMW, Daimler oder Opel, ob Porsche und Volkswagen, Schaeffler und Continental oder ob die Geschäftsführung des VDA: Sie alle haben dafür in den letzten Jahren beste, (besser: schlechteste Beispiele) geboten!

900 Mio. Automobile warten weltweit darauf, sparsam und ökologisch verträglich betrieben zu werden. Und dank des chinesischen Mobilitätsdrangs werden es jährlich bis zu 30 Mio. Fahrzeuge mehr. Experten rechnen bis zum Jahr 2020 weltweit mit einem Bestand von 1,5 Mrd. Pkw.

Kurz geschlossen: Wenn der deutschen Automobilindustrie in der Antriebs- und Umwelttechnologie international der Durchbruch gelänge, wäre dies ein Beschäftigungsprogramm für die Branche ohne Grenzen. Dabei hat die deutsche Nachkriegsgeschichte bereits eines gelehrt: Bei elementaren Zukunftsaufgaben hilft nur die Bündelung der Kräfte. Da ist auch die Politik gefragt! Angesichts der Bedeutung der Automobilindustrie für die deutsche Volkswirtschaft, ist es eine wirtschaftspolitische Aufgabe größter Priorität, die deutsche Automobilindustrie zum Voreiter in der Automobilökologie zu machen. Was für die amerikanische Nation in den sechziger Jahren des letzen Jahrhundert das *Man on the Moon* Programm war, könnte für die deutsche Automobilindustrie das *Car for the Planet* Projekt werden.

Mit Gründung der Nationalen Plattform Elektromobilität hat die Regierung Merkel im Mai 2010 den ersten Schritt in die richtige Richtung getan. Es fehlt eine führende Hand! Und vor allem fehlt – so laut Insidern – der Wille zur offenen Kooperation zwischen den Beteiligten; zu tief sitzen noch Animositäten und Querelen zwischen langjährigen Wettbewerbern. Das muss sich ändern!

Vor diesem Hintergrund kann es aus der Sicht eines „Alt-Ökonomen" nur eine Empfehlung geben: Weder die unmittelbar noch die mittelbar Betroffenen, weder die Politik noch die deutsche Öffentlichkeit sollten sich durch irgendwelche technologischen Schreckensszenarien ins Bockshorn jagen lassen. Noch sind wir die Treibenden des Verfahrens, nicht die Getriebenen!

Die Eroberung des Weltmarkts mit Elektro-Fahrzeugen mag chinesische Zielsetzung sein. Einen in großen Absatzregionen weitgehend gesättigten Weltmarkt zu erobern, ist indessen kein einfaches Unterfangen! Ebenso wenig einfach sind die kostengünstige Entwicklung von Batterien und die Umsetzung der darin gespeicherten Energie in automobile Bewegung. Die Begründungen hierfür sind völlig unspektakulär und entsprechen der einfachen Logik eines Makroökonomen mit vierzigjähriger, praktischer, strategischer Erfahrung in der Automobilindustrie selbst.

Zwei wesentliche Dinge hat er in dieser Zeit gelernt:

1. **Weltmarktstärke kann man sich nicht kaufen, man muss sie sich hart erarbeiten!**
   Mega-Fusionen und spektakuläre Übernahmen unter etablierten Partnern dienen in der Regel der strategischen Stärkung und dem Wohlergehen des Unternehmens, gelegentlich spielen auch Eitelkeit, persönliche Einkommensmaximierung mit legalen Mitteln, Machtstreben und Marotten der obersten Unternehmensführung eine entscheidende Rolle. Und dann gehen solche Unterfangen in der Regel schief, wie viele Beispiele aus der jüngeren Vergangenheit (BMW/Rover, GM/Saab, Ford/Volvo/Landrover, Daimler/Chrysler) belegen. Möglicherweise zählt demnächst auch Fiat/Chrysler und Tata/Jaguar dazu.

   Heute indessen werden marode, europäische Automarken und -konzerne von jungen, kapitalstarken Automobilunternehmen aus den aufkommenden, neuen Industriestaaten Indien, China und vielleicht auch Russland, aufgekauft.[173] Das ist ein untrügliches Zeichen dafür, dass in diesen Ländern in der Automobiltechnologie noch große technologische und fachlich/personelle Nachholbedarfe bestehen. Hundert Jahre *automobile Erfahrung* und generationsübergreifender *Wissenstransfer* mit allen technologisch-experimentellen Irrungen und Wirrungen lassen sich eben durch 20 Jahre Turbo-Industrialisierung nicht auf- bzw. einholen. Den Ausleseprozess der Natur interessiert keinen

---

[173] Das Gleiche gilt analog für die Weiterbeschäftigung von automobilen Spitzenmanagern in Automobilkonzernen aus diesen Schwellenländern, die in Europa oder USA freigesetzt worden sind.

Deut, was man gerne hätte, sondern nur, was man hat. Oder wie BMW-Vorstandsvorsitzender Bernd Pischetsrieder es bei Amtsantritt im Jahr 1993 seinen Führungskräften verkündete: „Nicht das Erzählte reicht, nur das Erreichte zählt!"

Heute versuchen asiatische automobile Newcomer quasi im Zeitraffer und vor allem billig automobiles Know-how und Absatzmärkte in Europa einzukaufen, über das sie selbst nicht verfügen, und das selbst aufzubauen, sehr zeitraubend und daher teuer wäre. Der Aufkauf von maroden Traditionsmarken, wie z.B. Volvo, Saab oder Jaguar, mag zwar kurzfristigen Imagegewinn aus der Oberklasse für das eigene Unternehmen bringen, eine wettbewerbsfähige Weltmarktposition erringt man mit der Übernahme solcher westlichen „Grenzanbieter" jedoch nicht. Keiner der heute etablierten globalen Automobilhersteller aus Japan, Korea, USA oder Europa hat im Traum daran gedacht, sich solche Schwachkonzerne einzuverleiben, weder Jaguar und Landrover, noch Hummer, Saab oder Volvo. Im Gegenteil: Die Etablierten standen auf der Verkäuferseite, nicht auf der Käuferseite. Aus gutem Grund! Allein die Tatsache, dass General Motors seine Dinosaurier-Marke Hummer selbst an die Chinesen nicht mehr los wurde, spricht eigentlich Bände!
Und die Chrysler-Übernahme durch Fiat? Es mag italienischem Naturell entsprechen, auch in ziemlich aussichtslosen Situationen das Unmögliche zu wagen. Vielleicht mag es auch überbordendem Selbstvertrauen der Entscheidungsträger, hier vor allem des Juristen und Wirtschaftsprüfers Sergio Marchionne,[174] oder schlicht nur südländischem Gottvertrauen geschuldet sein, wenn der Fiat-Konzern sich zu diesem Schritt entschieden hat. Gottvertrauen hin, Gottvertrauen her: Eigenes Geld hat Fiat jedenfalls bislang nicht investiert, sondern nur das des amerikanischen Steuerzahlers. Soweit reicht das Gottvertrauen von Marchionne dann doch nicht – zumal er selber Kanadier ist und italienische highend Männermode allenfalls von seinen Gesprächspartnern kennt.

Eigentlich müßig, auf eine alte Volksweisheit zu verweisen: Zwei Kranke werden durch Aufenthalt in gemeinsamer Bettstatt nicht gesünder! Das Ergebnis der Chrysler-Übernahme ist bisher offen. Be-

---

[174] Sehr reizvoll wäre in diesem Zusammenhang zu wissen, inwieweit Wirtschaftsprüfer Marchionne die Bücher von Opel und Chrysler wirklich ausreichen prüfen konnte, oder ob er vielleicht Bilanzmanipulationen etc, aufgesessen ist, als er sich spontan zur Übernahme entschlossen hat.

kannt ist lediglich aus der jüngeren deutschen Vergangenheit, dass die „Ein-Töchterung" schwacher und angeschlagener Marken selbst starke Mütter an den Rand des Ruins treiben kann. Sowohl Daimler mit Chrysler und Mitsubishi, sowie BMW mit Rover, Ford mit Jaguar, Volvo und Landrover können davon ein Lied singen. Nur bei VW wusste der geniale Aufsichtsratsvorsitzender Ferdinand Karl Piëch sehr genau, was man sich mit der Tochter Porsche einhandeln würde – eine bärenstarke Weltmarke.

Neu ist in der jüngeren Automobilgeschichte allenfalls, dass ein Schwacher einen noch Schwächeren zu integrieren versucht, wie jetzt im Fall Fiat, um dadurch selber stärker zu werden. Das Ende ist für Ökonomen zwar erahnbar, aber nicht desto trotz ergebnisoffen. Reicht das amerikanische Geld, um die notwendige Restrukturierung bei Chrylser während des jetzt beginnenden Aufschwungs der Automobilkonjunktur rechtzeitig abzuschließen? Ein spannendes Experiment.

Und die zweite Erkenntnis des Autors ist:

2. **„Dem deutschen (Automobil-) Ingenieur ist nichts zu schwör!"**
Oder wie die Bayern zu sagen pflegen: *„Mir san a net auf der Brennsuppen dahergeschwommen!"* Daraus spricht Stolz und hohes Selbstwertgefühl, wie der Autor es über viele Jahre bei seinen Kollegen aus Entwicklung und Technik bei BMW hautnah erleben konnte.[175] Was aber bedeutet das für die Überlebenschancen der deutschen Automobilindustrie?
Diese Branche ist technikgetrieben, gegründet auf der Genialität von Tüftlern und Bastlern, seit Kriegsende zunehmend basierend auf einer soliden Ingenieurausbildung in einer der vielen exzellenten Hochschulen des Landes sowie des gesamten deutschsprachigen Raumes. Aber selbst unter diesen ragen die Besessenen des technologischen automobilen Fortschritts immer aufs Neue hervor: Die Taichi Ohnos in der Prozesstechnik, die Ferdinand Porsches und Piëchs beim Produkt Automobil, die unzähligen *Car Guys*, der Ingenieure also mit Benzin im Blut, sind in der deutschen Automobilindustrie Legion; der Autor selbst hat während seiner Zeit in der Automobilindustrie viele davon

---

[175] Auf dieses hohe Berufsethos, wo eben „Männer Maschinen und Märkte" machen, hätte er als schlichter Makroökonom und Schreibtischtäter in einem Technologie-Unternehmen manchmal eben auch gerne zurückgreifen wollen. Eine Weltwirtschaftskrise nur alle achtzig Jahre ist für einen ambitionierten Ökonomen eben doch sehr wenig!

kennen und (manche sogar) schätzen gelernt. Zahlreiche technikgetriebene Netzwerke und Cluster quer übers ganze Land sichern das Fundament für diese technologische Spitzenposition (siehe Kap. 5.5).

Die deutsche Spitzenstellung galt lange Zeit nicht für den Produktions*prozess* – da ist Toyota unbestritten bis heute Weltmeister und Benchmark – wohl aber beim *Produkt* Automobil (inklusive Antriebstechnologie). Das Attribut *Premium* fällt nicht vom Himmel, sondern wird vom Weltmarkt verliehen. Technologiegetriebenheit gilt aber nicht nur für die deutschen Automobilhersteller selber, sondern vor allem für die Vielzahl von Zulieferunternehmen, den ElringKlingers, Webastos, Dräxelmaiers, WOCOS, Hirschvogels etc., die die eigentliche Quelle der Innovationen sind, die von den OEMs dann verbaut werden. In den gehobenen bis obersten Führungspositionen regiert nicht der Controller, sondern der gelernte Autobauer, der deutsche Diplomingenieur, der seine Ausbildung zunächst in Praxis in der Fabrik am Band und danach in Theorie an einer der vielen Hochschulen oder Berufsakademien erhalten hat.

Herausgekommen dabei ist der deutsche *Dipl.-Ing.* Er ist zum Markenzeichen der technischen Hochschulausbildung in Deutschland geworden, ähnlich wie das *made in Germany* zum internationalen Markenzeichen für qualitativ hochwertige und zuverlässige Industrieprodukte und Dienstleistungen aus Deutschland geworden ist.[176] Tendenz stark steigend!

„Des einen Uhl ist des anderen Nachtigall": Der globale Medienwirbel um die millionenfachen Automobilrückrufe nebst hochnotpeinlicher Befragung des Toyota-Vorsitzenden Akio Toyoda vor dem und durch den US-Kongress im Winterhalbjahr 2009/10 haben ein Übriges dazu beigetragen, den Nimbus von Automobilen und Zulieferteilen aus deutscher Produktion der Weltöffentlichkeit wieder nachhaltig ins Gedächtnis zu rufen. *Deutsche Automobile genießen heute, im Frühsommer 2010, im Ausland ein bis dato noch nie verzeichnetes Imagehoch an Qualität und Zuverlässigkeit, gepaart mit modernem Design und „grüner" Antriebstechnologie.* Organisationen wie der technische Ü-

---

[176] Ausgerechnet in Zeiten der Globalisierung und des verschärften internationalen Wettbewerbs wurde in Deutschland der *Dipl. Ing.* als *das* Qualitätsmerkmal des gesamten Industriestandortes Deutschland im Zuge des Bologna-Prozesses geopfert. Ein Bachelor oder Master of Engineering kann keinen *Dipl.- Ing.* ersetzen. Alle deutschen technischen Hochschulen, die ab 1987 den Titel eines Dipl.-Ing. mit entsprechendem Zusatz verleihen durften, sollten dies auch wieder in Zukunft dürften. – So viel Kulturhoheit sollte auch in einem gemeinsamen Europa sein!

berwachungsverein (TÜV), eine originär deutsche Erfindung, sorgen zusätzlich für das Image von Zuverlässigkeit, Sicherheit und hohen qualitativen Gebrauchsnutzen deutscher Erzeugnisse, technischer Anlagen und Dienstleistungen.

Exkurs

Bereits im Jahre 1899 vertrat der Ökonom und Soziologe Thorsten Veblen in seiner *Theory of Leisure Class* (Theorie der feinen Leute) die Meinung, dass vor allem Ingenieure der Wirtschaft nützten und Finanzexperten ihr eher schadeten. Mehr noch, dass Finanzjongleure die Unternehmen durch riskante Manöver in den Abgrund rissen, während Ingenieure und Techniker die Produktion mit modernen Produktionsverfahren erst ermöglichten und sicherten, und so die wahren Wertschöpfer und Wohlstandsschaffer seien! – Und das alles bereits vor 110 Jahren, ohne dass Veblen Goldman Sachs schon gekannt hätte!

Dies gilt besonders in der Automobilindustrie mit ihren vielfältigen technologiegetriebenen Wertschöpfungskaskaden! Gerade die Erfahrungen mit den Verursachern der weltweiten Finanzkrise, der Rendite- und Boni-Gier internationaler und nationaler Finanzinvestoren und Investmentbanker, dem hochriskanten Einsatz von fremdem Kapital zu eigenem Nutzen und Frommen, dem anhaltenden Bündnis aus einer Mischung von „Dilettanten, Spielern und Gangstern", die auch im Frühjahr 2010 immer noch um das Goldene Kalb tanzen,[177] bestätigen Veblens Auffassung überdeutlich. Selbst Managementberater Fredmund Malik, Titularprofessor an der Universität St. Gallen, als Gründer und Leiter eines Managementberatungsinstituts nicht gerade als Anti-Kapitalismusideologe bekannt, zollt den 100jährigen Erkenntnisse von Veblen Respekt, wenn er vehement betont, dass es grundsätzlich falsch sei, Unternehmen und ihren realwirtschaftlichen Zweck ausschließlich aus ihrer finanzwirtschaftlichen Perspektive zu betrachten. Konkret meint er, dass Analysten, Fondsmanager und Börsenpublikum gar kein Interesse an Unternehmen und realen Gütern

---

[177] Sueddeutsche Zeitung vom 31.03.2010: Interview mit Franz Müntefering über die Hilflosigkeit der Politik und die Macht der Finanzindustrie: „Sie versuchen die Politik auszumanövrieren. Es geht um Verantwortungsethik und die Frage, ob man sich verantwortlich fühlt für ein Gelingen der Gesellschaft und die Welt insgesamt. Das wollen diese Leute aber nicht. Die, die das betreiben sind zynisch – und sie verleihen und verzocken Geld, das sie gar nicht haben." – Ist es das, was prominente deutsche Banker als *Investmentbanking bezeichnen?*

hätten, sondern nur interessiert seien an Papieren und hohen Renditen. Man dürfe die Betrachtungsweise und Zwecksetzung der realen Unternehmensführung nicht mit jener von Finanzinvestoren[178] und deren Consultants verwechseln.[179]

Wenn also Thorsten Veblen seit über hundert Jahren Recht hat, so muss einem um die Zukunft der deutschen Automobilindustrie nicht Bange sein.

Exkurs-Ende

Alles in allem sollte der geneigte Leser zu dem Schluss gelangen:

Es wird auch im 21. Jahrhundert für die Branche viel zu tun geben, Arbeit geht ihr nicht aus. Der drohende Untergang der deutschen Automobilindustrie – sei es infolge unzureichender Anpassung an veränderte globale Rahmenbedingungen im Zuge der Evolution, sei es durch Verdrängung durch neue Anbieter mit anderen Kostenstrukturen und neuer Technologie aus anderen Teilen der Welt – ist weit und breit nicht in Sicht. Die Herausforderungen der Zukunft sind allen Beteiligten bekannt, Kohorten von Wissenschaftlern und Ingenieuren arbeiten daran, daraus passable Lösungen und keine ernsthaften Probleme erwachsen zu lassen.

Damit könnte das Buch jetzt aber wirklich auch enden! Würde nicht der eine oder andere kritische Leser am Schluss vielleicht doch noch einwenden, diese optimistische Zukunftsperspektive sei unbefriedigend, zu glatt und zu heil, um wahr zu sein. Wo steckt der Pferdefuß? Wo bleiben die Risiken für die deutsche Automobilindustrie? Gibt es denn gar keinen Rückstand bei Zukunftstechnologien? Wo bleibt die viel beschworene chinesische Gefahr, die Abwanderung von Arbeitsplätzen nach Osten und nach Asien,…?

Gemach! Um nicht in den Verdacht des unreflektierten Hurra-Patriotismus zu Gunsten der heimischen Industrie zu geraten, sei zum Schluss nochmals kritisch hinterfragt:

---

[178] Von Müntefering 2005 vor der Landtagswahl in NRW mit scharfer Kritik an der „international wachsenden Macht des Kapitals" und den „international forcierten Profitmaximierungsstrategien" zutreffend als Heuschrecken bezeichnet.

[179] Manager Magazin: *Von Opportunisten und Wendhälsen*, 30.12.2002. – Nun, bei Daimler unter Schrempp und bei Porsche unter Wiedeking und Härter ging das daneben! Positiv daran ist immerhin, dass sie für den akademischen Nachwuchs wunderbare Lehrbuchbeispiele geliefert haben, wie man es *nicht* machen soll.

Wie muss man mit dem Risiko umgehen, dass die deutsche Automobilindustrie die technische Evolution des Automobils hin zur Elektromobilität nicht überlebt? Wer baut künftig die umweltschonenden, spritsparenden Autos für die aufstrebenden Märkte in Indien und China? Die deutschen oder einhundert chinesische Hersteller, die es heute noch gibt – vor wenigen Jahren waren es noch über dreihundert? Werden die deutschen Automobilhersteller mit ihrer knallharten Ingenieurkunst ihre heutige Vormachtstellung an solche Unternehmen wie die „Traumbaumeister" von BYD verlieren? Sind andere besser und könnte die heimische Industrie vor lauter Hybris ins Hintertreffen gegenüber den Chinesen geraten, die nach vermeintlicher Expertenmeinung bereits morgen alle elektrisch fahren – nur weil sie heute eine Millionen Fahrräder schon elektrisch betreiben? Ist wirklich gewährleistet, dass wir die *Schlüsseltechnologie* der Zukunft nicht versäumen?

Und besteht nicht das Risiko, dass die Branche in Deutschland unabhängig von der möglicherweise drohenden, verpassten, technologischen Revolution ganz konventionell an der eigenen Inkompetenz und schwindender Kundenorientierung dem Ende entgegen sieht? So wie einst die britische Autoindustrie, die erst ausgelaugt und dann übernommen wurde. Zunächst als Brückenkopf der Japaner zur Eroberung Kontinentaleuropas, dann von den traditionssüchtigen „Krauts" und schließlich von namenlosen Emporkömmlingen aus der ehemaligen Kolonie Indien? Kurz: Läuft sie nicht Gefahr, in ihren angestammten Premiummärkten die Image-, Produkt- und Bedürfnisdeckungs-Führerschaft zu verlieren?

Das meiste ist dazu bereits gesagt worden! Sollte all dies Schreckliche wirklich eintreten, so hinge es nicht am Nicht-Können, sondern am Nicht-Wollen, der inneren Einstellung der Verantwortlichen. Dem ist aber, wie dargelegt, nicht so!

Zwei aus der Wissenschaft kommende Argumente sind jedoch von besonderem Gewicht und es wert, überdacht zu werden:

1. **Da wäre zunächst die Frage nach der Schnelligkeit bei Innovationen.**
   „Schnell sein ist alles", so Technologie-Guru und Fraunhofer-Präsident Hans-Jörg Bullinger zur Entwicklung von Innovationen. Die deutschen Automobilhersteller seien - trotz, oder gerade wegen schneller Autos - zu langsam bei der Anpassung an veränderte Rahmenbedingungen, andere Automobilnationen seien schneller! Und es kommt noch schlimmer! Andere vertreten die Auffassung: „Bei einem Technologiewandel werden die Karten im globalen Wettbewerb um die Ansied-

lung von Know-how neu gemischt. [...] Global gesehen wird der Automobilstandort Deutschland an Bedeutung verlieren.", so Automobilexperte Wolfgang Bernhart von Roland Berger.[180] Der Standort werde bedrohlich ins Hintertreffen geraten, vor allem bei der Elektromobilität, wo schon fast alle Komponenten der Batterietechnik aus Asien kämen. „Alle rein europäischen Batteriehersteller könnten bis Ende des Jahrzehnts verschwinden."[181]

Wenn also laut Bullinger China beim Elektroantrieb „zu einem Sprung angesetzt" hat,[182] sind dann die deutschen Hersteller hocken geblieben? Haben sie trotz millionenfacher Mittelzufuhr durch den Staat für Forschung und Entwicklung an Universitäten, Max-Plank Gesellschaften und Fraunhofer Instituten etwas versäumt? Ist die deutsche Automobilindustrie bei Schlüsseltechnologien wie dem Elektroantrieb bereits uneinholbar gegenüber China im Hintertreffen geraten? Hat Deutschland Aufholbedarf, ist die deutsche Automobilindustrie in ihrem Innovationsverhalten zu langsam? Verliert das Land seine industrielle Zukunft?

2. Zum anderen stellt sich die Frage nach dem richtigen Verhältnis von Produktwert zu den Anschaffungspreisen bei deutschen Automobilen.
Opfert die deutsche Automobilindustrie aus Kosten und Ertragsgründen ihr internationales Image bei Premium-Automobilen? Spart sie sich um die globale Spitzenstellung und aus ihrer Premium-Position? Ist der in der Weltautomobilindustrie grassierende Schlankheitswahn nicht ein gravierender Fehler gerade bei Herstellern von Premium-Produkten? So jedenfalls die Meinung von Fertigungsexperte Horst Wildemann der TU München über Sparprogramme der Unternehmen und die daraus resultierende Gefährdung des Industriestandorts Deutschland.[183] Sollte nicht gerade Toyota für den Rest der Branche, inbesonderen den Weltmarktführer in spe in Wolfsburg, ein warnendes Beispiel dafür sdein, welche Qualitätsproblem drohen, wenn man *Lean* übertreibt?

---

[180] Sueddeutsche Zeitung, 12.04.2010, Nr. 83, S.11.
[181] Ebenda.
[182] Handelsblatt: *Automobilstandort D wird an Bedeutung verlieren*, 05.04.2010.
[183] Sueddeutsche Zeitung: *Dieser Schlankheitswahn ist ein Fehler*, von Wildemann H., 04.01.2002, S.17.

Beide Argumente haben Gewicht und sind es wert, sorgfältig abgewogen zu werden.

Zu Kritikpunkt 1. *Ist die deutsche Wirtschaft zu langsam bei der Entwicklung innovativer Technologie?*

Nach Meinung von Bullinger muss vor allem das Tempo chinesischer Ingenieure den Europäern Sorgen machen. Nicht nur, weil der Schwerpunkt der Weltwirtschaft sich nach Asien, insbesondere China verlagert habe, sondern weil zahlreiche deutsche Großkonzerne, wie Siemens, Bosch, BMW und VW, sowie mittelständische Unternehmen sich dort mit einer eigenen Fertigung etabliert hätten. Problemtisch daran sei indessen nicht das Nutzen von Niedrigkostenvorteilen in der Produktion, sondern, dass zur Bedienung der asiatischen Kundenwünsche dort nach der Produktion auch Entwicklungsabteilungen aufgebaut würden. „Auch wenn die chinesischen Ingenieure nicht europäisches Niveau erreichen – der Lohnunterschied gibt ihnen den entscheidenden Vorteil. Mögen unsere Ingenieure auch doppelt oder dreimal so gut sein, zehnmal besser zu sein, ist wohl kaum möglich".

An diesem Argument ist sicher was dran, allerdings werden hier Äpfel mit Birnen verglichen. Entscheidend im globalen Wettbewerb ist die Qualität des Wissens, nicht die Quantität. Wenn von zehn chinesischen Ingenieuren jeder nur ein Durchschnittswissen besitzt, wissen sie in Summe immer noch weniger als ein einzelner hoch qualifizierter deutscher Ingenieur. Oder noch anschaulicher: Zehn Dacia Logan sind nicht soviel wert wie eine Daimler S-Klasse oder ein 7er BMW – obwohl es sich in allen Fällen um Autos handelt. Zehn Sardinen sind auch nicht mit einer Gold-Dorade zu vergleichen, obwohl Sardinen und Gold-Doraden beide Fische sind und im Salzwasser schwimmen!

Das Argument mit den Kosten und der Schnelligkeit muss also sorgfältig abgewogen werden. Worauf es ankommt, ist nur, dass „wir am Standort Deutschland umso viel besser sind, als wir teurer sind!" (Otto Wiesheu, ehem. bay. Wirtschaftsminister). Und da geht es nicht um die Menge des Wissens, sondern um die Tiefe!

Das gleiche gilt für die Sorge um die Langsamkeit deutscher Innovationen. Daniel Goeudevert, französischer Schöngeist und Literat, ehemaliger Vorstand bei Renault Deutschland, dann Vorstandsvorsitzender bei Ford Deutschland und anschließend Vertriebsvorstand und stellv. Vorstandsvorsitzender bei Volkswagen, glaubt sogar: Die Chinesen „arbeiten wahnsinnig schnell und denken dreimal schneller als wir."[184] Nun, Goeudevert mag diese Selbsterfahrung gemacht haben, als objektive Hochrechnung von der Einzelbeobachtung auf eine ganze Volkswirtschaft scheint sie jedoch ungeeignet.

Für Bullinger sind Tempo und mehr Finanzmittel für die Forschung das wichtigste. „Defizite bei Finanzierung und Bildung gehören zu den großen Schwachstellen des deutschen Innovationssystems."[185] Sieger im Überlebenskampf ist, wer Ideen am schnellsten in Nutzen für Kunden umsetzt. Dafür ist der Kunde auch bereit, mehr zu zahlen. Das ist unbestritten. Allerdings: „Der Trend spricht gegen uns". Und er verweist dabei auf den vom Deutschen Institut für Wirtschaftsforschung (DIW) ermittelten „Innovationsindikator Deutschland 2009". Der Innovationsindikator zeigt Stärken und Schwächen Deutschlands auf, indem er die Bundesrepublik mit den 16 wichtigsten Industriestaaten vergleicht. Danach verliert Deutschland einen Platz und kommt 2009 nur noch auf Rang 9. An der Spitze des Rankings stehen die USA, gefolgt von der Schweiz und einer Vielzahl kleiner europäischer Länder, wie z.B. Dänemark (siehe Abb. 45). – Da wundert man sich schon!

Zu den wichtigsten Schwachstellen in Deutschland in Sachen Innovation zählen laut Studie das Bildungssystem und die Finanzierung von Forschung und Entwicklung in Unternehmen. So ist in kaum einem anderen Land der Zugang zu Kapital für innovative Projekte so schwer wie in Deutschland. Es ist für einen Makroökonom höchst verwunderlich, dass die drittstärkste Industrienation der Welt mit der höchsten Exportquote und dem schärfsten Außenwettbewerb im Ranking dieses Innovationsindikators nur auf Platz 9 landet, nach solchen „Industriegiganten" wie den Niederlanden, Finnland, Schweden, Schweiz und Dänemark. Noch verwunderlicher ist Platz 10 für Großbritannien, ein Land, dessen Industriesektor inzwischen fast ausgestorben ist, dafür aber über eine gewaltige Finanzindustrie verfügt, die aber leider Gottes offenbar kaum Innovationen in der Realwirtschaft finanziert.

---

[184] Goeudevert, Daniel, *Die Gedanken der anderen, Sueddeutsche Zeitung,* 22.03.2010.
[185] Bullinger H.-J , *Schnell sein ist alles, Sueddeutsche Zeitung:.,* 06.01.2010.

Abb. 45. Innovationsindikator nach Ländern

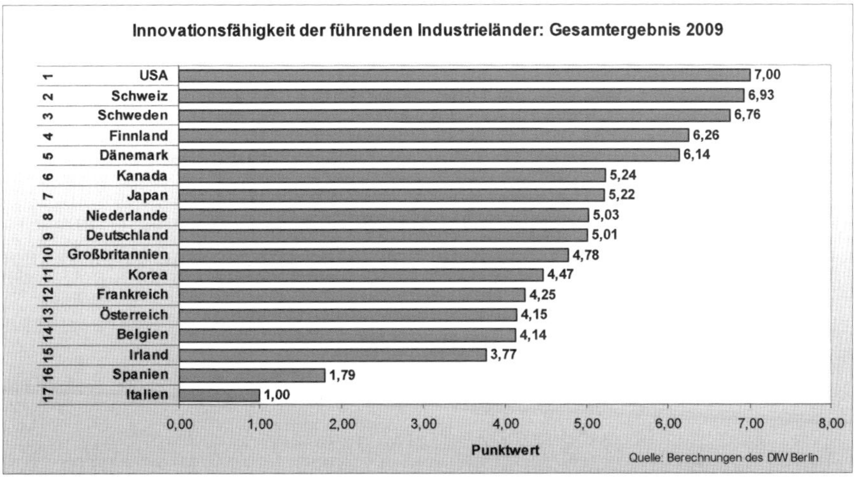

Innovationsfähigkeit der führenden Industrieländer: Gesamtergebnis 2009

Rang	Land	Punktwert
1	USA	7,00
2	Schweiz	6,93
3	Schweden	6,76
4	Finnland	6,26
5	Dänemark	6,14
6	Kanada	5,24
7	Japan	5,22
8	Niederlande	5,03
9	Deutschland	5,01
10	Großbritannien	4,78
11	Korea	4,47
12	Frankreich	4,25
13	Österreich	4,15
14	Belgien	4,14
15	Irland	3,77
16	Spanien	1,79
17	Italien	1,00

Quelle: Berechnungen des DIW Berlin

Quelle: DIW Berlin

Für Institutionen, deren Forschungsarbeit sehr stark unter dem Finanzierungsvorbehalt öffentlicher Auftraggeber steht, mag die Klage Bullingers völlig berechtigt sein. Wenn man, wie Deutschland, nur den Rohstoff *Geist und Wissen* hat, kann man eigentlich nicht genug in dieses Humankapital als Gesellschaft investieren! Nur sollte man argumentativ nicht übertreiben! Schaut man sich nämlich die Konstruktion des so genannten *Innovationsindikators* an, erkennt man, dass Deutschland auf allen Feldern, welche die zukünftigen Überlebensmöglichkeiten einer Industrienation und des Standortes Deutschland sichern können, führend ist: **Vernetzung, Forschung, Umsetzung.**

Immerhin kommt das DIW selber zu dem tröstlichen Ergebnis, dass Deutschland weltweit führend in der Entwicklung und Vermarktung von Hochtechnologie sei. Mit ihrer breiten und innovativen Produktpalette seien die deutschen Hersteller aus einer starken Position heraus in die Krise der Weltwirtschaft gegangen. Könnten sie ihr F&E-Engagement während der aktuellen Durststrecke hoch halten, hätten sie beste Chancen, vom nächsten Aufschwung zu profitieren, so das DIW. Schwächen offenbare Deutschland dagegen in der Spitzentechnologie – wobei offen bleibt, was darunter zu verstehen ist.

Der Fachmann Bullinger ist da realistischer. Nicht Spitzentechnologie, sondern eine systematische Fokussierung „unseres immer noch großartigen Potenzials" (!) auf die Geschäftsfelder, die Wachstumspotenzial haben, z.B. erneuerbare Energien, Technologien zum Speichern von Energie und zu Erhöhung ihrer Effizienz, ermöglichten der deutschen Wirtschaft den Weg aus der Krise.

Und diese ermöglichten ihr auch, langfristig im *Kampf ums Dasein* mit dem asiatischen Wettbewerb zu bestehen. „Ein Trost zum Schluss der asiatischen Lehren: Wir in den westlichen Industrienationen haben etwas, was uns auszeichnet – Kreativität: Ungewohnte Zusammenhänge herstellen, neue Produktideen, Verfahren und Geschäftsmodelle entwickeln; darin sind wir Weltspitze. Wir müssen die Power auch auf die Märkte bringen – schneller und konsequenter als mögliche Nachahmer. Dann muss Europa nicht hinterher rennen."[186]

Dem ist nichts hinzuzufügen!

Nun zum **Kritikpunkt 2:** *Die deutsche Automobilindustrie spart sich aus dem Markt!*

Horst Wildemann, Professor an der TU München und erfolgreicher Berater in Sachen Betriebswirtschaft und Unternehmensführung, plagt die Sorge, die deutschen Unternehmen hätten zum einen (häufig) in Krisenzeiten die falschen Chefs und würden ihr Heil in blinden Kostensenkungsprogrammen suchen. Dieser Schlankheitswahn sei ein Fehler. Kapitalarmes Wachstum und hohe Fremdfinanzierung seien nicht immer gut. Im Gegenteil: Die wahren Kostensenkungspotenziale ergeben sich nach Wildemann aus der produktionsgerechten Produktgestaltung. Optimiere man den Produktionsprozess, der immerhin für 50% aller Koste stehe, könne man 25% einsparen.

Wildemann mag aus seiner professionellen Sicht vorrangig die Kostensenkungspotenziale im Produktionsprozess suchen. Dort mögen sie auch liegen, aber mindestens genauso liegen sie in anderen Bereichen (siehe dazu die Argumentation über *Lean Thinking* in Kap. 5.9) Wie bekannt und vielfach kritisiert konzentrierte sich die Verschwendungssucht deutscher Hersteller in den *Overhead-Kosten* und vor allem bei Prestigeprojekten ohne zurechenbare Rentabilität.[187] Hier liegen die größten Einsparpotenziale. Die Vermarktungskosten bei Premium-Automobilen erreichen heute Größenordungen von bis zu 40% des Endverkaufspreises. Das ist unglaublich! Und bringt die Unternehmen mit ihren unverkäuflichen Maybachs, Bentleys, RollsRoyces, Lamborginis, Bugattis in die Verlustzone, vor al-

---

[186] Ebenda.
[187] Becker H. (2007): *Ausgebremst –Wie die Autoindustrie Deutschland in die Krise fährt.*

lem in Krisenzeiten, wenn die „Brot- und Butter-Automobile" nicht mehr ausreichend Geld zum Ausgleich dieser Verlustbringer in die Kassen spülen. Nicht ohne Grund hat Dieter Zetsche den Maybach auf den Prüfstein gestellt. Und bei Bugatti sind die Verluste für den Volkswagen-Konzern einem on-dit zufolge nur deshalb so gering, weil das Auto nicht verkauft und damit auch nicht hergestellt werden muss! Hingegen kämpft Rolls-Royce von BMW wacker weiter um seine Existenz.

Machen die deutschen Hersteller dann aus der Ertragsklemme heraus den Fehler und sparen am falschen Ende, durch Absenkung von Produkt- und Qualitäts-Standards, Drangsalieren ihrer Zulieferer und Nötigung zum Eintritt ins *Pay-to-Play*-Einkaufscasino; oder durch Sparen an der Wertigkeit der sichtbaren Innenraumteile, statt an den überhöhten Vertriebskosten. Sparen sie also an der falschen Stelle, dann schaden sie sich zum zweiten Mal. *Wer als Premium-Hersteller dem Kunden gegen teures Geld „Plaste- und Elaste", verkauft, um auf diese Weise Ergebnis zu generieren und Kosten zu sparen, die an anderer Stelle für sinnlose Marketingmaßnahmen aufgewendet werden, spart sich aus dem Markt.* Es ist eine alte Bauernregel: Wer die Kuh melken will, muss sie auch füttern! Anders geht sie zugrunde!

Wenn also von den Gefahren des „Schlankheitswahns" die Rede ist, so ist Wildemann voll zu zustimmen, dass das bei den Produkten zutrifft, die so prozessoptimiert designed und konstruiert sind, dass Hersteller in Schwellenländern sie auch produzieren können, nur eben billiger.

Merke: Qualität „auf Kante nähen", Materialeinsatz und Qualitätskontrollen so ausdünnen und atomisieren, dass Risiken nicht mehr beherrschbar und den Verursachern zurechenbar werden, ist mit dem Image eines Automobils *made in Germany* nicht vereinbar!

Wildemann hat absolut recht!

Hohe Preise und Dutzendware passen nicht zusammen. Wie in Kapitel 5.9 dargelegt, ist *Lean Production* und *Lean Thinking* als Unternehmensphilosophie von der Führungsspitze bis zum Mann am Band für den langfristigen Erfolg eines Herstellers unabdingbar. Ohne diese Einstellung kann man im globalen Wettbewerb des 21. Jahrhunderts nicht mehr bestehen. Sparen und Lean-Sein muss man heute, aber wichtig ist, dies an der richtigen Stelle zu tun: so vor allem bei den Beratungs-, Verwaltungs-, Vertriebs- und Vermarktungskosten, d.h. überall da, wo Nutzwerte schwer oder gar nicht nachweislich sind und im Zweifel gegen Null tendieren.

Und damit sind wir endgültig am Schluss! Wir sind fest davon überzeugt: Die deutsche Automobilindustrie bleibt an der Spitze des technologischen Fortschritts und erfüllt damit die Anforderungen der Darwinschen Evolution auf den Automobilmärkten, wenn sie weiter fleißig daran arbeitet! - aber anders als in der letzten, *lost* Dekade

- erstens das Richtige tut,
- zweitens das Richtige auch noch richtig tut.

Natürlich gibt es nichts geschenkt! Natürlich fordert die Evolution – der Zwang zur permanenten Anpassung aller Strukturen in Gesellschaft, Wirtschaft und Unternehmen an veränderte Rahmenbedingungen – Kraft, Geld und auch hohes persönliches Engagement. Die Evolution, der Prozess der „schöpferischen Zerstörung" braucht Unternehmer, Entrepreneurs im alten Wortsinne, keine akademischen Unternehmensverwalter!

Wissen und Fähigkeiten, *Human Capital* eben, werden ebenso wie Kapazitäten und Kapitalstock permanent entwertet und „abgewrackt", fallen der technologischen und ökologischen Evolution zum Opfer, damit an anderer Stelle wieder Neues entstehen kann. Umso besser, wenn dieser Prozess im eigenen Kopf abläuft! Die Natur wie auch die Automobilindustrie sind von diesem Zwang nicht ausgenommen. Warum auch? Gäbe es sonst den *Homo Automobil?* Würden sonst rund 900 Mio. Automobile auf dem Globus herum fahren?

Seit es Menschen und eine industrielle Herstellung von Gütern gibt, haben sie sich der Veränderung ihres natürlichen Umfeldes anpassen müssen. Genau das unterscheidet das „dumpfe" Mittelalter von der Renaissance! Die Gründe dafür hat Charles Darwin beschrieben. Diese Anpassung ist der deutschen Automobilindustrie seit ihrer Gründerzeit bis heute auch immer wieder gelungen, sogar während zweier Weltwirtschafts- und mindestens drei Ölpreiskrisen! Und das wird ihr auch im heraufziehenden Nach-Öl-Zeitalter gelingen!

So kann das Buch getrost mit Hoffnung enden!

Konnte der Autor vor drei Jahren in **Ausgebremst** am Schluss bestenfalls vage konstatieren, dass bei den meisten deutschen Herstellern in Bezug auf all ihre Individualisierungsorgien, ihre Premium- und PS-Verliebtheit und ihre Vorliebe für grandiose Fehlallokationen knapper finanzieller Ressourcen so etwas wie ein Hoffnungsschimmer am Ende des Tunnels zu erkennen war, so ist es in der Zwischenzeit heller geworden. Man hat den Tunnel verlassen! Eingeleitet wurde der Gesundungsprozess in allen Fällen mit dem Austausch des Spitzen-Managements. Die Schieflage war also personell begründet nicht substantiell!

Mit großer Genugtuung kann heute festgestellt werden, dass sich innerhalb weniger Jahre die deutschen Automobilhersteller sich von „hässlichen Entlein" zu „stolzen Schwänen " gewandelt haben. Die einen, wie BMW, mehr und früher, die anderen, wie Daimler, weniger und später. Sie haben sich in ihrer obersten Führung personell total erneuert, die Produktionsprozesse nach dem Vorbild Toyotas verschlankt und den Absatz globalisiert. Mit großem Erfolg und sehr positiver Zukunftsperspektive! Ihre Chancen, den kommenden *Kampf ums Dasein* mit der Weltkonkurrenz bestehen zu können, haben sich nachhaltig gebessert. Nur hat es bis jetzt keiner gemerkt! Keiner? Fast keiner!

Nochmals sei an dieser Stelle betont, dass es im Jahre 2010 international keine automobile Region oder Gruppierung gibt, die der deutschen Automobilindustrie und dem Automobilstandort Deutschland auf absehbare Zeit im Wettbewerb gefährlich werden könnte. Wie heißt es dazu so treffend bei McKinsey: „Der Erfolg der deutschen Automobilindustrie ist ein klassisches Beispiel für die Strahlkraft von *German Engineering*. Die deutschen Automobilhersteller und Zulieferer verfügen über hervorragende Voraussetzungen, um auch in Zukunft führende Positionen in Technologien und Märkten zu besetzen – mit Autos und Komponenten *designed in Germany"*.[188] Dem ist nichts hinzu zu fügen!

So ist der Schluss erlaubt:

Die deutsche Automobilindustrie steht im Jahre 2010 am Ende der schlimmsten Wirtschaftkrise seit 1929 strategisch und strukturell besser dar als jemals zuvor in der Nachkriegszeit. Sie hat alle Chancen, den **Struggle for Life** *erfolgreich zu überleben! Nicht mit öffentlichen Subventionen, sondern aus eigener Kraft!*

Damit soll das Buch enden! Um letztmalig Darwin zu zitieren: „Wer auch nur eine Stunde seiner Zeit zu vergeuden wagt, hat den Wert des Lebens noch nicht erkannt."

Der Autor kann nur hoffen, dass den Lesern diese Vergeudung erspart geblieben ist! Und als Marktwirtschaftler wünscht er sich, dass die Großen der Branche aus der Lektüre etwas gelernt und verinnerlicht haben:

Wer sich gegen die Kräfte des Marktes stellt,
hat auf Dauer keine Überlebenschance!

---

[188] McKinsey Deutschland: *Willkommen in der volatilen Welt*, März 2010, S.61.

Anhang

Anhang 1: Die wichtigsten Newcomer aus den BRIC-Staaten

Indien:

1. **Maruti Suzuki India Ltd**. – gegründet 1981; 54,2% hält Suzuki Gruppe; Produkte: Kei Cars/City Cars, Compact Cars, Microvans, Compact SUVs; Absatz Apr. 2008 bis Feb. 2009 – 570.267 Stück
2. **Tata Motors Ltd.** – gegründet 1945; gehört mehrheitlich zur Tata Group; Produkte: Pkw und Nutzfahrzeuge; Pkw-Absatz Apr. 2008 bis Feb. 2009 – 178.849 Stück
3. **Mahindra & Mahindra Ltd**. – gegründet 1945; 51% Mahindra und 49% Renault; Produkte: Pkw, Nutzfahrzeuge, SUVs; Pkw-Absatz Apr.2008 bis Feb. 2009 – 92.023 Stück

China:

1. **Liuzhou Wuling Motors Co.** Absatz 2008 545.239 Stück (JV 16% an SAIC-GM-Wuling Automobile Co.)
2. **Chery Automobile Co.** Absatz 2008 356.093 Stück
3. **Chongqing Changan Automobile Co**. Absatz 2008 276.519 Stück
4. **China FAW Group Corp**. Absatz 2008 – 228.454 Stück (JV: 40% an Tianjin FAW Toyota Motor Co.(Absatz 2008 543.106 stück), 50% an Sichuan FAW Toyota Motor Co., 50% an Changchun Fengyue Company of SFTM, 60% an FAW-Volkswagen Automotive Co.(Absatz 2008 983.436 Stück))
5. **Zhejiang Geely Automobile Group** Abastz 2008 – 221.151
6. **Shanghai Automotive Industry Corp**. Absatz 2008 – 35.208 Stück (JV: 50% an Shanghai General Motors Corp. (Absatz 2008 485.545 Stück), 25% an Sahnghai GM Dongyue Motors Co., 50%

an SAIC-GM-Wuling Automobile Co., 25% an Shanghai GM (Shenyang) Nersom Motors Co., 50% an Shanghai Volkswagen Automotive Co. .(Absatz 2008 983.436 Stück))

7. **Dongfeng Motor Corp.** Absatz 2008 – 23.611 Stück (JV: 50% an Dongfeng Honda Automobile (Wuhan) Co. (Absatz 2008 470.033 Stück), 25% an Dongfeng Yueda Kia Automobile Co., 50% an Dongfeng MotorCo./Dongfeng Nissan Passenger Vehicle Co. (Absatz 2008 361.015 Stück), 50% an Dongfeng Peugeot Citroen Automobile Co. (Absatz 2008 178.308 Stück), 80% an Zhengzhou Nissan Automobile Co.)

8. **BYD (Build Your Dreams)** Ursprünglich Batteriehersteller

Russland:

1. **AvtoVAZ** – gegründet 1966; Der russische Staatskonzern Rostechnologii, das Investmenthaus Troika Dialog und der französische Autobauer Renault halten je 25% plus 1 Aktie von Avtovaz; JV: mit GM (gegründet 2001), Suzuki (Montage), Peugeot; Absatz 2008; 622.000 Stück

2. **GAZ** – gegründet 1932; ist insolvent; Absatz im Jahr 2007 (Januar bis September) – 30.847 Stück

Anhang 2: Vorsitzende / Geschäftsführer der Adam Opel AG / GmbH seit 1948

Name	Von	Bis
Edward W. Zdunek	November 1948	Februar 1961
Nelson J. Stork	Februar 1961	März 1966
L. Ralph Mason	März 1966	1970
Alexander Cunningham	1970	Januar 1974
John P. McCormack	Februar 1974	Februar 1976
James F. Waters	März 1976	August 1980
Robert C. Stempel	September 1980	Februar 1982
Ferdinand Beickler	Februar 1982	Februar 1986
Horst W. Herke	Februar 1986	März 1989
Louis Hughes	April 1989	Juni 1992
David Herman	Juli 1992	Juni 1998
Gary Cowger	Juni 1998	Oktober 1998
Robert Hendry	Oktober 1998	März 2001
Carl-Peter Forster	April 2001	Juni 2004
Hans Demant	Juni 2004	Januar 2010
Nick Reilly	Januar 2010	

Anhang 3: Automobil-Cluster in Deutschland

Deutschland: Bundesländerinitiativen

Name des Clusters	Gründung, Ort/Region	Gründer/ Ursprung	Partner/ Zweck
RIO Regionales Innovationsbündnis Oberhavel	Berlin/ Brandenburg		50 Partner aus Wirtschaft, Wissenschaft, Politik, Verwaltung
Automotive Berlin/Brandenburg, Netzwerk	Potsdam	Ministerium zur "Verbesserung der regionalen Wirtschaftsstruktur" (GRW), von Bund und Land gefördert	Zulieferer, Projektarbeit, Unternehmensbetreuung Mitglied des Automotive Cluster Ostdeutschland
Automobil-Zulieferinitiative Rheinland-Pfalz	1996, Mainz	IMO Institut zur Modernisierung von Wirtschafts- und Beschäftigungsstrukturen GmbH, Ministerium, Universität Kaiserslautern	110 Unternehmen
BAIKA Bayerische Innovations- und Kooperationsinitiative Automobilzulieferindustrie	1997, Nürnberg		2200 Firmen, 50 Länder, 1150 aus Bayern, Hersteller, Zulieferer, Institute, Technologiekompetenzen
Autoland Baden-Württemberg		Ministerium	
Automotive Saarland	Saarbrücken	Initiiert und gefördert vom Ministerium	Unterstützt von IHK, HWK, Hochschulen, Forschungsinstituten
at Automotive Thüringen e.V.	2000, Erfurt	Von 9 Unternehmen als AZT Automobilzulieferer Thüringen e.V. gegründet	111 Mitglieder, Zulieferer
AMZ Automobilzulieferer Sachsen	1999, Chemnitz	Ministerium	
MAHREG Automotive	Barleben (Sachsen)	Initiative des Sachsen-Anhalt Automotive e.V., von Land gefördert	63 Mitglieder bei Sachsen-Anhalt Automotive e.V.,
AutoCluster.NRW	Mülheim an der Ruhr	Konsortium agiplan GmbH & Forschungsgesellschaft Kraftfahrwesen (fka) Aachen, gefördert von EU, Land	17 Experten
CARTEC Technologie- und Entwicklungs-Centrum Lippstadt	1997	Gegründet von Stadt Lippstadt, Kreis Soest, 7 Unternehmen, 3 Banken, gefördert durch Land	12 Firmen

GmbH		NRW	
Automotive Cluster Rhein-MainNeckar	2003	IHK Darmstadt, Kreis Groß-Gerau	450 Mitglieder, Zulieferer
Automotive MV e.V. Mecklenburg-Vorpommern	Rostock, 2004	Ministerium	

Bundesländerübergreifende Initiative

Name des Clusters	Gründung, Ort/Region	Gründer/ Ursprung	Partner/ Zweck
Automotive Cluster Ostdeutschland	2004, Potsdam	Gegründet von OEMs	957 Firmen

Spezialisierungen innerhalb der Länder

Name des Clusters	Gründung, Ort/Region	Gründer/ Ursprung	Partner/ Zweck
CARS Clusterinitiative Automotive Region Stuttgart	1995, Stuttgart	Wirtschaftsförderung Region Stuttgart	
NoAE Network of Automotive Excellence	2002, München	Publizierung des ewf Instituts	55 Mitglieder, Hersteller, Zulieferer, Entwicklungspartner
TSB Innovationsagentur Berlin	Vor 1980, Berlin	Einheit der TSB Technologiestiftung Berlin Gruppe	Technologie- & Innovationsberatung
FAV Berlin Forschungs- und Anwendungsverbund Verkehrssystemtechnik	1997, Berlin	Bereich der TSB Innovationsagentur Berlin GmbH	100 Kooperations-Allianzen
SafeTRANS Safety in Transportation Systems	2007, Oldenburg	EICOSE European Institute for Complex Safety Critical Systems Engineering	195 Wissenschaftler, 17 industrielle Partner
SESAMES Weser-Ems	Emden	Fortsetzung des TRIP Transregionales Innovationsprojekt der EU	234 Partner, Zulieferer
Kompetenzhoch3	2006, Solingen	Regionale 2006, finanziert durch EU & Ministerium	Wirtschaftsregion Bergisches Städtedreieck, Remscheid, Solingen, Wuppertal
IAW 2010 Industrie- und Automobilregion Westsachsen e.V.	2000, Zwickau		80 Partnern, KMU, Hochschulen, Forschungseinrichtungen, Kammern,

Wirtschaftsregion Chemnitz-Zwickau GmbH	2004, Chemnitz	Gemeinschaftsinitiative von Chemnitz, Zwickau, Aue-Schwarzenberg, Chemnitzer Land, Stollberg, Zwickauer Land	Verbände, Verwaltungsstellen Regional- & Wirtschaftsservicemanagement, Standortmarketing, EU-Kooperationsprojekte
AEN Automotive Engineering Network Südwest	Karlsruhe (BW)		70 Partner, IT, Dienstleistungen, Verwaltung, Zulieferer, Forschung
CAR e.V. Competence Center Automotive Region Aachen/Euregio Maas-Rhein	2001, Aachen	44 Gründungsmitglieder	60 Unternehmen, Forschungseinrichtungen
Automotive Rheinland		Initiative der IHK Aachen, Bonn/Rhein-Sieg, Düsseldorf, Köln, Mittlerer Niederrhein, Duisburg, Wuppertal-Solingen-Remscheid	Zulieferer
Wolfsburg AG	1999, Wolfsburg	Gemeinschaftsunternehmen Stadt Wolfsburg, Volkswagen AG	
MoWIN.net e.V. Mobilitätswirtschaft in Nordhessen	2003, Kassel		117 Mitglieder & Förderer
ofraCar - Automobilnetzwerk e. V.	2009, Beyreuth		25 Gründer, Zulieferer
Automotive Netzwerk Südwestfalen		IHK Arnsberg, Siegen, Hagen	227 produzierende Unternehmen, Zulieferer
Projekt Region Braunschweig GmbH	2005, Braunschweig	Private-Public-Partnership-Initiative	20 Wachstumsprojekte & Forschungskooperationen
Telematik Niedersachsen	2004	Landesinitiative der Projekt Region Braunschweig GmbH	6 Partner, 26 Arbeits- & Kooperationsbeziehungen

Quelle: European Cluster Organisation

Abbildungsverzeichnis

Abb. 1. Wertschöpfungspyramide der Automobilindustrie 11
Abb. 2. Wertschöpfungsaufteilung in der Automobilindustrie 13
Abb. 3. Konzentration auf OEM Ebene 16
Abb. 4. Konzentration in der Automobilbranche 19
Abb. 5. Entwicklung der Pkw-Neuzulassungen in der Triade 24
Abb. 6. Entwicklung der Pkw-Neuzulassungen in den BRIC-Staaten 25
Abb. 7. Pkw-Dichten nach Weltregionen 26
Abb. 8. Regionale Verteilung der Kfz Neuzulassungen 27
Abb. 9. Top 10 Absatzmärkte 2000 vs. 2009 28
Abb. 10. Pkw-Bestandszuwachs in der Triade und in den BRIC-Staaten 29
Abb. 11. Neuzulassungen in Deutschland nach Bestandszugang und Ersatzbedarf 30
Abb. 12. Entwicklung der Pkw-Produktion in der Triade 32
Abb. 13. Exportanteil an der Inlandsproduktion der deutschen Hersteller 33
Abb. 14. Aufteilung der Fahrzeugproduktion nach Regionen 34
Abb. 15. Fahrzeugproduktion nach Herstellern, 2009 35
Abb. 16. Langfristige Entwicklung der Rohstoffpreise 36
Abb. 17. Langfristige Ölpreisentwicklung 40
Abb. 18. Geforderte CO_2-Reduzierung nach Herstellern 43
Abb. 19. CO_2-Ausstoß der neu zugelassenen Pkw in Europa in g/km 44
Abb. 20. Entwicklung der Neuzulassungen nach Klassen, in Westeuropa 48
Abb. 21. Megastädte der Welt von 1950 bis 2015 49
Abb. 22. Systematischer Aufbau des IWK-Survival-Index 55
Abb. 23. Entwicklung der ISI-Platzierungen 2005 bis 2009 60
Abb. 24. ISI-Ergebnisse Trend 2010 74

Abb. 25. Absatz der deutschen Premiummarken 87
Abb. 26. Auswirkungen der Abwrackprämie in Deutschland 118
Abb. 27. Entwicklung Auftragseingang KFZ-Industrie 119
Abb. 28. Prognose des langfristigen Wachstumstrends 121
Abb. 29. Entwicklung der Reallöhne in den BRIC-Staaten und der Triade 122
Abb. 30. Langfristige Entwicklung der Pro-Kopf-Einkommen 123
Abb. 31. Entwicklung der Weltbevölkerung 125
Abb. 32. Pkw-Absatz – Entwicklung nach Regionen 128
Abb. 33. Prognose Neuzulassungen in der Triade 130
Abb. 34. Prognose Pkw-Absatz in Deutschland 131
Abb. 35. China: Produktion im internationalen Vergleich 133
Abb. 36. China: Neuzulassungen im internationalen Vergleich 134
Abb. 37. Prognose der Neuzulassungen in den BRIC-Staaten 137
Abb. 38. Eliminierung jeglicher Verschwendung 211
Abb. 39. Instrumentenkasten des TPS 212
Abb. 40. Der Implementierungsprozess von *Lean Thinking* 215
Abb. 41. Lean Trainingsprogramme 217
Abb. 42. Innovationsstärke der Automobilkonzerne 2009/2010 234
Abb. 43. Gewinne der Automobilhersteller, weltweit 241
Abb. 44. Ranking der Hersteller nach Absatzvolumen 245
Abb. 45. Innovationsindikator nach Ländern 279

Tabellenverzeichnis

Tabelle 1. Gesamtergebnis ISI 2009 57
Tabelle 2. Hersteller-Tendenzen ISI 2010 73
Tabelle 3. Übersicht Verschrottungsprämie (Kriterium: Alter) 113
Tabelle 4. Übersicht Verschrottungsprämie (Kriterium: CO_2-Ausstoß) . 114
Tabelle 5. Staatl. Förderprogramme für Elektroautos in ausgewählten Ländern 147
Tabelle 6. Gelebter KVP 214

Abkürzungsverzeichnis

ACEA	Association des Constructeurs Automobiles Européens
ASEAN	Association of South East Asian Nations
BAIKA	Bayerische Innovations- und Kooperationsinitiative für die Automobilzulieferindustrie
BDI	Bundesverband der Deutschen Industrie
BIP	Bruttoinlandsprodukt
BRIC	Staaten Brasilien, Russland, Indien und China
CAFE	Corporate Average Fuel Economy
CAR	Center Automobil Research
CBU	Customer Business Unit (Montage)
CES	Current Economic Situation
CFROI	Cash Flow Return on Investment
CKD	Completely Knocked Down (Montage)
DIW	Deutsche Institut für Wirtschaftsforschung
EBIT	Earnings before Interests and Tax
EBITDA	Earnings before interest, taxes, depreciation and amortization
EMU	European Monetary Union, EURO-Raum
ESP	Elektronisches Stabilitätsprogramm
FAZ	Frankfurter Allgemeine Zeitung
FAST	Future Automotive Industry Structure
FERI	Finance and Economic Research International
FIZ	Forschungs- und Ingenieurszentrum
FTD	Financial Times Deutschland
F&E	Forschung und Entwicklung
GM	General Motors
GuV	Gewinn- und Verlustrechnung
IBU	Industrieverband Blechumformung e.V.
IKA	Institut für Kraftfahrwesen der RWTH Aachen
IKB	Deutsche Industriebank
IWK	Institut für Wirtschaftsanalyse und Kommunikation
iwd	Informationsdienst des Instituts der deutschen Wirtschaft Köln
ISI	IWK Survival Index

JAMA	Japan Automobile Manufacturers Association
KBA	Kraftfahrt-Bundesamt
KVP	Kontinuierlicher Verbesserungsprozess
LMU	Ludwig-Maximilians-Universität München
MOE	Mittel und Osteuropa
NAFTA	North American Free Trade Area
OICA	Organisation Internationale des Constructeurs d'Automobiles
OECD	Organisation for Economic Cooperation and Development
OEM	Original Equipment Manufacturer
OPEC	Organization of the Petroleum Exporting Countries
PIs	Production Intermediaries
PSA	Peugeot-Citroën-Gruppe
PWC	PricewaterhouseCoopers
R & D	Research and Development
RWTH	Rheinisch-Westfälische Technische Hochschule Aachen
S&P	Standard and Poor's
SAIC	Shanghai Automotive Industry Corporation
SUV	Sport Utility Vehicle
SZ	Sueddeutsche Zeitung
TOT	Terms of Trade, Austauschverhältnis von inländischen zu ausländischen Gütern
TPS	Toyota Production System
TU	Technische Universität
VDA	Verband der Automobilindustrie
WTO	World Trade Organisation
WZB	Wissenschaftszentrums Berlin für Sozialforschung
YoY	Year over year, jährliche Änderungsrate
ZEW	Zentrum für europäische Wirtschaftsforschung

Literaturverzeichnis

ACEA (2010): *New Passenger Car Registrations in Western Europe – Breakdown by Segments and Bodies*, European Automobile Manufacturers' Association (ACEA), Brüssel, 2010.

ADAC (2010): *ADAC Motorwelt,* München, Ausgabe März 2010.

Becker, H. (2005): *Auf Crashkurs - Automobilindustrie im globalen Verdrängungswettbewerb*, Springer Verlag, Berlin, 2005.

Becker, H. (2007): *Ausgebremst - Wie die Autoindustrie Deutschland in die Krise fährt*, ECON Verlag, Berlin, 2007.

Büschemann, K.-H. (2010): *Crashtest – Deutsche Autobauer ohne Plan und Strategie*, Hanser Verlag, München, 2010.

CAMA (2008): *Flexibilität gefragt – Wie können (kleinere) Automobilzulieferer bei sinkender Kapazitätsauslastung überleben?*, Kommentar, Center für Automobil-Management (CAMA) GbR Zeppelin University, Friedrichshafen, November 2008.

CAMA (2009a): *Kooperationen in der Automobilindustrie – Beschleunigung des Kooperationskarussells in Zeiten der Krise*, Kommentar, Center für Automobil-Management (CAMA) GbR Zeppelin University, Friedrichshafen, September 2009.

CAMA (2009b): *Private Equity-Engagement in der Automobilindustrie - Fluch oder Segen in Zeiten der Finanzkrise?*, Kommentar, Center für Automobil-Management (CAMA) GbR Zeppelin University, Friedrichshafen, Januar 2009.

CAMA (2010): *Elektromobilität 2010 – Wahrnehmung, Kaufpräferenzen und Preisbereitschaft potenzieller E-Fahrzeug-Kunden,* März 2010.

CAUMA (2010b): *AutomotiveINNOVATIONS 2010, Die Innovationen der globalen Automobilkonzerne - Eine Analyse der Zukunftstrends und

Innovationsprofile der 19 bedeutendsten Hersteller, Center of Automotive Management (CAUMA), Bergisch Gladbach, Mai 2010.

Darwin, C.R. (1859): *On the Origin of Species by Means of Natural Selection, or The Preservation of Favoured Races in the Struggle for Life* (Über die Entstehung der Arten im Thier- und Pflanzen-Reich durch natürliche Züchtung, oder Erhaltung der vollkommensten Rassen im Kampfe um's Daseyn), John Murray Verlag, London, 1859.

Darwin, C.R. (1871): *The Descent of Man, and Selection in Relation to Sex* (Die Abstammung des Menschen und die geschlechtliche Zuchtwahl), John Murray Verlag, London, 1871.

Deloitte und IHS Global Insight (2009): *Money vs. Technology - How Will the Financial Crisis Shape the Automotive Supplier Landscape of 2020?*, Studie, November 2009.

Deutsche Bank Research (2010a): *Elektromobilität: Noch ein weiter Weg bis zum Massenmarkt*, Kommentar von Eric Heymann, Frankfurt am Main, April 2010.

Deutsche Bank Research (2010b): *Automobilindustrie am Beginn einer Zeitwende*, Kommentar von Eric Heymann, Frankfurt am Main, Februar 2010.

FAST (2004): *Future Automotive Industry Structure (FAST) 2015 – die neue Arbeitsteilung in der Automobilindustrie*, Studie des Fraunhofer-Instituts und von Mercer Management Consulting, Frankfurt am Main, 2004.

Fürweger, W. (2007): *Die PS-Dynastie: Ferdinand Porsche und seine Erben,* Ueberreuter Verlag, Wien, 2007.

Geographie Infothek (2008): *Infoblatt: Megacities – ein Überblick*, Klett Verlag, Leipzig, Januar 2008.

Grässlin, J. (2000): *Ferdinand Piëch: Techniker der Macht*, Droemer Verlag, München, 2000.

Hart, M. 't (2004): *Bach und ich*, Piper Verlag, 5. Auflage, München, 2004.

Herrmann-Pillath, C. (2002): *Grundriß der Evolutionsökonomik,* Wilhelm Fink Verlag (UTB), München, 2002.

Kaiser, W. (1994): *Von Taylor und Ford zur "lean production"- Innertechnische und politische Aspekte des Wandels der Produktion.* In: Alma Mater Aquensis, Berichte aus dem Leben der RWTH Aachen, 1994, S.173-191.

Liker, J.K. (2004): *The Toyota Way – 14 Management Principles from the world's greatest Manufacturer,* McGraw-Hill, New York, 2004.

McKinsey Deutschland (2010): *Willkommen in der volatilen Welt – Herausforderungen für die deutsche Wirtschaft durch nachhaltig veränderte Märkte,* McKinsey & Company Inc., Frankfurt, März 2010.

Meißner, H.R. (2010): *Dringend gesucht: Längerfristige Szenarien für die Autoindustrie,* Wissenschaftszentrum Berlin für Sozialforschung (WZB), WZBrief Arbeit, Berlin, März 2010, S.3f.

OICA (2010): *2009 Production Statistics,* International Organisation of Motor Vehicle Manufacturers (OICA), Paris, 2009.

Ogger, G. (2003): *Die Ego-AG: Überleben in der Betrüger-Wirtschaft,* C. Bertelsmann Verlag, München, 2003.

Oliver Wyman (2009): *„Elektromobilität 2025" Powerplay beim Elektrofahrzeug,* Studie, München, September 2009.

Robert Bosch GmbH (2008): *Bosch-Geschäftsbericht 2008,* Stuttgart, 2008.

Roland Berger Strategy Consultants GmbH (2010): A*ngezogene Handbremse – Die Konsolidierung in der Zuliefererindustrie kommt nicht in Fahrt,* Studie, München/Stuttgart, Januar 2010.

Steins, R. (2001): *Ferdinand Piëch – der Auto-Macher,* Ullstein Verlag, München, 2001.

Stiftung Familienunternehmen (2009): *Die volkswirtschaftliche Bedeutung der Familienunternehmen,* München, 2009.

Schumpeter, J.A. (1911): *Theorie der wirtschaftlichen Entwicklung,* Berlin, 1911.

T&E (2009): *Reducing CO2 Emissions from New Cars: A Study of Major Car Manufacturers' Progress in 2008,* European Federation for Transport and Environment (T&E), Brüssel, 2008.

VDA (2004): *Die deutsche Automobilindustrie in der erweiterten EU – Motor der Integration*, Verband der Automobilindustrie (VDA), Frankfurt am Main, 2004.

Von Hayek, F.A. (1968): *Wettbewerb als Entdeckungsverfahren*, Freiburg, 1968.

Wiedeking, W. (2006): *Anders ist Besser – Ein Versuch über neue Wege in wirtschaft und Politik,* Piper Verlag, München, 2006.

Womack, J. P., Jones, D. T. and Roos, D. (1990): *The Machine that Changed the World,* Harper Collins, New York, 1990.

WZB (2009): *Anticipation of Change in the Automotive Industry, (VS/2008/0328), STUDY 3, Analysis of Automotive Regions,* Groupe Alpha, Paris, University of St Andrews, Scotland, Wissenschaftszentrum Berlin für Sozialforschung GmbH, WZB, Berlin, September 2009.

ZEW (2009): *Die volkswirtschaftliche Bedeutung der Familienunternehmen,* Zentrum für Europäische Wirtschaftsforschung GmbH (ZEW), Stuttgart, November 2009.

Autor

Dr. Helmut Becker, Dipl. Volksw. und Dipl. Kfm., leitet seit 1998 das von ihm gegründete *Institut für Wirtschaftsanalyse und Kommunikation (IWK)*. Das IWK beschäftigt sich vor allem mit unternehmensbezogenen Analysen und makroökonomischen Umfeld-Prognosen und Beratung bei der Vorbereitung und Durchführung langfristiger strategischer Unternehmensentscheidungen. Spezialgebiet ist die Entwicklung von strategischen Markt-Frühwarnsystemen zur Kontrolle und Verbesserung der Auftragseingangs- und Absatzplanung. Im besonderen Fokus stehen dabei Dienstleister und Unternehmen des Sekundären Sektors („old economy"), vor allem aus den Bereichen Elektrotechnik, Maschinenbau und der Automobilindustrie.

Dr. Becker ist glühender Anhänger der freien u. sozialen Marktwirtschaft. Die erforderlichen beruflichen Kenntnisse erwarb er sich im Laufe seiner langjährigen Laufbahn in Wissenschaft und Industrie, zunächst nach erfolgreichem dem Doppel-Studium an der Universität Saarbrücken bis 1974 beim *Sachverständigenrat* („5 Weisen"). Danach trat er in die *Strategische Konzernplanung der BMW AG* ein, zunächst als Referent für Volkswirtschaft und Wirtschaftspolitik, später als Chefvolkswirt der BMW AG. In dieser Zeit hat er zahlreiche Funktionen auf nationaler wie internationaler Ebene (ACEA, BDI, LBI, VDA; Deutsch-Chinesisches Verkehrsprojekt etc.) wahrgenommen. Im Jahre 1997 verließ er nach vier Jahren Tätigkeit im *Lobby-Ressort* die BMW AG und gründete das IWK, dem er bis heute vorsteht.

Vom Autor ebenfalls erschienen sind

- *Auf Crashkurs – Automobilindustrie im globalen Verdrängungswettbewerb* (Springer Verlag, 2005)
- *Highnoon in global automotive industry* (Springer Verlag, 2007)
- *Phänomen Toyota – Erfolgsfaktor Ethik* (Springer Verlag, 2006)

- *Ausgebremst – Wie die Autoindustrie Deutschland in die Krise fährt* (ECON Verlag, 2007)
- *Drachenflug – Wirtschaftsmacht China quo vadis?* (Springer Verlag, 2007)

Team

Niels Straub, Dipl. Volksw., MA Public Health, geboren in Berlin, studierte Volkswirtschaftslehre an der LMU München. Zunächst war er nach seinem Abschluss 2002 als Analyst am IWK tätig, mit Schwerpunkten im Bereich Automobil und Empirische Branchen- /Länder-Analysen. Seit 2005 Leiter des IMSP, Instituts für Marktforschung, Statistik und Prognose, mit Schwerpunkt Gesundheitsökonomie. Mit dem IWK besteht für verschiedene Projekte weiterhin eine enge Zusammenarbeit.

Silvina Igova, M.A. Volkswirtin, geboren 1982 in Sofia, Bulgarien, studierte Volkswirtschaftslehre an der LMU München, machte 2005 den B.A. Abschluss und 2007 den M.A. Abschluss mit Schwerpunkt „Wettbewerb in zweiseitigen Märkten". Seit Februar 2007 ist sie am IWK tätig, zunächst als Praktikantin, später als wissenschaftliche Assistentin und Analystin mit Schwerpunkten in den Bereichen Automobilindustrie, Branchen- und Länderanalysen.

Dana Willms, M.A. Studentin der Volkswirtschaftslehre an der LMU München, geboren 1986 in Heinsberg, machte 2009 an der Universität Maastricht den Abschluss Bachelor of Science in International Economic Studies. Seit Juni 2008 ist sie am IWK tätig, zunächst als Praktikantin, später als wissenschaftliche Mitarbeiterin mit Schwerpunkten in den Bereichen Automobilindustrie, Branchen- und Länderanalysen sowie monetäre und Fiskalökonomie.